Einführung in die Methoden der Digitaltechnik

AEG-TELEFUNKEN-Handbücher
Band 6

Wolfgang Weber

Einführung in die Methoden der Digitaltechnik

Fünfte überarbeitete und erweiterte Auflage

Elitera

CIP-Kurztitelaufnahme der Deutschen Bibliothek

Weber, Wolfgang
Einführung in die Methoden der Digitaltechnik. –
5. Aufl. – Berlin: Elitera-Verlag, 1977.
(AEG-Telefunken-Handbücher; Bd. 6)
ISBN 3-87087-086-9

DK 681.3.01 (022)
224 Seiten, 159 Bilder, 71 Tabellen und 174 Quellen
Format DIN A5

1. Auflage 1966
2. Auflage 1967
3. Auflage 1968
4. Auflage 1970
5. Auflage 1977

Weitere Verfasser der 5. Auflage:
Horst Wegener (2.5)
Dieter Straub (8.3)

4 HGFEDC

Vorwort

Das vorliegende Buch soll Grundkenntnisse über ein technisches Gebiet vermitteln, das man heute unter dem Namen *Digitaltechnik* zusammenfaßt. Hierbei werden besonders diejenigen Probleme behandelt, die im englischen Sprachgebrauch mit dem Begriff *logical design* bezeichnet sind und die im Deutschen etwa durch die Bezeichnung *rechnerische Entwurfsmethoden* zusammengefaßt werden können. Gerätetechnische Fragen treten demgegenüber zurück und werden nur so weit angeschnitten, wie sie zur Behandlung der methodischen Fragen erforderlich sind.
Im ersten Teil werden die Elemente der Digitaltechnik, wie Zahlensysteme, Kodes und die Boolesche Algebra, als Hilfsmittel zur Formulierung digitaler Steuerungsaufgaben behandelt.
Der zweite Teil gibt eine Einführung in verschiedene häufig angewendete Realisierungssysteme für digitale Schaltungen. Es werden z. B. Relaisrealisierungen und Systeme aus Dioden- und Transistorbausteinen beschrieben. Ein besonderer Abschnitt behandelt in Grundzügen das elektronische AEG-Bausteinsystem Logistat®. Realisierungen von Speicherelementen werden nicht im zweiten, sondern erst im vierten Teil erläutert.
Der dritte Teil beschäftigt sich mit systematischen Verfahren zur Reduktion Boolescher Funktionen auf kleinere Formen. Diese Methoden dienen zur Aufwandverminderung bei der Realisierung von Schaltfunktionen in digitalen Systemen.
Im fünften Teil sind Methoden enthalten, Systeme mit Speicherelementen mit Hilfe mathematischer Formulierungen zu beschreiben und zu entwerfen.
Der sechste und letzte Teil schließlich gibt eine kurze Einführung in die Methodik der Schaltwerksynthese, die sich Prinzipien der Theorie der Automaten zunutze macht.
Das Buch ist aus einer Vortragsreihe hervorgegangen, die vom Institut für Automation im Jahre 1962 veranstaltet wurde.
Der Verfasser schuldet verschiedenen Herren großen Dank für die Förderung dieser Arbeit: Dem Direktor des AEG-Instituts für Automation, Herrn Dr. E. Krochmann, und dem Entwicklungsleiter des AEG-Fachgebietes Industrielle Elektronik, Herrn Dipl.-Ing. G. Gloede. Dem früheren Leiter der Arbeitsgruppe Theorie und Rechentechnik im AEG-Institut für Automation, Herrn Prof. Dr. O. Föllinger, dankt der Verfasser besonders für seine intensive Anteilnahme und für zahlreiche nützliche sachliche Hinweise. Herrn cand. nat. B. Reusch sei schließlich Dank ausgesprochen für seine wertvolle Mitarbeit an dieser Ausarbeitung.

Der Verfasser

Vorwort zur 5. Auflage

Da das Handbuch nach wie vor stark gefragt ist, erscheint diese Neuauflage. Sie entspricht dem neuesten Entwicklungsstand der Digitaltechnik. Ergänzt wurden vor allem die Abschnitte über die Realisierung von digitalen Schaltkreissystemen und über die Anwendung von Datenverarbeitungsanlagen.
Auch diesmal möchte ich mich bei allen Fachleuten bedanken, die mir mit ihren Hinweisen Ergänzungs- und Änderungsvorschläge machten. Herrn Dr. Pandit und Herrn Dipl.-Ing. Jacob möchte ich ganz besonders für ihre Kritik und Hilfe bei der Überarbeitung danken.

Der Verfasser

Inhaltsverzeichnis

1. Methodische Grundlagen der Digitaltechnik

1.1. Grundsätzliches, Zahlensysteme

1.1.1. Digitalprinzip, Analogprinzip

Zur Darstellung von Größen z. B. physikalischer oder volkswirtschaftlicher Natur können zwei grundsätzlich verschiedene Prinzipien angewendet werden. Die Ausfuhr der Bundesrepublik Deutschland auf dem Gebiet der Werkzeugmaschinen und Walzwerkanlagen (statistisches Jahrbuch) in verschiedene Länder im Jahre 1961 kann durch Rechtecke dargestellt werden, deren Länge ein Maß für den Exportwert ist und mit einem Vergleichsnormal verglichen werden muß (Bild 1/1). Diese Darstellung bezeichnet man als analog. Es besteht eine Analogie zwischen den Rechtecklängen und dem Exportwert der Werkzeugmaschinen. Gänzlich unterschieden hiervon ist die Digitaldarstellung der gleichen Zusammenhänge (Bild 1/1). Hierbei werden die einzelnen Größen durch Aneinanderreihen verschiedener Ziffern (digits) mit unterschiedlichen Gewichten dargestellt. Es ist augenscheinlich, daß die Stufigkeit und damit die Genauigkeit der Größenangabe bei digitaler Darstellung durch Hinzufügen weiterer Ziffern beliebig erhöht werden kann, während der Genauigkeit der analogen Darstellung Grenzen gesetzt sind. Dies gilt in gleichem Maße auch für die Darstellung physikalischer Größen. Die Genauigkeit etwa der Messung elektrischer Spannungen ist bei einer digitalen Darstellungsweise mit geringem Mehraufwand beliebig zu steigern, während bei analoger Messung etwa durch einen analogen Zeigerausschlag die Genauigkeit oberhalb einer bestimmten Grenze nur noch mit großem Mehraufwand erhöht werden kann. Diese Zusammenhänge werden qualitativ durch die Funktionsdarstellung im Bild 1/2 veranschaulicht. Man erkennt aus diesem Bild, daß unter einer bestimmten Genauigkeitsgrenze die Analogdarstellung und darüber die Digitaldarstellung vorzuziehen ist.

Die digitale Darstellung im Bild 1/1 erreicht man durch Aneinanderreihen von Ziffern, die mit Gewichtsfaktoren (Potenzen von 10) behaftet sind, also in dem Zahlensystem, das den Namen Dezimalzahlensystem trägt.

Land	Analogdarstellung	Digitaldarstellung
Frankreich		209 310 300 DM
Italien		177 412 200 DM
England		144 804 100 DM
Argentinien		91 296 700 DM
Dänemark		30 010 100 DM
		100 000 000 DM

Bild 1/1. Darstellungsprinzipien für Größen (als Beispiel: Ausfuhr an Werkzeugmaschinen und Walzwerkanlagen der Bundesrepublik Deutschland ins Ausland)

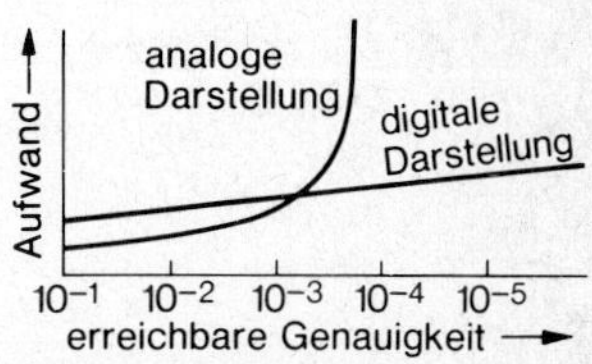

Bild 1/2. Zusammenhänge zwischen Kosten und Genauigkeit

1.1.2. Zahlensysteme

1.1.2.1. Polyadische Zahlensysteme

Will man eine Zahl als Dezimalzahl darstellen, so reiht man Ziffern aneinander. Die Zahl $S = 25\,473{,}9$ z. B. ist in diesem Sinne aufzufassen als Abkürzung einer komplizierteren Summenschreibweise in der Form $S = 2 \cdot 10^4 + 5 \cdot 10^3 + 4 \cdot 10^2 + 7 \cdot 10^1 + 3 \cdot 10^0 + 9 \cdot 10^{-1}$. Die einzelnen Ziffern der Zahl werden also mit Gewichten multipliziert, die Potenzen von 10 sind. Die Basis dieser Potenzen führt zum Namen des Zahlensystems. Während also das Dezimalsystem die Basis 10 hat, hat das Oktalsystem die Basis 8, das Ternärsystem die Basis 3, das Dualzahlensystem die Basis 2 usw. Die Zahl $S = 672{,}32$ hat im Oktalsystem daher die Bedeutung $S = 6 \cdot 8^2 + 7 \cdot 8^1 + 2 \cdot 8^0 + 3 \cdot 8^{-1} + 2 \cdot 8^{-2}$. Die Zahl 1011,1 im Dualzahlensystem hat dagegen die Bedeutung $1 \cdot 2^3 + 0 \cdot 2^2 + 1 \cdot 2^1 + 1 \cdot 2^0 + 1 \cdot 2^{-1}$.

Um Verwechslungen auszuschließen, wird häufig die 1 des Dualzahlensystems als L geschrieben, um zu vermeiden, daß z. B. die Beziehung 101 = 5 (101 dual und 5 dezimal) falsch aufgefaßt werden kann. Die dezimale 5 würde bei dieser Schreibweise im Dualzahlensystem als $\mathrm{L0L} = 1 \cdot 2^2 + 0 \cdot 2^1 + 1 \cdot 2^0$ geschrieben.

Wieviel unterscheidbare Ziffern benötigt man nun in einem Zahlensystem mit der Basis B? Die Antwort läßt sich leicht an Hand eines Beispiels formulieren. Beim Ternärsystem läßt sich die Dezimalzahl 3 durch 10 darstellen (Tabelle 1/1). Man muß daher nur die drei Ziffern 0, 1, 2 haben, aus denen sich beliebige Zahlen darstellen lassen. Ebenso werden beim Oktalsystem nur die acht Ziffern 0, 1, bis 7 benötigt. Die Dezimalzahl 8 ist im Oktalsystem nämlich durch 10 darstellbar, die Dezimalzahl 9 durch 11 usw. Man benötigt zur Darstellung der Zahlen in einem Zahlensystem immer gerade so viel Ziffern, wie die Basiszahl des Systems angibt. Die höchste Ziffer eines Zahlensystems ist immer um 1 kleiner als die Basiszahl.

Tabelle 1/1. Darstellung von Zahlen in verschiedenen Zahlensystemen

Dezimalzahl	Ternärzahl	Dualzahl
0	0	0
1	1	L
2	2	L0
3	10	LL
4	11	L00
5	12	L0L
6	20	LL0
7	21	LLL
8	22	L000
9	100	L00L
10	101	L0L0
$11 = 1 \cdot 10^1 + 1 \cdot 10^0$	$102 = 1 \cdot 3^2 + 2 \cdot 3^0$	$\mathrm{L0LL} = 1 \cdot 2^3 + 1 \cdot 2^1 + 1 \cdot 2^0$
12	110	LL00
13	111	LL0L
14	112	LLL0
15	120	LLLL
16	121	L0000
17	122	L000L
18	200	L00L0
19	201	L00LL
20	202	L0L00

Zusammenfassend kann gesagt werden: Eine Folge von Ziffern hat im Dezimalsystem die Bedeutung

$$a_n a_{n-1} a_{n-2} \ldots a_1 a_0, a_{-1} a_{-2} \ldots a_{-m} = \sum_{k=-m}^{n} a_k \cdot 10^k .$$

In einem System mit der Basis B dagegen bedeutet diese Folge

$$a_n a_{n-1} a_{n-2} \ldots a_1 a_0, a_{-1} a_{-2} \ldots a_{-m} = \sum_{k=-m}^{n} a_k \cdot B^k .$$

Sämtliche Zahlensysteme dieser Art sind sogenannte polyadische Zahlensysteme im Gegensatz zu den sogenannten Restklassensystemen (siehe Abschnitt 1.1.2.5).
Um die bisher betrachteten Zusammenhänge durch ein Beispiel zu verdeutlichen, sind in Tabelle 1/1 die dezimalen Zahlen 0 bis 20 im Ternärsystem und im Dualzahlensystem dargestellt. Als Beispiel ist die Bedeutung der Ziffernfolgen erläutert, die in den drei betrachteten Zahlensystemen die dezimale 11 darstellen. Bemerkenswert ist, daß man im Ternärsystem nur noch drei, im Dualzahlensystem sogar nur zwei unterscheidbare Ziffern benötigt. Das ist für technische Zwecke von großer Bedeutung.

1.1.2.2. Umrechnung zwischen Zahlensystemen

Beachtet man den abkürzenden Charakter der Schreibweise von Zahlen durch Aneinanderreihen von Ziffern, so kann man auch jede ganze Zahl durch eine Summe in der Form

$$N = a_n q^n + a_{n-1} q^{n-1} + \ldots + a_1 q + a_0 q^o + \ldots + + a_{-m} q^{-m} \tag{1.1}$$

darstellen. Hierin sind die Koeffizienten a_k Ziffern, die zu den q unterscheidbaren Ziffern 0, 1, ..., (q − 1) des betreffenden Zahlensystems mit der Basis q gehören. Die Beziehung (1.1) kann nun bei Division durch q stets in die Form

$$\frac{N}{q} = S + \frac{r}{q} \tag{1.2}$$

gebracht werden, worin S und $r < q$ ganze Zahlen sind und r einen nicht mehr durch q dividierbaren Rest des Divisionsprozesses darstellt. Soll nun eine ganze Zahl N_p aus einem System mit der Basis p in einem System mit der Basis q als N_q dargestellt werden, so läßt sich mit (1.1) stets die Beziehung

$$\frac{N_p}{q} = a_n q^{n-1} + \ldots + \frac{a_0}{q} = S_0 + \frac{a_0}{q} \tag{1.3}$$

angeben, deren Koeffizienten a_k berechnet werden müssen. Durch Vergleich mit (1.2) findet man, daß der sich ergebende Rest r gerade gleich a_0 ist; $a_0 = r_0$. Wendet man die gleiche Operation auf die ganze Zahl S_0 an, so folgt

$$\frac{S_0}{q} = a_n \cdot q^{n-2} + \ldots + \frac{a_1}{q} = S_1 + \frac{a_1}{q} \tag{1.4}$$

Hiermit findet man $a_1 = r_1$. In gleicher Weise ergeben sich die Koeffizienten a_k. Setzt man dieses Verfahren so lange fort, bis keine Division mehr möglich ist, bis also $S_k = 0$ ist, so findet man die gesuchten Koeffizienten $a_0 \ldots a_n$.
Als Beispiel soll die Dezimalzahl 28 auf diese Weise in eine Dualzahl verwandelt werden.

$$
\begin{aligned}
28 : 2 &= 14 \text{ Rest } 0, \quad a_0 = 0,\\
14 : 2 &= 7 \text{ Rest } 0, \quad a_1 = 0,\\
7 : 2 &= 3 \text{ Rest } 1, \quad a_2 = \mathrm{L},\\
3 : 2 &= 1 \text{ Rest } 1, \quad a_3 = \mathrm{L},\\
1 : 2 &= 0 \text{ Rest } 1, \quad a_4 = \mathrm{L}.
\end{aligned}
$$

Die Dezimalzahl $N_{10} = 28$ ist also gleich der Dualzahl $N_2 = \mathrm{LLL00}$. Dieses Verfahren eignet sich gut zum Verwandeln einer Dezimalzahl in eine Zahl eines anderen Zahlensystems. Zur Verwandlung einer nicht im Dezimalsystem gegebenen Zahl ist dieses Verfahren nicht so leicht anzuwenden, da die Division z. B. einer Oktalzahl aus Gründen der Gewöhnung an das Dezimalsystem nicht ganz leichtfällt. Soll also eine derartige Zahl in ein anderes Zahlensystem gebracht werden, so ist eine vorherige Verwandlung in eine Dezimalzahl zweckmäßig. Man multipliziert die einzelnen Ziffern der gegebenen Zahl mit den mit ihnen verbundenen Gewichtsfaktoren und errechnet dann die dezimale Summe. Als Beispiel sei die Dualzahl $N_2 = \mathrm{LL0L0}$ in eine Dezimalzahl verwandelt:

$$\mathrm{LL0L0} = 1 \cdot 2^4 + 1 \cdot 2^3 + 0 \cdot 2^2 + 1 \cdot 2^1 + 0 \cdot 2^0 = 16 + 8 + 2 = 26.$$

Die duale Zahl $N_2 = \mathrm{LL0L0}$ entspricht also der dezimalen Zahl $N_{10} = 26$. In einer etwas einfacheren Variante kann man diese Umwandlung nach dem in Bild 1/3 dargestellten Schema vornehmen. Natürlich läuft diese Umwandlungsmethode auf das gleiche hinaus, wie die angegebene Addition der mit ihren Gewichten multiplizierten Dualziffern. Wie man erkennt, wird durch die zweite Methode ebenfalls dafür gesorgt, daß die in der gegebenen Dualzahl ganz links stehende Ziffer 1 durch viermalige Multiplikation mit 2 schließlich im Ergebnis mit dem Gewicht 2^4 behaftet erscheint, während die rechts davon stehende Dualziffer 1 nur dreimal mit 2 multipliziert wird und daher in das Ergebnis nur mit dem Gewicht 2^3 eingeht usw.
Eine noch zu klärende Frage ist die Umwandlung von Ziffern, die rechts vom Komma einer gegebenen, in ein anderes Zahlensystem zu verwandelnden Zahl stehen. Diese Frage soll an dem Beispiel der Dezimalzahl $N_{10} = 28{,}625$ geklärt werden, die ins Dualzahlensystem verwandelt werden soll. Zunächst wird die ganze Zahl 28 in die duale Zahl LLL00 verwandelt. Der dezimale Rest 0,625 wird dann nach folgendem Schema umgewandelt:

$$
\begin{aligned}
0{,}625 \cdot 2 &= 1{,}25 = 0{,}25 + 1 = 0{,}25 + a_{-1}\\
0{,}25 \cdot 2 &= 0{,}5 = 0{,}5 + 0 = 0{,}5 + a_{-2}\\
0{,}5 \cdot 2 &= 1 = 0 + 1 = 0 + a_{-3}\\
0 \cdot 2 &= 0
\end{aligned}
$$

Die Dezimalzahl 0,625 ist also gleich der Dualzahl 0,L0L. Die Dezimalzahl 28,625 ist im Dualsystem also durch LLL00,L0L

Bild 1/3. Umwandlung einer Dualzahl in eine Dezimalzahl

gegeben. Man muß beim Verwandeln von Ziffernfolgen, die rechts vom Komma stehen, darauf achten, daß diese Ziffern mit Gewichtsfaktoren behaftet sind, die negative Exponenten tragen. Diese Ziffernfolgen müssen daher nicht durch die Basis q des gewünschten neuen Zahlensystems dividiert, sondern mit ihr multipliziert werden.

1.1.2.3. Addition und Multiplikation von Dualzahlen

Dualzahlen werden nach folgenden Regeln addiert und multipliziert:

0 + 0 = 0	0 · 0 = 0
0 + L = L	0 · L = 0
L + 0 = L	L · 0 = 0
L + L = L0	L · L = L.

Die Dualzahlen LL0L0 und 0L0LL addiert man wie folgt:

```
  LL0L0
+ 0L0LL
-------
 L00L0L
```

Ebenso leicht lassen sich diese beiden Zahlen multiplizieren:

```
L0LL · LL0L0
------------
       LL0L0
      LL0L0
     00000
    LL0L0
------------
   L000LLLL0
```

Hierbei benötigt man also lediglich die elementare Kenntnis 1 · 1 = 1.

1.1.2.4. Vorzüge des Dualzahlensystems

Ein Vorzug des Dualzahlensystems, seine leichte arithmetische Manipulierbarkeit, kann aus den Rechenbeispielen des vorigen Abschnitts ersehen werden. Viel bedeutsamer noch ist die Tatsache, daß das Dualzahlensystem nur zwei unterscheidbare Zeichen 0 und L hat. Jede beliebige Zahl wird also aus Ziffernfolgen von diesen beiden Ziffern dargestellt.
In technischen Anwendungen ist diese Eigenschaft sehr günstig, da man zwei verschiedene technische Zustände sehr einfach erzeugen kann. Man kann etwa der 0 und dem L folgende technische Zustände zuordnen:

L	0
Strom	kein Strom
Spannung	keine Spannung
Impuls	kein Impuls
positive Magnetisierung	negative Magnetisierung
Lochung in der Lochkarte	fehlende Lochung
Kontakt geschlossen	Kontakt geöffnet

Dadurch, daß man nur noch zwei verschiedene Zustände unterscheiden muß, hat man leichte Verarbeitungsregeln. Zahlen können dann als Impulsfolgen dargestellt werden, wobei das

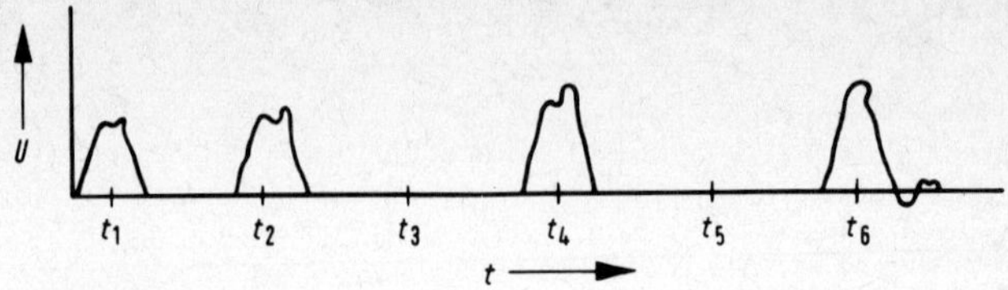

Bild 1/4. Impulsdarstellung einer Dualzahl

Vorhandensein eines Impulses als L, das Fehlen als 0 gewertet wird. Die Höhe des Impulses ist hier in weitem Rahmen ohne Einfluß auf die Wertung der Information. Dadurch wird eine große Unabhängigkeit von speziellen Leitungseigenschaften und Störungen gewonnen. Würde die im Bild 1/4 dargestellte Impulsfolge empfangen werden, so könnte sie, auch bei sehr stark schwankender Impulsform und -höhe jederzeit als LL0L0L verstanden werden.
Als weiteren Vorzug kann man beim Dualzahlensystem (wie bei allen zweiwertigen Systemen und Kodes) das Vorhandensein einer zweiwertigen Algebra, der Booleschen Algebra, bezeichnen, mit deren Hilfe sich der Entwurf von digitalen Systemen stark formalisieren und erleichtern läßt.

1.1.2.5. Restklassensysteme

Die bisher betrachteten Zahlensysteme, polyadisch genannt, sind stets durch eine feste Basiszahl charakterisierbar, die die Basis der Bewertungspotenzen darstellt. Gänzlich verschieden von der Darstellungsweise der Zahlen in diesen Systemen ist die Darstellung von Zahlen in Restklassensystemen [1, 7].
Ein Restklassensystem ist nicht durch eine einzige Basiszahl charakterisiert, sondern durch eine Folge von Zahlen, die auch hier den Namen Basis trägt. Eine vorgegebene Zahl X wird nun in einem Restklassensystem dargestellt durch die Reste, die übrigbleiben, wenn man X nacheinander durch die einzelnen Zahlen der Basis dividiert. Es sei z. B. die Dezimalzahl 13 gegeben, die in dem Restklassensystem mit der Basis $p = 3, 4, 5, 7, 11$ darzustellen ist. Man gewinnt die gewünschte Darstellung in folgender Weise:

13 : 3 = 4 Rest 1
13 : 4 = 3 Rest 1
13 : 5 = 2 Rest 3
13 : 7 = 1 Rest 6
13 : 11 = 1 Rest 2

Die Dezimalzahl 13 findet also im Restklassensystem mit der Basis $p = 3, 4, 5, 7, 11$ die Darstellung 11 362. Auf die gleiche Weise kann man die Dezimalzahl 16 in diesem Restklassensystem darstellen als 10125. Der Vorzug einer derartigen Zahlendarstellung liegt in den sehr einfachen arithmetischen Verarbeitungsregeln für Addition und Multiplikation, wie dies an der Summe 13 + 16 und an dem Produkt 13 · 16 vorgeführt werden soll. Man schreibt sich zunächst die Basiszahlen hin und darunter die zu addierenden oder zu multiplizierenden Zahlen in Restklassendarstellung.
Die Summe bildet man dann, indem man die einzelnen Ziffern der zu addierenden Zahlen summiert und prüft, ob die sich ergebende

	Basis	3,	4,	5,	7,	11
	13 ≙	1	1	3	6	2
	16 ≙	1	0	1	2	5
13 + 16 =	29 ≙	2	1	4	1	7
13 · 16 =	208 ≙	1	0	3	5	10

Ziffernsumme kleiner als die darüberstehende Basiszahl ist. Ist dies der Fall, so ergibt diese Ziffernsumme gerade die richtige Ziffer der Gesamtsumme der beiden Zahlen. Im Beispiel ergibt die Summe der beiden letzten Ziffern von 11362 und 10125 gerade $2 + 5 = 7 < 11$. Die Summe hat als letzte Ziffer also 7. Wenn dagegen die Ziffernsumme gleich oder größer wird als die darüberstehende Basiszahl, so muß sie noch einmal durch diese Basiszahl dividiert werden, so daß sich ein Rest ergibt, der kleiner als die Basiszahl ist. Der sich ergebende Rest ist dann gerade die gewünschte Summenziffer. Im Beispiel trifft dies auf die Summe der vorletzten Ziffern 2 und 6 zu, da $2 + 6 = 8 > 7$ ist. Daher folgt $8 : 7 = 1$ Rest 1. Dieser Rest 1 ist also die sich an dieser Stelle ergebende Summenziffer.
Das Produkt zweier Restklassenzahlen wird in ganz analoger Weise gebildet.
Der Vorteil dieser Restklassensysteme beruht darauf, daß man bei Addition und Multiplikation keine Überträge zu erwarten hat, von einem Rechengerät die einzelnen Ziffern also gleichzeitig ohne Übertragungsverzögerung miteinander multiplizieren oder addieren und dadurch sehr schnell rechnen kann.
Nachteilig ist bei diesen Systemen, daß die Zahlendarstellung nur in einem bestimmten Bereich eindeutig ist, der durch das kleinste gemeinschaftliche Vielfache der Basiszahlen gegeben ist. In einem Restklassensystem mit der Basis $p = 2, 3, 7, 9, 10, 20, 30$ etwa wäre dieser Eindeutigkeitsbereich durch das kleinste gemeinschaftliche Vielfache der Basiszahlen als 1260 gegeben. Es können also nur Dezimalzahlen zwischen 0 und 1260 (ausschließlich 1260) in diesem System eindeutig dargestellt werden. Die Dezimalzahl 1260 hätte in diesem System wieder das Aussehen der dezimalen 0, die Zahl 1261 das Aussehen der dezimalen 1 usw.
Um diese Eindeutigkeitsbereiche möglichst groß zu halten, empfiehlt es sich, die Basiszahlen teilerfremd zu wählen.
Eine gewisse Schwierigkeit liegt bei Restklassensystemen auch noch in der Rückverwandlung von Restklassenzahlen in das dezimale oder in ein anderes polyadisches System. Bei einem Restklassensystem mit m Basiszahlen müssen m einfache Gleichungen gelöst werden, wobei als Lösungen nur ganze Zahlen in Frage kommen (Diophantische Gleichungen).
Trotz dieser Schwierigkeiten ist der Vorzug der extrem schnellen Verarbeitbarkeit von Restklassenzahlen so groß, daß über derartige Systeme viele Untersuchungen angestellt wurden und werden.

1.1.3. Rückführung von Multiplikation und Division auf Addition und Subtraktion

Die in Digitalrechnern vorzunehmenden Multiplikations- und Divisionsoperationen lassen sich auf Additions- und Sub-

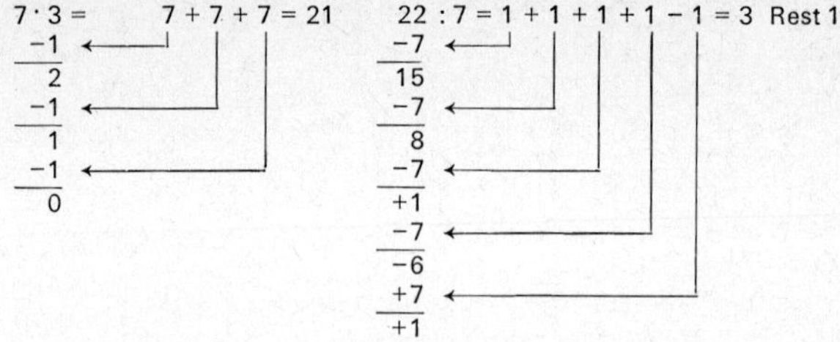

Bild 1/5. Multiplikation und Division von Zahlen

traktionsoperationen zurückführen. Mit geeigneten Mitteln, z. B. Wahl bestimmter Kodes, kann auch die Subtraktion auf eine Addition zurückgeführt werden, so daß sich alle vier Grundrechenarten auf die Addition zurückführen lassen, also auf eine, z. B. besonders bei Dualzahlen, sehr leicht durchzuführende Rechenoperation.

An zwei Beispielen sei grob erläutert, wie Multiplikation durch Addition und Division durch Subtraktion zu ersetzen ist (Bild 1/5). Bei der Multiplikation zweier Zahlen wird der Multiplikand M zunächst einmal im Ergebnisspeicher gespeichert, und dann vom Multiplikator 1 subtrahiert; dann wird geprüft, ob diese Differenz D_1, Multiplikator minus 1, größer als 0 ist. Wenn ja, so wird zu dem bereits gespeicherten Wert M des Multiplikanden der gleiche Wert M noch einmal addiert und gleichzeitig von D_1 wieder 1 subtrahiert ($D_2 = D_1 - 1$). Sofern $D_2 > 0$, wird zu $M + M$ noch einmal M addiert und D_2 um 1 vermindert ($D_3 = D_2 - 1$). Dies wird so lange fortgesetzt, bis sich ein D_k ergibt, für das die Prüfung, ob $D_k > 0$ ist, negativ ausfällt. Der dann im Ergebnisspeicher stehende Wert ist gleich dem gewünschten Produkt. Hier wurde also eine Multiplikation auf die fortgesetzte, von bestimmten Bedingungen abhängige Addition des Multiplikanden zurückgeführt.

Sehr ähnlich ist die Rückführung einer Division auf eine Subtraktion. Der Divisor wird vom Dividenden subtrahiert, so daß sich die Differenz D_1 ergibt. Hierbei wird 1 gespeichert, da der Divisor offenbar mindestens einmal im Dividenden enthalten ist. Dies muß jedoch geprüft werden, indem man abfragt, ob $D_1 > 0$ ist. Wenn ja, so wird zu der gespeicherten 1 eine weitere 1 addiert. Von D_1 wird jetzt wieder der Divisor subtrahiert. Die Differenz ist D_2. D_2 wird geprüft auf $D_2 > 0$. Dies wird so lange fortgesetzt bis $D_k \leqq 0$. Dann muß noch geprüft werden, ob $D_k < 0$ ist, ob man den Divisor also einmal zuviel vom Dividenden subtrahiert hat. Ist dies der Fall, so muß die im Ergebnisspeicher befindliche Summe noch um 1 vermindert werden. Das Ergebnis ist dann der gewünschte Quotient.

Multiplikation und Division kann also durch Addition und Subtraktion ersetzt werden. Dabei müssen noch sehr einfach zu realisierende Ja-Nein-Entscheidungen hinzukommen.

1.2. Kodes

1.2.1. Sinn einer Kodierung

Im Abschnitt 1.1.2 wurden verschiedene Zahlensysteme behandelt. Auf die besonderen Vorzüge des Dualzahlensystems wurde hierbei hingewiesen. In diesem System werden die Zahlen durch Folgen von 0 und L dargestellt. Die einzelnen

Ziffern sind in diesen Folgen mit Gewichten behaftet, die aus Potenzen von 2 gebildet sind. Die Ziffernfolge 0LL0 z. B. ist zu lesen als $0 \cdot 2^3 + 1 \cdot 2^2 + 1 \cdot 2^1 + 0 \cdot 2^0$, stellt also die dezimale 6 dar. Nun kommt es jedoch vor, daß man nicht nur Zahlen darstellen will, sondern andere Zeichen oder Begriffe. Beim Fernschreiber muß man z. B. das Alphabet verschlüsseln. Hierzu kann natürlich ein Zahlensystem nicht benutzt werden. Wohl aber können die Vorteile des Dualzahlensystems mit seinen nur zwei unterscheidbaren Zeichen 0 und L auch auf die Darstellung von nichtnumerischen Zeichen übertragen werden, wenn man sich eines Schlüssels bedient, der den zu verschlüsselnden Zeichen Folgen von 0 und L zuordnet. Derartige Folgen werden dann nicht mehr in einem Zahlensystem interpretiert, sondern an Hand dieses Schlüssels. Man kann sich etwa Zuordnungsvorschriften vorstellen, die die Folge LL000 dem Buchstaben *A*, die Folge L00LL dem Buchstaben *B*, die Folge 0LLL0 dem Buchstaben *C* und andere Folgen aus 0 und L den weiteren Buchstaben des Alphabets zuordnen. Einen derartigen Schlüssel nennt man einen Kode. Kodieren bedeutet also Verschlüsseln von Zeichen, Buchstaben oder, allgemein, von Informationen. Sind die den zu verschlüsselnden (zu kodierenden) Zeichen zugeordneten Kodezeichen Folgen aus 0 und L, also aus nur zwei unterschiedlichen Zeichen, so nennt man ein derartiges Zuordnungssystem einen binären Kode. Die digitale Technik beruht weitgehend auf binärer Kodierung von Informationen. Selbstverständlich können auch numerische Informationen beliebig kodiert werden und müssen nicht in den speziellen Kodeformen der Zahlensysteme dargestellt werden.

Durch Kodieren können die zu verarbeitenden Informationen in eine Form gebracht werden, die für die technische Verarbeitung besonders günstig ist. Man kann die kodierten Informationen leichter, sicherer oder schneller übertragen, man kann auf Grund spezieller Kodierungen eine Fehlererkennbarkeit oder Korrigierbarkeit von falsch übertragenen Informationen herbeiführen. Schließlich können Kodes aus Gründen der Geheimhaltung benutzt werden (Schlüsselverfahren der Telegraphie) [2, 3, 8 bis 11].

1.2.2. Gray-Kode

Die Genauigkeit numerischer Informationen ist bei der digitalen Darstellungsart beliebig hoch. Wählt man als digitale Darstellungsart besonders einen binären Kode, so hat man zusätzlich noch die technischen Vorteile, die ein mit nur zwei verschiedenen Werten arbeitendes System hat. Die Auswahl eines geeigneten binären Kodes ist jedoch sehr stark an die Forderungen gebunden, die an die digitale Information bezüglich ihrer Verarbeitbarkeit gestellt werden. Bei Informationen, die im wesentlichen arithmetischen Operationen unterworfen werden, sieht ein zweckmäßig zu wählender Kode natürlich anders aus als bei Informationen, die hauptsächlich Übertragungsoperationen etwa auf Leitungen unterworfen werden und bei denen eine größtmögliche Sicherheit der Übertragung gewährleistet werden soll. Ein Beispiel zeigt, wie für eine bestimmte technische Sachlage und Verarbeitungsforderung einige Kodes unbrauchbar und andere zweckmäßig sein können.

In diesem Beispiel soll ein zurückgelegter Weg, z. B. von einem Drehbanksupport, ständig digital erfaßt werden (Bild 1/6, rechts). Hier wird als Kode das Dualzahlensystem benutzt. Das duale L wird technisch durch leitende und spannungführende Kontaktbahnen dargestellt, die im Bild schwarz markiert sind. Die duale Ziffer 0 wird entsprechend durch das Fehlen dieser Kontaktbahnen dargestellt. Auf diese Weise wird eine nicht bewegte Platte kodiert, über die sich nun ein Gleitstück mit vier Bürsten bewegen kann. Dies Gleitstück ist zum Beispiel mit dem Drehbanksupport mechanisch verbunden, dessen Bewegung digital erfaßt werden soll. Immer wenn eine der Bürsten auf einer Kontaktbahn liegt, liegt auch an der entsprechenden Leitung y Spannung. An den vier Leitungen y_1, y_2, y_3 und y_4 kann also stets die digitale Information über den von dem Gleitstück zurückgelegten Weg abgenommen und weiterverarbeitet werden. Wird das Dualzahlensystem als Kode verwendet (Bild 1/6, rechts), treten aber unerwünschte Nebenerscheinungen auf. Wenn z. B. das Gleitstück aus der Stellung *1* in die Stellung *2* wechselt, so kann während dieses Übergangs kurzzeitig in den Leitungen y_3 und y_4 Spannung liegen. Das deutet das System aber als die Weginformation mit dem Wert *3*. Die sich ergebenden digitalen Signale verhalten sich also so, als ob das Gleitstück zunächst von *1* auf *3* und dann erst auf *2* laufen würde. Noch unangenehmer kann sich der Übergang von *7* auf *8* auswirken, wenn hier nämlich alle vier Bürsten kurzzeitig an Spannung liegen. Das digitale Signal verhält sich so, als ob zunächst das Gleitstück von *7* auf *15* und von *15* dann auf *8* übergehe. Ein ähnliches Verhalten tritt auch an anderen Übergangsstellen der kodierten Platte auf. Hieraus resultiert die Unbrauchbarkeit des benutzten Kodes.

Für derartige Zwecke ist der Gray-Kode dagegen sehr gut geeignet. Bei diesem binären Kode werden die Dezimalzahlen in folgender Weise verschlüsselt:

Dezimal	Gray-Kode	Dezimal	Gray-Kode
0	= 0000	8	= 1100
1	= 0001	9	= 1101
2	= 0011	10	= 1111
3	= 0010	11	= 1110
4	= 0110	12	= 1010
5	= 0111	13	= 1011
6	= 0101	14	= 1001
7	= 0100	15	= 1000

Auf der linken Seite des Bildes 1/6 ist die zu kodierende Platte nun im Gray-Kode kodiert. Man überzeugt sich leicht, daß die soeben erwähnten Schwierigkeiten hier nicht auftauchen, da sich hier bei einem Übergang stets nur eine Ziffer in ihrem Wert ändern kann, bei jedem Zeilenübergang also nur einmal ein Übergang von 0 auf L oder von L auf 0 vorkommt. An den vier Bürsten nimmt man während eines Übergangs von einer Zeile zur anderen entweder noch die bisherige Information oder dann sogleich die neue Information ab. Falsche Zwischenwerte können hier nicht auftreten. Der Gray-Kode, der wegen seines Aufbaues auch reflektiert-binärer Kode genannt wird, ist für eine derartige digitale Wegerfassung also gut geeignet, während das Dual-

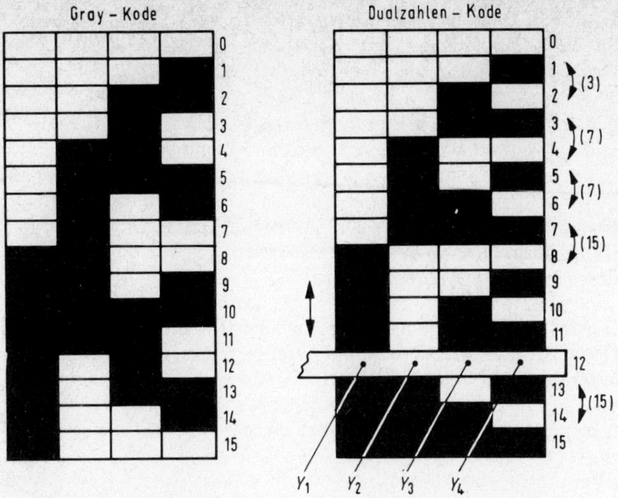

Bild 1/6. Digitale Wegmessung im Dualsystem und im Gray-Kode

zahlensystem sich hier als Kode als ungeeignet erweist. Natürlich muß man bei der Weiterverarbeitung dieser im Gray-Kode gewonnenen Weginformationen berücksichtigen, daß die einzelnen Ziffernfolgen hier die besonderen im Gray-Kode definierten Bedeutungen haben, daß also 1111 hier der dezimalen 10 und nicht wie im Dualzahlensystem der 15 entspricht. Häufig wird die im Gray-Kode gewonnene Weginformation gleich anschließend in einen anderen Kode umkodiert, um damit eine leichtere Weiterverarbeitung zu ermöglichen.

Zu ergänzen ist noch, daß man eine derartige Kodierung auch auf Scheiben vornehmen kann, wodurch dann eine digitale Winkelmessung ermöglicht wird. Über die Genauigkeit einer derartigen Weg- oder Winkelmessung entscheidet nur die Anzahl der benutzten Spuren, also die Anzahl der Ziffern, die zu einer speziellen Weg- oder Winkelinformation benutzt werden. Selbstverständlich können die einzelnen Informationen auch optisch abgenommen werden, wenn man die Kontaktflächen etwa durch undurchsichtige Stellen einer Glasscheibe und die Bürsten durch Photozellen ersetzt.

1.2.3. Fernschreibalphabet nach CCIT 2

Zur Übertragung alphanumerischer Informationen auf dem Fernschreib- oder Funkweg sind einige Kodes vereinbart worden, z. B. das Fernschreibalphabet nach CCIT 2. Es verschlüsselt die Buchstaben des Alphabets durch Ziffernfolgen aus je 5 binären Ziffern, also aus fünfziffrigen Folgen von 0 und L. Einige der von CCIT 2 vereinbarten Zuordnungsvorschriften:

A ≙ LL000
B ≙ L00LL
C ≙ 0LLL0
D ≙ L00L0
bis
Z ≙ L000L

Das Wort Bad wird vom Fernschreiber also in eine Impulsfolge LOOLL, LLOOO, LOOLO, umgesetzt und auf der Leitung in dieser Weise übertragen.

1.2.4. Das Auftreten von Kodewörtern

Die in einem Kode bestimmten Informationen zugeordneten Ziffernfolgen werden kurz Kodewörter oder digitale Wörter genannt. Ziffernfolgen aus 0 und L sind dann entsprechend binäre Kodewörter. Der Begriff *Wort* wird auch für jede digitale Information in Form einer ein bestimmtes Zeichen verschlüsselnden Ziffernfolge gebraucht.

Da in fast allen digitalen Systemen Kodes als Operations- und Übertragungssprache benötigt werden, läßt sich für das Auftreten von Kodewörtern in digitalen Systemen ein allgemeines, im Bild 1/7 dargestelltes Schema geben. Bei einer Fernmessung z. B. wird der Meßwert zunächst digital verschlüsselt und über eine Leitung übertragen. Die im Bild 1/7 angedeutete Verarbeitung der Kodewörter könnte in diesem Beispiel etwa eine einfache Zwischenverstärkung sein Am Empfangsort wird der digital verschlüsselte Meßwert wieder entschlüsselt und angezeigt.

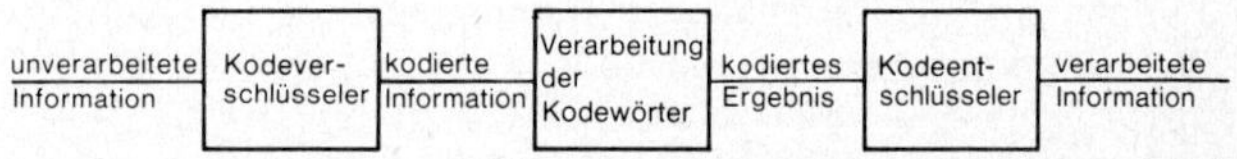

Bild 1/7. Schematische Darstellung der Verarbeitung einer Information

Ein anderes Beispiel für ein derartiges Auftreten von Kodewörtern ist die digitale Lageregelung einer Werkzeugmaschinenwelle. Der Lage-Istwert wird z. B. mit einer im Gray-Kode aufgebauten Meßwerterfassung ins Digitale umgesetzt. Die Kodewörter des Gray-Kodes werden umkodiert, z. B. also zu Kodewörtern des Dualzahlensystems verarbeitet. Die weitere Verarbeitung besteht in einem digitalen Vergleich zwischen Soll- und Istwert. Die Sollwert-Istwert-Differenz wird schließlich ins Analoge umgesetzt, etwa in einen Spannungswert und über einen Regler dem Stellglied zugeführt.

Ein weiteres Beispiel für den Ablauf der Verarbeitung von Kodewörtern nach Bild 1/7 gibt der Digitalrechner, dem ein Operationsbefehl gegeben wird, z. B. der Befehl: Addiere *A* zu *B*. Dieser Befehl wird nun zunächst durch einen Autokoder in einen kodierten Befehl umgewandelt, den das Rechengerät jetzt verarbeitet und umsetzt zu einem kodierten Ergebnis. Dieses Ergebnis wird dann erst wieder entschlüsselt und dann etwa in Form von Dezimalzahlen gedruckt.

Der im Bild 1/7 dargestellte Zusammenhang vermittelt also zumindest im groben Umriß eine gewisse Vorstellung von der Art des Auftretens von Kodewörtern in digitalen Systemen.

1.2.5. Serien- und Parallelbetrieb

Im Abschnitt 1.2 wurde der Gray-Kode erläutert. In diesem Kode werden die einzelnen Ziffern eines Kodewortes über je eine Leitung abgenommen und weiterverarbeitet. Eine derartige gleichzeitige Verarbeitung aller Ziffern eines Kodewortes über ebensoviel parallele Leitungen oder Verarbeitungskanäle, wie Ziffern je Wort da sind, nennt man Parallelbetrieb. Steht dagegen nur eine Leitung oder nur ein Kanal zur Verfügung, so müssen die einzelnen Ziffern eines Kodewortes in einer bestimmten Reihenfolge nacheinander, also in Serie übertragen werden (Serienbetrieb).

Die Wahl zwischen Serien- und Parallelbetrieb hängt von der Aufgabe ab. Für eine Fernmessung über eine 20 km lange Leitung wird man den Serienbetrieb verwenden, da man Leitungsmaterial einspart. Für sehr schnelle Rechenoperationen in Digitalrechnern ist dagegen Parallelbetrieb vorzuziehen.

Es gibt auch Mischformen zwischen Serien- und Parallelbetrieb in manchen digitalen Systemen. Sollen Serieninformationen in Parallelinformationen umgewandelt werden oder umgekehrt, so verwendet man sogenannte Schieberegister [1, 2].

1.2.6. Tetradische Kodes, Bit, Redundanz

Wie schon angedeutet, beschränkt sich die Anwendung von Kodes nicht nur auf die Verschlüsselung von alphanumerischen Zeichen. Auch numerische Zeichen, also z. B. die Zahlen von 0 bis 9, können in einem Kode verschlüsselt werden, müssen also nicht unbedingt in der speziellen Kodeschreibweise der Zahlensysteme dargestellt werden. Die im folgenden Abschnitt betrachteten binären Kodes werden nur zum Verschlüsseln der zehn numerischen Zeichen 0 bis 9 benutzt. Zur binären Verschlüsselung von zehn Zeichen muß man aber zehn unterscheidbare Ziffernfolgen aus 0 und L haben. Es ist leicht einzusehen, daß man hierfür Ziffernfolgen aus mindestens vier binären Ziffern (Tetraden) benötigt, da man bei Folgen von drei Ziffern nur acht Zeichen unterscheiden könnte. Mit drei binären Ziffern sind nur die Ziffernfolgen

000	0L0	L00	LL0
00L	0LL	L0L	LLL

zu bilden, mit vier binären Ziffern dagegen die 16 Ziffernfolgen

0000	0L00	L000	LL00
000L	0L0L	L00L	LL0L
00L0	0LL0	L0L0	LLL0
00LL	0LLL	L0LL	LLLL

Allgemein lassen sich mit n binären Ziffern 2^n verschiedene Ziffernfolgen bilden, also auch 2^n verschiedene Zeichen verschlüsseln.

Für die Anzahl der in einem digitalen Wort enthaltenen binären Zeichen (binary element) hat sich die Bezeichnung Bit eingeführt. Ohne näher auf den informationstheoretischen Gehalt des Begriffes Bit eingehen zu wollen, sei er in diesem Bericht stets in dem Sinn von Binärzeichen oder Dualziffer (binary digit) benutzt. Mit 4 Bit kann man also insgesamt 16 unterscheidbare digitale Zeichen verschlüsseln. Sofern man nun aber lediglich die zehn Ziffern 0 bis 9 zu kodieren hat, muß man aus den

16 verschiedenen Kombinationen 10 auswählen und den Ziffern 0 bis 9 zuordnen. Hierfür gibt es jedoch insgesamt 16!/6! verschiedene Möglichkeiten, von denen einige auf Kodes mit besonders günstigen Eigenschaften führen. 4-Bit-Kodes zum Verschlüsseln von 10 Zeichen werden tetradische Kodes genannt. Im folgenden Abschnitt wird gezeigt, welche Eigenschaften von einem brauchbaren tetradischen Kode gefordert werden, so daß sich die Zahl möglicher Kodes auf eine sehr viel kleinere Zahl brauchbarer Kodes reduziert.
Zuvor muß jedoch noch der Begriff Redundanz erläutert werden. Von 16 möglichen Kombinationen werden nur 10 Kombinationen zum Kodieren benötigt. Die restlichen sechs Kombinationen sind in diesem Kode und in dem System, das diesen Kode verwendet, ohne Sinn. Sie werden nicht als Information verstanden. Sie werden redundant genannt. Bezeichnet man mit N die Anzahl der in einem Kode dargestellten Zeichen, mit $N_{pot} = 2^n$ die mögliche Anzahl mit n bit verschlüsselbarer Zeichen, so ist die Redundanz dieses Kodes definiert durch die Differenz

$$\Delta H = \mathrm{lb}\, N_{pot} - \mathrm{lb}\, N \quad \text{in Bit.}$$

Bei einem tetradischen Kode hat die Redundanz also stets den Wert

$$\Delta H = \mathrm{lb}\, 16 - \mathrm{lb}\, 10 = 4 - 3{,}32 = 0{,}68 \text{ Bit.}$$

Ein tetradischer Kode hat also die Weitschweifigkeit (Redundanz) von 0,68 bit je verschlüsseltes Zeichen.
Häufig wird als ein bezogener Wert der sogenannte Redundanzfaktor

$$R = \frac{\mathrm{lb}\, N_{pot}}{\mathrm{lb}\, N}$$

angegeben, dessen Reziprokwert als Wirkungsgrad

$$\eta = \frac{\mathrm{lb}\, N}{\mathrm{lb}\, N_{pot}}$$

bezeichnet wird. Der Wirkungsgrad eines tetradischen Kodes hat den Wert $\eta = 3{,}32/4 = 0{,}83$.
Redundanzen dienen in digitalen Systemen häufig als Mittel zur Fehlererkennung und -korrektur. So steigt z. B. die Sicherheit der fehlerfreien Übertragung tetradischer Kodewörter schon dadurch, daß man nach jeder Übertragung eines Kodewortes prüft, ob das angekommene Wort zu den redundanten Termen gehört. Die systematische Einführung von Redundanzen zur Fehlererkennung wird in Abschnitt 1.2.8 noch erklärt.
Redundanzen können auch zum Vermindern des Schaltaufwandes digitaler Schaltungen benutzt werden [1 bis 3].

1.2.6.1. Forderungen an tetradische Kodes

Bei der systematischen Untersuchung tetradischer Kodes haben sich einige spezielle tetradische Kodes als vorteilhaft in ihren Eigenschaften erwiesen. Günstige Eigenschaften sind [1, 2]:

Einfache Additionsregeln,
Komplementarität; zwei Dekaden, deren Summe 9 ist, sollen sich zu LLLL ergänzen,
leichte Rundungsregeln durch leichte Unterscheidbarkeit von Zahlen, die größer und kleiner als 5 sind,
monoton wachsender Dualwert der Kodewörter,
Bewertbarkeit der Einzelziffern,
Unterscheidbarkeit von geraden und ungeraden Zahlen.

Je mehr dieser Eigenschaften ein Kode hat, desto vielseitiger wird er im allgemeinen anwendbar sein.

1.2.6.2. Dezimal-dualer Kode

Beim dezimal-dualen Kode werden die Ziffern 0 bis 9 des Dezimalsystems durch die entsprechenden Dualzahlen verschlüsselt:

Bewertungsfaktor:	2^3	2^2	2^1	2^0		2^3	2^2	2^1	2^0
0	0	0	0	0	5	0	L	0	L
1	0	0	0	L	6	0	L	L	0
2	0	0	L	0	7	0	L	L	L
3	0	0	L	L	8	L	0	0	0
4	0	L	0	0	9	L	0	0	L

Dieser Kode hat den größten Teil der in Abschnitt 1.2.6.1 genannten wünschenswerten Eigenschaften. Die Dezimalzahl 249 wird etwa durch 00L0 0L00 L00L verschlüsselt. Den Dezimalwert einer Tetrade erhält man, wenn man die einzelnen Stellen mit ihren Bewertungsfaktoren 2^3, 2^2, 2^1 und 2^0 multipliziert und die Summe bildet. Die digitalen Signale werden ins Analoge umgesetzt, indem man die einzelnen Tetradenstellen in Spannungsform über Bewertungswiderstände einer elektronischen Summierstufe zuführt. Dabei müssen diese Widerstände Leitwerte im Verhältnis 2^3, 2^2, 2^1 und 2^0 haben.

1.2.6.3. Ein 1224-Kode

Ein weiteres Beispiel ist ein Kode mit den Gewichten 1224:

Bewertungsfaktor:	1	2	2	4		1	2	2	4
0	0	0	0	0	5	L	L	L	0
1	L	0	0	0	6	0	L	0	L
2	0	L	0	0	7	L	L	0	L
3	L	L	0	0	8	0	L	L	L
4	0	L	L	0	9	L	L	L	L

Es muß an dieser Stelle darauf hingewiesen werden, daß die Angabe der Gewichtsfaktoren 1224 den Kode nicht eindeutig charakterisiert. Es gibt mehrere 1224-Kodes. Nur beim dezimaldualen Kode ist die Angabe der Gewichtsfaktoren 8421 eine ausreichende Charakterisierung.

1.2.6.4. Sedezimaler Kode

Ein nicht eigentlich zu den tetradischen Kodes gehöriger wichtiger Kode ist der durch Tetraden verschlüsselte sedezimale Kode, der die Entstehung von redundanten Tetraden (Pseudotetraden) vermeidet. Er hat 16 unterscheidbare Zeichen und hat folgende Form

Dezimal	Sedezimal	Dezimal	Sedezimal
0 ≙	0	20 ≙	14
1 ≙	1	21 ≙	15
2 ≙	2	22 ≙	16
3 ≙	3	23 ≙	17
4 ≙	4	24 ≙	18
5 ≙	5	25 ≙	19
6 ≙	6	26 ≙	1A
7 ≙	7	27 ≙	1B
8 ≙	8	28 ≙	1C
9 ≙	9	29 ≙	1D
10 ≙	A	30 ≙	1E
11 ≙	B	31 ≙	1F
12 ≙	C	32 ≙	20
13 ≙	D	33 ≙	21
14 ≙	E	34 ≙	22
15 ≙	F	35 ≙	23
16 ≙	10	36 ≙	24
17 ≙	11	37 ≙	25
18 ≙	12	38 ≙	26
19 ≙	13	39 ≙	27

Die Dezimalzahl 31 z. B. wird im sedezimalen Kode als mit 1F verschlüsselt. Die 16 Ziffern des sedezimalen Kodes werden ihrerseits mit den 16 möglichen binären Tetraden 0000 bis LLLL verschlüsselt. Man nennt diese zweifache Umsetzung eine Kodeschachtelung.

1.2.7. *m*-aus-*n*-Kodes

Bei den nun im folgenden behandelten prüfbaren Kodes können Übertragungsfehler mit großer Wahrscheinlichkeit erkannt werden.

Die bei diesen Kodes auftretenden Kodewörter aus *n* Bit enthalten eine konstante Anzahl *m* Bit mit dem Wert L. Diese Bits seien L-Bits genannt. Ein 4-aus-8-Kode hat z. B. in jedem der 8-Bit-Kodewörter 4 L-Bits.

Der Aufbau der *m*-aus-*n*-Kodes ermöglicht ihre Prüfbarkeit. Nach jeder Übertragungsoperation läßt sich prüfen, ob das empfangene Kodewort die richtige Anzahl L-Bits enthält. Ist dies nicht der Fall, so kann man hieraus sofort den Befehl einer Übertragungswiederholung ableiten oder das digitale System zum Abbrechen der weiteren Operation veranlassen.

Ein 2-aus-5-Kode wird z. B. in der Rechenmaschine Z 31 der Firma Zuse benutzt. Es handelt sich hierbei also um einen 5-bit-Kode. Die Gesamtheit solcher Kodes wird unter dem Begriff pentadische Kodes zusammengefaßt.

1.2.7.1. Pentadische Kodes, Walking-Kode

Bei pentadischen Kodes hat jedes Kodewort 5 Bit, so daß insgesamt $2^5 = 32$ verschiedene Pentaden gebildet werden können. Wählt man aus diesen 32 Pentaden 10 aus, um die Ziffern 0 bis 9 des Dezimalzahlensystems zu verschlüsseln, so nimmt man zwar

eine hohe Redundanz in Kauf, kann dadurch aber eine Prüfbarkeit übertragener Kodeworte erreichen.
Ein sehr gebräuchlicher, prüfbarer pentadischer Kode ist der Walking-Kode. Er sieht folgendermaßen aus:

0 =	0	0	0	L	L	5 =	L	0	L	0	0
1 =	0	0	L	0	L	6 =	L	L	0	0	0
2 =	0	0	L	L	0	7 =	0	L	0	0	L
3 =	0	L	0	L	0	8 =	L	0	0	0	L
4 =	0	L	L	0	0	9 =	L	0	0	L	0

Dies ist einer von 10! möglichen 2-aus-5-Kodes.

1.2.7.2. Biquinärer Kode, quibinärer Kode, Restklassen-Kode

Es seien noch einige weitere prüfbare Kodes genannt, bei denen die Anzahl der Bits mit dem Wert 1 gleich 2 je Kodewort ist.

biquinärer Kode Bewertungsfaktor	05	01234	quibinärer Kode Bewertungsfaktor	01	02468	Restklassen-Kode		
0	L0	L0000	0	L0	L0000	0	L0	L0000
1	L0	0L000	1	0L	L0000	1	0L	0L000
2	L0	00L00	2	L0	0L000	2	L0	00L00
3	L0	000L0	3	0L	0L000	3	0L	000L0
4	L0	0000L	4	L0	00L00	4	L0	0000L
5	0L	L0000	5	0L	00L00	5	0L	L0000
6	0L	0L000	6	L0	000L0	6	L0	0L000
7	0L	00L00	7	0L	000L0	7	0L	00L00
8	0L	000L0	8	L0	0000L	8	L0	000L0
9	0L	0000L	9	0L	0000L	9	0L	0000L

Bei allen diesen prüfbaren Kodes kann ein einfacher Fehler, d. h. die Fehlübertragung von einem Bit, erkannt werden. Ein Doppelfehler kann dann nicht erkannt werden, wenn ein L als 0 und eine 0 als L fehlübertragen wurde. In diesem Fall stimmt die Anzahl der L-Bits wieder. Für Doppel- und Mehrfachfehler bestehen jedoch wesentlich geringere Wahrscheinlichkeiten, so daß die Sicherheit der Erkennung von Übertragungsfehlern durch Wahl eines derartigen Kodes doch recht groß ist.

1.2.8. Korrigierbare Kodes

Wenn man die bei Übertragungsoperationen möglicherweise auftretenden Fehler nicht nur erkennen, sondern auch am Empfangsort gleich wieder korrigieren will, aus fehlerhaften Kodewörtern also wieder richtige erzeugen will, so muß man auf korrigierbare Kodes zurückgreifen. Es gibt mehrere Korrekturverfahren, von denen hier zwei beschrieben werden. Das erste ist die Übertragung mehrerer Kodewörter *im Block* und das zweite die Verwendung von Hamming-Kodes.

1.2.8.1. Blockübertragung

Bei dieser Art der Kodewortübertragung werden mehrere Kodewörter eines prüfbaren Kodes zu einem Block zusammengefaßt und jedem Block noch ein Prüfwort hinzugefügt [3].

Tabelle 1/2. Blockübertragung einer Information

		Parity-Check
5	LOLOO	0
1	OOLOL	0
2	OOLLO	0
3	OLOLO	0
1	OOLOL	0
7	OLOOL	0
Prüfwort aus Parity-Checks	LOOOL	

Es soll z. B. eine Anzahl Zeichen, etwa die Zahl 512 317 korrigierbar übertragen werden. Der benutzte Kode sei der Walking-Kode (1.2.7.1). Die Kodewörter für 5, für 1, für 2 usw. werden nacheinander übertragen (Tabelle 1/2).
Im Anschluß hieran wird noch ein Prüfwort übertragen, dessen einzelne Bits (sogenannte Parity-Checks) auf folgende Weise gebildet werden: Die Anzahl der in den einzelnen Spalten des Blocks auftretenden L-Bits wird durch den entsprechenden Parity-Check des Prüfwortes auf eine gerade Zahl ergänzt. Wenn also die Anzahl der L-Bits in einer Spalte gleich 3 ist (letzte Spalte des Beispiels), so muß der Parity-Check des Prüfwortes an dieser Stelle ein L sein, so daß in dieser Spalte dann insgesamt vier L-Bits, also eine gerade Anzahl L-bits auftauchen. Ist diese Anzahl ohne den Parity-Check des Prüfwortes in einer Spalte bereits eine gerade, so wird der Parity-Check des Prüfwortes in dieser Spalte gleich 0.
Am Empfangsort wird nun eine Fehlerprüfung und -korrektur nach folgender Methode vorgenommen. Der Block wird zunächst in horizontaler Richtung auf Fehler geprüft, indem in jede Zeile des Blocks ein Parity-Check 0 gesetzt wird, wo die horizontale Anzahl von L-Bits gleich 2 ist. Ist die horizontale Anzahl von L-Bits in einem Kodewort des Blocks nicht gleich 2, so wird ein Check L gesetzt. Hierdurch wird angezeigt, daß dieses Kodewort fehlerbehaftet angekommen ist. Am Empfangsort wird weiterhin aber auch noch das Prüfwort neu gebildet und mit dem übertragenen Prüfwort verglichen. Ist nun innerhalb des übertragenen Blocks ein Bit falsch übertragen worden, so wird die fehlerhafte Zeile durch einen horizontalen Parity-Check mit dem Wert L angezeigt. Die fehlerhafte Spalte wird dadurch angezeigt, daß das betreffende Prüfwortbit in dieser Spalte im neu gebildeten Prüfwort einen anderen Wert aufweist als im übertragenen Prüfwort. Hierdurch ist das fehlübertragene Bit eindeutig lokalisiert und kann, wenn es den Wert L hatte zu 0, wenn es den Wert 0 hatte zu L korrigiert werden.
An dieser Stelle kann man einen weiteren großen Vorzug binärer Systeme erkennen. Ist die Fehlerhaftigkeit einer binären Ziffer bekannt, so ist bereits aus dieser Kenntnis die richtige Ziffer zu ermitteln. Wenn also bekannt ist, daß in dem Kodewort L0000 die letzte 0 falsch ist, so ergibt sich hieraus sofort das richtige Kodewort L000L. Hat man dagegen eine nichtbinäre Information, etwa die Dezimalzahl 327, und weiß, daß die erste Ziffer 3 falsch ist, so kann aus dieser Kenntnis allein noch nicht die richtige Information gebildet werden.
Für eine Fehlerkorrektur bei Blockübertragung sei ein Beispiel an Hand von Tabelle 1/3 durchgeführt.
In dem Kodewort für 3 in der blockübertragenen Information ist an der zweiten Stelle statt der richtigen L eine 0 empfangen worden. Der Parity-Check in dieser Zeile ist L und gibt die Zeile an, in der der Fehler zu suchen ist. Die zweiten Stellen des übertragenen und des neu bestimmten Prüfwortes sind verschieden und geben damit an, daß in der zweiten Spalte ein Fehler zu suchen ist. Das hierdurch bestimmte falsche Bit (0) kann zu L korrigiert werden.
Selbstverständlich können auch mehrere Fehler eines Blocks in gleicher Weise korrigiert werden, solange sie in verschiedenen Zeilen und Spalten des Blocks auftreten. Es ist ohne weiteres

Tabelle 1/3. **Fehlerkorrektur bei Blockübertragung**

		Parity-Check	
5	LOLOO	0	
1	OOLOL	0	
2	OOLLO	0	
3	O(O)OLO	L	← Zeile mit Fehler
1	OOLOL	0	
7	OLOOL	0	
Übertragenes Prüfwort	LOOOL		
neu bestimmtes Prüfwort	LLOOL		
	↑ Spalte mit Fehler		

einzusehen, daß auch ein im Prüfwort selbst auftauchender Fehler korrigiert werden kann.
In einer Zeile oder Spalte auftretende Mehrfachfehler können nicht mehr korrigiert, wohl aber angezeigt werden.

1.2.8.2. Hamming-Kodes

Wie schon in einem der vorigen Abschnitte erläutert wurde, benutzt man in Kodes Redundanzen zum Erkennen der Fehler. Die Korrigierbarkeit auftretender Übertragungsfehler ist ebenfalls durch sinnvolle Einführung von Redundanzen zu erreichen. In systematischen korrigierbaren Kodes werden die Redundanzen in ganz systematischer Weise eingeführt.
Haben die Kodewörter eines solchen systematischen Kodes n bit, so sind nicht alle n bit Träger von Informationen, sondern nur m bit. Die restlichen $k = n - m$ bit sind Prüf- und Fehlererkennungsbits. Hieraus folgt ein Redundanzfaktor $R = n/m$. Dieser Redundanzfaktor ist eine sehr wichtige Größe. Je größer R ist, desto stärker wird die Übertragungskapazität von Übertragungskanälen gesenkt. R muß also im Rahmen der geforderten Korrigierbarkeit oder Prüfbarkeit möglichst klein gehalten werden.
Vor der Entwicklung eines fehlererkennenden oder korrigierbaren Kodes müssen die Forderungen an den Kode geklärt sein. Es muß geklärt werden, ob der Kode

zur Erkennung von einem Fehler,
zur Korrektur von einem Fehler,
zur Korrektur von einem Fehler oder Erkennung von zwei Fehlern,
zur Korrektur oder Fehlererkennung von mehr Fehlern

geeignet sein soll. Für jede der jeweiligen Forderungen muß der Redundanzfaktor R so gewählt werden, daß er ein Minimum wird. Systematische Kodes in diesem Sinne sind die korrigierbaren Hamming-Kodes.
Als Beispiel wird der systematische Aufbau eines Kodes zur Korrektur von einem Fehler betrachtet. Hat ein vorgesehenes Kodewort n bit mit m Information tragenden und $k = n - m$ redundanten zur Fehlerkorrektur benutzten Prüfbits, so soll jedes der Prüfbits jeweils eine Anzahl der n bit dieses Kodewortes überprüfen. Sie sollen so überprüft werden, daß z. B. die überprüften Bits und das Prüfbit eine gerade Anzahl Bits mit dem Wert L enthalten. Enthalten die überprüften Bits bereits eine gerade Anzahl von L-Bits, so wird das zugehörige Prüfbit den

Wert 0 annehmen. Ist die Anzahl der L-Bits ungerade, so wird das Prüfbit den Wert L annehmen.

Es sei z. B. das Kodewort 00LL00L gegeben, dessen 1., 2. und 4. Stelle Prüfbits seien. Die 1. Stelle (1. Prüfbit) prüfe die 3., 5. und 7. Stelle des Kodewortes auf gerade Anzahl von L-Bits. In diesen Stellen findet man die Bits L, 0, L, insgesamt zwei L-bit, also eine gerade Anzahl von L-bit. Das 1. Prüfbit hat daher den Wert 0. Die 2. Stelle (2. Prüfbit) überprüft die 3., 6. und 7. Stelle des Kodewortes. Man findet hier die Bits L, 0, L. Das 2. Prüfbit wird daher wieder gleich 0. Die 4. Stelle (3. Prüfbit) überprüft die Stellen 5, 6 und 7, findet hier 0, 0, L, also eine ungerade Anzahl L-Bits. Das 3. Prüfbit erhält daher den Wert L.

Wird nun ein derartiges Kodewort übertragen, so können am Empfangsort die Prüfbits nach den gleichen Regeln neu ermittelt werden. Sie werden dann verglichen mit den Prüfbits, die innerhalb des empfangenen Kodewortes angekommen sind. Man bestimmt zunächst den Wert des 1. Prüfbits und vergleicht es auf Übereinstimmung mit dem 1. Prüfbit des empfangenen Wortes. Besteht diese Übereinstimmung, so wird eine 0 gespeichert, besteht sie nicht, weichen also neu bestimmtes und empfangenes Prüfbit in ihrem Wert voneinander ab, so werde ein L gespeichert. Dann wird das 2. Prüfbit neu bestimmt und bei Übereinstimmung mit dem empfangenen 2. Prüfbit eine 0, bei fehlender Übereinstimmung ein L gespeichert. Ebenso vergleicht man das 3. Prüfbit, dann das 4. Prüfbit usw.

Die sich auf diese Weise ergebenden und gespeicherten binären Ziffern sollen von rechts nach links angeordnet, eine Dualzahl bilden, deren Wert gerade die Stelle des Kodewortes bezeichnet, die bei der Übertragung verfälscht und dadurch fehlerhaft empfangen worden ist. Diese Dualzahl wird Checknummer genannt. Ergibt sich etwa für das 1. Prüfbit Übereinstimmung, für das zweite ebenfalls und für das dritte keine Übereinstimmung zwischen Prüfbitwert des neu bestimmten und des empfangenen Prüfbits, so führt dies auf die Checknummer L00, also auf eine Dualzahl mit dem Wert 4, die angeben soll, daß die 4. Stelle falsch empfangen wurde und korrigiert werden muß. Eine Checknummer 000 würde bedeuten, daß kein Fehler aufgetreten ist.

Entsprechend diesen Forderungen müssen die Prüfbits nun sinnvoll in den Kode eingebaut werden. Zunächst läßt sich, da ja jeder Einzelfehler korrigiert werden soll und sich mit k Prüfbits nur $2^k - 1$ verschiedene Stellen eines Kodewortes korrigieren lassen (die Checknummer kann nur 2^k Werte annehmen, von denen die 0 nicht zur Korrektur, sondern nur zur Angabe der richtigen Übertragung benutzt wird) die Ungleichung

$$2^k - 1 \geqq m + k = n$$

angeben, die sich mit $k = n - m$ umwandeln läßt zu

$$2^m \leqq \frac{2^n}{n+1}.$$

Hieraus lassen sich die in der Tabelle 1/4 dargestellten Zusammenhänge zwischen der Anzahl n der Bits je Kodewort, der Anzahl m der Information tragenden Bits je Kodewort und der Anzahl k der Prüfbits ableiten.

Wie Tabelle 1/4 zeigt, sind bei einem vorgegebenen Kode mit $m = 4$ (hiermit können maximal $2^4 = 16$ Zeichen verschlüsselt werden) mindestens $k = 3$ Prüfbits nötig, wenn man eine Korrigierbarkeit von einem Fehler gewährleistet sehen will. Die Mindestlänge der Kodewörter ist in diesem Fall $n = 7$ bit.
Es muß nun entsprechend den obengenannten Forderungen an die Aufgabe der Checknummer bestimmt werden, welche Stellen durch die Prüfbits geprüft werden müssen.
Falls die Checknummer ganz rechts eine Ziffer mit dem Wert L hat, so kann es sich bei der durch die Checknummer angegebenen fehlübertragenen Stelle nur um eine der folgenden handeln: (letzte Stelle der Checknummer = L)

Checknummer
L ≙ 1. Stelle,
LL ≙ 3. Stelle,
LOL ≙ 5. Stelle,
LLL ≙ 7. Stelle,
LOOL ≙ 9. Stelle.

Durch das erste Prüfbit kann also nur die 1., 3., 5., 7., 9., usw. Stelle auf Richtigkeit überprüft werden.
Falls die Checknummer als vorletzte Stelle ein L hat, so kann die fehlübertragene Stelle nur eine der folgenden sein: (vorletzte Stelle der Checknummer = L)

Checknummer
LO ≙ 2. Stelle,
LL ≙ 3. Stelle,
LLO ≙ 6. Stelle,
LLL ≙ 7. Stelle,
LOLO ≙ 10. Stelle,
LOLL ≙ 11. Stelle.

Durch das 2. Prüfbit können also nur die Stellen 2, 3, 6, 7, 10, 11 usw. geprüft werden.
Falls die Checknummer als drittletzte Stelle ein L hat, so kann die fehlübertragene Stelle nur eine der folgenden sein: (drittletzte Stelle der Checknummer = L)

LOO = 4. Stelle,
LOL = 5. Stelle,
LLO = 6. Stelle,
LLL = 7. Stelle,
LLOO = 12. Stelle,
LLOL = 13. Stelle,
LLLO = 14. Stelle,
LLLL = 15. Stelle,
LOLOO = 20. Stelle.

Durch das 3. Prüfbit können also nur die Stellen 4, 5, 6, 7, 12, 13, 14, 15, 20 usw. geprüft werden.
Auf diese Weise lassen sich die Zusammenhänge der Tabelle 1/5 finden.
In Tabelle 1/5 ist noch die Stelle des jeweiligen Prüfbits im Kodewort mit angegeben. Da die Prüfbits mit zu den über-

Tabelle 1/4. n (m) **bei einem Kode zur Korrektur von einem Fehler**

bit je Kodewort n	bit als Informationsträger m	Prüfbits $k = n - m$
1	0	1
2	0	2
3	1	2
4	1	3
5	2	3
6	3	3
7	4	3
8	4	4
9	5	4
10	6	4
11	7	4
12	8	4
13	9	4
14	10	4
15	11	4
16	11	5
.	.	.
.	.	.
.	.	.

Tabelle 1/5. Zuordnung zwischen Prüfbit und geprüften Stellen

Prüfbitnummer	Stelle des Prüfbits im Kodewort	Geprüfte Stellen
1	1	1, 3, 5, 7, 9, 11, 13, 15, 17 usw.
2	2	2, 3, 6, 7, 10, 11, 14, 15, 18 usw.
3	4	4, 5, 6, 7, 12, 13, 14, 15, 20 usw.
4	8	8, 9, 10, 11, 12, 13, 14, 15, 24 usw.

tragenen, d. h. fehleranfälligen Bits, zählen, müssen sie selbstverständlich mitüberprüft werden. Die Prüfbits prüfen sich selbst jeweils mit. Hierzu genügt es, jedes Prüfbit an eine Stelle des Kodewortes zu setzen, die (nach Tabelle 1/5) durch das Prüfbit mitgeprüft wird. Das 1. Prüfbit kann daher an die Stellen 1, 3, 5, 7, 9 usw. gesetzt werden. Im allgemeinen werden die Prüfbits jeweils an die ersten der durch sie überprüften Stellen gesetzt (Tabelle 1/5).

Nach diesen Vorbemerkungen kann nun ein Kode zur Verschlüsselung von 16 Zeichen mit Korrigierbarkeit von einem Fehler leicht in der in Tabelle 1/6 angegebenen Weise bestimmt werden. In Tabelle 1/6 wurden in Klammern einige Fehlübertragungen angenommen, z. B. sei statt des Kodewortes für 4, L00LL00, das fehlerhafte Wort L0LLL00 angekommen. Die Neubestimmung der Prüfbits in der Stelle 1, 2 und 4 ergibt eine Nichtübereinstimmung im 1. und 2. Prüfbit und eine Übereinstimmung im 3. Prüfbit. Hieraus resultiert die Checknummer 0LL = 3, die angibt, daß die 3. Stelle des angekommenen Wortes L0LLL00 falsch ist. Das korrigierte Wort lautet also L00LL00. Die Korrigierbarkeit dieses Kodes versagt, wenn mehr als ein Fehler auftritt. Will man auch zwei Fehler korrigieren, so muß man den Kode anders aufbauen und ihn mit mehr Redundanz versehen.

Tabelle 1/6. Hamming-Kode für 16 Zeichen mit Korrektur von einem Fehler

	Prüfbit x Prüft die Stellen 1, 3 5, 7 Stelle 1	x 2, 3 6, 7 2	3	x 4, 5 6, 7 4	5	6	7	Prüfwertigkeit 2^2 4, 5 6, 7	2^1 2, 3 6, 7	2^0 1, 3 5, 7	auf gerade Summe von L geprüfte Kodeelemente	Fehler in der
0	0	0	0	0	0	0	0	0	0	0	richtig	
1	L	L	0	L	0	0	L	0	0	0	richtig	
2	0	L (0)	0	L	0	L	0	0	0 (L)	0	0L0 = 2 →	2. Stelle
3	L	0	0	0	0	L (0)	L	0 (L)	0 (L)	0	LL0 = 6 →	6. Stelle
4	L	0	0 (L)	L	L	0	0	0	0 (L)	0 (L)	0LL = 3 →	3. Stelle
5	0	L	0	0	L	0	L	0	0	0	richtig	
6	L	L	0	0	L	L	0	0	0	0	richtig	
7	0 (L)	0	0	L	L	L	L	0	0	0 (L)	00L = L →	1. Stelle
8	L	L	L	0 (L)	0	0	0	0 (L)	0	0	L00 = 4 →	4. Stelle
9	0	0	L	L	0	0	L	0	0	0	richtig	
10	L	0	L	L	0	L	0	0	0	0	richtig	
11	0	L	L	0	0 (L)	L	L	0 (L)	0	0 (L)	L0L = 5 →	5. Stelle
12	0	L (0)	L	L	L	0 (L)	0	0 (L)	0	0	L00 = 4 →	versagt bei 2 Fehlern
13	L	0	L	0	L	0	L	0	0	0	richtig	
14	0	0	L	0	L	L	0	0	0	0	richtig	
15	L	L	L	L	L	L	L	0	0	0	richtig	

In vielen Fällen begnügt man sich jedoch damit, nur die Korrigierbarkeit von Einfachfehlern vorzusehen, da die Wahrscheinlichkeiten für Mehrfachfehler geringer werden.
Aus einem Kode zur Ein-Fehler-Korrektur läßt sich jedoch leicht ein Kode entwickeln, der zusätzlich einen zweiten Fehler anzeigt, ihn aber nicht korrigiert. Hierzu genügt die Hinzufügung eines weiteren Prüfbits (Parity-Checks) zu den einzelnen Kodewörtern. Mit diesem zusätzlichen Prüfbit wird ein empfangenes Kodewort auf z. B. eine gerade Anzahl L-Bits ergänzt. Dieses Prüfbit wird vor der Übertragung an das Kodewort angehängt und beim Empfang neu ermittelt. Folgende drei Fälle sind dann zu unterscheiden:

Es ist kein Fehler aufgetreten.
In diesem Fall ist sowohl die Checknummer gleich 0 als auch das zusätzliche Prüfbit richtig.

Es ist ein Einzelfehler aufgetreten.
In diesem Fall hat das angekommene zusätzliche Prüfbit einen anderen Wert als das neu ermittelte, gleichgültig, ob der Fehler im Kodewort oder in diesem Bit selbst aufgetreten ist. Mit Hilfe der Checknummer wird festgestellt, welche Stelle falsch übertragen wurde, und diese anschließend korrigiert. Ist die Checknummer 0, so ist das zusätzliche Prüfbit falsch angekommen.

Ein Doppelfehler ist aufgetreten.
In diesem Fall ist das zusätzliche Prüfbit richtig, obwohl sich eine Checknummer ungleich 0 ergibt. Hieraus kann die Anzeige *Doppelfehler* abgeleitet werden.

1.2.8.3. Korrigierbarkeit von mehreren Fehlern

Ebenso wie Ein-Fehler-korrigierende Kodes lassen sich auch mehrfach-Fehler-korrigierende Hamming-Kodes in systematischer Form aufbauen. In jedem Fall läuft dies auf erhöhten Bedarf an binären Stellen, also auf Vergrößerung des Redundanzfaktors hinaus.

An Hand der folgenden kurzen Betrachtung soll anschaulich erläutert werden, wieso durch Erhöhung des Redundanzfaktors die Korrigierbarkeit von Mehrfachfehlern erreicht werden kann. Durch eine genügend große Redundanz kann man erreichen, daß jedem Kodewort eine Anzahl von redundanten ähnlichen Worten zugeordnet ist, die bei ihrem Auftreten wie dieses Kodewort aufgefaßt und hierzu korrigiert werden. Würde man z. B. die Informationen rot, grün, blau etwa als Warenmerkmal in dem datenverarbeitenden System eines Warenhauslagers folgendermaßen durch binäre Wörter verschlüsseln

rot = 000 000 000 0LL,
grün = LL0 000 000 000,
blau = 000 LL0 000 000,

so würden z. B. die folgenden fehlerbehafteten Wörter

000 000 000 00L, 000 000 000 0L0, 000 000 000 LL0,
000 000 000 LLL, 000 000 00L 00L, 000 000 00L 0LL,
000 000 00L LLL, 000 000 0LL LLL

als rot verstanden und in das richtige Kodewort für rot korrigiert werden können.
Selbstverständlich werden die Redundanzen, die zur Mehrfehlerkorrektur eingeführt werden müssen, nicht in dieser unsystematischen Weise eingeführt. Auf die systematischen Verfahren soll jedoch hier nicht näher eingegangen werden.

1.3. Boolesche Algebra

Der Begriff Boolesche Algebra ist in der Technik eng verbunden mit Schaltproblemen und Schaltkreisaufgaben (George Boole, englischer Mathematiker, 1815 bis 1864). Man verwendet daher auch den Begriff Schaltalgebra. Da die Boolesche Algebra jedoch entwickelt und axiomatisiert wurde, um Probleme der Philosophie, speziell der zweiwertigen Aussagenlogik, zu formalisieren und auf ein mathematisches Fundament zu stellen und erst sehr viel später auf Schaltfunktionen angewendet wurde, wird hier der Begriff Boolesche Algebra vorgezogen.
Exakt definiert wird die Boolesche Algebra erst im Abschnitt 1.3.4 [5, 6]. Spezielle Formen der Booleschen Algebra sind Mengenlehre und zweiwertige Logik.
Eine Boolesche Algebra ist eine Ereignisalgebra. Man kann sie als Methode auffassen, Zusammenhänge zwischen Ereignissen als Formel auszudrücken. Man kann die Boolesche Algebra also definieren als einen Satz mathematischer Abkürzungsvorschriften von Ereigniszusammenhängen. Man erhält bei einer solchen Abkürzung von Ereignisabhängigkeiten eine Art Gleichungssystem. Hierfür gibt es nun bestimmte Rechenregeln, durch die man die Gleichungen weiterverarbeiten kann. Aus den Endformen lassen sich wieder Rückübersetzungen in den nicht abgekürzten Bereich vollziehen.
Als Analogon sei ein einfaches Beispiel der normalen Algebra angeführt. Es sei folgende Aufgabe gestellt:
Fritz ist 3 Jahre jünger als Hans und doppelt so alt wie Peter. Zusammen sind alle drei dreimal so alt wie Fritz. Wie alt ist jeder?
So einfach diese Aufgabe ist, so unwahrscheinlich ist es, daß sie jemand lösen würde, ohne zunächst eine Abkürzung etwa zu dem *Gleichungssystem*

$$F + 3 = H,$$
$$F = 2 \cdot P,$$
$$F + H + P = 3F,$$

einzuführen. Hierauf würde man die algebraischen Rechenregeln anwenden, um schließlich das Ergebnis der Formeln wieder umzusetzen in die Aussage: Fritz ist 6 Jahre, Hans 9 Jahre und Peter 3 Jahre alt.

Während nun aber die Variablen der gewöhnlichen Algebra eine beliebig große Anzahl von festen Werten (etwa die reellen Zahlen) annehmen können, operiert die hier betrachtete zweielementige Boolesche Algebra mit zweiwertigen Variablen. Die Variablen sind hier Ereignisse im weitesten Sinne, also z. B. Aussagen. Eine Aussage ist ein Ereignis, das entweder wahr oder unwahr sein kann. Es werden hierbei nur Aussagen betrachtet, von denen sich eindeutig sagen läßt, ob sie wahr oder unwahr sind.

Wenn man als Ereignisse nun nicht Aussagen, sondern Bedingungen betrachtet, so taucht die *Zweiwertigkeit* in den Eigenschaften erfüllt und nicht erfüllt auf. Die zwei Wertigkeiten werden in der Booleschen Algebra abgekürzt mit 0 und L.

0 = unwahr (nicht erfüllt), L = wahr (erfüllt).

Eine Algebra ist definiert durch ihr Axiomensystem. Da dem Nichtmathematiker eine Gründung der Booleschen Algebra auf Axiome abstrakt und unanschaulich erscheint, wird in den nächsten Abschnitten zunächst eine unaxiomatische Einführung der Booleschen Algebra versucht [15]. Erst im Abschnitt 1.3.4 soll dann eine exaktere Definition der Booleschen Algebra durch ein Axiomensystem nachgeholt werden.

1.3.1. Boolesche Algebra als Abkürzungsvorschrift

1.3.1.1. Boolesches Produkt als UND-Verknüpfung

Technische Schaltvorgänge sind gewöhnlich an eine Reihe von Bedingungen gebunden, die vor dem Schalten erfüllt sein müssen. So ist z. B. das Aufschalten eines Synchrongenerators auf das Netz von mehreren Bedingungen abhängig, die zunächst zu erfüllen sind, ehe der Schaltbefehl *ein* befolgt werden darf. Der Generatorschalter muß gegen Einschalten bei Nichterfülltsein dieser Bedingungen verriegelt sein; ein Einschaltbefehl muß in diesem Fall wirkungslos bleiben.
Aus den vielen Bedingungen, die in diesem Generatorbeispiel erfaßt werden müssen, seien zwei herausgegriffen. Die zu realisierende Verriegelung laute: Der Generatorhauptschalter darf einschalten, wenn Spannungs-, Frequenz- und Phasengleichheit zwischen Netz und Generator vorhanden sind und wenn auch Schmier- und Kühlmittelkreislauf in Betrieb sind. Diese Aussage stellt eine Schaltfunktion in verbaler Ausdrucksweise dar. Sie soll im folgenden in abgekürzter Form geschrieben werden. In dieser Schaltfunktion sind zunächst leicht drei Ereignisse zu unterscheiden, die mit f, A und B bezeichnet werden:

f Generatorhauptschalter darf einschalten,
A Spannungs-, Frequenz- und Phasengleichheit sind vorhanden,
B Schmier- und Kühlmittelkreislauf sind in Betrieb.

Diese drei Ereignisse sind Boolesche Variablen; A und B sind unabhängige Variablen, f ist eine abhängige Variable, deren Wert von den Werten von A und B abhängt. Jede dieser Variablen kann zwei Werte annehmen, den Wert *erfüllt* (L) oder den Wert *nicht erfüllt* (0). Wenn es also z. B. nicht erfüllt ist, daß Schmier- und Kühlmittelkreislauf in Betrieb sind, so hat die Variable B den Wert 0 (= nicht erfüllt).
Die hier verbal ausgedrückte Schaltfunktion kann nun in kürzerer Form geschrieben werden:

f erfüllt, wenn A erfüllt und B erfüllt.

Mit der Abkürzung

erfüllt = L, nicht erfüllt = 0

Tabelle 1/7. Funktionstabelle für Boolesches Produkt (Logisches UND)

A	B	$f = A \& B$
0	0	0
0	L	0
L	0	0
L	L	L

kann dies noch mehr abgekürzt werden zu

f = L, wenn A = L und B = L.

Auch diese Schreibweise soll durch Definition weiter verkürzt werden zu:

$f = A \& B$.

Mit dieser Schreibweise ist eine der drei Hauptverknüpfungen der Booleschen Algebra, das logische UND (&), auch Boolesches Produkt oder Konjunktion genannt, definiert. Man liest $f = A \& B$ als f gleich A und B und versteht darunter f ist erfüllt (L), wenn A erfüllt (L) und B erfüllt (L) ist. Damit f = L wird, ist es erforderlich, daß sowohl A = L als auch B = L ist. Da jede der drei Variablen f, A und B nur einen der beiden Werte 0 und L annehmen kann, läßt sich der Funktionszusammenhang $f = A \& B$ auch in einer Tabelle darstellen. Man nennt eine solche Tabelle eine Wahrheitstabelle. In diesem Wort steckt noch die Beziehung der Booleschen Algebra zur zweiwertigen Logik, in der als Ereignisse (Boolesche Variablen) nur Aussagen betrachtet werden, die entweder wahr (L) oder unwahr (0) sind.

Bei technischen Schaltfunktionen ist es sinnvoller, an Stelle von Aussagen von Bedingungen zu sprechen, denen man dann die zwei Werte erfüllt (L) oder nicht erfüllt (0) zuweisen kann. In der Funktion $f = A \& B$ ist der Wert von f nun abhängig von den Werten von A und B. A und B können aber nur die vier Wertekombinationen (A, B) = (0, 0), (A, B) = (0, L), (A, B) = = (L, 0) und(A, B) = (L, L) haben. f ist aber nur gleich L, wenn A = L und B = L ist. Damit ergibt sich die Tabelle 1/7.

Es wurde vorausgesetzt, daß in allen Fällen, in denen f nicht gleich L ist, es den Wert 0 haben muß, da es als Boolesche Variable entweder nur L oder 0 sein und einen dritten Wert nicht annehmen kann. Genormt wurde für das Produkt inzwischen der Ausdruck UND-Verknüpfung.

1.3.1.2. Boolesches Komplement als Negation

In der im vorigen Abschnitt zur Einführung des logischen UND (&) betrachteten Schaltfunktion $f = A \& B$ hatten die drei Booleschen Variablen f, A und B die Bedeutung:

f Generatorhauptschalter darf einschalten,
A Spannungs-, Frequenz- und Phasengleichheit sind vorhanden,
B Schmier- und Kühlmittelkreislauf sind in Betrieb.

Hieraus lassen sich nun durch Negation die drei folgenden Variablen bilden:

$\bar{f}$ Generatorhauptschalter darf nicht einschalten,
$\bar{A}$ Spannungs-, Frequenz- und Phasengleichheit sind nicht vorhanden,
$\bar{B}$ Schmier- und Kühlmittelkreislauf sind nicht in Betrieb.

Man liest $\bar{f}$, $\bar{A}$, $\bar{B}$ als f nicht, A nicht, B nicht oder als f Komplement, A Komplement, B Komplement und bezeichnet die Boolesche

Operation als logisches NICHT, Boolesches Komplement oder auch als Negation. Es ist leicht einzusehen, daß für $A = L$ $\bar{A} = 0$ ist und daß für $A = 0$ $\bar{A} = L$ ist. Dies läßt sich in einer Funktionstabelle darstellen (Tabelle 1/8). $h = \bar{A}$ ist also eine Abkürzung für die Aussage: $h = L$, wenn $\bar{A} = L$ oder $h = L$, wenn $A = 0$.

Tabelle 1/8. Funktionstabelle für Negation

A	$h = \bar{A}$
0	L
L	0

1.3.1.3. Boolesche Summe als ODER-Verknüpfung

An Hand des in den vorstehenden Abschnitten behandelten Beispiels soll nun noch nach dem logischen UND und dem logischen NICHT eine weitere Hauptverknüpfung der zweiwertigen Logik (als spezieller Boolescher Algebra) eingeführt werden, die ODER-Verknüpfung. Hierzu seien folgende Variablen g, C und D eingeführt:

g Generatorhauptschalter darf nicht einschalten,
C Spannungs-, Frequenz- und Phasengleichheit sind nicht vorhanden,
D Schmier- und Kühlmittelkreislauf sind nicht in Betrieb.

In diesem Zusammenhang interessiert nicht, daß g, C und D identisch mit den im vorigen Abschnitt genannten Variablen $\bar{f}$, $\bar{A}$ und $\bar{B}$ sind. Jede dieser drei Variablen g, C und D kann wieder die Werte 0 (nicht erfüllt) und L (erfüllt) annehmen. Hat etwa die Variable g den Wert $g = 0$, so bedeutet dies, daß es *nicht* erfüllt ist, daß der Generatorhauptschalter *nicht* einschalten darf. Das heißt, der Generatorhauptschalter darf einschalten. Man erkennt daraus, daß eine doppelte Negation sich wieder aufhebt. Die Variablen C und D sind wieder unabhängige Boolesche Variablen, g ist eine abhängige Boolesche Variable, deren Wert von den Werten von C und D abhängt. Der logische Zusammenhang der drei Variablen g, C und D ist aber nun so zu formulieren, daß der Generatorhauptschalter nicht einschalten darf, wenn eine der beiden Bedingungen C und D erfüllt ist (oder gar beide erfüllt sind), wenn also Spannungs-, Frequenz- und Phasengleichheit nicht vorhanden sind oder Schmier- und Kühlmittelkreislauf nicht in Betrieb sind. Man kann diese Aussage wieder schrittweise verkürzen zu

g erfüllt, wenn C erfüllt oder D erfüllt ist,
$g = L$, wenn $C = L$ oder $D = L$,
$g = C \vee D$.

Mit dieser Verknüpfung (V) ist die Boolesche Summe als Verknüpfung der Booleschen Algebra eingeführt, die auch logisches ODER oder Disjunktion genannt wird. Das Zeichen V leitet sich aus dem Anfangsbuchstaben des lateinischen Wortes vel für oder ab. $g = C \vee D$ bedeutet also, daß $g = L$, wenn C oder D den Wert L haben, also z. B. auch, wenn C und D beide den Wert L haben. Diesen Zusammenhang für das logische ODER kann man in einer Funktionstabelle auftragen (Tabelle 1/9).

Tabelle 1/9. Funktionstabelle für Boolesche Summe (Logisches ODER)

C	D	Logisches ODER $g = C \vee D$
0	0	0
0	L	L
L	0	L
L	L	L

Im Unterschied zum logischen ODER, das durch die Tabelle 1/9 definiert ist, gibt es noch das sogenannte exklusive ODER. Hiermit ist eine Funktion f gemeint, die nur dann den Wert L hat, wenn entweder nur die eine oder nur die andere unabhängige Variable den Wert L hat (Tabelle 1/10). f ist dagegen 0,

Tabelle 1/10. Funktionstabelle für das sogenannte exklusive ODER

A	B	f
0	0	0
0	L	L
L	0	L
L	L	0

wenn beide Variablen A und B den Wert L haben, wo also die ODER-Verknüpfung im Unterschied dazu den Wert L hat.

1.3.1.4. Einführung von · und + statt & und V

Die in den vorigen Abschnitten behandelten Booleschen Verknüpfungen & und V haben im englischen und russischen Schrifttum eine andere Schreibweise. Für die Verknüpfung & wird · benutzt, für V ist + üblich, so daß zwischen $f = A \,\&\, B$ und $f = A \cdot B$ sowie zwischen $g = C \vee D$ und $g = C + D$ kein inhaltlicher Unterschied besteht[1]). Aus den Zeichen · und + werden die Bezeichnungen Boolesches Produkt und Boolesche Summe erklärlich. Natürlich bestehen zwischen dem Produkt der gewöhnlichen Algebra und dem Booleschen Produkt nur äußerliche Ähnlichkeiten, ebenso wie zwischen der Summe der gewöhnlichen Algebra und der Booleschen Summe.

Über die günstigste Schreibweise der zwei Booleschen Hauptverknüpfungen besteht keine einheitliche Auffassung. Wenn häufig Berechnungen der gewöhnlichen Algebra mit Berechnungen der Booleschen Algebra abwechseln, ist die Schreibweise & und V vorzuziehen. In Fällen, bei denen im wesentlichen nur Boolesche Funktionen auftreten, bietet die Schreibweise · und + mehrere große Vorzüge. Die in dieser Weise geschriebenen Booleschen Funktionen sind übersichtlicher, wie das Beispiel zeigt:

$$f = (A \,\&\, B \,\&\, C \,\&\, D) \vee (A \,\&\, B \,\&\, \bar{C} \,\&\, \bar{D}) \vee (\bar{A} \,\&\, \bar{B} \,\&\, C \,\&\, D) \vee$$
$$\vee (\bar{A} \,\&\, B \,\&\, C \,\&\, \bar{D}),$$
$$f = A \cdot B \cdot C \cdot D + A \cdot B \cdot \bar{C} \cdot \bar{D} + \bar{A} \cdot \bar{B} \cdot C \cdot D + \bar{A} \cdot B \cdot C \cdot \bar{D}.$$

Ein weiterer Vorzug besteht darin, daß viele Rechengesetze der Booleschen Algebra denen der gewöhnlichen Algebra formal sehr ähnlich sind, wie man aus einem der folgenden Abschnitte erkennen wird.
Im übrigen ist es eine Frage der Gewohnheit, auf welche Schreibweise man sich einstellt. In diesem Buch wird · und + verwendet. Zusätzlich wird vereinbart, daß das Zeichen · (wie in der gewöhnlichen Algebra) auch fortgelassen werden kann, daß Klammern um mit · verknüpfte Terme fortgelassen werden können, daß also die Operation · den Vorrang vor der Operation + haben soll. Die Verknüpfung $f = A \,\&\, B = A \cdot B = AB$ kann man statt als f gleich A und B auch als f gleich A mal B lesen und die Verknüpfung $g = A \vee B = A + B$ statt als g gleich A oder B auch als g gleich A plus B.

1.3.2. Funktionstabellen

Die Boolesche Algebra diente ursprünglich, lange ehe man an technische Schaltfunktionen dachte, zur Formalisierung aussagenlogischer Probleme. Die als Boolesche Variablen betrachteten Aussagen sind hierbei ebenfalls zweiwertig, sie können die Werte wahr und unwahr annehmen. Es gibt abhängige und unabhängige Aussagen. Die durch die Boolesche Algebra

[1]) Für die Verknüpfung & wird auch ∩ oder ∧, für V auch ∪ als Symbol benutzt. Durch DIN 66 000/4. 65, „Mathematische Zeichen der Schaltalgebra" wurden die Zeichen ∧ und V genormt, jedoch auch die Zeichen · und + zugelassen, sofern die genormten Zeichen nicht zur Verfügung stehen. Das Komplement von A, also $\bar{A}$, taucht in Fachaufsätzen auch in der Form $\neg A$ auf.

darstellbare Abhängigkeit von Aussagen untereinander läßt sich wegen der Zweiwertigkeit der Aussagen stets auch in Tabellenform darstellen. Tabellen dieser Art werden Funktionstabellen genannt. In diesem Namen klingt noch die ursprüngliche Anwendung der zweiwertigen Algebra an. In einer Funktionstabelle wird der funktionelle Zusammenhang zwischen dem Wert einer abhängigen Variablen und den Werten der unabhängigen Variablen wiedergegeben. Dieser Zusammenhang kann im Gegensatz zur normalen Algebra deshalb in einer Tabelle stets vollständig dargestellt werden, weil durch die Zweiwertigkeit Boolescher Variablen die Anzahl möglicher Wertekombinationen der unabhängigen Variablen endlich ist. Bei n unabhängigen Variablen sind nicht mehr als 2^n Wertekombinationen denkbar, bei denen die abhängige Variable einen Funktionswert haben kann. Die Funktionstabelle einer Funktion mit n unabhängigen Variablen hat daher nicht mehr als 2^n Zeilen.

1.3.2.1. Funktionstabellen für Produkt, Komplement und Summe

In den vorigen Abschnitten wurden die Funktionstabellen für die Funktionen $f = A \cdot B$ und $g = C + D$ dargestellt. Da diese Funktionen nur zwei unabhängige Variablen haben, müssen insgesamt $2^2 = 4$ Wertekombinationen dieser Variablen unterschieden und der zugehörige Funktionswert der abhängigen Variablen angegeben werden (Tabelle 1/11).
Die Tabellendarstellung der Funktion $h = \bar{A}$ erfordert sogar nur zwei Zeilen, da nur eine unabhängige Variable A und somit nur 2^1 Wertekombinationen denkbar sind (Tabelle 1/11).

Tabelle 1/11. Endliche Anzahl von Wertekombinationen

A	B	$f = AB$	C	D	$g = C + D$	A	$h = \bar{A}$
0	0	0	0	0	0	0	L
0	L	0	0	L	L	L	0
L	0	0	L	0	L		
L	L	L	L	L	L		

1.3.2.2. Funktionsdarstellung durch Funktionstabellen

Außer den im vorigen Abschnitt behandelten Grundverknüpfungen Produkt, Summe und Komplement kann natürlich jede beliebige Boolesche Funktion in Tabellenform angegeben werden. So läßt sich z. B. die Funktion

$$f = AB + \bar{A}B + \bar{A}\bar{B}$$

leicht in eine Funktionstabelle umsetzen, wenn man beachtet, daß der Formalismus dieser Funktion nur eine Abkürzung ist für die Aussage

f = L, wenn (A = L und B = L) oder
(A = 0 und B = L) oder
(A = 0 und B = 0).

Man bildet in der aufzustellenden Funktionstabelle zunächst die vier möglichen Wertepaare von (A, B), nämlich (0, 0), (0, L),

Tabelle 1/12. **Funktionstabelle einer Funktion mit zwei Variablen**

A	B	$f = AB + \bar{A}B + \bar{A}\bar{B}$
0	0	L
0	L	L
L	0	0
L	L	L

Tabelle 1/13. **Funktionstabelle einer Funktion mit drei Variablen**

A	B	C	$g = ABC + \bar{A}B\bar{C} + \bar{A}\bar{B}\bar{C}$
0	0	0	L
0	0	L	0
0	L	0	L
0	L	L	0
L	0	0	0
L	0	L	0
L	L	0	0
L	L	L	L

(L, 0), (L, L) und weiß dann aus der oben angegebenen Aussage, daß $f = L$ ist für die Wertepaare (L, L), (0, L) und (0, 0). Für das Wertepaar $(A, B) = (L, 0)$ ist f nicht L, also $f = 0$. Hieraus folgt die Tabelle 1/12 (Funktionstabelle).
Als ein weiteres Beispiel werde die Funktionstabelle der Funktion

$$g = ABC + \bar{A}B\bar{C} + \bar{A}\bar{B}\bar{C}$$

angegeben. Es ist leicht einzusehen, daß für die Wertepaare $(A, B, C) = (L, L, L)$, $(0, L, 0)$ und $(0, 0, 0)$ $g = L$ wird. Die Funktionstabelle entspricht also der Tabelle 1/13.
Als letztes Beispiel sei eine Funktion betrachtet, bei der nicht alle Produktterme sämtliche unabhängigen Variablen enthalten. Sie heiße

$$h = \bar{A}BC + \bar{B}\bar{C} + ABC + \bar{C}.$$

Stellt man hierfür die Funktionstabelle (Tabelle 1/14) auf, so kann man wegen der in h enthaltenen Terme $\bar{A}BC$ und ABC für die Wertekombinationen $(A, B, C) = (0, L, L)$ und $(A, B, C) = (L, L, L)$ $h = L$ eintragen. Dies ergibt $h = L$ in der 3. und 7. Zeile der Tabelle 1/14. h ist aber auch gleich L für $\bar{B}\bar{C} = L$, also in

Tabelle 1/14. **Funktionstabelle einer Funktion mit drei Variablen**

	A	B	C	$h = \bar{A}BC + \bar{B}\bar{C} + ABC + \bar{C}$
0. Zeile	0	0	0	L
1. Zeile	0	0	L	0
2. Zeile	0	L	0	L
3. Zeile	0	L	L	L
4. Zeile	L	0	0	L
5. Zeile	L	0	L	0
6. Zeile	L	L	0	L
7. Zeile	L	L	L	L

allen Fällen, wo das Variablenpaar $(B, C) = (0, 0)$ ist. Dies ist in der 0. und 4. Zeile der Fall. Schließlich wird $h = L$, wenn $\bar{C} = L$, also $C = 0$ ist. Dies ist in der 0., 2., 4. und 6. Zeile erfüllt.
In den noch nicht erfaßten Zeilen ist g nicht gleich L, also $g = 0$.
In dieser Weise läßt sich der Funktionszusammenhang jeder algebraisch ausgedrückten Funktion auch in Tabellenform darstellen. Die Funktionstabellen sind also nichts anderes als eine andere Schreibweise der Booleschen Funktionen.

1.3.2.3. Ablesen einer Funktion aus der Funktionstabelle

Wenn eine Funktion in algebraischer Form gegeben ist, so kann sie in der im vorigen Abschnitt beschriebenen Weise leicht in eine Wahrheitstabelle umgeformt werden. Umgekehrt kann es vorkommen, daß eine Funktion in Form einer Funktionstabelle vorliegt und hieraus die algebraische Form der Funktion abgelesen werden soll.
Als Beispiel sei die Funktion f betrachtet, deren Funktionstabelle das Aussehen von Tabelle 1/15 hat.
Bei Beachtung der abkürzenden Bedeutung Boolescher Funktionen wird klar, daß man nur diejenigen Zeilen der Tabelle

Tabelle 1/15. **Funktionstabelle einer Funktion mit zwei Variablen**

A	B	f	
0	0	L	←
0	L	L	←
L	0	0	
L	L	L	←

betrachten muß, bei denen $f = L$ wird. Aus Tabelle 1/15 ersieht man, daß

$$f = L, \text{ wenn } (A = 0 \text{ und } B = 0) \text{ oder } (A = 0 \text{ und } B = L) \text{ oder } (A = L \text{ und } B = L) \text{ ist.}$$

Diese Aussage ist aber identisch mit der Aussage

$$f = L, \text{ wenn } (\bar{A} = L \text{ und } \bar{B} = L) \text{ oder } (\bar{A} = L \text{ und } B = L) \text{ oder } (A = L \text{ und } B = L) \text{ ist,}$$

die nach den Ausführungen des Abschnitts 1.3.1 durch die Boolesche Funktion

$$f = \bar{A}\bar{B} + \bar{A}B + AB$$

abgekürzt werden kann.

Als weiteres Beispiel sei eine Funktion mit drei Variablen A, B, C betrachtet, die in der Funktionstabelle dargestellt ist (Tabelle 1/16). Hier sind $2^3 = 8$ Wertekombinationen der Variablen A, B, C möglich, und man ersieht, daß $f = L$ wird für die Wertekombinationen $(A, B, C) = (0, 0, 0)$ oder $(0, L, L)$ oder (L, L, L).

$$f = L, \text{ wenn } (A = 0 \text{ und } B = 0 \text{ und } C = 0) \text{ oder } (A = 0 \text{ und } B = L \text{ und } C = L) \text{ oder } (A = L \text{ und } B = L \text{ und } C = L) \text{ ist.}$$

Diese Aussage ist aber abzukürzen durch

$$f = \bar{A}\bar{B}\bar{C} + \bar{A}BC + ABC.$$

Tabelle 1/16. Funktionstabelle einer Funktion mit drei Variablen

A	B	C	f	
0	0	0	L	←
0	0	L	0	
0	L	0	0	
0	L	L	L	←
L	0	0	0	
L	0	L	0	
L	L	0	0	
L	L	L	L	←

Enthält die Funktionstabelle einer Funktion f wesentlich mehr Zeilen mit $f = L$ als mit $f = 0$, so kann es nützlich sein, statt f lieber $\bar{f}$ abzulesen. Dies trifft auf die in Tabelle 1/17 eingetragene Funktion f zu.

Hier ist leicht abzulesen

$$\bar{f} = A\bar{B}\bar{C} + ABC.$$

Wie bereits im Abschnitt 1.3.1.3. angegeben, ist eine doppelte Negation wieder eine Bejahung, das heißt, z. B. $\bar{\bar{f}} = f$. Man kann aus der Negation $\bar{f}$ der Funktion f leicht wieder f selbst gewinnen, wenn man ein weiteres Mal eine Negation einführt:

$$f = \bar{\bar{f}} = \overline{A\bar{B}\bar{C} + ABC}.$$

Hier muß sich also der Negationsstrich über alle Terme erstrecken.

Tabelle 1/17. Funktion und Komplementfunktion in einer Funktionstabelle

A	B	C	f	$\bar{f}$
0	0	0	L	0
0	0	L	L	0
0	L	0	L	0
0	L	L	L	0
L	0	0	0	L
L	0	L	L	0
L	L	0	L	0
L	L	L	0	L

1.3.3. Veranschaulichung durch die Mengenlehre

Da sich die meisten Sätze der Booleschen Algebra an Hand von Betrachtungen, die der Mengenlehre zugehören, sehr anschaulich erläutern lassen, soll dies im folgenden, und zwar an Hand von Punktmengen, durchgeführt werden[1]). Jeder Booleschen Variablen einer Funktion wird eine endliche Punktmenge in der Ebene zugeordnet, so daß auch jeder dieser Punkte den Wert der Variablen annimmt.

Im Bild 1/8 ist etwa der Variablen A die von einem Kreis umgebene Menge von Punkten zugeordnet, die die Eigenschaften von A, also auch den Wert von A haben mögen. Wenn man außerdem annimmt, in der Punktmenge A seien *alle* Punkte vereinigt, die Eigenschaften und den Wert von A haben, so müssen alle Punkte außerhalb der Punktmenge A den Wert von $\bar{A}$ haben. Der Bereich außerhalb von A kann also als Punktmenge für $\bar{A}$ aufgefaßt werden. Er erstreckt sich über die gesamte Ebene außerhalb von A.

1.3.3.1. Boolesches Produkt als Durchschnitt

Hat man nun mehrere Variablen, so kann man jeder dieser Variablen eine solche Punktmenge zuordnen. Für zwei Variablen ist dies in Bild 1/9 geschehen.

Man erkennt, daß beide Punktmengen A und B einander durchschneiden. Beide haben eine Anzahl von Punkten, die sowohl zu A als auch zu B gehören. Man nennt diesen Bereich Durchschnittsmenge für die Gesamtheit der in A und B enthaltenen Punkte.

Es ist nun anschaulich, daß der Durchschnitt eine besondere Form des Booleschen Produkts, der UND-Verknüpfung ist. Denn zur Durchschnittsmenge gehören nur Punkte, die zu *A und B* gehören. Umgekehrt sind Punkte, die die Eigenschaften von A und B gleichzeitig tragen sollen, nur in dieser Durchschnittsmenge enthalten.

1.3.3.2. Boolesche Summe als Vereinigung

Ebenso anschaulich taucht die Boolesche Summe, die ODER-Verknüpfung hier als Vereinigung auf, denn alle Punkte, die entweder die Eigenschaft von *A oder* von *B* tragen sollen, bilden gerade die Vereinigungsmenge und umgekehrt. Man kann also in die schraffierten Bereiche von Bild 1/10 die Booleschen Operationen $A \cdot B$ und $A + B$ eintragen.

Auf die gleiche Weise findet man Bereiche, die $\bar{A} \cdot B$, $A \cdot \bar{B}$, $\bar{A} \cdot \bar{B}$, $\bar{A} + B$, $A + \bar{B}$, $\bar{A} + \bar{B}$ entsprechen (Bild 1/11).

1.3.3.3. Veranschaulichung Boolescher Rechengesetze

Mit Hilfe der Punktmengen, die jeder Variablen zugeordnet werden, läßt sich nun eine Reihe von Sätzen der Booleschen Algebra illustrieren, die zum Teil Axiome, zum Teil aus den Axiomen ableitbar sind.

Offenbar gilt das Kommutativgesetz, denn zu $A \cdot B$ gehört die gleiche Punktmenge wie zu $B \cdot A$, zu $A + B$ die gleiche Punktmenge wie zu $B + A$ (Bild 1/12).

Um die Assoziativität der Booleschen Algebra zu veranschaulichen, werden die Punktmengen für $A \cdot (B \cdot C)$ und für $(A \cdot B) \cdot C$

1) Die Mengenlehre ist ebenso wie die zweiwertige Logik nur eine besondere Form der Booleschen Algebra. Wenn im vorliegenden Bericht der Begriff Boolesche Algebra im engeren Sinne von zweiwertiger Logik benutzt wird, so nur deshalb, weil sich die formalisierbaren Probleme der Digitaltechnik auf diese Form der Booleschen Algebra beschränken.

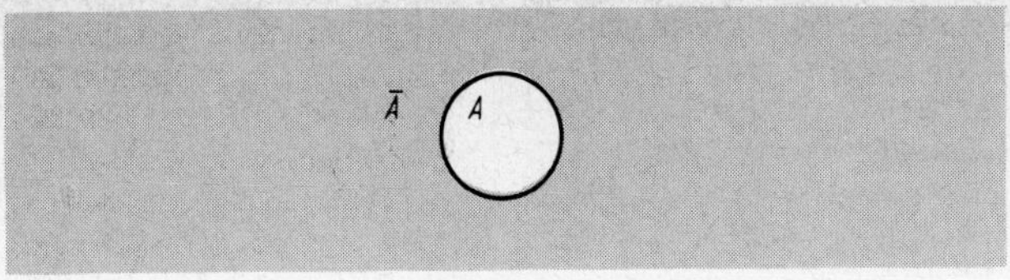

Bild 1/8. Definition der Punktmenge A

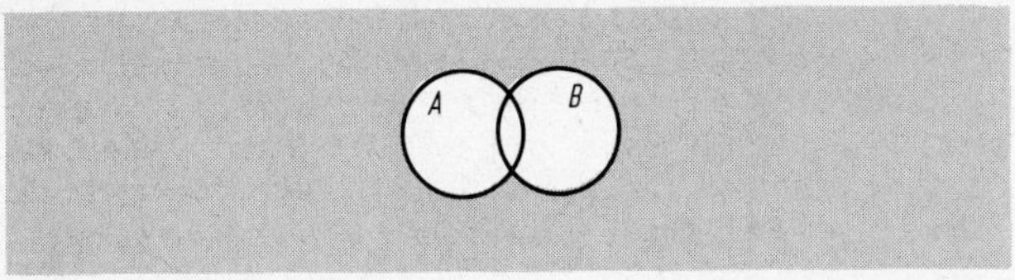

Bild 1/9. Definition zweier Punktmengen

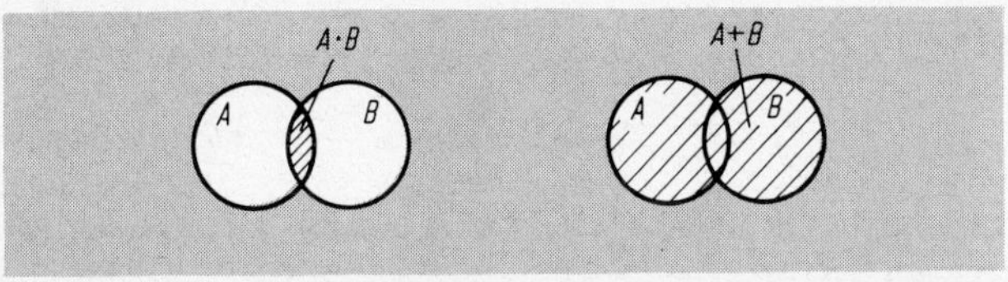

Bild 1/10. Durchschnitts- und Vereinigungsmengen zweier Punktmengen

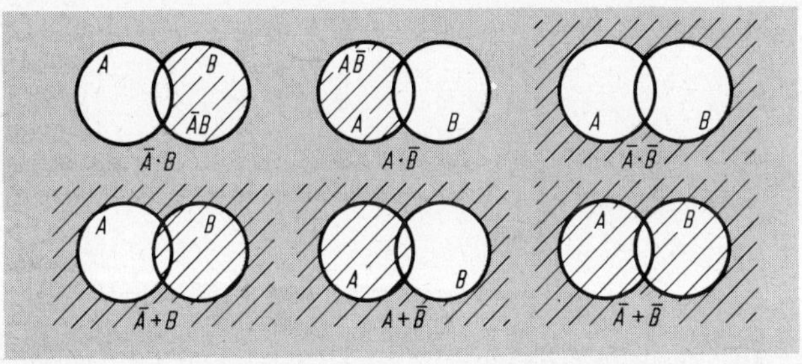

Bild 1/11. Abbildung verschiedener Boolescher Operationen auf die Operation mit Punktmengen

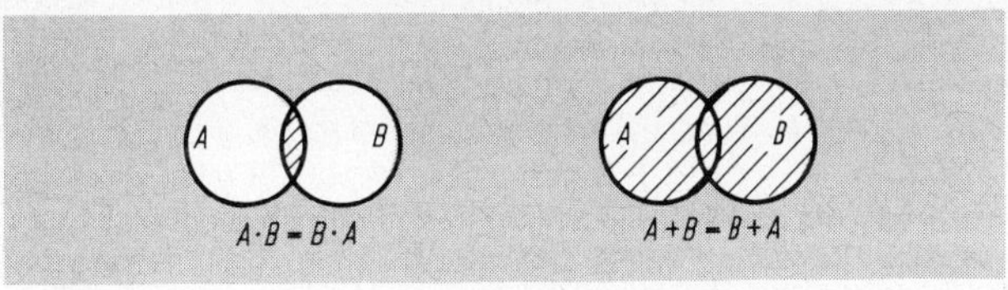

Bild 1/12. Kommutativität

aufgesucht. Es ist leicht ersichtlich, daß beide Punktmengen identisch sind, daß also das Assoziativgesetz $A \cdot (B \cdot C) = (A \cdot B) \cdot C$ gilt (Bild 1/13). Ebenso einfach kann das zweite Assoziativgesetz $A + (B + C) = (A + B) + C$ an Hand von Bild 1/13 erklärt werden.

Um die Distributivgesetze zu gewinnen, sollen die Punktmengen $A \cdot (B + C)$ und $A \cdot B + A \cdot C$ miteinander verglichen werden, ebenso wie die Punktmengen $A + BC$ und $(A + B) \cdot (A + C)$. Die Ergebnisse sind in Bild 1/14 dargestellt.

Bild 1/13. Assoziativität

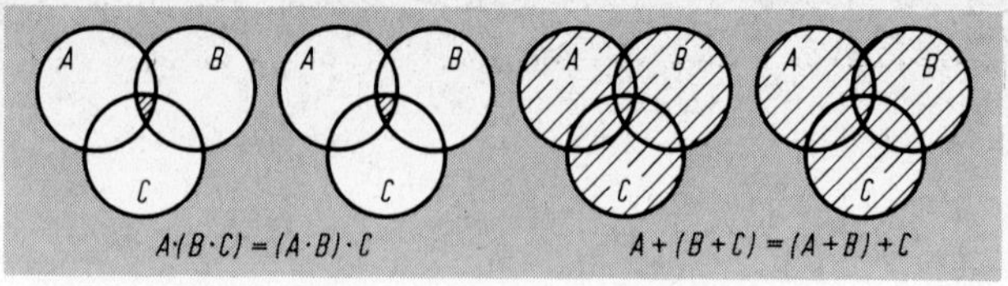

Bild 1/14. Distributivität

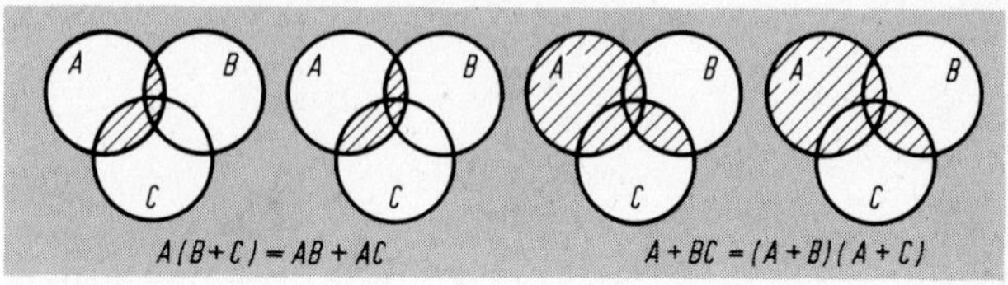

Bild 1/15. Absorptionsgesetze

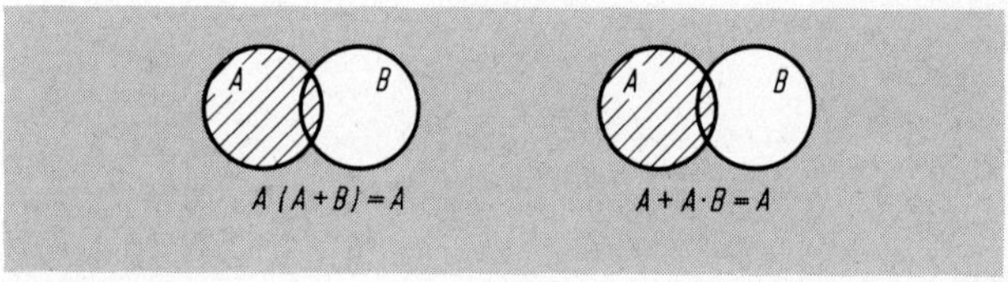

Bild 1/16. Gesetze von De Morgan

Es stellt sich heraus, daß zu $A\,(B + C)$ und $AB + AC$ die gleichen Punktmengen gehören; ebenso gehören zu $A + BC$ und zu $(A + B) \cdot (A + C)$ gleiche Punktmengen.
Es gelten also die Distributivgesetze

$$A\,(B + C) = AB + AC \text{ und } A + BC = (A + B)\,(A + C),$$

deren zweites in der gewöhnlichen Algebra nicht in dieser Form gültig ist. Dieses zweite Distributivgesetz ist also für die Boolesche Algebra charakteristisch.
Untersucht man, welche Punktmenge zu $A\,(A + B)$ gehört, so findet man, daß dies gerade die Punktmenge A ist (Bild 1/15). Denn $A\,(A + B)$ enthält gerade die Punkte, die sowohl zu A als auch zu $A + B$, also zur Vereinigungsmenge von A und B gehören. Dies sind alle Punkte von A und nur diese. Auf die gleiche Weise ergibt sich für $A + A \cdot B$ gerade die Punktmenge, die zu A gehört. Die beiden hieraus gewonnenen Gesetze $A\,(A + B) = A$ und $A + A \cdot B = A$ nennt man Absorptionsgesetze.
Als nächstes sollen die Punktmengen $f = \overline{A \cdot B}$ und $g = \bar{A} + \bar{B}$ gesucht werden. Zu f gehören offenbar alle Punkte, die nicht zur Durchschnittsmenge $A \cdot B$ gehören (Bild 1/16). Dies ist jedoch

gerade die Menge, die in Bild 1/11 als die Punktmenge von $\bar{A} + \bar{B}$ gefunden wurde. Es besteht also der Satz $\overline{A \cdot B} = \bar{A} + \bar{B}$, der auch als Gesetz von De Morgan bekannt ist. Aus Bild 1/16 geht ferner der zweite Satz dieses Namens $\overline{A + B} = \bar{A} \cdot \bar{B}$ hervor, da zu $\overline{A + B}$ die gleiche Punktmenge gehört wie zu $\bar{A} \cdot \bar{B}$.
Nun werden noch einige wichtige Rechengesetze angeführt, die sich zum Teil ebenso veranschaulichen lassen, zum Teil aber unmittelbar verständlich sind.
Als Tautologien werden die Gesetze $A \cdot A = A$ und $A + A = A$ bezeichnet.
Das bereits kurz genannte Gesetz der doppelten Komplementierung besagt, daß zwei Negationen eine Bejahung einer Aussage bewirken: $\bar{\bar{A}} = A$.
Ferner gibt es die Komplementierungssätze $A \cdot \bar{A} = 0$ und $A + \bar{A} = \mathrm{L}$. Sie werden klar, wenn man an die abkürzende Bedeutung von $f = A \cdot \bar{A}$ bzw. $g = A + \bar{A}$ denkt.
$f = A \cdot \bar{A}$ bedeutet, daß f nur gleich L wird, wenn A und $\bar{A}$ gleichzeitig L sind; dies ist jedoch nicht zu erfüllen, da A und $\bar{A}$ stets entgegengesetzten Wertes sind. Daher muß $f = 0$ sein. also $A \cdot \bar{A} = 0$. Ebenso bedeutet $g = A + \bar{A}$, daß $g = \mathrm{L}$ wird, wenn entweder A oder $\bar{A}$ gleich L sind. Dies ist jedoch immer erfüllt, so daß $g = A + \bar{A} = \mathrm{L}$ gilt. Auf die gleiche Weise findet man die Gesetze für Operationen mit 0 und L

$$
\begin{array}{ll}
0 \cdot A = 0 & \mathrm{L} + A = \mathrm{L} \\
\mathrm{L} \cdot A = A & 0 + A = A \\
\bar{0} = \mathrm{L} & \bar{\mathrm{L}} = 0,
\end{array}
$$

deren erstes ($0 \cdot A = 0$) kurz begründet sei, so daß die anderen Gesetze durch ähnliche Überlegungen leicht gefolgert werden können. $f = 0 \cdot A$ bedeutet, daß $f = \mathrm{L}$ wird, wenn 0 gleich L und gleichzeitig A gleich L ist. 0 kann aber nicht L sein, so daß f stets den Wert 0 haben muß; also gilt $f = 0 \cdot A = 0$.

1.3.4. Axiome und abgeleitete Sätze der Booleschen Algebra

Im vorigen Abschnitt wurden an Hand der Mengenlehre verschiedene wichtige Rechengesetze der Booleschen Algebra veranschaulicht. Will man nun die Boolesche Algebra systematisch begründen, so geht man von einigen Sätzen aus, die den Namen Axiome tragen und nicht mehr weiter auf andere Sätze rückführbar sind und leitet hieraus alle Rechengesetze ab. Das System von Sätzen, die als Basis einer Algebra betrachtet werden sollen, heißt Axiomensystem. Die im vorigen Abschnitt genannten Sätze sind zum Teil Axiome des Axiomensystems, das Huntington 1904 zusammenstellte und zum Teil Sätze, die hieraus ableitbar sind. Es folgt eine Zusammenstellung der Axiome von Huntington und der abgeleiteten Sätze.

1.3.4.1. Axiomensystem nach Huntington

Es existiere eine Menge mit den beliebigen Elementen A, B, C, ... Ferner mögen zwei eindeutige Verknüpfungen $A + B$ und $A \cdot B$ existieren, für die folgende Sätze gelten:
die kommutativen Gesetze

$$A + B = B + A \qquad A \cdot B = B \cdot A \tag{1.5}$$

und die distributiven Gesetze

$$(A + B)\,C = A \cdot C + B \cdot C,$$
$$(A \cdot B) + C = (A + C) \cdot (B + C). \qquad (1.6)$$

Weiterhin mögen zwei verschiedene Elemente 0 und L definiert sein, so daß für jedes beliebige Element A der Menge gilt

$$A + 0 = A \qquad A \cdot \mathrm{L} = A. \qquad (1.7)$$

Schließlich existiere zu jedem Element A ein Element $\bar{A}$, das den Namen Komplement von A trage und für das gilt:

$$A + \bar{A} = \mathrm{L}, \qquad A \cdot \bar{A} = 0. \qquad (1.8)$$

Jedes System von Dingen, die diesen Axiomen (1.5) bis (1.8) genügen, ist eine Boolesche Algebra. Eine Boolesche Algebra ist also, umgekehrt ausgedrückt, eine Algebra, in der zwei Operationen + und · definiert sind und in der obige Axiome gelten [12 bis 15].
Eine besondere Boolesche Algebra ist die sogenannte zweiwertige Logik mit den zwei Wertigkeiten *wahr* und *unwahr* (0 und L)
In ihrer technischen Version als Schaltalgebra mit den zwei Schaltwerten 0 und L hat man ebenso eine spezielle Boolesche Algebra. Sie hat nur zwei Elemente, nämlich die Elemente 0 und L.
Hierauf läßt sich die Boolesche Algebra abbilden, und zwar so, daß das Boolesche · als UND-Verknüpfung und das Boolesche + als ODER -Verknüpfung interpretiert wird.
Außerdem sei bemerkt, daß eine sogenannte dreiwertige Logik nicht auf eine Boolesche Algebra führt. Nach dem Satz von Stone ist nur jede 2^n-wertige Logik ($n = 1, 2, \ldots$) eine Boolesche Algebra.
Der Beweis, daß eine sogenannte dreiwertige Logik keine Boolesche Algebra ist, ist auf folgende Weise einfach zu führen:

Angenommen, die dreiwertige Logik sei eine Boolesche Algebra und habe die verschiedenen Wertigkeiten 0, L, X, so müßte sie die Axiome (1.5) bis (1.8) erfüllen. Es müßte also ein Komplement zu X existieren:

Angenommen, 0 sei das Komplement zu X, so müßte nach (1.7) $X + 0 = X$, nach (1.8) aber im Widerspruch dazu $X + 0 = \mathrm{L}$ sein. $X + 0 = X$ und $X + 0 = \mathrm{L}$ ist nur für $X = \mathrm{L}$, also für die zweiwertige Logik erfüllt.
Die Annahme, L sei das Komplement zu X, führt ebenso auf die widersprüchlichen Aussagen $X \cdot \mathrm{L} = X$ und $X \cdot \mathrm{L} = 0$. Ebenso ist auch X nicht das Komplement zu X, denn dann müßte gelten $X + X = X$, $X \cdot X = X$ und $X + X = 0$, $X \cdot X = \mathrm{L}$. Das widerspricht sich aber.

Ein weiteres Modell eines Axiomensystems der Booleschen Algebra ist die besondere Boolesche Algebra Mengenlehre. Hierbei betrachtet man, wie schon an den Punktmengen erläutert, alle Teilmengen einer festen Menge bezüglich der beiden Operationen Vereinigung und Durchschnitt, die den Operationen + und · entsprechen.

1.3.4.2. Aus den Huntingtonschen Axiomen abgeleitete Sätze

Satz 1 über das Dualitätsprinzip

Aus jeder Booleschen Aussage oder algebraischen Identität, die aus den Axiomen ableitbar ist oder ihnen angehört, läßt sich eine sogenannte duale Aussage gewinnen. Hierzu sind folgende Schritte erforderlich:

1. Vertauschungssatz: Man ersetze + durch · und umgekehrt
2. Vertauschungssatz: Man vertausche 0 und L
3. Vertauschungssatz: Man ersetze jede Variable durch ihr Komplement.

Da die Schaltalgebra als spezielle Boolesche Algebra nur die zwei Elemente 0 und L aufweist, sind der 3. und der 2. Vertauschungssatz eigentlich gleichwertig.
Der Beweis dieses sogenannten Dualitätsprinzips kann aus den Axiomen gefolgert werden.
Es ist wichtig, daß jede Variable in der dualen Aussage durch ihr Komplement ersetzt wird. Dieser 3. Vertauschungssatz wird häufig bei der Beschreibung des Dualitätsprinzips fälschlicherweise nicht gefordert. Man kann dann mit den ersten beiden Schritten z. B. zwar aus der Aussage $(A+B) \cdot C = (A \cdot C) + (B \cdot C)$ die richtige duale Aussage $(A \cdot B) + C = (A + C) \cdot (B + C)$ gewinnen und auch andere richtige duale Aussagen bilden, in vielen Fällen ergibt sich jedoch Falsches. Es folgt z. B. für die Aussage

$$C = A\bar{B} + \bar{A}B \tag{1.9}$$

mit Hilfe des Theorems von De Morgan

$$\bar{C} = \overline{A\bar{B}} \cdot \overline{\bar{A}B} = (\bar{A} + B) \cdot (A + \bar{B}). \tag{1.10}$$

Wendet man auf (1.9) dagegen das Dualitätsprinzip an und läßt den 3. Vertauschungssatz außer acht, so ergibt sich die falsche, zu (1.10) in Widerspruch stehende Aussage

$$C = (A + \bar{B}) \cdot (\bar{A} + B). \tag{1.11}$$

Wendet man dagegen das Dualitätsprinzip vollständig auf (1.9) an, also mit Zuhilfenahme auch des 3. Vertauschungssatzes, so folgt das richtige Ergebnis

$$\bar{C} = (\bar{A} + B) \cdot (A + \bar{B}), \tag{1.12}$$

was mit (1.10) übereinstimmt.

Satz 2 über die Tautologien

Für alle Elemente einer Booleschen Algebra gelten die Sätze

$$A + A = A \qquad A \cdot A = A. \tag{1.13}$$

Beweis:
$$\begin{aligned} A &= A + 0 && \text{nach (1.7),} \\ &= A + A \cdot \bar{A} && \text{nach (1.8),} \\ &= (A + A) \cdot (A + \bar{A}) && \text{nach (1.6),} \\ &= (A + A) \cdot \mathrm{L} && \text{nach (1.8),} \\ &= A + A && \text{nach (1.7).} \end{aligned}$$

Ähnlich kann $A \cdot A = A$ bewiesen werden. Es kann auch das Dualitätsprinzip (Satz 1) angewendet werden.

Satz 3

Für jedes Element einer Booleschen Algebra gilt

$$A + \mathrm{L} = \mathrm{L} \qquad A \cdot 0 = 0, \tag{1.14}$$

Beweis:
$$\begin{aligned}
\mathrm{L} &= A + \bar{A} && \text{nach (1.8)},\\
&= A + \bar{A} \cdot \mathrm{L} && \text{nach (1.7)},\\
&= (A + \bar{A}) \cdot (A + \mathrm{L}) && \text{nach (1.6)},\\
&= \mathrm{L} \cdot (A + \mathrm{L}) && \text{nach (1.8)},\\
&= A + \mathrm{L} && \text{nach (1.7)}.
\end{aligned}$$

Aus dem Dualitätsprinzip folgt $\bar{A} \cdot 0 = 0$ und hieraus $A \cdot 0 = 0$.

Satz 4 über die Absorptionsgesetze

$$A + A \cdot B = A \qquad A \cdot (A + B) = A. \tag{1.15}$$

Beweis:
$$\begin{aligned}
A &= \mathrm{L} \cdot A && \text{nach (1.7)},\\
&= (\mathrm{L} + B)\, A && \text{nach Satz 3},\\
&= \mathrm{L} \cdot A + B \cdot A && \text{nach (1.6)},\\
&= A + B \cdot A && \text{nach (1.7)},\\
&= A + A \cdot B && \text{nach (1.5)}.
\end{aligned}$$

Das zweite Gesetz folgt aus dem Dualitätsprinzip.

Satz 5 über die Assoziativität

In jeder Booleschen Algebra sind die Operationen $+$ und $\cdot$ assoziativ.

$$A + (B + C) = (A + B) + C \qquad A\,(BC) = (AB)\,C. \tag{1.16}$$

Beweis: Zunächst wird gezeigt, daß

$$A + A\,(BC) = A + (AB)\,C, \tag{1.17}$$

$$\begin{aligned}
A + A\,(BC) &= A && \text{nach Satz 4},\\
&= A\,(A + C) && \text{nach Satz 4},\\
&= (A + AB)\,(A + C) && \text{nach Satz 4},\\
&= A + (AB)\,C && \text{nach (1.6)}.
\end{aligned}$$

Weiterhin wird gezeigt, daß

$$\bar{A} + A\,(BC) = \bar{A} + (AB)\,C, \tag{1.18}$$

$$\begin{aligned}
\bar{A} + A\,(BC) &= (\bar{A} + A)\,(\bar{A} + BC) && \text{nach (1.6)},\\
&= \mathrm{L}\,(\bar{A} + BC) && \text{nach (1.8)},\\
&= \bar{A} + BC && \text{nach (1.7)},\\
&= (\bar{A} + B)\,(\bar{A} + C) && \text{nach (1.6)},\\
&= [\mathrm{L}\,(\bar{A} + B)]\,(\bar{A} + C) && \text{nach (1.7)},\\
&= [(\bar{A} + A)\,(\bar{A} + B)]\,(\bar{A} + C) && \text{nach (1.8)},\\
&= (\bar{A} + AB)\,(\bar{A} + C) && \text{nach (1.6)},\\
&= \bar{A} + (AB)\,C && \text{nach (1.6)}.
\end{aligned}$$

Multipliziert man nun (1.17) und (1.18), so folgt

$$[A + A\,(BC)] \cdot [\bar{A} + A\,(BC)] = [A + (AB)\,C] \cdot [\bar{A} + (AB)\,C].$$

Hiervon wird erst die linke, dann die rechte Seite schrittweise vereinfacht:

Die linke Seite ergibt

$$
\begin{aligned}
[A + A\,(BC)] \cdot [\bar{A} + A\,(BC)] &= [A\,(BC) + A] \cdot [A \cdot (BC) + \bar{A}] && \text{nach (1.5)},\\
&= A\,(BC) + A \cdot \bar{A} && \text{nach (1.6)},\\
&= A\,(BC) + 0 && \text{nach (1.8)},\\
&= A\,(BC) && \text{nach (1.7)}.
\end{aligned}
$$

Die rechte Seite ergibt

$$
\begin{aligned}
[A + (AB)\,C] \cdot [\bar{A} + (AB)\,C] &= [(AB)\,C + A] \cdot [(AB)\,C + \bar{A}] && \text{nach (1.5)},\\
&= (AB)\,C + A\bar{A} && \text{nach (1.6)},\\
&= (AB)\,C + 0 && \text{nach (1.8)},\\
&= (AB)\,C && \text{nach (1.7)}.
\end{aligned}
$$

Hiermit ist das Gesetz $A\,(B \cdot C) = (A \cdot B)\,C$ bewiesen. Das zweite Assoziativgesetz folgt aus dem Dualitätsprinzip.

Satz 6

Es gibt in einer Booleschen Algebra nur ein Element $\bar{A}$, das Gleichung (1.8) erfüllt.
Beweis: Angenommen, es gebe ein X und ein Y, so daß gilt

$$
\begin{aligned}
&A + X = \mathrm{L} && AX = 0\\
&A + Y = \mathrm{L} && AY = 0, \text{ so folgt hiermit}
\end{aligned}
$$

$$
\begin{aligned}
A &= \mathrm{L} \cdot X && \text{nach (1.7)},\\
&= (A + Y)\,X\\
&= (AX + YX) && \text{nach (1.6)},\\
&= (0 + YX)\\
&= YX && \text{nach (1.7)},\\
&= XY && \text{nach (1.5)},\\
&= XY + 0 && \text{nach (1.7)},\\
&= XY + AY\\
&= (X + A)\,Y && \text{nach (1.6)},\\
&= \mathrm{L} \cdot Y\\
&= Y && \text{nach (1.7)}.
\end{aligned}
$$

Also ist $X = Y$, es gibt also nur ein einziges $\bar{A}$, das Gleichung (1.8) erfüllt.

Satz 7 über die doppelte Komplementierung
Für jedes A in einer Booleschen Algebra gilt

$$\bar{\bar{A}} = A \qquad (1.19)$$

Beweis: Nach (1.8) ist $A + \bar{A} = \mathrm{L}$, $A\bar{A} = 0$. Hieraus folgt unter Vorwegnahme von Satz 9 $\overline{A + \bar{A}} = 0 = \bar{A}\bar{\bar{A}} = \bar{\bar{A}} \cdot \bar{A}$, $\overline{A\bar{A}} = \mathrm{L} = \bar{A} + \bar{\bar{A}} = \bar{\bar{A}} + \bar{A}$. Also ist $\bar{\bar{A}} = A$, da ja nach Satz 6 nur ein einziges Komplement zu $\bar{A}$ existieren kann.

Satz 8

$$\bar{0} = \mathrm{L} \text{ und } \bar{\mathrm{L}} = 0 \qquad (1.20)$$

Beweis: Nach Satz 3 ist $\mathrm{L} + 0 = \mathrm{L}$; $(\mathrm{L}) \cdot (0) = 0$. Da nach

Satz 6 nur ein $\bar{A}$ existiert, schließen diese Beziehungen ein, daß $\bar{0} = L$ und $\bar{L} = 0$ ist.

Satz 9, Gesetze von De Morgan
Für jedes A und B einer Booleschen Algebra gilt

$$\overline{AB} = \bar{A} + \bar{B} \qquad \overline{A + B} = \bar{A} \cdot \bar{B} \tag{1.21}$$

Beweis: Zunächst gilt

$$\begin{aligned}(A \cdot B)(\bar{A} + \bar{B}) &= AB\bar{A} + AB\bar{B} && \text{nach (1.6),}\\ &= 0 \cdot B + A \cdot 0 = 0 + 0 = 0 && \text{nach (1.5), (1.7), (1.8), Satz 3,}\end{aligned}$$

ferner gilt

$$\begin{aligned}AB + \bar{A} + \bar{B} &= \bar{A} + \bar{B} + AB && \text{nach (1.5),}\\ &= (\bar{A} + \bar{B} + A)(\bar{A} + \bar{B} + B) && \text{nach (1.6),}\\ &= (L + \bar{B})(L + \bar{A}) && \text{nach (1.8), (1.5),}\\ &= L && \text{nach Satz 3 und (1.7).}\end{aligned}$$

Mit (1.8) und Satz 6 schließen diese Bedingungen ein, daß $\overline{AB} = \bar{A} + \bar{B}$. Diese andere Form ergibt sich aus der dualen Umwandlung.
Es folgt eine Zusammenstellung der bisher behandelten Axiome und abgeleiteten Sätze der Booleschen Algebra:

Axiome der Booleschen Algebra

Boolesche Summe   Boolesches Produkt

Kommutativgesetze

$$A + B = B + A, \qquad A \cdot B = B \cdot A. \tag{1.5}$$

Distributivgesetze

$$(A + B)\,C = AC + BC, \qquad (A \cdot B) + C = (A + C)(B + C). \tag{1.6}$$

Null- und Einselement

$$A + 0 = A, \qquad A \cdot L = A. \tag{1.7}$$

Komplement

$$A + \bar{A} = L, \qquad A \cdot \bar{A} = 0. \tag{1.8}$$

Abgeleitete Sätze

Es gilt das Dualitätsprinzip			(Satz1),	
$A + A = A$	$A \cdot A = A$		(Satz 2),	(1.13)
$A + L = L$	$A \cdot 0 = 0$		(Satz 3),	(1.14)
$A + AB = A$	$A(A + B) = A$	Absorption	(Satz 4),	(1.15)
$A + (B + C) = (A + B) + C$	$A(BC) = (AB)C$	Assoziativität	(Satz 5),	(1.16)
$\bar{\bar{A}} = A$	Doppeltes Komplement		(Satz 7),	(1.19)
$\bar{0} = L$	$\bar{L} = 0$		(Satz 8),	(1.20)
$\overline{AB} = \bar{A} + \bar{B}$	$\overline{A + B} = \bar{A}\bar{B}$	Gesetze von De Morgan	(Satz 9).	(1.21)

1.3.4.3. Herleitung des Axiomensystems aus Funktionstabellen, abgeleitete Sätze

An Stelle der Axiome von Huntington kann auch ein Axiomensystem benutzt werden, das die Form zweier Funktionstabellen zur Definition der Verknüpfungen + und · der sogenannten zweiwertigen Logik hat.

Aus diesen Tabellen können nun alle Sätze der Booleschen Algebra abgeleitet und abgelesen werden, also auch die Axiome nach Huntington. Aus Zeile 2 und 3 der Tabelle 1/18, links, folgt

$$A + B = B + A.$$

Tabelle 1/18. Herleitung der Axiome aus Funktionstabellen links: Additionstabelle rechts: Multiplikationstabelle

A	*B*	*A* + *B*	*A*	*B*	*A* · *B*
0	0	0	0	0	0
0	L	L	0	L	0
L	0	L	L	0	0
L	L	L	L	L	L

Aus Zeile 2 und 3 der Tabelle 1/18, rechts, folgt

$$A \cdot B = B \cdot A.$$

Das Gesetz

$$(A + B) + C = A + (B + C)$$

ist zu gewinnen durch Vergleich der 5. und 7. Spalte der Funktionstabelle in Tabelle 1/19, die sich mit den Tabellen leicht ermitteln läßt.

Das zweite Assoziativgesetz kann mit einer ähnlichen Tabelle ermittelt werden.

Vergleicht man Zeile 2 und 4 von Tabelle 1/18, links, so findet man

$$0 + \mathrm{L} = \mathrm{L},\ \mathrm{L} + \mathrm{L} = \mathrm{L},\ A + \mathrm{L} = \mathrm{L}.$$

Mit Funktionstabellen (Tabelle 1/19) für die linken und rechten Seiten abzuleitender Gesetze und den Vergleich der ent-

Tabelle 1/19. Funktionstabelle zum Assoziativgesetz

A	*B*	*C*	*A* + *B*	(*A* + *B*) + *C*	*B* + *C*	*A* + (*B* + *C*)
0	0	0	0	0	0	0
0	0	L	0	L	L	L
0	L	0	L	L	L	L
0	L	L	L	L	L	L
L	0	0	L	L	0	L
L	0	L	L	L	L	L
L	L	0	L	L	L	L
L	L	L	L	L	L	L

Tabelle 1/20. **Gesetze von De Morgan**

A	B	$A \cdot B$	$\overline{A \cdot B}$	$\bar{A}$	$\bar{B}$	$\bar{A}+\bar{B}$	$A+B$	$\overline{A+B}$	$\bar{A}\cdot\bar{B}$
0	0	0	L	L	L	L	0	L	L
0	L	0	L	L	0	L	L	0	0
L	0	0	L	0	L	L	L	0	0
L	L	L	0	0	0	0	L	0	0

sprechenden Spalten lassen sich auch alle weiteren Sätze leicht gewinnen. An Hand von Tabelle 1/20 sei dies abschließend noch für die Gesetze von De Morgan durchgeführt.
Durch Vergleich der 4. und 7. Spalte sowie der 9. und 10. Spalte der Tabelle 1/20 findet man

$$\overline{AB} = \bar{A} + \bar{B},$$
$$\overline{A + B} = \bar{A} \cdot \bar{B}.$$

1.3.5. Fundamentalsatz der Booleschen Algebra

1.3.5.1. Minterme und Maxterme

Die Elemente $A_1, A_2, \ldots, A_n$ seien Variablen der Booleschen Algebra. Als Minterme bezeichnet man dann alle Produktterme, die sämtliche Variablen enthalten. Es gibt insgesamt 2^n Minterme, nämlich

$$\bar{A}_1 \cdot \bar{A}_2 \cdot \text{bis} \cdot \bar{A}_{n-2} \cdot \bar{A}_{n-1} \cdot \bar{A}_n = m_0$$
$$\bar{A}_1 \cdot \bar{A}_2 \cdot \text{bis} \cdot \bar{A}_{n-2} \cdot \bar{A}_{n-1} \cdot A_n = m_1$$
$$\bar{A}_1 \cdot \bar{A}_2 \cdot \text{bis} \cdot \bar{A}_{n-2} \cdot A_{n-1} \cdot \bar{A}_n = m_2$$

bis

$$A_1 \cdot A_2 \cdot \text{bis} \cdot A_{n-2} \cdot A_{n-1} \cdot A_n = m_{2^n-1} \tag{1.22}$$

Die Indizes der Abkürzungen m_i werden so gebildet, daß die A eines Minterms durch L und die $\bar{A}$ durch 0 ersetzt und die daraus entstehende Ziffernfolge als Dualzahl gelesen wird.
(Beispiel $m_2 = \bar{A}_1 \bar{A}_2$ bis $A_{n-1} \bar{A}_n$ ergibt 00 bis 0L0 = 2. Hieraus folgt der Index 2).
Da in einem Minterm alle Variablen im Produkt enthalten sind, werden Minterme auch als Vollkonjunktionen bezeichnet.
Durch Komplementierung und Anwendung des De Morganschen Gesetzes (1.21) auf (1.22) folgt

$$\bar{m}_0 = A_1 + A_2 + \text{bis} + A_n = M_{2^n-1}$$
$$\bar{m}_1 = A_1 + A_2 + \text{bis} + \bar{A}_n = M_{2^n-2}$$

bis

$$\bar{m}_{2^n-1} = \bar{A}_1 + \bar{A}_2 + \text{bis} + \bar{A}_n = M_0. \tag{1.23}$$

Diese so gebildeten Ausdrücke M_i werden Maxterme oder Volldisjunktionen genannt. Sie enthalten sämtliche Variablen A_i in disjunktiver Form (also mit +) verknüpft.
Zwischen Mintermen und Maxtermen besteht das Umrechnungsgesetz

$$\bar{m}_i = M_{2^n-i-1}, \quad i = 0,\ 1, \ldots, 2^n - 1, \tag{1.24}$$

das es gestattet, die Betrachtung aller Funktionsformen der Booleschen Algebra auf einen einzigen Typ zu beschränken, da sich der andere Typ mit (1.24) hieraus ergibt.
Bei z. B. drei Variablen gibt es acht Minterme und acht Maxterme.

1.3.5.2. Sätze über Minterme und Maxterme

Satz 1 : Die Summe aller Minterme ist L
Beweis: Es wird durch schrittweises Zusammenfassen von je zwei Mintermen bewiesen, die sich nur in einer Variablen unterscheiden, die in dem einen Minterm negiert, im anderen nicht negiert auftaucht. Mit dem Satz

$$AB + A\bar{B} = A\,(B + \bar{B}) = A \cdot \mathrm{L} = A$$

wird hierbei eine Variable eliminiert. Dies wird so lange fortgesetzt, bis die Summe aller Minterme auf $A_1 + \bar{A}_1 = \mathrm{L}$ reduziert ist.
Zwischendurch werden hierbei Erweiterungen nach dem Satz $A + A = A$ nötig.

Satz 2 : Das Produkt aller Maxterme ist 0
Beweis: Folgt aus der Anwendung des De Morganschen Gesetzes auf Satz 1

$$\sum_r m = \mathrm{L} \qquad (1.25)$$

$$\prod_r \bar{m} = 0 = \prod_r M = 0\,.$$

Satz 3 : Ist ein Minterm L, *so haben alle anderen Minterme den Wert* 0.
Beweis: Da in $A \cdot B = \mathrm{L}$ $A = \mathrm{L}$ und $B = \mathrm{L}$ sein muß, so müssen auch in einem Minterm mit dem Wert L alle Größen den Wert L haben. Da sich aber alle anderen Minterme mindestens in einer Variablen von dem Minterm mit dem Wert L unterscheiden, muß in ihnen also mindestens eine Variable den Wert 0 haben. Dadurch ist der Satz 3 wegen $A \cdot 0 = 0$ bewiesen.

1.3.5.3. Funktionstabelle zum Ablesen der Mintermform

Eine Funktion wird aus einer Funktionstabelle in der in Abschnitt 1.3.2.3 angegebenen Weise abgelesen. Hierbei werden die Wertekombinationen der Variablen aufgesucht, für die die Funktion den Wert L annimmt, und die entsprechenden Variablenprodukte, die bei diesen Wertekombinationen ebenfalls den Wert L erhalten, summiert. Da diese Variablenprodukte stets alle Variablen der Funktion enthalten, summiert man also Minterme. Eine Boolesche Funktion kann also stets als die Summe der Minterme angegeben werden, auf denen die Funktion den Wert L hat. Dies ist der Fundamentalsatz der Booleschen Algebra.

1.3.5.4. Fundamentalsatz der Booleschen Algebra

Jede Funktion mit n Variablen kann als Boolesche Summe von Mintermen oder als Boolesches Produkt von Maxtermen geschrieben werden [2, 5, 13, 15].
Beweis: Mit $A = A \cdot \mathrm{L} = A \cdot (B + \bar{B}) = AB + A\bar{B}$ läßt sich schrittweise jeder beliebige Term einer Funktion so erweitern, bis er in lauter Terme aufgelöst ist, die alle Variablen im Produkt

Tabelle 1/21. **Minterme und Maxterme**

A	B	C	Minterme	Maxterme
0	0	0	$m_0 = \bar{A}\bar{B}\bar{C}$	$M_0 = \bar{A} + \bar{B} + \bar{C}$
0	0	L	$m_1 = \bar{A}\bar{B}C$	$M_1 = \bar{A} + \bar{B} + C$
0	L	0	$m_2 = \bar{A}B\bar{C}$	$M_2 = \bar{A} + B + \bar{C}$
0	L	L	$m_3 = \bar{A}BC$	$M_3 = \bar{A} + B + C$
L	0	0	$m_4 = A\bar{B}\bar{C}$	$M_4 = A + \bar{B} + \bar{C}$
L	0	L	$m_5 = A\bar{B}C$	$M_5 = A + \bar{B} + C$
L	L	0	$m_6 = AB\bar{C}$	$M_6 = A + B + \bar{C}$
L	L	L	$m_7 = ABC$	$M_7 = A + B + C$

enthalten, also Minterme sind. Jede Boolesche Funktion f ist somit als Summe von Mintermen in der Form

$f = \sum_{i=0}^{2^n-1} f_i\, m_i$ darstellbar. Darin sind f_i Faktoren, die 0 oder L

sind. Hieraus kann man zunächst durch Komplementierung der f_i

$$\bar{f} = \sum_{i=0}^{2^n-1} \bar{f}_i\, m_i$$

bilden, denn f ist auf allen den Mintermen 0, wo $\bar{f} = L$ ist, und umgekehrt. Mit dem Satz von De Morgan und aus Gleichung (1.24) folgt

$$f = \overline{\sum_{i=0}^{2^n-1} \bar{f}_i\, m_i} = \prod_{i=0}^{2^n-1} (\bar{\bar{f}}_i + \bar{m}_i) = \prod_{i=0}^{2^n-1} (f_i + M_{2^n-i-1}).$$

Jede Boolesche Funktion ist also auch als Boolesches Produkt von Maxtermen darstellbar. Die in diesen Abschnitten dargestellten Minterm- und Maxtermsätze sind deshalb wichtig, weil sämtliche Vereinfachungsmethoden für Boolesche Funktionen von der Minterm- oder Maxtermnormalform ausgehen. Die Vereinfachungsmethoden sind aber für technische Anwendungen entwickelt worden, da formal einfache Funktionen auch technisch einfach zu realisieren sind. Vereinfachungsmethoden werden im Abschnitt 3 behandelt.

1.3.6. Endliche Anzahl Boolescher Funktionen mit *n* Variablen

Während in der gewöhnlichen Algebra die Anzahl von möglichen Funktionen von n Variablen unbeschränkt groß ist, kann man in der zweielementigen Booleschen Algebra die Anzahl der möglichen verschiedenen Funktionen mit n Variablen angeben. Es gibt genau 2^{2^n} verschiedene Funktionen mit n Variablen. Dies ist leicht zu verstehen, wenn man berücksichtigt, daß jede Funktion als Summe von Mintermen angegeben werden kann und daß bei n Variablen $K = 2^n$ Minterme existieren. Wie leicht zu ermitteln, gibt es 2^k verschiedene Kombinationen von Mintermen (bei Beachtung des Kommutativgesetzes), also 2^{2^n} verschiedene Funktionen. Als Beispiel seien die $K = 2^{2^2} = 16$ verschiedenen Booleschen Funktionen betrachtet, die sich mit zwei Variablen anschreiben lassen (Tabelle 1/22).

Tabelle 1/22. Die 16 möglichen Booleschen Funktionen mit zwei Variablen

			A	0	L	0	L	Sprachlich
			B	0	0	L	L	
1	$f = 0$			0	0	0	0	nie
2	$f = A \cdot B$			0	0	0	L	UND
3	$f = \bar{A} \cdot B$			0	0	L	0	
4	$f = B$			0	0	L	L	
5	$f = A \cdot \bar{B}$			0	L	0	0	
6	$f = A$			0	L	0	L	
7	$f = (A \cdot \bar{B}) + (\bar{A} \cdot B)$	exclusives ODER Antivalenz		0	L	L	0	ODER (aut)
8	$f = A + B$	Disjunktion		0	L	L	L	ODER (vel)
9	$\bar{f} = A + B$			L	0	0	0	weder-noch
10	$\bar{f} = A \equiv B$	Aequivalenz		L	0	0	L	gleich
11	$\bar{f} = A$			L	0	L	0	
12	$\bar{f} = A \cdot \bar{B}$			L	0	L	L	
13	$\bar{f} = B$			L	L	0	0	
14	$\bar{f} = \bar{A} \cdot B$	$A \rightarrow B$ Implikation/wenn, dann		L	L	0	L	wenn, dann
15	$\bar{f} = A \cdot B$			L	L	L	0	
16	$f = L$			L	L	L	L	immer

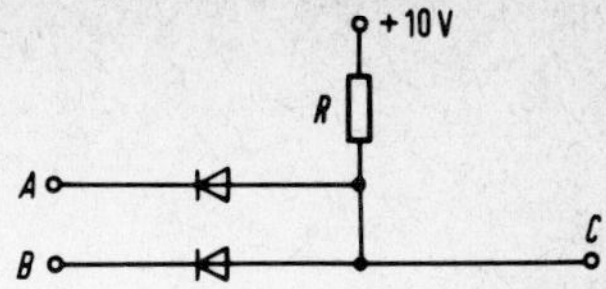

A	B	C
0V	0V	0V
0V	10V	0V
10V	0V	0V
10V	10V	10V

→

A	B	C=A·B
0	0	0
0	L	0
L	0	0
L	L	L

Bild 1/17. Diodenschaltung als technisches Modell des Booleschen Produkts

0V ≙ 0
10V ≙ L

1.3.7. Die Abbildung technischer Systeme auf die Boolesche Algebra

Die Bedeutung der Booleschen Algebra für die Digitaltechnik beruht darauf, daß sie auf zweiwertige technische Systeme abgebildet werden kann. Dies sei an Hand von zwei Beispielen erläutert.

In dieser Schaltung (Bild 1/17) mögen die Dioden ideal sein, d. h. unendlich großen Sperrwiderstand und unendlich kleinen Durchlaßwiderstand haben. Ferner mögen an den Anschlüssen *A*, *B* stets nur entweder 0 V oder + 10 V liegen. Da also insgesamt nur vier Eingangskombinationen der Werte von (*A*, *B*) zugelassen sind, kann die Funktionsweise der Schaltung durch die neben der Schaltung in Bild 1/17 angegebene Tabelle beschrieben werden. Identifiziert man nun 0 V mit der Booleschen 0 und 10 V mit dem Booleschen L, so erkennt man, daß die Schaltung in Bild 1/17 nichts anderes ist als ein technisches Abbild des Booleschen Produktes. Die Eingänge *A*, *B* sind die unabhängigen Variablen der Verknüpfung, und *C* ist die abhängige Variable, eine von *A* und *B* abhängige Funktion. Man überzeugt sich leicht davon, daß die in Bild 1/18 dargestellte Diodenschaltung ein Abbild der Booleschen Summe ist.

Es wird klar, daß sich Boolesche Funktionen in dieser Art durch Diodenschaltkreise darstellen lassen.

Es gibt natürlich noch viele weitere technische Systeme, die sich auf die Boolesche Algebra abbilden lassen. Dies wird im Kapitel 2 weiter ausgeführt.

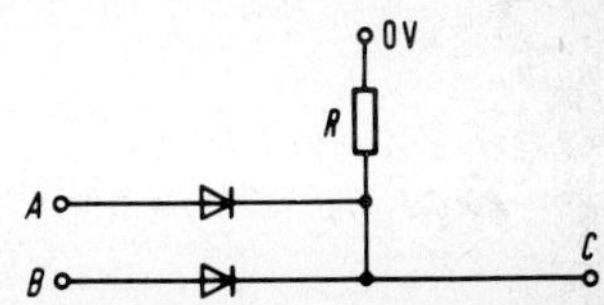

A	B	C
0V	0V	0V
0V	10V	10V
10V	0V	10V
10V	10V	10V

→

A	B	C=A+B
0	0	0
0	L	L
L	0	L
L	L	L

Bild 1/18. Diodenschaltung als technisches Modell der Booleschen Summe

0V ≙ 0
10V ≙ L

2. Realisierung digitaler Systeme ohne Speicherelemente

2.1. Die Formulierung der Booleschen Funktionen

Bei Aufgaben der Schaltkreistechnik lassen sich die funktionalen Abhängigkeiten der einzelnen technischen Zustände stets in Worten oder mit einer Tabelle beschreiben. Aus dieser Beschreibung findet man dann die Booleschen Funktionen [15, 26]. Für diesen ersten Schritt zur rechnerischen Behandlung digitaler Aufgaben werden einige einfache Beispiele gewählt.

2.1.1. Generatorbeispiel

In dem in Abschnitt 1.3.1.1 betrachteten Beispiel war die Befolgung des Einschaltbefehls eines Generators mit einigen Bedingungen verknüpft worden. Jetzt werden noch weitere Bedingungen berücksichtigt, so daß die Schaltbedingung in Worten etwa so ausgedrückt werden kann: Der Generator darf eingeschaltet werden (f), wenn folgende Bedingungen erfüllt sind:

Spannungsgleichheit von Netz und Generator ist vorhanden A.
Die Phasenfolge und Frequenz stimmen überein B.
Kühl- und Schmiermittelkreislauf sind in Betrieb C.
Der elektronische Teil für die Spannungsregelung ist betriebsbereit D.

Mit den Abkürzungen (f, A, B, C, D) läßt sich leicht die Boolesche Funktion

$$f = A \cdot B \cdot C \cdot D \tag{2.1}$$

gewinnen, die dann mit technischen Mitteln realisiert werden kann.

2.1.2. Kesselschutzschaltung

Mit einer Kesselschutzschaltung soll die Heizung eines Kessels abgeschaltet werden, wenn bestimmte Bedingungen erfüllt sind. Die Variablen können etwa folgende sein:

f Die Heizung wird abgeschaltet,
A Der Kesselinhalt siedet,
B Der Mindeststand im Kessel ist unterschritten.

Die beiden Variablen A und B können nun folgende 2^2 Kombinationen eingehen: $\bar{A} \cdot \bar{B}$, $A \cdot \bar{B}$, $\bar{A} \cdot B$, $A \cdot B$. Bei den letzten drei Kombinationen soll die Heizung abgeschaltet werden. Die Boolesche Funktion lautet also

$$f = A \cdot \bar{B} + \bar{A} \cdot B + A \cdot B, \tag{2.2}$$

da die Heizung abgeschaltet werden muß, wenn der Kesselinhalt siedet und der Mindeststand nicht unterschritten ist, oder auch, wenn der Kesselinhalt nicht siedet und der Mindeststand unterschritten ist, oder auch, wenn der Kesselinhalt siedet und der Mindeststand unterschritten ist. In dieser Weise kann man beim Aufstellen der Schaltfunktion schematisch vorgehen. Dies ist in den meisten Fällen sogar erforderlich, da man nur bei wenigen einfachen Aufgaben schon am Anfang kürzere Ausdrücke für die Schaltfunktion angeben kann. Bei dem hier betrachteten Beispiel würde die Funktion

$$f = A + B \tag{2.3}$$

natürlich die gleiche Wirkung naben. Im Abschnitt 3.1 wird gezeigt, daß die Funktionen (2.2) und (2.3) identisch sind. Gewöhnlich jedoch wird man auf schematischem Wege zu einer Schaltfunktion gelangen, die man dann Vereinfachungsverfahren unterwerfen kann, um zu geringerem technischem Aufwand zu gelangen.

2.1.3. Verriegelung von vier Verbraucheranschlüssen gegeneinander

Vier Verbraucheranschlüsse sollen so gegeneinander verriegelt sein, daß stets maximal nur zwei Anschlüsse betrieben werden können. Beim Anschluß eines zweiten Verbrauchers müssen also die restlichen zwei Anschlußstellen spannungslos gemacht werden. Die auftretenden Variablen sind also folgende:

f Es darf kein weiterer Verbraucher mehr eingeschaltet werden,
A Verbraucher *1* ist eingeschaltet,
B Verbraucher *2* ist eingeschaltet,
C Verbraucher *3* ist eingeschaltet,
D Verbraucher *4* ist eingeschaltet.

Bei vier unabhängigen Variablen A, B, C, D gibt es $2^4 = 16$ Kombinationen, die eintreten können:

* $A \cdot B \cdot C \cdot D$	* $A \cdot \bar{B} \cdot C \cdot D$	* $\bar{A} \cdot B \cdot C \cdot D$	* $\bar{A} \cdot \bar{B} \cdot C \cdot D$
* $A \cdot B \cdot C \cdot \bar{D}$	* $A \cdot \bar{B} \cdot C \cdot \bar{D}$	* $\bar{A} \cdot B \cdot C \cdot \bar{D}$	$\bar{A} \cdot \bar{B} \cdot C \cdot \bar{D}$
* $A \cdot B \cdot \bar{C} \cdot D$	* $A \cdot \bar{B} \cdot \bar{C} \cdot D$	* $\bar{A} \cdot B \cdot \bar{C} \cdot D$	$\bar{A} \cdot \bar{B} \cdot \bar{C} \cdot D$
* $A \cdot B \cdot \bar{C} \cdot \bar{D}$	$A \cdot \bar{B} \cdot \bar{C} \cdot \bar{D}$	$\bar{A} \cdot B \cdot \bar{C} \cdot \bar{D}$	$\bar{A} \cdot \bar{B} \cdot \bar{C} \cdot \bar{D}$

Bei den mit * versehenen Kombinationen soll aber $f = \mathrm{L}$ sein. Die Schaltfunktion lautet also

$$f = ABCD + ABC\bar{D} + AB\bar{C}D + AB\bar{C}\bar{D} + A\bar{B}CD + A\bar{B}C\bar{D} + \\ + A\bar{B}\bar{C}D + \bar{A}BCD + \bar{A}BC\bar{D} + \bar{A}B\bar{C}D + \bar{A}\bar{B}CD. \tag{2.4}$$

Wenn $f = \mathrm{L}$ wird, müssen die noch nicht betätigten Anschlüsse spannungslos gemacht werden.

2.1.4. Additionsschaltglied für Dualziffern

Ein Schaltglied, das die Summe zweier Dualziffern bilden soll, muß funktionell die Zusammenhänge

0 + 0 = 00,
0 + L = 0L,
L + 0 = 0L,
L + L = L0

Tabelle 2/1. Funktionstabelle für Summe S und Übertrag $\ddot{U}$ zweier Dualstellen

A	B	S	$\ddot{U}$
0	0	0	0
0	L	L	0
L	0	L	0
L	L	0	L

verwirklichen. Es hat also zwei Eingangsvariablen A und B, die die Werte der zu addierenden Dualziffern haben. Von den Wertekombinationen von A und B sind zwei Ausgangsvariablen S und $\ddot{u}$ abhängig, wobei S die Summenziffer und $\ddot{u}$ einen möglichen Übertrag darstellen. Wie man aus den oben angegebenen Gesetzen erkennt, wird ein Übertrag $\ddot{u}$ nur für (A, B) = (L, L) eintreten. Einen Wert L der Ausgangsvariablen S erhält man nur für die Fälle (A, B) = (L, 0) und (A, B) = (0, L). Diese Zusammenhänge lassen sich in einer Funktionstabelle darstellen (Tabelle 2/1). Hierbei wird bei der betrachteten Stelle zunächst davon ausgegangen, daß von der vorherigen Stelle kein Übertrag zu verarbeiten ist (Abschnitt 3.1).
Aus Tabelle 2/1 können aber die Schaltfunktionen in der in Abschnitt 1.3.2.3 angegebenen Weise leicht abgelesen werden. Für die Summe und den Übertrag erhält man

$$S = \bar{A} \cdot B + A \cdot \bar{B}, \qquad (2.5)$$
$$\ddot{u} = A \cdot B.$$

Genaugenommen müßte man entsprechend den Gesetzen der Addition von Dualzahlen zunächst eine Tabelle aufstellen, in der alle Ziffern 0 der reellen Zahl 0, alle Ziffern 1 der reellen Zahl 1 entsprechen. Dann würde man anschließend eine Zuordnung treffen, durch die der Schaltwert 0 dem Auftreten der reellen Zahl 0 und der Schaltwert L dem Auftreten der reellen Zahl 1 entsprechen würde. Erst durch diese Zuordnung erhält man dann eine zweite Tabelle, und zwar die in Tabelle 2/1 angegebenen Zusammenhänge in ihrem Charakter als Funktionaltabelle der Booleschen Algebra. Daraus kann man dann auf Grund der genannten geschickten Zuordnung die Beziehungen (2.5) ablesen. Da aber die ursprünglich gewonnene Tabelle (der Zusammenhänge der reellen Zahlen von Summe und Übertrag bei der Addition von Dualzahlen) vollständig die gleiche Form wie die später daraus ermittelte Schaltfunktionstabelle hat, identifiziert man nicht ganz korrekt, aber ohne besondere Konsequenzen die erste mit der zweiten Tabelle.
Die gleiche Anmerkung gilt für den folgenden Abschnitt.

2.1.5. Subtraktionsschaltglied für Dualziffern

Sollen zwei Dualziffern A und B voneinander subtrahiert werden, so treten folgende Möglichkeiten auf: (A, B) = (0, 0), (A, B) = (0, L), (A, B) = (L, 0), (A, B) = (L, L). Die Differenz $D = A - B$ ist – ebenso wie die Funktion des Leihübertrags L auf die nächste Stelle – in Abhängigkeit von den Werten von A und B in Tabellenform anzugeben (Tabelle 2/2).
Aus Tabelle 2/2 kann man für Differenz und Leihübertrag ablesen:

$$D = \bar{A}B + A\bar{B}, \qquad (2.6)$$
$$L = \bar{A}B.$$

Tabelle 2/2. Funktionstabelle für Differenz D und Leihübertrag L zweier Dualstellen

A	B	$D = A - B$	L
0	0	0	0
0	L	L	L
L	0	L	0
L	L	0	0

2.2. Umsetzung der Booleschen Funktionen in Schaltkreissymbole

Die gebrachten Beispiele sollten verdeutlichen, wie sich aus einer gestellten technischen Aufgabe heraus eine formale Beschreibung dieser Aufgabe in Form einer Schaltfunktion gewinnen läßt.

Der nächste Schritt besteht in der Umsetzung der Schaltfunktion in einen Schaltplan, in dem die Operationen + und · in eine anschauliche Symbolik umgesetzt sind. Hierbei werden die Verknüpfungen der einzelnen Variablen in einer Form ähnlich dem Strukturbild der Regelungstechnik wiedergegeben.

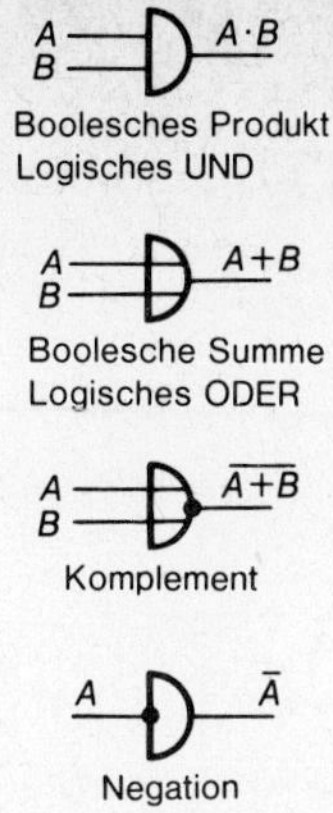

Bild 2/1. Symbole für Boolesche Operationen

2.2.1. Symbole für Boolesches Produkt, Summe und Komplement

Die schaltkreistechnischen Symbole der Operationen Boolesches Produkt, Boolesche Summe und Komplement findet man in Bild 2/1.

Die Verknüpfungssymbole für · und + sind also symbolische Kreisabschnitte, zu deren Sehne die Eingangsgrößen geführt werden. Für die Verknüpfung · enden sie hier, für die Verknüpfung + laufen sie bis zum Kreisbogen durch. Von der Mitte des Kreisbogens geht die Ausgangsgröße aus. Die Bildung des Komplements einer Größe wird durch einen schwarzen Punkt symbolisiert, der aber an der Peripherie eines Verknüpfungselementes angebracht sein muß. Schwarze Punkte an anderen Punkten des Schaltplanes (z. B. Bild 2/2) geben lediglich die Verbindung zweier Variablenlinien an und dürfen nicht als Komplementbildung aufgefaßt werden.

Mit Hilfe dieser Symbolik wird also z. B. die Funktion

$$g = \bar{C} + ABC + \bar{A}B + A\bar{B}$$

durch den Schaltplan in Bild 2/2 wiedergegeben.

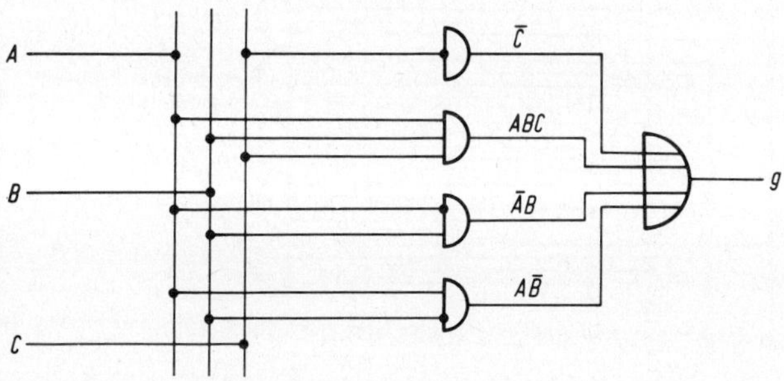

Bild 2/2. Schaltplan der Funktion $g = \bar{C} + ABC + \bar{A}B + A\bar{B}$

Grundsätzlich haben die symbolischen Schaltpläne rein logischen Charakter. In gewissen Fällen kann man ihnen jedoch auch die Eigenschaften von Stromlaufplänen zuweisen, etwa, wenn die Verknüpfungssymbole durch Impulsgatter aus Dioden oder Transistoren realisiert werden.

2.2.2. Schaltkreise für die Beispiele von Abschnitt 2.1

Die im Abschnitt 2.1 ermittelten Schaltfunktionen sollen in diesem Abschnitt in die Form von symbolischen Schaltplänen umgesetzt werden.

2.2.2.1. Generatorbeispiel

Die sich beim Generatorbeispiel (Abschnitt 2.1.1) ergebende Schaltfunktion $f = A \cdot B \cdot C \cdot D$ ist in Bild 2/3 als symbolischer Schaltplan wiedergegeben. Es handelt sich hier nur um eine einfache ·-Schaltung (UND-Schaltung).

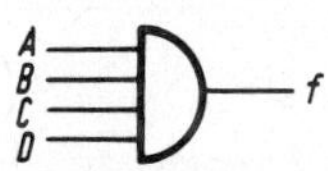

Bild 2/3. Symbolischer Schaltplan der Funktion $f = A \cdot B \cdot C \cdot D$

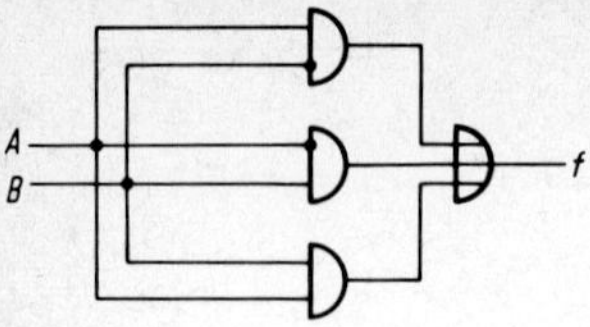

Bild 2/4. Symbolischer Schaltplan der Funktion $f = A\bar{B} + \bar{A}B + AB$

2.2.2.2. Kesselschutzschaltung

Das Beispiel der Kesselschutzschaltung in Abschnitt 2.1.2 führte auf die Funktion $f = A\bar{B} + \bar{A}B + AB$. Der entsprechende Schaltplan ist in Bild 2/4 angegeben.

2.2.2.3. Verriegelung von vier Verbraucheranschlüssen

Die in Abschnitt 2.1.3 gewonnene Schaltfunktion $f = f(A, B, C, D)$ hat gerade dann den Wert L, wenn von vier Verbraucheranschlüssen mindestens zwei angeschaltet sind. Sie kann also als Basis für Schaltmaßnahmen benutzt werden, mit denen nach dem Einschalten eines zweiten Verbraucheranschlusses die restlichen Anschlüsse spannungslos gemacht werden sollen.

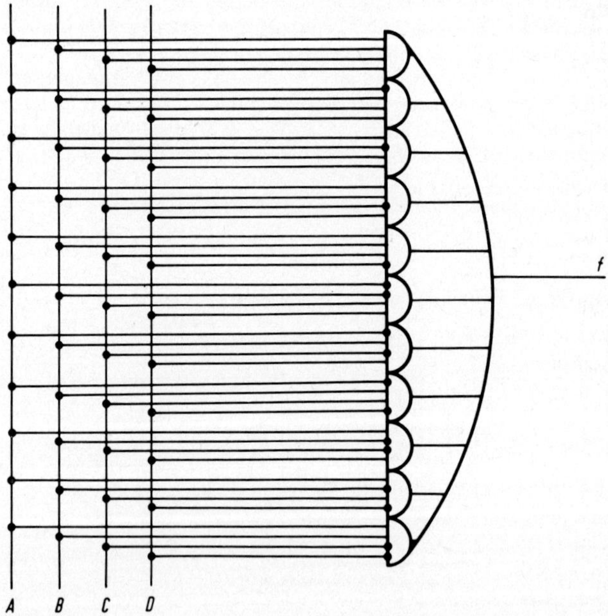

Bild 2/5. Symbolischer Schaltplan einer Verriegelung

Die Funktion ist in Bild 2/5 in Form eines symbolischen Schaltplanes dargestellt. Gleichzeitig wird mit Bild 2/5 eine mögliche Variante der Schaltkreissymbolik eingeführt. Das +-Glied (ODER-Glied) ist nicht hinter den ·-Gliedern (UND-Gliedern) angeordnet, sondern schließt sie mit ein. Durch diese Anordnung kann unter Umständen bei größeren Schaltkreisen die Übersichtlichkeit erhöht werden.

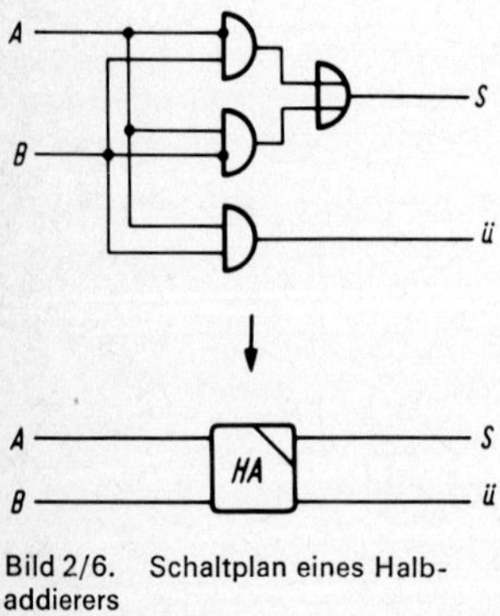

Bild 2/6. Schaltplan eines Halbaddierers

HA Halbaddierer

2.2.2.4. Additionsschaltglied

Im Abschnitt 2.1.4 wurden die Schaltfunktionen für das Additionsglied eines Addierwerkes für Dualzahlen angegeben. Der entsprechende Schaltplan wird in Bild 2/6 angegeben. Da es sich hierbei um ein in digitalen Anlagen häufig auftretendes Element handelt, wurde ein besonderes Symbol mit dem Namen Halbaddierer eingeführt.

2.2.2.5. Subtraktionsschaltglied

Im Bild 2/7 ist der Schaltplan eines Subtraktionsgliedes (Halbsubtrahierer) angegeben, dessen Schaltfunktionen in Abschnitt 2.1.5 abgeleitet wurden. Auch hierfür werde ein spezielles Schaltkreissymbol definiert.

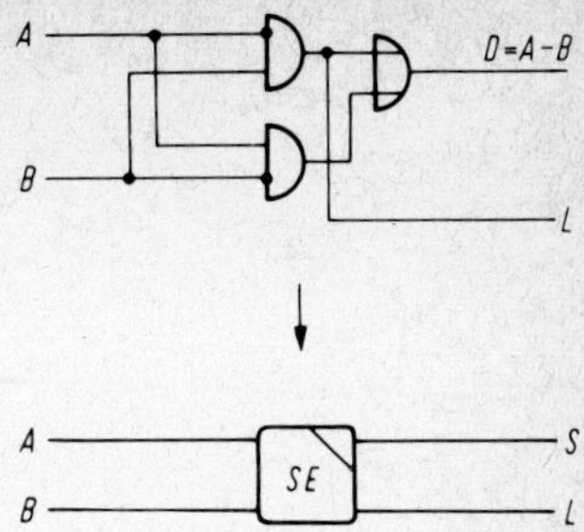

Bild 2/7. Schaltplan eines Halbsubtrahierers

SE Subtraktionseinheit

2.2.3. Vollständiges Addierwerk für zwei Dualzahlen

Mit Hilfe des in den vorherigen Abschnitten Dargestellten ist es nun nicht schwierig, z. B. den Schaltplan eines vollständigen Addierwerkes für zwei dreiziffrige Dualzahlen anzugeben (Bild 2/8). Bei jeder Dualstelle werden zwei Dualziffern A_i und B_i in einem Halbaddierer addiert. Etwaige Überträge von der nächstkleineren Stelle müssen durch einen weiteren Halbaddierer zur Summe einer Stelle addiert werden. In einer Stelle kann nun z. B. die Addition von Summe und Übertrag der vorherigen Stelle einen neuen Übertrag zur folgenden Stelle ergeben. Es kann leicht gezeigt werden, daß ein derartiger Übertrag nie gleichzeitig mit einem normalen Übertrag in der betrachteten Stelle auftreten kann. Aus diesem Grunde ist es sinnvoll, beide Überträge auf ein einfaches +-Glied (ODER-Glied) zu geben. Eine gesonderte Addition beider Überträge ist nicht nötig, da immer mindestens einer gleich 0 ist.

2.3. Realisierung der symbolischen Schaltkreise mit technischen Bausteinen

Die ermittelten Schaltfunktionen sollen nun meist eine technische Abbildung auf ein bestimmtes Bausteinsystem erfahren. Sie werden durch technische Mittel nachgebildet. Das technische Modell der Schaltfunktion ist dann in der Lage, die in der Schaltfunktion enthaltenen Abstraktionen technischer Zustände in der erwünschten Weise zu verarbeiten.

Die Schaltfunktionen können mit verschiedenen Bausteinsystemen realisiert werden, von denen die wichtigsten hier erwähnt werden sollen [17 bis 36, 162].

Das System Logistat® ist eine besondere Form der in den Abschnitten 2.3.2 und 2.3.3 behandelten Dioden- und Transistorbausteine [24, 25].

Bei jedem beliebigen Bausteinsystem muß nun eine eindeutige Definition an den Anfang gestellt werden, die zwei bestimmte physikalische Zustände des Systems der Booleschen 0 und des Booleschen L zuordnet.

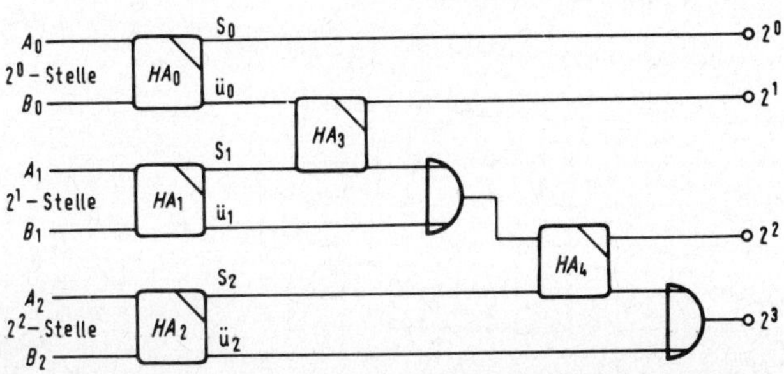

Bild 2/8. Addiereinrichtung für zwe dreistellige Dualzahlen

HA Halbaddierer

2.3.1. Relais

Ein technisch sehr einfaches Bausteinsystem zur Realisierung Boolescher Funktionen läßt sich mit Relais aufbauen. Hierbei wird z. B. die Aussage *Relais führt Strom* dem Booleschen L, die Aussage *Relais ist stromlos* der Booleschen 0 zugeordnet. Statt dessen ist es auch möglich, die am Relais angelegte Spannung von z. B. 100 V als L und entsprechend 0 V als 0 zu interpretieren. Relais haben einen bestimmten Schaltzustand – ob eine Eingangsspannung anliegt oder nicht. Man unterscheidet Arbeitsrelais, deren Kontakte nur bei vorhandener Erregung geschlossen sind, und Ruherelais, deren Kontakte nur bei vorhandener Erregung geöffnet sind. Die Verknüpfungen der Booleschen Algebra sind nun leicht durch geeignete Anordnungen von Relaiskontakten zu realisieren. Wie Bild 2/9 zeigt, entspricht dem Booleschen Produkt die Reihenschaltung zweier Relaiskontakte, der Booleschen Summe die Parallelschaltung zweier Relaiskontakte. Negierte Größen werden durch Benutzung von Ruherelais realisiert.

Relaiskontakte sind, wie hierbei allgemein üblich, für den unerregten Zustand der Relais gezeichnet.

Man erkennt im Bild 2/9, daß es bei Relaissystemen durchaus sinnvoll ist, die Eingangsleitungen *A* und *B* und den Ausgang *f* einer Relaisverknüpfung zu identifizieren mit den Eingangs- und Ausgangslinien der symbolischen Schaltzeichen für · und +.

Mit diesen Definitionen können nun vorgegebene Schaltfunktionen oder symbolische Schaltpläne leicht in Relaisrealisierung aufgebaut werden. Nach Definition kann man sich auf die Angabe der Stellung der Relaiskontakte im Ruhezustand der Relaiswicklung beschränken.

2.3.1.1. Generatorbeispiel

In Bild 2/10 ist die Realisierung der Schaltfunktion $f = A \cdot B \cdot C \cdot D$ des Generatorbeispiels (Abschnitt 2.1.1) angegeben. Die Kontakte sind entsprechend ihrer Zugehörigkeit zu den Variablen *A, B, C, D* mit *a, b, c, d* bezeichnet. Wenn alle Bedingungen *A, B, C, D* erfüllt sind, so liegen alle Relaiswicklungen an 100 V.

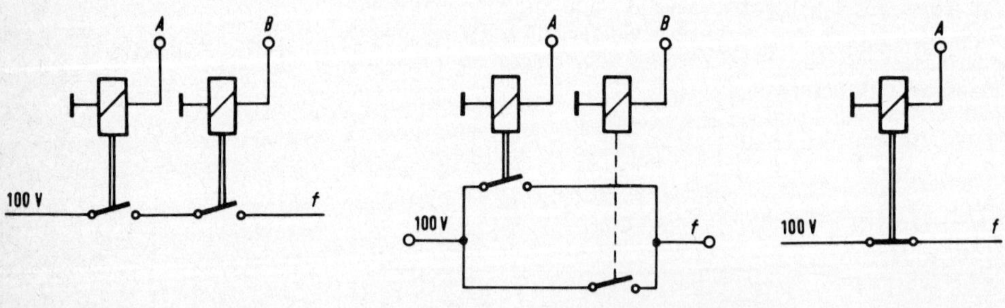

Bild 2/9. Boolesche Operationen in Relaisrealisierung
100 V ≙ L   0 V ≙ 0

links:
Boolesches Produkt (logisches UND)
Mitte:
Boolesche Summe (logisches ODER)
rechts:
Boolesches Komplement (logisches NICHT)

A	*B*	*f*
0V	0V	0V
0V	100V	0V
100V	0V	0V
100V	100V	100V

→

A	*B*	*f*
0	0	0
0	L	0
L	0	0
L	L	L

A	*B*	*f*
0V	0V	0V
0V	100V	100V
100V	0V	100V
100V	100V	100V

→

A	*B*	*f*
0	0	0
0	L	L
L	0	L
L	L	L

A	*f*
0V	100V
100V	0V

→

A	*f*
0	L
L	0

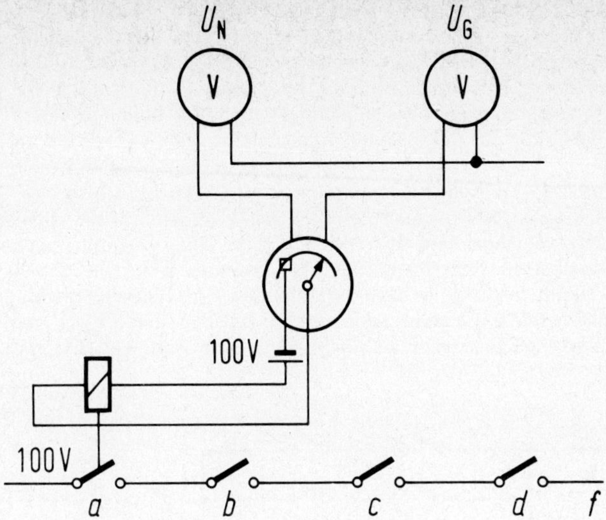

Bild 2/10. Relaisschaltkreis der Funktion $f = A \cdot B \cdot C \cdot D$

Entsprechend sind alle Kontakte geschlossen, und f liegt auf 100 V, hat also den Wert L. Um im groben Umriß zu verdeutlichen, wie aus einer erfüllten Bedingung eine Erregung des zugeordneten Relais abgeleitet wird, ist dies in Bild 2/10 schematisch für die Bedingung *Spannungsgleichheit von Netz und Generator vorhanden* angedeutet. Die Spannungen von Generator und Netz werden einem Differenzmeßwerk zugeführt, das bei $U_G = U_N$ den Ausschlag Null erhält und dabei 100 V an die entsprechende Relaiswicklung legt. In der Praxis wird man natürlich bessere Lösungen wählen.

2.3.1.2. Kesselschutzschaltung

Die Kesselschutzschaltung des Abschnittes 2.1.2 führte auf die Schaltfunktion $f = A\bar{B} + \bar{A}B + AB$. Sie ist in Bild 2/11 durch

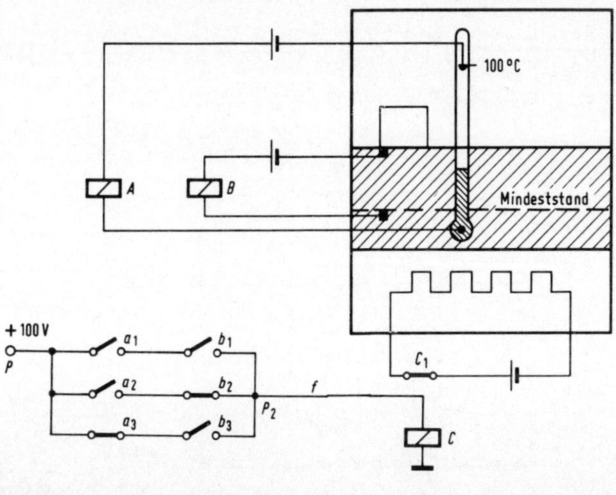

Bild 2/11. Relaisschaltkreis der Funktion $f = A\bar{B} + \bar{A}B + AB$

Relais realisiert, wobei auch hier wieder die gerätetechnische Realisierung schematisch angedeutet ist, mit der die Heizung abgeschaltet wird, wenn eine der Bedingungskombinationen, bei denen dies geschehen muß, erfüllt ist.
In entsprechender Weise können auch die anderen Schaltfunktionen der Beispiele aus Abschnitt 2.1 realisiert werden.

2.3.1.3. Anwendungsbeispiele einer Zusatzdiode

An dieser Stelle seien zwei Beispiele angeführt, bei denen sich scheinbar auf den ersten Blick eine Vereinfachungsmöglichkeit der Relaisschaltung erkennen läßt. Die Schaltfunktion $g = (AB + CD)\,E + CDF$ erhält eine Relaisrealisierung, die in Bild 2/12 oben dargestellt ist. Auf den ersten Blick kann es so scheinen, als ob die Realisierung in der Mitte von Bild 2/12

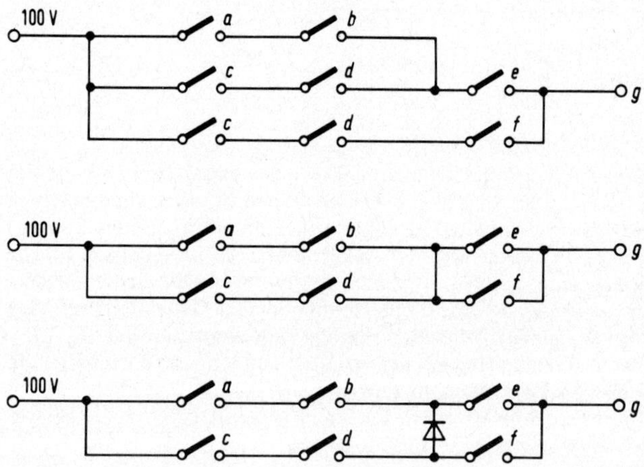

Bild 2/12. Relaisschaltkreis für die Funktion $g = (AB + CD)\,E + CDF$

oben: richtige Realisierung
Mitte: falsche Realisierung
unten: zusätzliche Diode

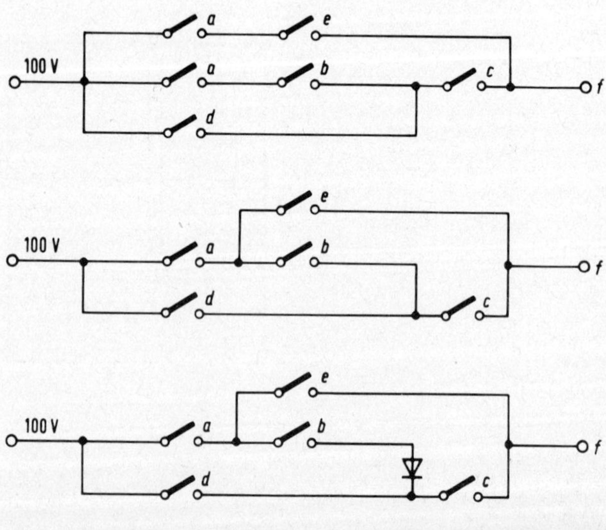

Bild 2/13. Relaisschaltkreis der Funktion $f = (AB + D)\,C + AE$

oben: richtige Realisierung
Mitte: falsche Realisierung
unten: zusätzliche Diode

die gleiche Funktion erfüllt, obwohl sie mit zwei Kontakten weniger auskommt. Diese Annahme ist jedoch falsch, wie sich leicht erkennen läßt, wenn man die Kombination $A \cdot B \cdot F$ betrachtet. In der oberen (richtigen) Realisierung von Bild 2/12 ergibt sich hierfür $g = 0$, in der anderen (falschen) Realisierung ergibt sich $g = L$. Mit einer zusätzlichen Diode (Bild 2/12) läßt sich dieser Mangel zwar beheben. Man kann an diesem Beispiel jedoch anschaulich erkennen, daß es nicht zweckmäßig ist, mit der Intuition an die Lösung von Aufgaben der Aufwandsminimierung von Schaltkreisen heranzugehen, da dies oft zu Fehlern führen kann. Es ist besser, sich auf systematische algebraische Minimierungsverfahren zu verlassen, wie sie im Abschnitt 3 abgeleitet werden.

Ein weiteres Beispiel dafür, daß ein mehr auf Intuition als auf Systematik aufgebauter Entwurf leicht zu Fehlern führen kann, sei mit der Funktion $f = (AB + D)\,C + AE$ angegeben. Der Relaisschaltkreis, der diese Funktion realisiert, ist in Bild 2/13 angegeben. Auf den ersten Blick erscheint es so, als könne man hier einen der Kontakte a einsparen. Die Kombination $D \cdot B \cdot E$ führt jedoch bei der ersten (richtigen) Realisierung zu $f = 0$, bei der zweiten (falschen) zu $f = L$. Auch hier kann eine Diode Abhilfe schaffen. Eine derartige Entwurfsmethode ist jedoch nicht sehr empfehlenswert.

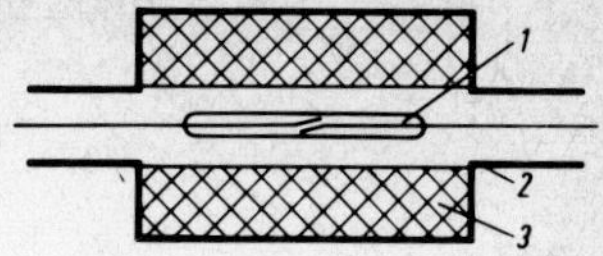

Bild 2/14. Reedrelais für kurze Schaltzeiten

1 Glasrohr, schutzgasgefüllt
2 Magnetischer Rückschluß
3 Wicklung

2.3.1.4. Reedkontakte für kurze Schaltzeiten

Die Schaltzeiten von Relais sind nun relativ groß. Will man mit Relais kurze Schaltzeiten erreichen, so benutzt man Reedrelais, deren Prinzip in Bild 2/14 dargestellt ist. Hier sind zwei (oder auch mehr) magnetische Kontaktfedern in ein schutzgasgefülltes Glasröhrchen eingeschmolzen, das von einer Wicklung mit magnetischem Rückschluß umgeben ist. Die Schaltzeiten dieser Kontakte liegen bei etwa 1 ms. Die Lebensdauer von Reedrelais ist außerdem relativ groß.

2.3.2. Diodengatter

2.3.2.1. Boolesches Produkt und Summe mit Diodengattern

Die Realisierung des Booleschen Produktes und der Booleschen Summe durch Diodengatter wurde als Beispiel für eine Realisierungsmöglichkeit bereits in Abschnitt 1.3.7 erläutert.

Der Aufbau einer solchen Diodenschaltung wird entscheidend bestimmt durch die Definition der Spannungen, die den Booleschen Werten 0 und L zugeordnet werden sollen. So sind in Bild 2/15 zwei Schaltungen angegeben, die beide das Boolesche · realisieren, obwohl sie sich in ihrem Aufbau voneinander unterscheiden. Die Schaltung links in Bild 2/15 ist die aus Abschnitt 1.3.7 bekannte Realisierung. Sie geht von der Definition $+10\,V = L$, $0\,V = 0$ aus. Die Schaltung rechts in Bild 2/15 geht dagegen von der Definition $-10\,V = L$, $0\,V = 0$ aus. Man überzeugt sich leicht durch Betrachten der vier möglichen Kombinationen der Eingangsvariablenwerte, daß nur im Falle $A = B = -10\,V$ auch der Ausgang $f = -10\,V$ Spannung hat.

Entsprechend kann man auch für diese zwei verschiedenen Zuordnungen von Spannungen zur Booleschen 0 und L auch zwei Diodengatter für die Boolesche Summe angeben (Bild 2/16).

Bild 2/15. Diodengatter für das Boolesche Produkt

links:
0 V ≙ 0
10 V ≙ L
rechts:
0 V ≙ 0
–10 V ≙ L

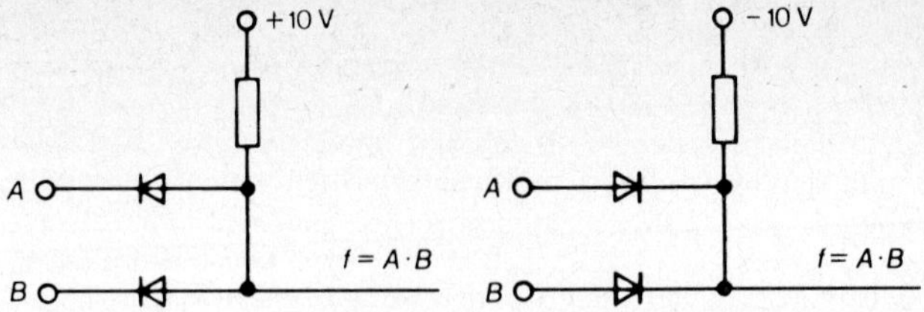

A	B	f
0V	0V	0V
0V	10V	0V
10V	0V	0V
10V	10V	10V

→

A	B	f
0	0	0
0	L	0
L	0	0
L	L	L

A	B	f
0V	0V	0V
0V	-10V	0V
-10V	0V	0V
-10V	-10V	-10V

→

A	B	f
0	0	0
0	L	0
L	0	0
L	L	L

Bild 2/16. Diodengatter für die Boolesche Summe

links:
0 V ≙ 0
10 V ≙ L
rechts:
0 V ≙ 0
–10 V ≙ L

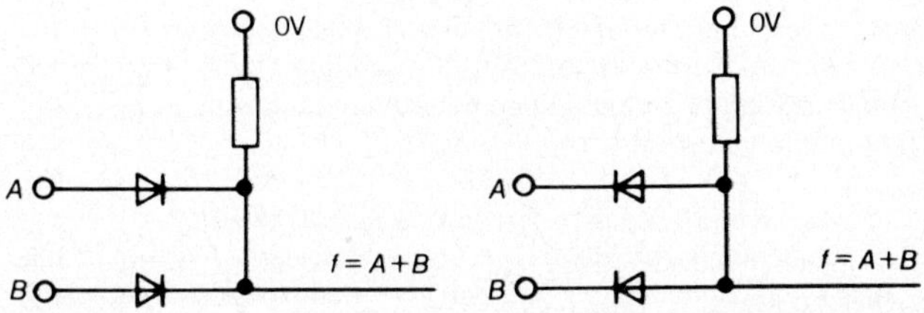

A	B	f
0V	0V	0V
0V	10V	10V
10V	0V	10V
10V	10V	10V

→

A	B	f
0	0	0
0	L	L
L	0	L
L	L	L

A	B	f
0V	0V	0V
0V	-10V	-10V
-10V	0V	-10V
-10V	-10V	-10V

→

A	B	f
0	0	0
0	L	L
L	0	L
L	L	L

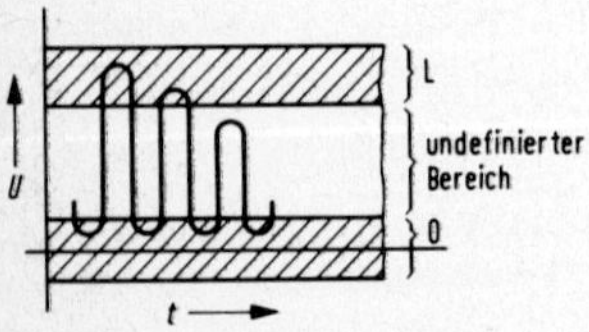

Bild 2/17. Toleranzbereiche für 0 und L

2.3.2.2. Toleranzbereiche der Spannungen

Die an diesen Gattern auftretenden Spannungen können statisch oder impulsförmig sein.

Wie schon in Abschnitt 1 ausgeführt, ist einer der Vorzüge binärer Systeme darin zu sehen, daß man, wenn z. B. $u = +10$ V als Boolesches L definiert ist, auch $u = 9$ V noch als L erkennen kann, daß also gewisse Toleranzbereiche existieren, innerhalb derer eine Spannung noch als 0 oder als L gilt (Bild 2/17).

2.3.2.3. Funktionsdarstellung mit Diodengattern, Beispiele

In Bild 2/18 sind die Funktionen $f = ABCD$ und $g = A\bar{B} + \bar{A}B + AB$, die bei dem Generatorbeispiel und bei der Kesselschutzschaltung auftreten, in Diodengatterrealisierung dargestellt. Die bei der Schaltfunktion $g = A\bar{B} + \bar{A}B + AB$ durchgeführte Hintereinanderschaltung von UND- und ODER-Gliedern wird Kaskadierung genannt.

Negierte Größen werden den Diodenschaltungen direkt zugeführt, da sich mit einfachen Diodenschaltkreisen eine Komplementierung einer Größe nicht erreichen läßt. Hierzu benötigt man aktive Schaltungen, z. B. Transistor- oder Röhrenumkehrstufen.

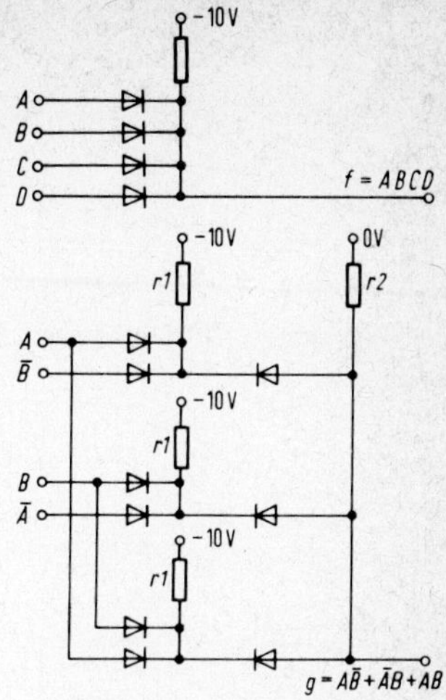

Bild 2/18. Diodenschaltkreise für $f = ABCD$ und $g = A\bar{B} + \bar{A}B + AB$
0 V = 0 −10 V = L

2.3.2.4. Nichtideale Eigenschaften von Dioden

Aktive Elemente werden aber auch noch aus anderen Gründen in Verbindung mit Diodengattern benötigt. So ist es aus praktischen Gründen z. B. nicht möglich, kompliziertere Schaltfunktionen etwa durch mehrmalige Kaskadierung zu realisieren. Mehr als drei Stufen sind mit Diodenschaltungen kaum realisierbar, da dann bereits die nichtidealen Eigenschaften der Dioden stark ins Gewicht fallen. Dioden haben nämlich einen durchaus nicht verschwindenden Durchlaßwiderstand und einen nicht unendlich großen Sperrwiderstand. Der Durchlaßwiderstand führt zu Spannungsabfällen, die eine Verstärkung des Signals erzwingen, der endliche Sperrwiderstand ist wegen der möglichen Rückströme besonders bei vielen Gattereingängen dadurch störend, daß er die Ausgangsspannung unter Umständen aus den Toleranzbereichen 0 und L bringt.

Der Widerstand einer Diode in Abhängigkeit von der anliegenden Spannung ist in Bild 2/19 für eine ideale und eine reale Diode angegeben. Zusätzlich zu diesen störenden Eigenschaften treten bei Dioden noch Schwellenspannungen auf, die von der angelegten Spannung zunächst überwunden werden müssen. Ferner haben Dioden Eigenkapazitäten, die besonders bei

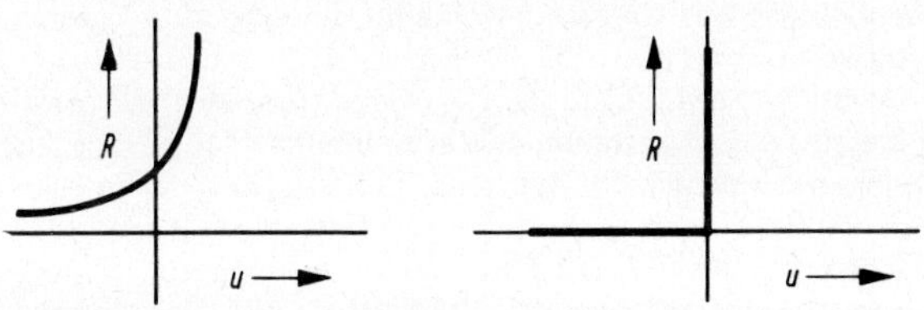

Bild 2/19. Widerstand einer Diode als Funktion der Diodenspannung
links: reale Diode rechts: ideale Diode

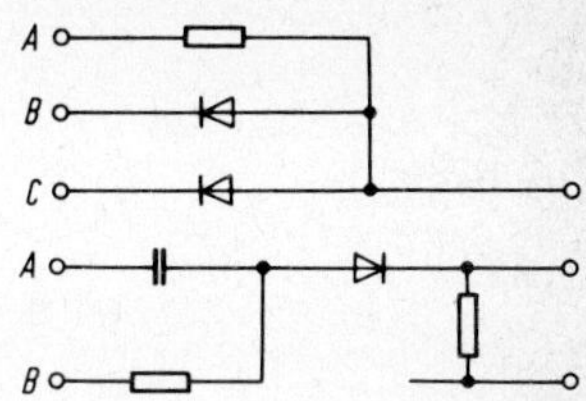

Bild 2/20. Diodengatter ohne Hilfsspannung

oben: UND-Gatter
unten: UND-Impulsgatter

Impulsbetrieb durch die resultierenden Ladeströme und Verzögerungen störend wirken und die Einführung von Verstärkern und Impulsformern nötig machen.

Die genannten Schwierigkeiten werden weitgehend gemindert, wenn man sich einer Kombination von Diodengattern und Transistorbausteinen bedient, wie sie im Abschnitt 2.3.3 beschrieben werden [27, 36].

2.3.2.5. Gatter ohne Hilfsspannung, Schwellwertlogik

Es lassen sich, wie man leicht an Hand von Bild 2/20 erkennen kann, auch Diodengatter aufbauen, die keine Hilfsspannung benötigen.

Eine besondere Form der Realisierung Boolescher Funktionen, die Schwellwertlogik, benutzt ebenfalls Dioden, allerdings nicht für Verknüpfungszwecke, sondern zur Spannungsbegrenzung. So wird etwa die Ausgangsspannung des Schwellwertgatters für die ODER-Verknüpfung in Bild 2/21 durch eine Diode auf +10 V begrenzt.

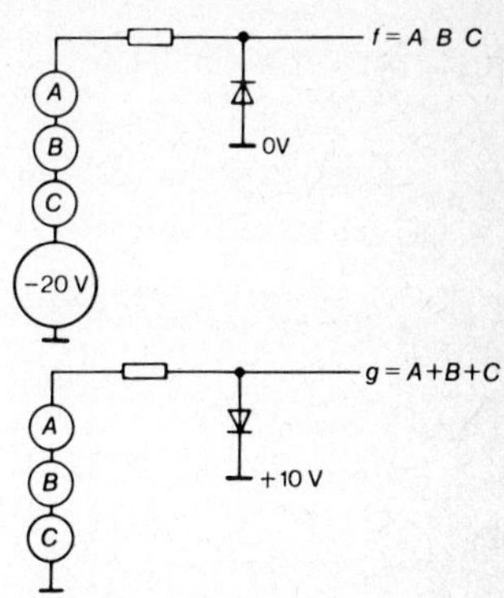

Bild 2/21. Schwellwertgatter für Boolesches Produkt und Boolesche Summe

oben: UND-Gatter
unten: ODER-Gatter
0 V = 0 10 V = L

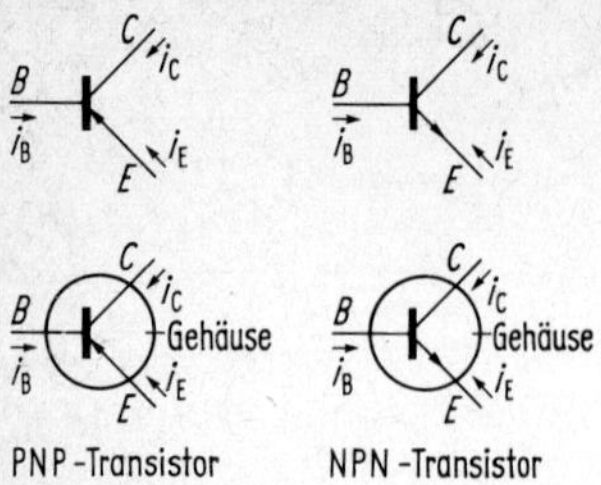

Bild 2/22. Schaltsymbole des Transistors

2.3.3. Eigenschaften und Funktionsweise von Transistoren

2.3.3.1. Mechanische Merkmale und Typenbezeichnungen für Transistoren

Ein Transistor ist ein elektronisches Bauelement mit drei Anschlüssen, die zu drei in einem Gehäuse eingeschlossenen Halbleiterzonen geführt sind und diese mit Spannungsquellen verbinden. Beim sogenannten PNP-Transistor hat man zwei P-Zonen und eine N-Zone, beim NPN-Transistor zwei N-Zonen und eine P-Zone.

Die drei Zonen tragen den Namen Emitterzone, Basiszone, Kollektorzone, die zugehörigen Anschlüsse die Namen Emitter *E*, Basis *B*, Kollektor *C*. Die symbolischen Schaltzeichen für den PNP- und den NPN-Transistor sind in Bild 2/22 mit den entsprechenden Kurzbezeichnungen *E*, *B*, *C* der drei Anschlüsse dargestellt. Der Emitteranschluß ist durch einen Pfeil gekennzeichnet, der Basisanschluß ist zu der mit einem kräftigen Strich dargestellten mittleren Zone geführt und hieran kenntlich. Die Ströme i_B, i_E, i_C, die über die drei Anschlußstellen fließen, werden gewöhnlich zum Kristall hin positiv gezählt.

Das Gehäuse eines Transistors wird bei kleinen Leistungen zylindrisch gebaut und besteht z. B. aus Metall oder geschwärztem Glas. Die Anschlußdrähte werden in Richtung der Zylinderlängsachse zu den drei Halbleiterzonen geführt. Um die im Transistor auftretende Wärmeleistung abführen zu können, wird dieses Gehäuse häufig mit einer Kühlfahne umgeben, die auf das Chassisblech des Gerätes geschraubt, für eine gute Wärmeableitung sorgt.

Bei größeren Transistorleistungen wird der Transistor von vornherein konstruktiv so gestaltet, daß er sich mit seiner großflächig ausgeführten Grundfläche auf eine größere Kühlfläche aufschrauben läßt.

Halbleiterbausteine sind zumeist durch vereinbarte Typenbezeichnungen aus zwei bis drei Buchstaben und einer bis drei Ziffern gekennzeichnet. Während die Ziffern und ein eventuell dritter Buchstabe von geringerer Bedeutung sind, bedeutet der erste Buchstabe eine Angabe über Material und Aufbau:

A Dioden und PNP-Transistoren aus Germanium
B Dioden und PNP-Transistoren aus Silicium
N NPN-Transistoren aus Silicium

Der zweite Buchstabe hat die Bedeutung:

A Dioden
C Transistor für Anwendung im Tonfrequenzbereich
D Leistungstransistor für Anwendung im Tonfrequenzbereich
F Transistor für Anwendung im Hochfrequenzbereich
L Leistungstransistor für Anwendung im Hochfrequenzbereich
P Photohalbleiter
S Schalttransistor
T Thyristor
Y Leistungsdiode
Z Zenerdiode
U Leistungsschalttransistor

2.3.3.2. Ausgangs- und Eingangskennlinien von Transistoren

Die Arbeitsweise des Transistors ist dadurch gekennzeichnet, daß durch kleine Veränderungen des Basisstroms i_B große Veränderungen des Kollektorstroms i_C hervorgerufen werden. Man kann dies aus dem Kennlinienfeld in Bild 2/23 ersehen. Die in Klammern gesetzten Achsen- und Kennlinienbezeichnungen gelten bei allen Bildern für den NPN-Transistor, die anderen nicht eingeklammerten Bezeichnungen für den PNP-Transistor. Die Veränderung der Basisströme liegt hier in der Größenordnung 200 bis 600 µA, die des Kollektorstroms bei einigen Milliampere. Durch Steigerung des Betrags des Basisstroms wird auch der Betrag des Kollektorstroms gesteigert. Bei großem Basisstrom führt der Transistor einen großen Kollektorstrom, er ist *auf* oder *aufgesteuert*. Bei kleinem oder verschwindendem Basisstrom ist der Transistor *zu* oder *zugesteuert*. Der Kollektorstrom ist dann klein oder er verschwindet annähernd.

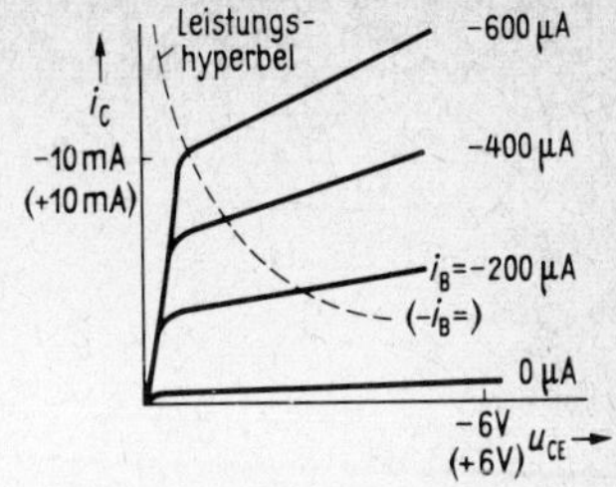

Bild 2/23. Abhängigkeit des Kollektorstroms i_C von Kollektorspannung u_{CE} und Basisstrom

Der Basisstrom, der von 0 V nach der Basis fließt, wird beim PNP-Transistor um so größer, je negativer das Basispotential u_{BE} gemacht wird. Daher ist es auch möglich, als Scharparameter des Kennlinienzusammenhangs $i_C = f(u_{CE})$ das Basispotential u_{BE} an Stelle des Basisstroms i_B zu wählen (Bild 2/24).

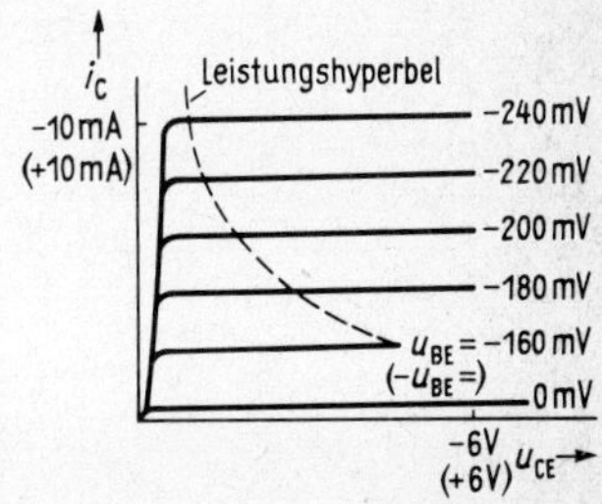

Bild 2/24. Transistorausgangskennlinien mit u_{BE} als Parameter

Beim Betrachten der Kennlinienfelder des Bildes 2/24 bei konstanten Werten für u_{CE} findet man die in Bild 2/25 dargestellten Steuerkennlinien, die die Abhängigkeit des Kollektorstroms i_C von der Basisspannung u_{BE} wiedergeben. Aus Bild 2/23 läßt sich für ein konstantes u_{CE} von −6 V der in Bild 2/26 dargestellte Zusammenhang zwischen i_C und i_B ermitteln. Im Gegensatz zu Bild 2/25 ist die Abhängigkeit des Kollektorstroms i_C von dem Basisstrom i_B bemerkenswert linear und weist nur eine fast unmerkliche Abwärtskrümmung auf.

Mit den bisher betrachteten Kennlinien läßt sich schon ein ganz wesentlicher Teil der prinzipiellen Funktionsmerkmale von Transistoren erläutern. Als erste grobe Merkregeln sollen hiervon besonders folgende pauschalen Aussagen formuliert werden:

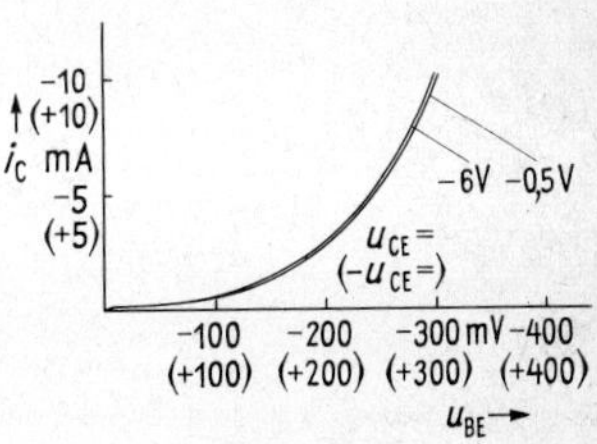

Bild 2/25. Transistorsteuerkennlinien über der Basisspannung

Beim Einsatz von PNP-Transistoren (NPN-Transistoren) sind im üblichen Betriebszustand Basis *B* und Kollektor *C* gegenüber dem Emitter *E* mit einem negativen (positiven) Potential behaftet. Daher sind Basisstrom i_B und Kollektorstrom i_C stets negativ (positiv).

Der PNP-Transistor (NPN-Transistor) wird um so mehr aufgesteuert, d. h. der Betrag seines Kollektorstroms i_C wird um so größer, je negativer (positiver) die Basisspannung u_{BE} ist, d. h. je größer der Betrag des Basisstroms i_B wird.

2.3.3.3. Prinzipielle Wirkungsweise der Grundschaltungen

Die wichtigste Grundschaltung ist die Emitterschaltung, die für einen PNP-Transistor in Bild 2/27 angegeben ist. Bei ihr bedeutet der Zustand *auf* des Transistors, daß von u_B = − 6 V über *r*, über den Kollektor und über den Emitter ein großer Strom nach 0 V fließt, der an *r* einen großen Spannungsabfall erzeugt. Fast die ganzen − 6 V fallen an *r* ab, so daß der Kollektor nahezu auf 0 V liegt. Daher ist bei aufgesteuertem Transistor der Betrag der Ausgangsspannung u_{CE} sehr klein. Anders bei zugesteuertem Transistor. Hier verschwindet i_C fast ganz, so daß an *r* kein

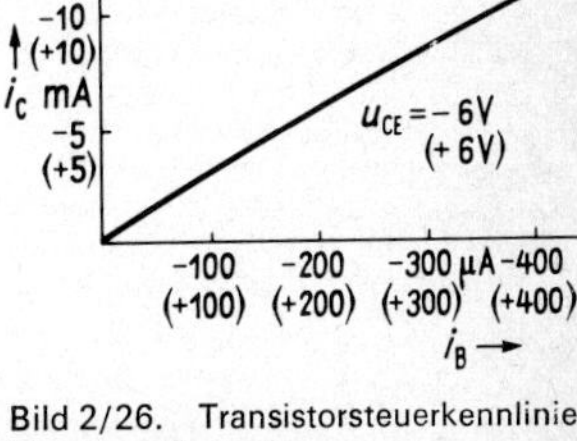

Bild 2/26. Transistorsteuerkennlinien über dem Basisstrom

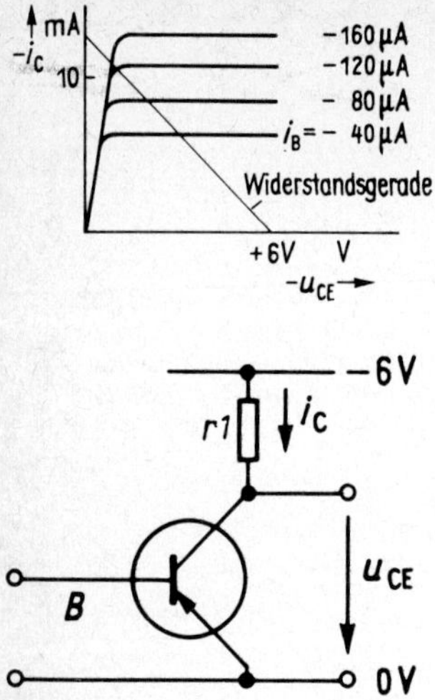

Basis	Transistor	Strom i_C	Ausgangsspannung u_{CE}
stark negativ	auf	groß	klein
weniger negativ	zu	klein	groß

Bild 2/27. Emitterschaltung eines PNP-Transistors

großer Spannungsabfall auftritt. Der Kollektor liegt dann etwa auf −6 V. Dies bedeutet, daß die Ausgangsspannung u_{CE} einen großen Betrag annimmt.

Da zwischen i_C und u_C der Zusammenhang

$$u_{CE} = u_B - i_C R$$

und damit die lineare Beziehung

$$-i_C = -\frac{1}{R}(-u_{CE}) - \frac{u_B}{R} \qquad (2.7)$$

gilt, muß bei jeder Aussteuerung des Transistors der Arbeitspunkt der Transistorstufe auf der durch Gl. (2.7) dargestellten sogenannten Widerstandsgeraden (Arbeitsgeraden) liegen. Sie ist im $(-i_C) = f(-u_{CE})$-Diagramm des Bildes 2/27 eingetragen. Je größer R ist, desto flacher liegt die Widerstandsgerade.
Bild 2/28 gibt eine weitere wichtige Schaltung wieder, die sogenannte Kollektorschaltung eines PNP-Transistors. Sie unterscheidet sich von der Emitterschaltung durch die Lage des Arbeitswiderstandes *r*, der hier am Emitter angeschlossen ist. Der Einfluß der positiven bzw. negativen Basis auf den Schaltzustand des Transistors ist natürlich genauso wie bei der Emitterschaltung. Bei stark negativer Basis ist der Transistor *auf*, und i_C ist groß. Bei weniger negativer Basis ist der Transistor *zu*, und i_C ist klein. Die Ausgangsspannung wird in dieser Schaltung aber um so größer, je größer der Strom i_C ist. Sie ist also groß bei großem i_C und klein bei kleinem i_C. In dieser Hinsicht sind also die Tabellen der Emitterschaltung und der Kollektorschaltung unterschieden.
In Bild 2/29 bzw. Bild 2/30 sind weiterhin die Schaltung und eine pauschale Tabelle für die Wirkungsweise der Emitter-

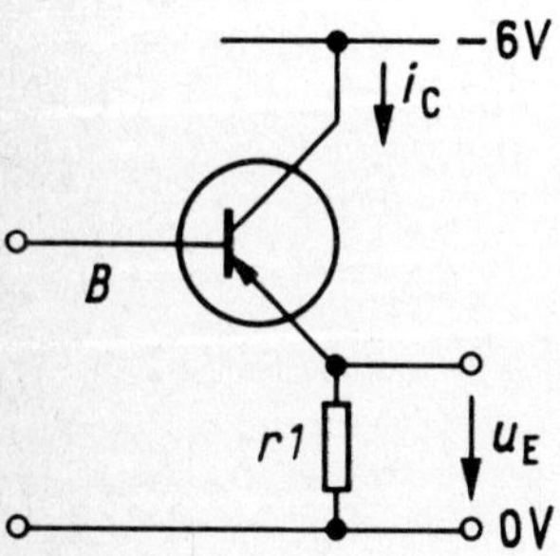

Basis	Transistor	Strom i_C	Ausgangsspannung u_E
stark negativ	auf	groß	groß
weniger negativ	zu	klein	klein

Bild 2/28 Kollektorschaltung eines PNP-Transistors

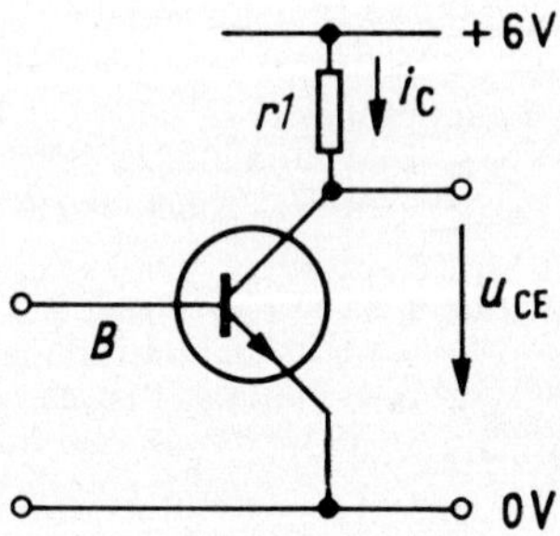

Basis	Transistor	Strom i_C	Ausgangsspannung u_{CE}
weniger positiv	zu	klein	groß
stark positiv	auf	groß	klein

Bild 2/29. Emitterschaltung eines NPN-Transistors

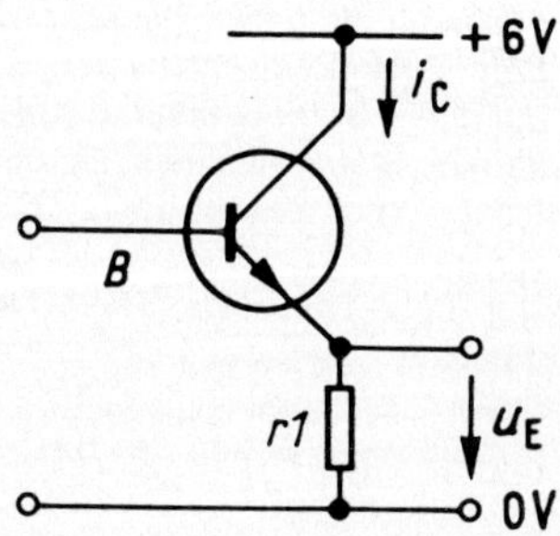

Basis	Transistor	Strom i_C	Ausgangsspannung u_E
weniger positiv	zu	klein	klein
stark positiv	auf	groß	groß

Bild 2/30. Kollektorschaltung eines NPN-Transistors

schaltung bzw. der Kollektorschaltung des NPN-Transistors angegeben. Die Tabellen sind wie auch schon beim PNP-Transistor leicht aus den Angaben von Abschnitt 2.3.3.2 zu verstehen.
Eine weitere Schaltung ist die Basisschaltung. Sie ist für einen PNP-Transistor in Bild 2/31 angegeben. Auch hier gilt, daß durch ein Spannungsgefälle vom Emitter zur Basis der Transistor aufgesteuert wird.
Für praktische Belange ist es häufig zu umständlich, von den Kennlinienfeldern von Transistoren auszugehen, insbesondere da diese nicht alle Gesichtspunkte des Transistorverhaltens wiedergeben. Man greift daher zumeist auf bestimmte Kenngrößen zurück, durch die der Transistor charakterisiert ist und die sich leicht mit speziellen Meßgeräten bestimmen lassen. Besonders wichtig sind die sogenannten Signalkenngrößen.

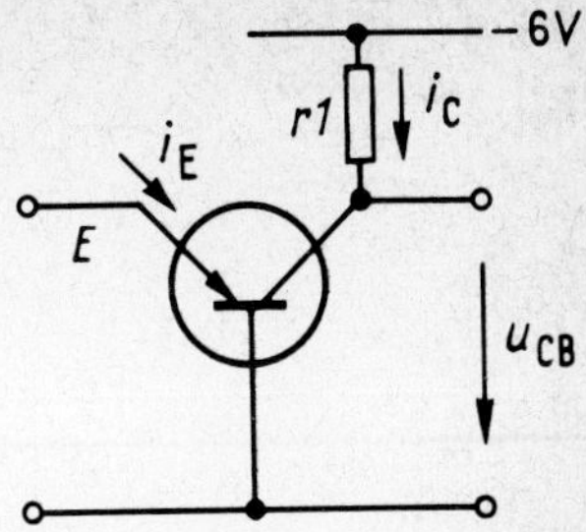

Bild 2/31. Basisschaltung eines PNP-Transistors

2.3.3.4. Signalkenngrößen

Man versteht unter Signalkenngrößen das Verhältnis zwischen der sehr kleinen Änderung einer Größe (einer Spannung oder eines Stromes) und der ebenfalls sehr kleinen Änderung einer anderen Größe (Spannung oder Strom), durch die die Änderung der ersten Größe hervorgerufen wird.
Ein wichtiger Begriff ist der der Steilheit S eines Transistors. Es ist dies das Verhältnis $S = \frac{di_C}{du_{BE}}$, also das Steigungsmaß der Kennlinie von Bild 2/25. Man gibt zur Charakterisierung eines Transistors etwa zwei Steilheitswerte an, etwa die Steilheit bei einem Ruhestrom von $i_C = -10$ mA (z. B. $S = 150$ mA/V) und bei einem Ruhestrom von $i_C = -2$ mA (z. B. $S = 30$ mA/V).
Die Steilheit nimmt also, wie auch aus Bild 2/25 zu erkennen ist, mit dem Kollektorruhestrom zu. In grober Faustformel kann der Quotient aus Steilheit/Kollektorstrom als konstant angenommen werden.
Eine weitere wichtige Signalkenngröße ist der Eingangsleitwert G einer Transistorstufe, der als differentielles Verhältnis des Eingangssignalstroms zur Eingangssignalspannung, also als $G = \frac{di_B}{du_{BE}}$ für u_{CE} = const definiert ist.
Der Eingangsleitwert einer Emitterstufe (sein Reziprokwert wird als Eingangswiderstand bezeichnet) läßt sich aus der Kurve $-i_B = f(-u_{BE})$ als deren Steilheit ablesen. Für eine PNP-Emitterschaltung ist dieser Zusammenhang in Bild 2/32 angegeben. Der Eingangsleitwert steigt erheblich mit dem Betrag der Basisspannung u_{BE}, ist aber von der Kollektorspannung u_{CE} wenig abhängig. Der Eingangsleitwert der Basisschaltung, bei dem bei gleicher Größenordnung von u_{BE} als Eingangsstrom der erheblich viel größere Emitterstrom i_E an die Stelle des Basisstroms tritt, ist auch viel größer als der Eingangsleitwert der Emitterschaltung.
Weitere Signalkenngrößen sind die Ausgangsleitwerte, die Stromverstärkungsfaktoren und die Vierpolparameter von Transistoren bzw. Grundschaltungen von Transistoren.
Die Ausgangsleitwerte mißt man durch Anlegen einer Signalspannung an den Ausgang und Division des entstehenden Stromes durch diese Signalspannung. Hierbei stellt man fest, daß die Ausgangsleitwerte von dem Leitwert abhängen, den das

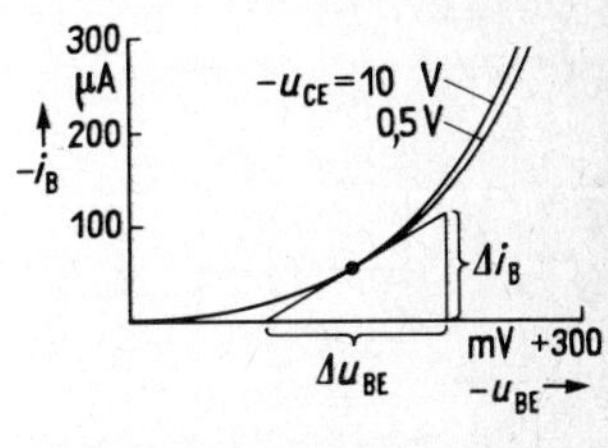

Bild 2/32. Diagramm zum Ablesen des Eingangsleitwertes

Eingangssignal, z. B. zwischen Basis und Emitter, vorfindet. Daher werden meist die beiden Ausgangsleitwerte für kurzgeschlossenen und für offenen Eingang angegeben. Diese beiden Leitwerte können für die Emitterschaltung auch aus den Kennlinienfeldern in Bild 2/23 und Bild 2/24 entnommen werden. Der Ausgangsleitwert für signalmäßig kurzgeschlossenen Eingang (das entspricht u_{BE} = const) ist in Bild 2/24 gleich den Steigungen der einzelnen Kennlinien $\frac{di_C}{du_{CE}}$. Der Ausgangsleitwert für signalmäßig offenen Eingang (i_B = const) ergibt sich als Steigung $\frac{di_C}{du_{CE}}$ der einzelnen Kennlinien in Bild 2/23.

Als Stromverstärkungsfaktor wird das Verhältnis von Ausgangssignalstrom zu Eingangssignalstrom bei kurzgeschlossenem Ausgang bezeichnet.

Bei der Emitterschaltung und der Kollektorschaltung ist der Stromverstärkungsfaktor, der mit β bezeichnet wird, gleich dem Verhältnis von i_C und i_B (genauer von Signalkollektor- zum Signalbasisstrom). Der Stromverstärkungsfaktor β liegt in der Größe von $\beta = 10$ bis 200, wobei Unterschiede nicht nur durch die Existenz verschiedener Transistortypen bedingt sind, sondern auch bei einer einzelnen Type solche Schwankungen zwischen den Individuen dieser Typen auftreten können.

Für die Basisschaltung ist der Stromverstärkungsfaktor entsprechend gleich dem Verhältnis von Kollektorsignalstrom und Emittersignalstrom gegeben. Er wird mit α bezeichnet und liegt, da der Kollektorstrom etwas kleiner als der Emitterstrom ist, stets etwas unter 1.

Wegen

$$\beta = \frac{-i_C}{-i_B}, \qquad \alpha = \frac{-i_C}{i_E} \qquad \text{und} \qquad i_E = -(i_C + i_B)$$

gelten folgende Beziehungen zwischen α und β:

$$\alpha = \frac{\beta}{1+\beta}, \qquad \beta = \frac{\alpha}{1-\alpha}. \tag{2.8}$$

Man kann die Signalkennwerte von Transistoren bzw. der drei Transistorgrundschaltungen auch als Vierpolparameter auffassen. In Bild 2/33 ist das Symbol eines Vierpols dargestellt. Durch Vergleich der Bilder 2/27 bis 2/31 mit Bild 2/33 überzeugt man sich leicht, daß Emitter-, Kollektor- und Basisschaltung Vierpolcharakter haben.

Für die Belange der Transistortechnik sind besonders zwei Formen von Vierpolgleichungen zur Beschreibung des Vierpolverhaltens wichtig. Auf der einen Seite benutzt man häufig die sogenannte Leitwertform

$$\begin{aligned} i_1 &= y_{11}\, u_1 + y_{12}\, u_2 \\ i_2 &= y_{21}\, u_1 + y_{22}\, u_2 . \end{aligned} \tag{2.9}$$

Ebenso wichtig ist aber auch die sogenannte Hybridform

$$\begin{aligned} u_1 &= h_{11}\, i_1 + h_{12}\, u_2 \\ i_2 &= h_{21}\, i_1 + h_{22}\, u_2 . \end{aligned} \tag{2.10}$$

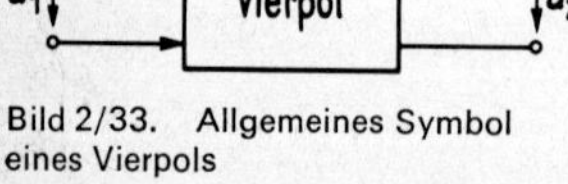

Bild 2/33. Allgemeines Symbol eines Vierpols

In beiden Formen beziehen sich die Ströme i und die Spannungen u auf die Bezeichnungen von Bild 2/33.
Die Vierpolparameter $y_{11}, y_{12}, y_{21}, y_{22}$ sind aber folgendermaßen zu messen. y_{11} ist das Verhältnis von Eingangsstrom i_1 zu Eingangsspannung u_1 für den Fall $u_2 = 0$, also bei (signalmäßig) kurzgeschlossenem Ausgang. y_{11} ist also der Kurzschluß-Eingangsleitwert. In gleicher Weise erkennt man aus (2.9), daß y_{22} der Kurzschluß-Ausgangsleitwert ist, der bei kurzgeschlossenem Eingang gemessen wird. Weiterhin ergibt sich nach (2.9)

$$y_{12} = \left.\frac{i_1}{u_2}\right|_{u_1 = 0} \quad \text{und} \quad y_{21} = \left.\frac{i_2}{u_1}\right|_{u_2 = 0} \tag{2.11}$$

y_{12} ist also die Kurzschluß-Rücksteilheit (bei signalmäßig kurzgeschlossenem Eingang gemessen) und y_{21} ist die Kurzschluß-Vorwärtssteilheit (bei signalmäßig kurzgeschlossenem Ausgang gemessen).
Auch die Hybridparameter $h_{11}, h_{12}, h_{21}, h_{22}$ aus (2.10) lassen sich als Kurzschluß- bzw. Leerlaufgrößen interpretieren und messen. Es gilt

$$h_{11} = \left.\frac{u_1}{i_1}\right|_{u_2 = 0} \quad \text{Kurzschluß-Eingangswiderstand}$$

$$h_{12} = \left.\frac{u_1}{u_2}\right|_{i_1 = 0} \quad \text{Leerlauf-Spannungsrückwirkung}$$

$$h_{21} = \left.\frac{i_2}{i_1}\right|_{u_2 = 0} \quad \text{Kurzschluß-Stromverstärkung}$$

$$h_{22} = \left.\frac{i_2}{u_2}\right|_{i_1 = 0} \quad \text{Leerlauf-Ausgangsleitwert}$$

Unschwer läßt sich mit den Beziehungen (2.10) das in Bild 2/34 angegebene (Niederfrequenz)-Ersatzschaltbild des Transistors gewinnen.

2.3.3.5. Restströme und Restspannungen

Im Kennlinienfeld Bild 2/23 wurde bisher eine Eigenschaft des Transistors nicht weiter beachtet. Für $i_B = 0$ tritt für nicht verschwindende Kollektorspannung noch ein Strom i_C auf. Er wird als Kollektor-Emitter-Reststrom i_{CEO} bezeichnet und stellt besonders wegen seiner Temperaturabhängigkeit einen störenden Effekt dar. Wenn er z. B. ansteigt, so bewegt sich dadurch der eingestellte Arbeitspunkt einer Stufe auf der Widerstandsgerade nach links. Gemessen wird i_{CEO} durch Öffnen des Basisanschlusses.
Einen weiteren Reststrom, der für $u_{BE} = 0$ (Bild 2/24) über den Kollektor fließt, bezeichnet man als Kurzschlußreststrom i_{Ck}. Er

Bild 2/34. Ersatzschaltbild des Transistors

wird dadurch am Kollektor meßbar, daß man Emitter und Basis verbindet, die Basisspannung also kurzschließt.
Als Kollektor-Basis-Reststrom i_{CBO} bezeichnet man den für $i_E = 0$ über den Kollektor fließenden Strom. Man kann ihn messen, wenn man der Basis eine solche (positive) Vorspannung gegen den Emitter gibt, daß $i_E = 0$ ist. Man liegt dann also im Kennlinienfeld des Bildes 2/24 noch unterhalb der Kennlinie mit $u_{BE} = 0$.
Eine besonders störende Grenze des Transistors in seinem Linearverhalten ist die sogenannte Kniespannung oder Kollektor-Restspannung, die ebenfalls im Kennlinienfeld des Bildes 2/24 abgelesen werden kann. Es ist diejenige Spannung u_{CE}, von der ab die Kennlinien für u_{BE} = const in die Sättigung abknicken. Für eine Emitterstufe hat diese Kniespannung etwa folgende Wirkung. Eine Steigerung von $u_{BE} = 0$ auf größere Werte führt zunächst zu einem starken Anstieg von i_C und damit einem starken Abnehmen von u_C (Durchlaufen der Widerstandsgeraden in Bild 2/27). Hat u_C dann bis zur Kniespannung abgenommen, so bewirkt eine weitere Steigerung von u_{BE} (und damit von i_B) keine erhebliche Abnahme von u_C mehr. Bis zu diesem Wert ist die Kollektorspannung aussteuerbar.

2.3.3.6. Frequenzkenndaten

Die bisherigen Betrachtungen haben das Frequenzverhalten der Transistoren nicht weiter berücksichtigt, d. h., die Signalfrequenzen wurden als niedrig angenommen. Bei Benutzung von Transistorschaltungen für höhere Frequenzen ändern sich jedoch verschiedene Kenngrößen. Wichtig insbesondere ist das Absinken der Stromverstärkungsfaktoren β bzw. α. Die Frequenz, bei der β bzw. α auf den $1/\sqrt{2}$-fachen Wert abgesunken ist, wird als β-Grenzfrequenz bzw. α-Grenzfrequenz bezeichnet und zumeist als Kenngröße des Transistors mit angegeben.

2.3.3.7. Wärmekenndaten

Auf Grund der Eigenwärmeverluste, als auch auf Grund von Fremdwärme werden verschiedene Eigenschaften des Transistors mit Schwankungen der Temperatur verändert. Insbesondere die Kollektorrestströme sind stark, nämlich exponentiell von der Temperatur abhängig. Der Kollektorreststrom i_{CEO} etwa hängt von der Temperaturdifferenz $T_ü$ gegenüber 20 °C mit i_{20} als dem Reststromwert bei 20 °C über das Gesetz

$$i_{CEO} = i_{20}\, e^{c_C T_ü} \tag{2.12}$$

zusammen, worin c_c etwa in der Größenordnung $c_c = 0{,}1\ \frac{1}{°C}$ liegt.
Bei den Kenndaten besonders wichtig ist die Angabe des Temperaturdurchgriffs, der das Maß bestimmt, nach dem man die Basisspannung vermindern muß, um 1 °C Temperatursteigerung in ihrer Wirkung auf den Kollektorstrom aufzuheben. Gebräuchliche Methoden zur Kompensation dieses Einflusses sind z. B. die Einführung einer Gleichstromgegenkopplung, die bei einer Emitterstufe durch einen Emitterwiderstand erreicht wird, oder die Verbindung von Emitter und Basis durch einen Heißleiter,

der das Basispotential bei steigender Temperatur senkt (siehe auch Abschnitt 2.3.4.2).
Weiterhin werden häufig eine Reihe von Wärmewiderständen angegeben, die die Ableitungsfähigkeit des Transistors für Verlustwärme angeben, jedoch nicht weiter betrachtet werden sollen.

2.3.3.8. Leistungshyperbel

In dem Kennlinienfeld von Bild 2/23 (bzw. Bild 2/24) wird häufig noch eine Hyperbel eingezeichnet mit großen Werten für kleine $-u_{CE}$-Werte und mit wachsenden Werten für $-u_{CE}$ gleichmäßig sinkend. Es handelt sich dabei um die Ortskurve einer bestimmten (nämlich der zulässigen) Verlustleistung, die im Transistor aus thermischen Gründen umgesetzt werden darf. Ein Verstärker muß so dimensioniert werden, daß er mit seiner Widerstandsgeraden oder zumindest mit seinem Dauerarbeitspunkt unterhalb dieser sogenannten Leistungshyperbel liegt. Da die Leistungshyperbel für eine konstante Verlustleistung $P = i_C \cdot u_{CE} = K$ (z. B. 200 mW) gilt, muß ihre Ortskurve im $i_C = f(u_{CE})$-Diagramm natürlich der Formel $i_C = \frac{K}{u_{CE}}$ genügen. Sie hat also eine echte Hyperbelform.

2.3.3.9. Wichtigste Eigenschaften der Grundschaltungen

Die wichtigsten Eigenschaften der Emitter-, Kollektor- und Basisschaltung von Transistoren sind in Tabelle 2/3 angegeben.

Tabelle 2/3. Eigenschaften der Transistorgrundschaltungen

	Emitterschaltung	Basisschaltung	Kollektorschaltung
Eingangswiderstand	10 Ω....10 kΩ	10 Ω...50 Ω	100 kΩ... 1000 kΩ
Ausgangswiderstand	10 kΩ...50 kΩ	100 kΩ...1000 kΩ	10 Ω...300 Ω
Stromverstärkung	10...200	< 1	10...200
Spannungsverstärkung	200...5000	200...5000	$1 <$
Leistungsverstärkung	$10^3 ... 10^4$	$10^2 ... 10_2$	10...200

Bemerkenswert ist hierbei besonders, daß die drei Schaltungen sich in ihren Aus- und Eingangswiderständen erheblich voneinander unterscheiden. Während die Basisschaltung einen sehr geringen Eingangs- und einen sehr hohen Ausgangswiderstand hat, ist es bei der Kollektorschaltung gerade umgekehrt. Der Eingangswiderstand ist hier besonders hoch, da er sich als Quotient der Spannung u_E und des Basisstroms i_{BE} errechnet. u_E ist aber erheblich viel größer als die Spannung u_{BE}, die bei der Emitterschaltung in die Berechnung des Eingangswiderstands eingeht. Dagegen ist der Ausgangswiderstand der Kollektorschaltung sehr klein. Dies ist der Grund, warum man die Kollektorschaltung gerne zur Impedanzwandlung benutzt. Der Eingangswiderstand der Emitterschaltung ist mittel, ihr Ausgangswiderstand ebenfalls groß.

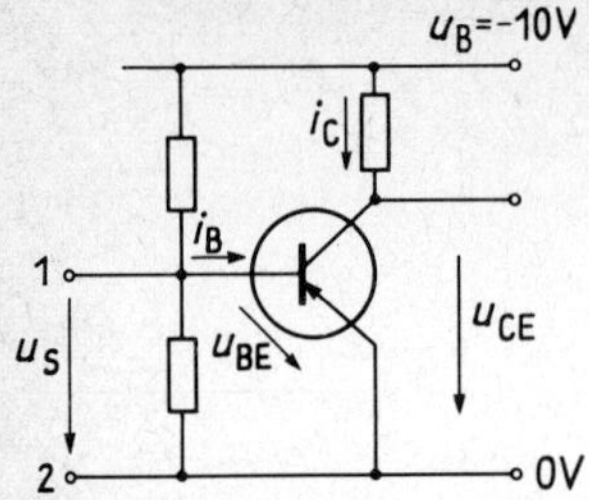

Bild 2/35. Eingangsspannungsteiler zur Einstellung des Arbeitspunktes

2.3.4. Verstärkungs- und Schaltereigenschaften von Transistorstufen

2.3.4.1. Arbeitspunkteinstellung und Verstärkungseigenschaften

Mit Hilfe eines Spannungsteilers am Eingang, etwa nach Bild 2/35 läßt sich ein ganz bestimmter Ruhewert (bei $u_s = 0$) für den Basisstrom i_B bzw. für die Basis-Emitterspannung u_{BE} einstellen, der einen sogenannten Arbeitspunkt auf der Widerstandsgeraden und im Kennlinienfeld des Transistors (Bild 2/36) festlegt und durch ein Wertepaar $(-i_C, -u_{CE})$ bestimmt ist. Ein solcher Arbeitspunkt könnte etwa der Punkt *A* mit $i_B = -300\ \mu A$ bzw. $u_{BE} = -180$ mV in den Diagrammen von Bild 2/36 sein, dem ein Kollektorstrom i_C von etwa -4 mA und eine Spannung u_{CE} von etwa -6 V entspricht.

An den Klemmen 1 und 2 von Bild 2/35 soll nun zusätzlich noch eine Signalspannung u_S angelegt werden. Dadurch wird der Strom i_B bzw. die Spannung u_{BE} verändert, so daß die Emitterstufe z. B. in den Punkt *B* der Diagramme von Bild 2/36 gebracht wird. Das Signal u_S hat hierbei i_B von $-300\ \mu A$ auf $-500\ \mu A$ bzw. u_{BE} von -180 mV auf -220 mV verändert. Eine Vergrößerung des Wertes von $-u_{BE}$ führt hierbei zu einer Verminderung des Wertes von u_{CE}. Die Emitterschaltung stellt also eine Umkehrstufe dar.

An Hand von Bild 2/36 kann man nun die Wirkungen der Schwankungen $\Delta i_B = 200\ \mu A$ bzw. $\Delta u_{BE} = 40$ mV auf die Ausgangsgrößen i_C und u_{CE} studieren. Es zeigt sich, daß u_{CE} von -6 V auf $-2{,}5$ V verändert wird und i_C von -4 mA auf $-7{,}5$ mA.

Eine kleine Stromänderung $\Delta i_B = 200\ \mu A$ am Eingang der Stufe hat also eine 17,5mal größere Stromänderung $\Delta i_C = 3{,}5$ mA des Ausgangsstroms bewirkt. Die Emitterstufe hat also eine Stromverstärkung von $\beta = 17{,}5$. Außerdem besitzt sie eine Spannungsverstärkung von $\frac{\Delta u_{CE}}{\Delta u_{BE}} = \frac{3{,}5\ V}{40\ mV} = 87{,}5$. Natürlich tritt auch eine Leistungsverstärkung von

$$\frac{\Delta u_{CE} \cdot \Delta i_{CE}}{\Delta u_{BE} \cdot \Delta i_B} = \frac{3{,}5\ V \cdot 3{,}5\ mA}{40\ mV \cdot 200\ A} = 1530 \text{ auf.}$$

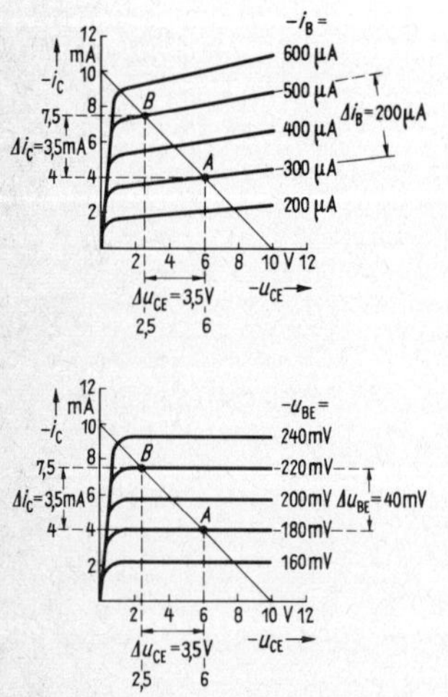

Bild 2/36. Kennlinienfelder mit Arbeitsgerade

Auf Grund der Annahme eines Arbeitswiderstandes $R = 1\ k\Omega$ ist die Spannungsverstärkung mit 87,5 nicht sehr groß ausgefallen. Durch Wahl eines größeren Arbeitswiderstandes wird aber der Verlauf der Widerstandsgeraden flacher, so daß hierdurch, wie aus Bild 2/36 zu ersehen, eine größere Spannungsverstärkung erzielt werden kann.

2.3.4.2. Driften des Arbeitspunktes

Durch die starke Temperaturabhängigkeit der Kollektorrestströme kommt es bei Erwärmung des Transistors vor, daß sich der Arbeitspunkt einer Verstärkerstufe zu größeren Kollektorströmen $(-i_C)$ und kleineren Kollektorspannungen $(-u_{CE})$ hin verschiebt, also auf der Widerstandsgeraden nach links bewegt. Dies ist ein höchst unerwünschter Effekt, der insbesondere durch den steigenden Strom $(-i_C)$ zusätzlich noch soviel weitere Erwärmung des Transistorkristalls mit sich bringen kann, daß das

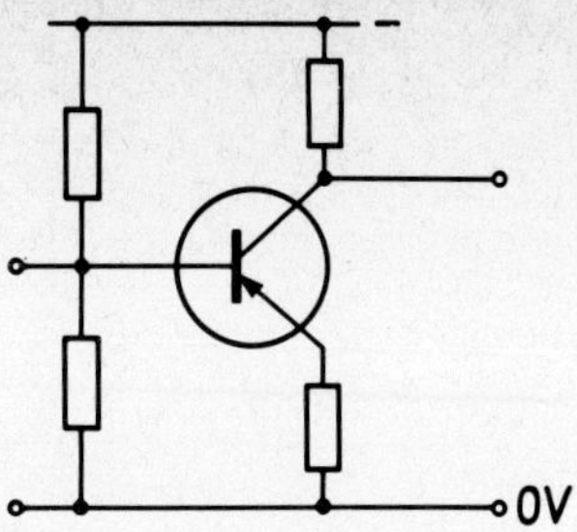

Bild 2/37. Stabilisierung gegen Driften durch einen Gegenkopplungswiderstand im Emitterzweig

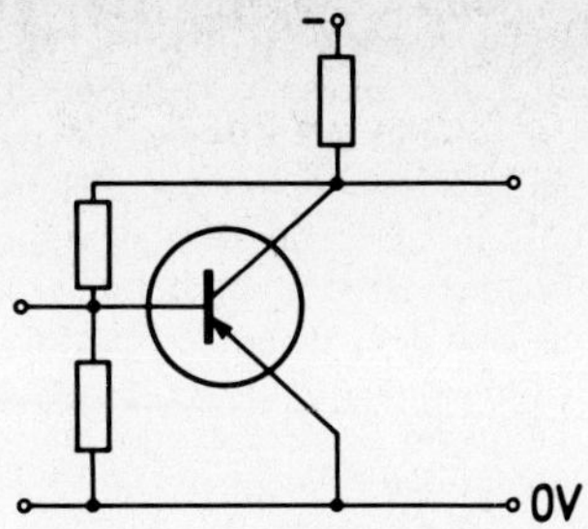

Bild 2/38. Stabilisierung gegen Driften durch Spannungsteiler

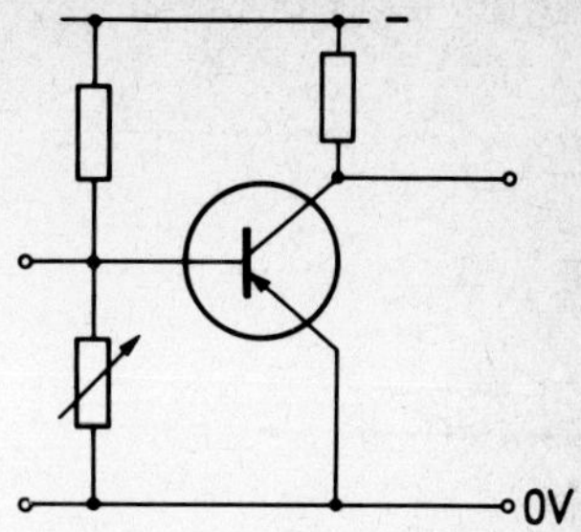

Bild 2/39. Stabilisierung gegen Driften durch Heißleiter

System instabil wird und vollständig in das Restspannungsgebiet des Kennlinienfeldes gebracht wird.
Zur Vermeidung oder Verminderung dieser störenden Erscheinungen gibt es verschiedene Abhilfen, die für eine Emitterstufe in den Bildern 2/37 bis 2/39 angegeben sind. Es wird entweder auf Grund des wachsenden Kollektorstroms oder auf Grund der steigenden Temperatur dafür gesorgt, daß die Basis-Emitter-Spannung u_{BE} eine die Drift mindernde Senkung erfährt.

2.3.4.3. Der Transistor als Schalter

Die in Bild 2/40 im Kennlinienfeld eingetragene Widerstandsgerade hat zwei besonders ausgezeichnete Arbeitspunkte. Der Arbeitspunkt *A* entspricht einer Sperrung des Transistors, da sein Kollektorstrom nahezu verschwindet. Er ist dann zugesteuert oder zu.
Steuert man dagegen den Transistor in den Arbeitspunkt *B*, so führt er einen großen Kollektorstrom. Er ist aufgesteuert oder auf. Im aufgesteuerten Zustand stellt der Transistor also für den Kollektorstrompfad einen kleinen, im zugesteuerten Zustand dagegen einen sehr großen Widerstand dar. Er hat daher also genau das Verhalten eines Schalters.
Man verwendet an vielen Stellen der Elektronik, besonders intensiv aber in der Digitaltechnik, Transistoren als Schalter, indem man sie nur mit den beiden stabilen Arbeitspunkten *A* und *B* in Bild 2/40 benützt.
Das vorstehend beschriebene Schaltprinzip nennt man Sättigungsprinzip (saturated mode), da der Transistor zwischen dem Sperrbereich im Arbeitspunkt *A* und dem Sättigungsbereich im Arbeitspunkt *B* hin- und hergeschaltet wird .Der Transistor ähnelt hier sehr einem mechanischen Ein-Aus-Schalter. Er wird gewöhnlich durch eine Emitterstufe realisiert.
Im Sättigungsbereich ist der Transistor übersteuert. Während die Kollektordiode gewöhnlich gesperrt ist, wird sie in diesem Übersteuerungsbereich durchlässig, wodurch die Basiszone mit zusätzlichen Ladungsträgern gesättigt wird. Eine Grenzlinie mit $u_{CB} = 0$ ist in Bild 2/40 eingetragen. Das Verhältnis zwischen dem im Übersteuerungsbereich (z. B. Punkt *B* in Bild 2/40) fließenden Basisstrom $i_{BÜ}$ und dem an der Grenzlinie $u_{CB} = 0$ fließenden Basisstrom i_{Bg} wird als Übersteuerungsgrad $m = \frac{i_{BÜ}}{i_{Bg}}$ bezeichnet.

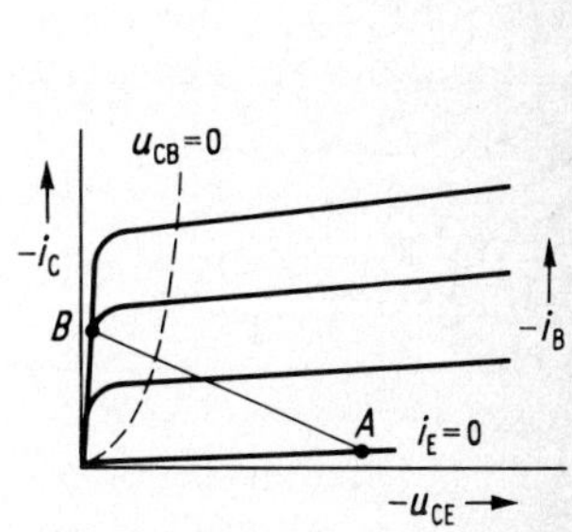

Bild 2/40. Der Transistor als Schalter nach dem Sättigungsprinzip

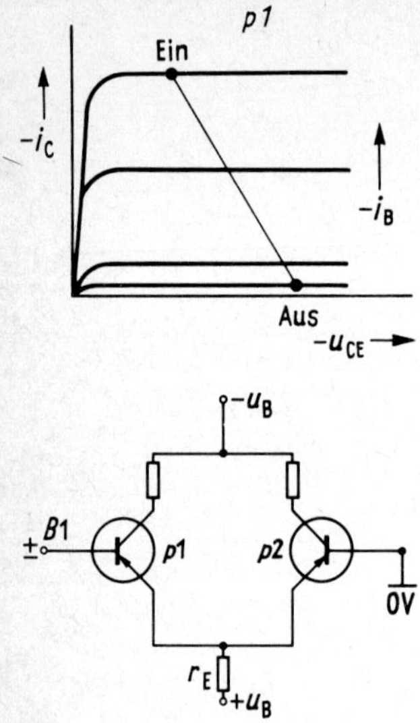

Bild 2/41. Stromschalterprinzip

In vielen Fällen wird ein großer Übersteuerungsgrad $m > 1$ aus Gründen der statischen Sicherheit angestrebt. Andererseits verschlechtert ein großer Übersteuerungsgrad das dynamische Verhalten, weil beim Ausschalten vom *Ein*-Punkt in der Basiszone viel mehr Ladungsträger abgezogen werden müssen als beim nicht gesättigten Zustand.

In Bild 2/41 ist ein Transistorschaltkreis nach dem sogenannten Stromschalterprinzip (current switching mode) gezeigt.

Liegt die Basis *B 1* von Transistor *p 1* auf positivem Potential, so ist *p 1* gesperrt. Die Spannung $+u_B$ fällt vollständig an r_E ab, da die Basis des Transistors *p 2* auf 0 V gelegt ist und an seiner Basis-Emitterdiode nur eine kleine Spannung u_{BE} auftritt. Es fließt also ein Strom durch r_E, obwohl der Emitterstrom von *p 1* annähernd verschwindet. Dem entspricht der Schalterzustand „Aus" in Bild 2/41.

Liegt an *B 1* dagegen negatives Potential, so wird *p 1* leitend, das Emitterpotential beider Transitoren sinkt weiter in Richtung auf $-u_B$ ab, so daß *p 2* sperrt. Der durch r_E fließende Strom wird durch *p 1* gelenkt. Die Schaltung verhält sich also wie ein mechanischer Umschalter.

Besonders wichtig ist, daß sich durch geeignetes Auslegen der Kollektorwiderstände der Hub Δu_{CE} sehr klein halten läßt. Man wählt sie klein, so daß nur etwa 1 bis 2 V an ihnen abfallen können. Die Widerstandsgerade verläuft dann so steil, daß der *Ein*-Punkt des Transistors *p 1* nicht mehr im Sättigungsbereich, sondern im normalen Arbeitsbereich der Kennlinien liegt (Bild 2/41).

In manchen Fällen wird *p 2* durch eine Diode ersetzt.

2.3.4.4. Das dynamische Verhalten des Transistors

Zur Beschreibung des Transistors für langsame Änderungen seiner Ein- und Ausgangsgrößen kann man sich auf seine statischen Kennlinien stützen. Sowohl bei Transistorverstärkern als auch bei Transistorschaltkreisen interessiert aber auch das Verhalten bei schnellen Änderungen; beim Transistorverstärker besonders sein Frequenzgang, beim Transistorschalter sein zeitliches Verzögerungsverhalten.

Das dynamische Verhalten des Transistors ist insbesondere durch die Übergangsfunktion des Kollektorstromes i_C bei sprungförmiger Änderung der Basissignalspannung u_S charakterisiert. Man unterscheidet hier, wie in Bild 2/42 gezeigt, die Einschaltverzögerung t_d, die Anstiegszeit t_r, die Speicherzeit t_s und die Abfallzeit t_f. Die Zeiten t_r und t_f sind genaugenommen die Zeiten, die bei der Veränderung des Kollektorstromes zwischen seinem 0,1- und seinem 0,9fachen Endwert verstreichen. Die Einschaltverzögerung t_d ist um so größer, je größer die positive Sperrspannung u_1 ist. Die Anstiegszeit t_r kann durch genügend große Übererregung stark verkürzt werden. Man benutzt hierzu z. B. am Eingang des Transistors eine Ankopplung des Signals über ein *RC*-Glied mit differenzierendem Charakter (D-Glied). Die Speicherzeit t_s hängt von dem Grad der Übersteuerung des Transistors ab. Sie ist um so kleiner, je weiter man vom Sättigungsbereich entfernt bleibt. Die Abfallzeit t_f kann durch Vergrößerung der positiven Ausschaltspannung u_1 vermindert werden.

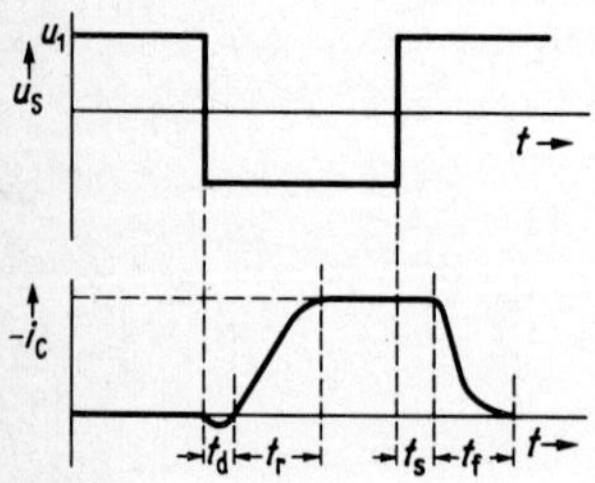

Bild 2/42. Verzögerungszeiten beim Transistor

2.3.5. Transistorschaltbausteine

2.3.5.1. Die Bildung des Komplements mit einer Transistorstufe

Betreibt man einen Transistor in Emitterschaltung nur als Schalttransistor, indem man ihm stabile Arbeitspunkte nur im Sättigungsgebiet und im Sperrgebiet gibt, so kann man die Eigenschaften einer solchen Stufe als Umkehrstufe ausnützen, um die Negation (das Komplement) der Schaltalgebra zu realisieren. In Bild 2/43 ist die Schaltung und ihre Funktionstabelle angegeben. Hierbei gilt 0 V ≙ 0 und −10 V ≙ L. Legt man die Eingangsspannung u_1 von −10 V an, so entspricht dies A = L. Da der Transistor dann geöffnet ist, hat die Ausgangsspannung den Wert $u_2 = 0$ V. Das bedeutet aber $f = 0$. Liegt dagegen $u_1 = 0$ V am Eingang, ist also $A = 0$, so ist der Transistor gesperrt, u_2 ist etwa auf −10 V-Spannung. Das heißt aber, daß f = L ist. Die Stufe bildet also das Komplement der Eingangsgröße. Es gilt $f = \bar{A}$.

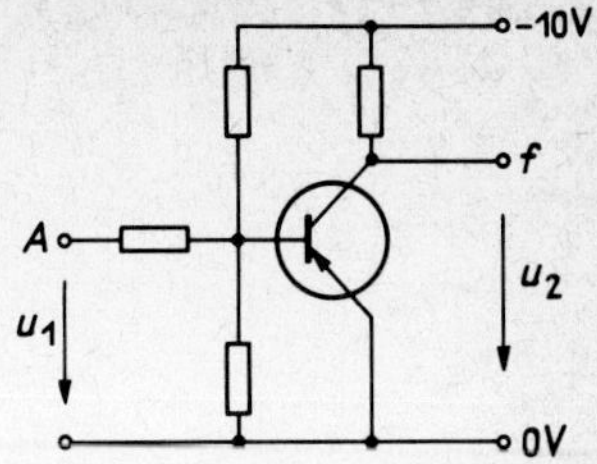

u_1	Transistor	Basisstrom	u_2
0 (0V)	zu	klein	−10 V (L)
L (−10 V)	auf	groß	0 V (0)

↓ ↓ → $f = \bar{A}$

Bild 2/43. Bildung des Komplements

2.3.5.2. Dioden-Transistor-Logik (DTL)

Schaltet man einer DTL-Stufe ein Diodengatter vor, so kann man damit Ausdrücke wie $f = \overline{A + B}$ und $f = \overline{AB}$ realisieren. Solche Schaltungen sind in Bild 2/44 angegeben. Die Realisierung der Funktion $f = \overline{A + B}$ trägt den Namen NOR-Glied, die Realisierung von $f = \overline{AB}$ den Namen NAND-Glied.

Die Zusammenschaltung von Dioden und Transistoren zu Schaltbausteinen hat zu der Bezeichnung Dioden-Transistor-Logik (DTL) geführt. In manchen Fällen muß man die Störsicherheit dieser Schaltungen noch erhöhen. Eingestreute Starkstromimpulse etwa dürfen nicht zu Signalübergängen führen. Man setzt in solchen Fällen Zenerdioden ein und spricht von Dioden-Transistor-Zener-Logik (DTZL). Die Zenerdiode wird dabei zwischen die Diodenverknüpfer und die Basis des Ausgangstransistors (Bild 2/44) in Sperrichtung geschaltet. Sie gibt Eingangsimpulse nur dann weiter an die Basis, wenn ihre Durchbruchspannung überschritten wird und schirmt die Basis also gegen Störimpulse unterhalb dieser Durchbruchspannung ab.

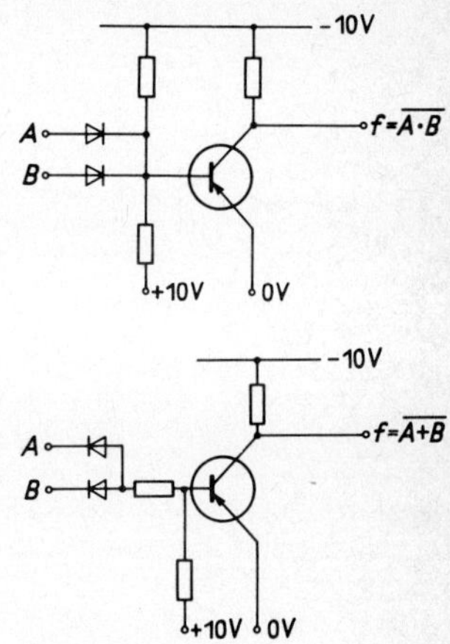

Bild 2/44. Verbindung von Diodengattern und Transistoren
0 V ≙ 0
−10 V ≙ L

2.3.5.3. Transistor-Widerstands-Logik (TRL)

Außerdem gibt es die sogenannte Transistor-Widerstands-Logik (TRL). Beispiele für ein NOR-Glied und ein XOR-Glied sind in Bild 2/45 angegeben. Beim NOR-Glied genügt ein L-Signal an einem der Eingangswiderstände, um den Transistor leitend zu machen. Der XOR-Schaltkreis realisiert die Verknüpfungsfunktion der Antivalenz (exklusives Oder) $Y = A\bar{B} + \bar{A}B = A \not\equiv B$.

Die TRL hat gegenüber der DTL die Nachteile geringerer Schaltgeschwindigkeit, höherer Störempfindlichkeit und einer gerin-

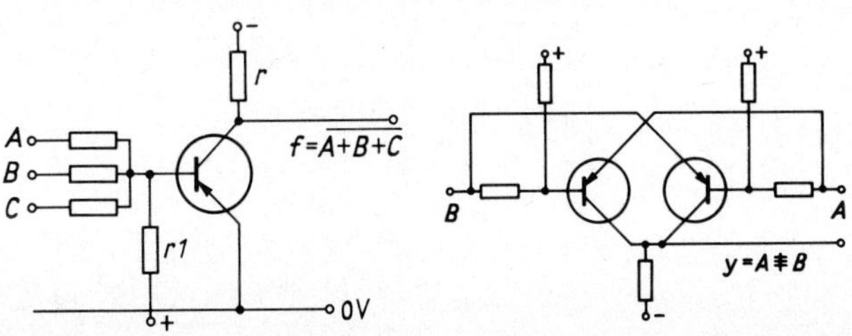

Bild 2/45. NOR-Gatter und XOR-Gatter in Transistor-Widerstands-Logik

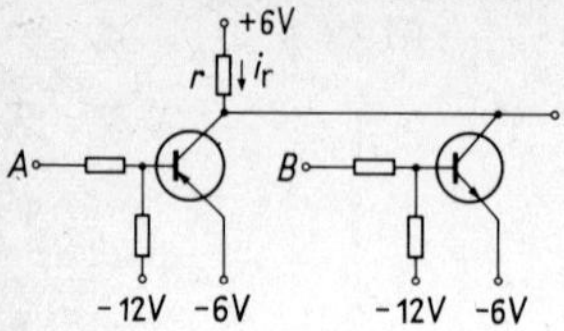

Bild 2/46. Verknüpfung in TTL-Technik

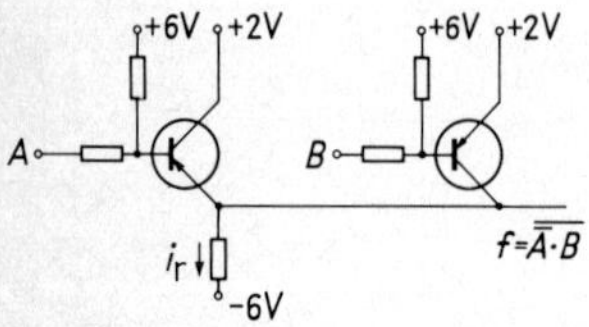

Bild 2/47. Verknüpfung in TTL-Technik

geren Anzahl anschließbarer Ein- und Ausgangsgrößen. Da die Kosten für Dioden erheblich gesunken sind, dürfte TRL keine große Zukunft haben.

2.3.5.4. Transistor-Transistor-Logik (TTL, DCTL)

Von großer Bedeutung ist dagegen die Transistor-Transistor-Logik (TTL), auch als direktgekoppelte Transistor-Logik (DCTL) bezeichnet. Beispiele für ein Gatter zur Realisierung der Funktionen $f = A\bar{B}$ bzw. $f = AB$ findet man mit die Funktionsweise erläuternden Tabellen in den Bildern 2/46 bzw. 2/47.
Die linke Stufe der in Bild 2/46 angegebenen Schaltung ist eine PNP-Kollektorstufe, die rechte eine NPN-Emitterstufe. Beide Stufen arbeiten auf einen gemeinsamen Arbeitswiderstand *R*. Es muß noch angegeben werden, welche Spannungen die Schaltwerte 0 und 1 darstellen sollen. Es gelten −6 V ≙ 0 und +1 V = L. Die PNP-Kollektorstufe ist nur dann auf, wenn die Basis dieser Stufe, also die Größe *A* auf negativem Potential liegt. Die NPN-Emitterstufe ist nur dann auf, wenn die Basis, also die Größe *B* auf positivem Potential ist. Ein großer oder mittelgroßer Strom durch *r* verschiebt das Potential des Punktes *f* in Richtung auf −6 V. Ein großer Strom tritt auf, wenn beide Stufen auf sind, ein mittelgroßer, wenn eine der Stufen auf, die andere zu ist. Ein kleiner Strom tritt auf, wenn beide Stufen zu sind. Das Potential des Punktes *f* verschiebt sich dann zu positiven Spannungen, z. B. zu 1 V hin. Unter Berücksichtigung der Voraussetzung −6 V ≙ 0 und +1 V ≙ L findet man aus der Tabelle von Bild 2/46, daß die untersuchte Schaltung eine Realisierung der Verknüpfung

A	*B*	PNP-Kollektor-stufe	NPN-Emitter-stufe	i_r	Span-nung an *f*	*f*
0 (−6 V)	0 (−6 V)	auf	zu	(mittel) groß	−5 V	0
0 (−6 V)	L (1 V)	auf	auf	groß	−6 V	0
L (1 V)	0 (−6 V)	zu	zu	klein	+1 V	L
L (1 V)	L (1 V)	zu	auf	(mittel) groß	−5 V	0

−6 V ≙ 0 ↑
+1 V ≙ L $f = AB$

	B	PNP-Kollektor-stufe	NPN-Emitter-stufe	i_r	Span-nung an *f*	$= \bar{A} \cdot B$
0 (−6 V)	0 (−6 V)	zu	auf	(mittel) groß	+1 V	L
0 (−6 V)	L (+1 V)	zu	zu	klein	−6 V	0
L (+1 V)	0 (−6 V)	auf	auf	groß	+2 V	L
L (+1 V)	L (+1 V)	auf	zu	(mittel)	+1 V	L

−6 V ≙ 0
+1 V ≙ L

$f = A\bar{B}$ darstellt. Ähnlich kann die Funktionsweise der Schaltung nach Bild 2/47 analysiert werden.

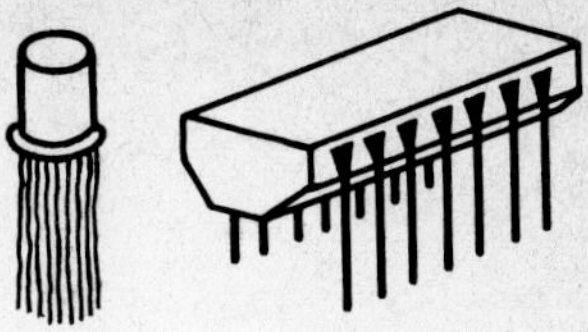

Bild 2/48. Zwei Konstruktionsformen integrierter Schaltkreise

2.3.6. Integrierte Schaltkreise

Die in den Abschnitten 2.3.2 und 2.3.5 beschriebenen Verknüpfungsschaltungen werden seit einigen Jahren immer weniger aus diskreten Bauelementen aufgebaut. Infolge der raschen Entwicklung technologischer Herstellungsprozesse ist man nämlich in der Lage, integrierte Schaltkreise (IS oder IC für integrated circuits) herzustellen, bei denen mehrere Verknüpfungsschaltungen auf einem einzigen Siliciumscheibchen realisiert werden. In dieser Technik können z. B. 4 NAND-Schaltungen der DTL-Technik in einem Bauelement mit den Abmessungen 20 mm × 7,7 mm × 5,0 mm (Bild 2/48) untergebracht werden.

Die prinzipielle Wirkungsweise solcher IC-Schaltungen ist mit der von Schaltungen mit diskreten Bauelementen identisch. IC-Schaltungen weisen jedoch noch zusätzliche besondere Eigenschaften auf. Sie arbeiten meistens mit sehr niedrigen Leistungen und werden zum großen Teil von einer einzigen Spannungsquelle mit einer Spannung $U_s = 5\,V$ versorgt. Eine Ausnahme bildet z. B. das störsichere DTZL-System, das bei $U_s = 12\,V$ arbeitet. Auf Grund der geringen Abmessungen der Verbindungen sind die Schaltungen schneller und zuverlässiger. Ferner kann man Bauelemente realisieren, die sich als Einzelbauelement kaum herstellen lassen (z. B. Mehrfach-Emitter-Transistoren).

Beim Entwurf und Aufbau logischer Systeme kann man die Grundverknüpfungsschaltungen als Bausteine einsetzen und zusammenschalten. Es ist dann nützlich, auch jene Eigenschaften, die bei der Zusammenschaltung eine Rolle spielen, durch entsprechende Kenngrößen zu beschreiben. Einige solcher Kenngrößen seien kurz erläutert.

Die Speisespannung U_s und deren zulässige Toleranz bestimmen den Bereich, in dem ein Baustein funktionsfähig ist. Übliche Werte dieser Toleranzen sind gegeben durch $U_s = 5\,V \pm 5\%$ und $U_s = 11{,}5$ bis $12{,}5\,V$. Der sogenannte H-Bereich (High-Range) der Signalspannung ist der algebraisch höhere der zwei Spannungsbereiche, denen die binären Zustände 0 und L frei zugeordnet werden können. Der L-Bereich (Low-Range) ist der algebraisch niedrigere dieser zwei Spannungsbereiche. Man bezeichnet ein System, bei dem der H-Bereich dem binären Signal L entspricht und bei dem der L-Bereich das binäre 0-Signal darstellt, als ein System mit *positiver Logik*. Ein solches mit der Zuordnung

H-Bereich $\triangleq$ 0, L-Bereich $\triangleq$ L

heißt System mit *negativer Logik*. Der Abstand zwischen der oberen Grenze des L-Bereichs und der unteren Grenze des H-Bereichs ist ein Maß für den Störabstand der Signale.

Die Eingangsfächerung oder Eingangsverzweigung (fan-in) eines Bausteins gibt die maximal zulässige Anzahl von Bausteinen an, die am Eingang angeschlossen werden können. Entsprechend ist die Ausgangsfächerung oder Ausgangsverzweigung (fan-out) die maximal zulässige Anzahl von Bausteinen, die am Ausgang angeschlossen werden können.

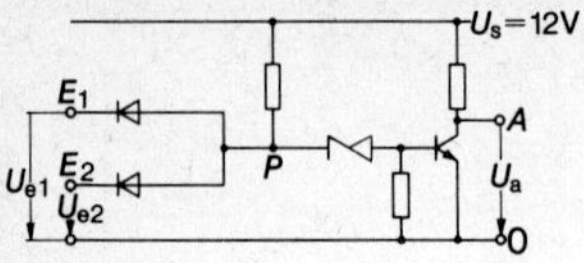

Bild 2/49. H-NAND-Grundschaltung in DTZL

Es seien in der Folge einige typische Grundschaltungen der IC-Technik beschrieben.

2.3.6.1. DTZ-Logiksystem (DTZL)

Bild 2/49 zeigt die Grundschaltung einer NAND/NOR-Stufe mit zwei Eingängen. Die Schaltung wirkt als ein NAND-Baustein mit der Zuordnung H-Bereich (7,5 bis 12,5 V) $\triangleq$ L, und L-Bereich (0 bis 5,5 V) $\triangleq$ 0. Liegt nämlich an beiden Eingängen E_1 und E_2 das binäre L $\triangleq$ 7,5 bis 12,5 V, so liegt *P* auf einem Potential von mindestens 8,2 V, und die Zenerdiode, die eine Zenerspannung von etwa 7 V hat, hat einen Spannungsdurchbruch. Der Transistor *p 1* leitet dann, und am Ausgang *A* erscheint etwa 1 V. Liegt dagegen an einem oder an beiden der Eingänge 0-Signal, so beträgt das Potential bei *P* maximal 5,5 V zuzüglich Diodendurchlaßspannung von etwa 0,7 V. Die Zenerdiode ist also gesperrt und der Transistor *p 1* zugesteuert. Die Ausgangsspannung U_a ist dann ungefähr gleich der Speisespannung $U_s \triangleq$ L.

DTZL-Systeme sind durch hohe Störsicherheit charakterisiert. Sie werden häufig auch, da sie im allgemeinen recht langsam sind, als LSL (Langsame Störsichere Logik) bezeichnet. Zur Realisierung schneller Bausteine geht man über zum TTL-System (Transistor-Transistor-Logiksystem).

2.3.6.2. Transistor-Transistor-Logik-System (TTL)

TTL-Systeme haben sich in den letzten Jahren besonders stark durchgesetzt. Sie sind durch ihre Schnelligkeit und ebenfalls gute Störsicherheit charakterisiert und arbeiten prinzipiell bei einer Speisespannung von U_s = 5 V $\pm$ 5%. Dem H-Bereich entspricht der Bereich 2,4 bis 5,25 V und dem L-Bereich 0 bis 0,4 V.

Bild 2/50 zeigt den Prinzipschaltplan sowie den Anschlußplan und die Funktionstabelle des vierfachen NAND-Gatters TL 7401 von AEG-TELEFUNKEN. Hierbei hat der Eingangstransistor *p 1* zwei Emitter, an denen die Eingangssignale U_{e1} und U_{e2} liegen. Der Ausgangstransistor *p 3* hat einen offenen Kollektor. Mit der Zuordnung L-Bereich (0 bis 0,4 V) $\triangleq$ 0 und H-Bereich (2,4 bis 5,25 V) $\triangleq$ L realisiert man mit dieser Schaltung die NAND-Verknüpfung: Liegt nämlich an E_1 und E_2 eine Spannung von 2,4 bis 5,25 V, so hat die Basis von *p 1* mindestens ein Potential von 2,4 V zuzüglich der Basis-Emitterspannung von etwa 0,7 V also rund 3,1 V. Die Basis von *p 2* liegt ebenfalls auf einem Potential von etwa 2,4 V, und die Transistoren *p 2* und *p 3* leiten. Am Ausgang erscheint die Spannung U_a = 0,2 bis 0,4 V $\triangleq$ 0. Beträgt die Spannung an E_1 oder E_2 oder E_1 und E_2 0 bis 0,4 V $\triangleq$ 0, so liegt an der Basis von *p 1* sowie von *p 2* etwa 0,4 + (0,7 bis 1,1)V. Durch geeignete Bemessung der Widerstände r_2 und r_3 wird erreicht, daß in diesem Zustand der Transistor *p 3* sperrt, wodurch am Ausgang die Spannung $U_a \approx U_s \triangleq$ L erscheint.

Der Ausgangstransistor *p 3* mit dem offenen Kollektor ermöglicht die Realisierung der sogenannten Phantom-UND Verknüpfung (wired-AND). Das heißt, man kann die Ausgänge A_1 und A_2 zweier solcher Verknüpfungsschaltungen galvanisch verbinden und über einen gemeinsamen Kollektorwiderstand an die Speisespannung anschließen. Am Verbindungspunkt *A* liegt nur dann

Bild 2/50. H-NAND-Schaltung in TTL

ein L, wenn die beiden Ausgangstransistoren sperren, also wenn an A_1 und A_2 „L" anliegt. Es gilt also $A = A_1 \cdot A_2$. Die wired-AND Verknüpfung wird symbolisch dargestellt, wie es Bild 2/51 zeigt. Trifft man folgende Zuordnung

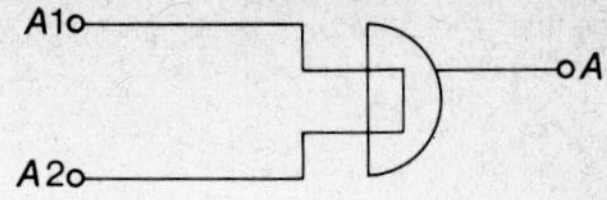

Bild 2/51. Symbol der wired-AND-Verknüpfung

0 bis 0,4 V $\triangleq$ L und 2,4 bis 5,25 V $\triangleq$ 0,

so wird aus dem NAND-Glied ein NOR-Glied. Am Ausgang liegt nämlich „0" $\triangleq$ 0 bis 0,4 V, wenn mindestens an einem Eingang „L" $\triangleq$ 2,4 bis 5,25 V liegt. Eine Verknüpfungsschaltung, die bei der Zuordnung „L" $\triangleq$ H-Bereich als NAND-Glied funktioniert, wird als H-NAND-Glied bezeichnet.

Bild 2/52 zeigt ein H-NOR-Glied in TT-Logik. Es handelt sich hierbei um das Schaltbild des Bausteins TL 7402 von AEG-TELEFUNKEN. Die Versorgungspannung sowie die H- und L-Bereiche sind die gleichen wie beim H-NAND-Glied. Die Ausgangsstufe dieser Schaltung besteht aus zwei Transistoren, die im Gegentakt arbeiten. Die Schaltung ist zur Realisierung der wired-AND Verknüpfung nicht geeignet, hat jedoch den Vorteil, daß sie auch bei kapazitiver Belastung (z. B. langer Leitung) recht hohe Schaltgeschwindigkeiten ermöglicht.

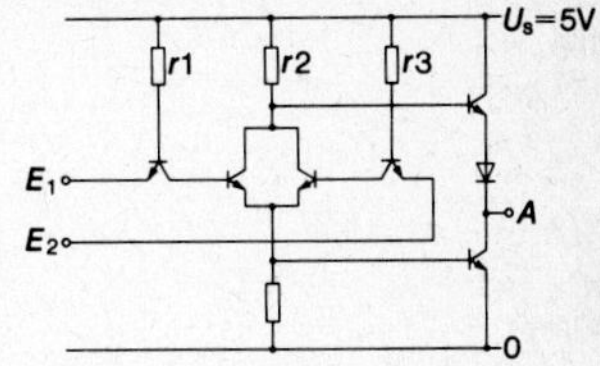

Bild 2/52. H-NOR-Schaltung in TTL

2.3.6.3. Emitter-gekoppelte-Transistor-Logik (ECTL)

Verknüpfungsschaltungen der ECTL-Technik sind durch hohe Schaltgeschwindigkeit, niedrige Leistungsaufnahme und kleinen Signalspannungshub charakterisiert. Bild 2/53 zeigt eine Grundschaltung dieser Technik. Es handelt sich hierbei um den Baustein FNH 111 (H-NOR) von AEG-TELEFUNKEN. Die Speisespannung liegt bei $U_s = -5{,}2$ V; zusätzlich ist eine Referenzspannungsquelle mit $U_R = -1{,}15$ V erforderlich. Den binären 0- und L-Signalen entsprechen die Spannungsbereiche −0,67 bis −0,85 V und −1,46 bis −1,7 V. Liegen an den Eingängen E_1 und E_2 Signale im L-Bereich (−1,46 bis −1,7 V), so leiten die Transistoren *p 1* und *p 2* nur schwach, denn der Transistor *p 3* im leitenden Zustand bestimmt das gemeinsame Emitterpotential von −1,15 V abzüglich der Dioden-Durchlaßspannung von $U_{BE} \approx 0{,}4$ V, also von −1,55 V. An der Basis des Transistors *p 4*, der in Kollektorschaltung arbeitet, liegen etwa −0,2 V, und am Ausgang erscheint dann etwa −0,7 V, also eine Spannung im H-Bereich. Liegt dagegen an einem oder an beiden der Eingänge E_1 und E_2 eine Spannung im H-Bereich (−0,67 bis −0,85 V), so wird der Strom von r_3 in r_2 umgelenkt, da nun das Emitterpotential von mindestens −0,67 −0,5 = —1,17 V von *p 1* bzw. *p 2* bestimmt wird. Im Transistor *p 3* fließt nur ein geringer Strom. Durch geeignete Dimensionierung der Widerstände r_1, r_2 und r_3 wird erreicht, daß in diesem Zustand das Basispotential von *p 4* etwa −1 V beträgt. Am Ausgang erscheint dann als Spannung etwa −1 V − 0,5 V = −1,5 V, also eine L-Spannung. Maßgebend für die hohe Geschwindigkeit dieser Schaltung ist die Tatsache, daß die Transistoren stets in aktiven Bereichen arbeiten. Hierdurch ergeben sich relativ kleine L- und H-Bereiche. Verknüpfungsschaltungen der ECTL-Technik werden besonders häufig beim Digitalrechner angewendet.

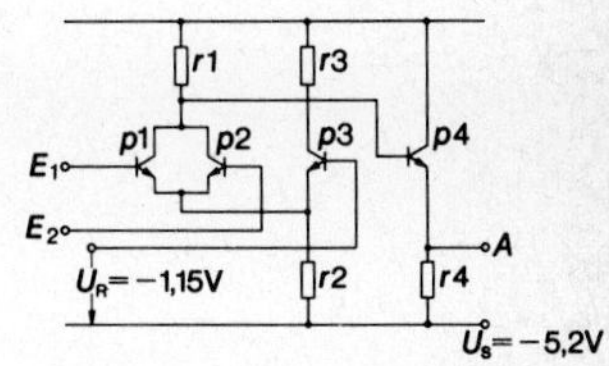

Bild 2/53. H-NOR-Schaltung in ECTL

2.3.6.4. Verknüpfungsschaltungen mit FET-Transistoren

In den letzten Jahren gewinnen logische Verknüpfungsschaltungen mit den sogenannten Metalloxidsilicium-Feld-Effekt-

Bild 2/54. Aufbau eines P-KANAL-MOSFET vom Anreicherungstyp

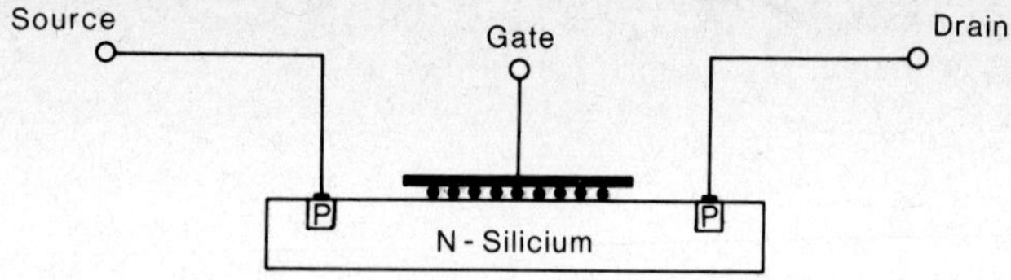

Transistoren (MOSFET) an Bedeutung. Dies ist auf folgende Gründe zurückzuführen:

a Die Herstellung von integrierten Schaltungen mit MOSFET ist auf Grund der bei ihnen auftretenden geringeren Anzahl von Sperrschichten und des Fortfalls der Basiszone billiger.

b MOSFET-Schaltungen haben besonders günstige Kennwerte. Der Eingangswiderstand einer solchen Schaltung liegt bei 10^{13} Ohm. Außerdem ist der Eingang vom Ausgang galvanisch getrennt. Der Leistungsverbrauch ist sehr gering.

Ein MOSFET (Bild 2/54) besteht im wesentlichen aus einer P- oder N-leitenden Siliciumscheibe, in der sich ein leitender Kanal bildet, und einem vom Kanal durch eine Oxidschicht isolierten Steuergitter. Die Enden der Scheibe werden in einer bestimmten Weise dotiert und mit Anschlüssen versehen, die Source (Quelle) und Drain (Senke) heißen. Abhängig von der Dotierung der Source- und Drain-Zonen hat man einen MOSFET mit der Bezeichnung *Verarmungstyp* bzw. *Anreicherungstyp*.

Die folgenden Erläuterungen beziehen sich auf MOSFET vom Anreicherungstyp. Die Schaltsymbole und Kennlinienfelder von P- und N-Kanal-MOSFET zeigt Bild 2/55. Die Steuerung des Drainstromes I_D erfolgt über die Gate-Source-Spannung U_{GS}. Sie ist nahezu leistungslos, denn das Gate ist vom Kanal isoliert und es fließt kein Gatestrom. Anhand der Kennlinienfelder lassen sich die folgenden Zusammenhänge erkennen.

Der P-Kanal-MOSFET ist gesperrt ($I_D \approx 0$), wenn das Gate gegenüber der Source ein verschwindendes oder positives Potential hat, also wenn $U_{GS} \geqq 0$ ist. Er ist leitend, wenn das Gatepotential um einige Volt niedriger als das Sourcepotential ist, d. h., wenn $-U_{GS}$ einige Volt beträgt.

Bild 2/55. Schaltsymbole und Ausgangskennlinien vom Anreicherungs-MOSFET
links: P-Kanal-MOSFET
rechts: N-Kanal-MOSFET

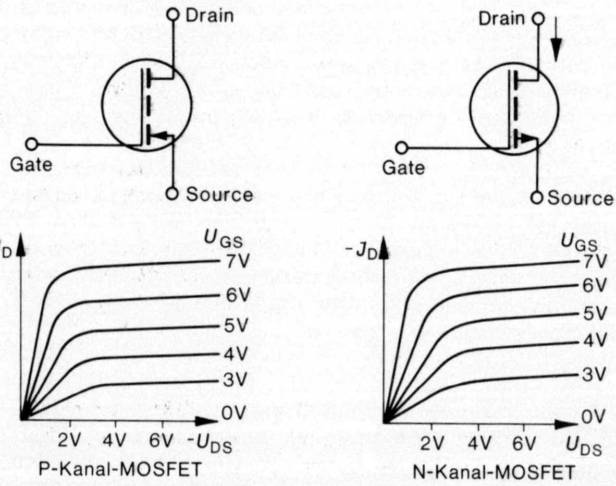

Der N-Kanal-MOSFET ist gesperrt, wenn $U_{GS} \leqq 0$ V ist. Er ist leitend, wenn U_{GS} einige Volt beträgt.
Bild 2/56 zeigt ein MOSFET-H-NOR-Gatter, das bei positiver Logik als NOR-Gatter wirkt. Hierbei sind zwei P-Kanal-MOSFET, *p 1* und *p 2*, in Serie und zwei N-Kanal-MOSFET, *p 3* und *p 4*, parallel geschaltet. Liegt an den Eingängen E_1 und E_2 eine Spannung um 0 V, so sperren die Transistoren *p 3* und *p 4*, denn bei ihnen ist das Gate nicht stark positiv gegenüber der Source (N-Kanal). Die P-Kanal-MOSFET *p 1* und *p 2* leiten jedoch, wodurch am Ausgang *y* praktisch die ganze Spannung +10 V anliegt. Liegt mindestens eine der Eingangsspannungen bei 10 V, so sperrt der entsprechende P-Kanal-MOSFET und leitet der entsprechende N-Kanal-MOSFET. Am Ausgang erscheint dann eine Spannung 0 V.

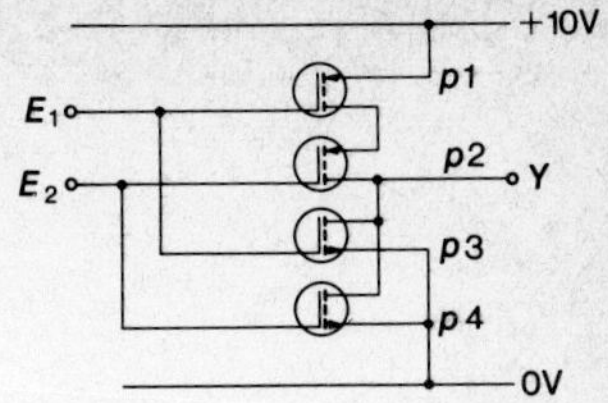

Bild 2/56. Prinzip eines MOSFET-H-NOR-Gatters

2.3.6.5. LSI-Verknüpfungsschaltungen

Es ist grundsätzlich möglich, logische Verknüpfungen binärer Variablen mit Hilfe von Speichern zu realisieren. Die Eingangszustände werden durch die Adressen des Speichers und die zugehörigen Ausgangszustände durch den Inhalt in den entsprechenden Speicherelementen abgebildet.
LSI-Halbleiter-Festwertspeicher (LSI von Large Scale Integrated) sind für diese Anwendung sehr geeignet. Es handelt sich hierbei sowohl um MOS-IC als auch um bipolare IC, die man als ROM (Read-Only-Memories) bezeichnet.
Die *Einprogrammierung* des Speichers, d. h. die Herstellung der Verknüpfung zwischen den Adressen und dem Speicherinhalt wird bei der Herstellung des monolithischen Halbleiterspeichers durch Verwendung geeigneter Masken durchgeführt.

2.3.6.6. Die Zusammenschaltung von Bausteinen verschiedener Logiksysteme

Bei der Zusammenschaltung von Bausteinen zweier oder mehrerer Systeme (z. B. TTL-Bausteine mit MOS-Bausteinen) muß darauf geachtet werden, daß die Bausteine miteinander *kompatibel* (d. h. geeignet für die Zusammenschaltung) sind. Die Gesichtspunkte für die Kompatibilität sind die folgenden:
1. Die Spannungspegel zur Abbildung der binären 0 und L müssen einander angepaßt werden.
Beispiel: Bei TTL und LSI sind die Pegel wie folgt:

	TTL	LSI
0	0 · · · 0,4 V	0 · · · 4,5 V
L	2,4 · · · 5,25 V	10 · · · 13,5 V

2. Eingangstrom und Belastbarkeit der Bausteine müssen beachtet werden, d. h. die Belastbarkeit der einzelnen Bausteine, die unter anderem vom Ausgangsfächer abhängt, muß groß genug sein, um den Eingangstrom der nachfolgenden Stufe zu liefern.

2.4. Bausteine für Hilfszwecke

Zusätzlich zu den Bausteinen, mit denen Boolesche Funktionen schaltkreistechnisch realisiert werden, sind noch einige weitere

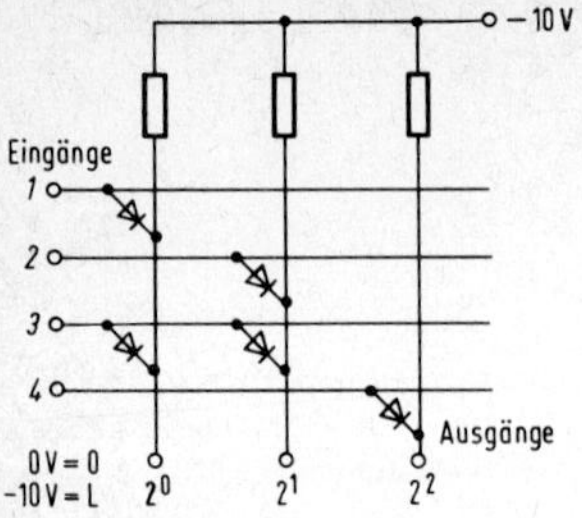

Bild 2/57. Diodenmatrix zur Umwandlung von Dezimalzahlen in Dualzahlen

Hilfsbausteine erforderlich, die hier nicht behandelt werden können, aber doch wenigstens erwähnt werden sollen. So leuchtet es unmittelbar ein, daß man bei Benutzung von Impulsschaltungen Hilfsmittel vorsehen muß, mit denen stark verzerrte Impulse wieder geformt werden können. An manchen Stellen der Schaltkreise ist es nötig, Verzögerungsglieder einzubauen. Besonders bei Realisierungen mit Impulsgattern ist gewöhnlich noch ein Taktgeber erforderlich, der die richtigen Verknüpfungszeitpunkte von Impulsen festlegt.
Zu den Hilfsschaltungen kann man auch das große Gebiet der Umsetzer zählen, die dazu dienen, analoge Signale in digitale Signale umzuwandeln (Analog-Digital-Umsetzer, A/D-Umsetzer, Verschlüsseler) und umgekehrt (Digital-Analog-Umsetzer, D/A-Umsetzer, Zuordner) [32].
Eine genauere Betrachtung aller dieser Hilfsbausteine kann in dieses Handbuch, das mehr methodischen Fragen gewidmet ist, nicht aufgenommen werden. Darüber gibt es aber umfangreiche Fachliteratur [17 bis 36].
Nur zwei wichtige Formen des Zuordners seien hier noch kurz besprochen, die sogenannte Diodenmatrix und die Magnetkernmatrix.

2.4.1. Diodenmatrix

Eine Diodenmatrix dient zur Umkodierung digitaler Informationen z. B. um Dualzahlen in Dezimalzahlen umzuwandeln und umgekehrt.
Das Prinzip einer Diodenmatrix zur Umwandlung von Dezimalzahlen in Dualzahlen zeigt Bild 2/57. Die Eingänge und Ausgänge sind in Form einer Matrix angeordnet. Daher rührt der Name des Verknüpfungselementes. An den Eingängen werden die ins Duale umzusetzenden Dezimalzahlen angelegt, und zwar so, daß der zugehörige Eingang von 0 V auf −10 V gesetzt wird, wenn eine Dezimalzahl umgesetzt werden soll. An den Ausgängen entsteht die entsprechende Dualzahl. Dies sei z. B. die Zahl 2. Man ersieht unmittelbar aus Bild 2/57, daß durch Anlegen von −10 V an die Eingangsklemme *2* die mittlere Ausgangsleitung über die Diode auf −10 V also auf L gelegt wird, so daß an den Ausgangsleitungen insgesamt die Kombinationen 0 L 0, also die duale Zahl für 2 auftaucht.

Bild 2/58. Diodenmatrix für Umwandlung Dual–Dezimal

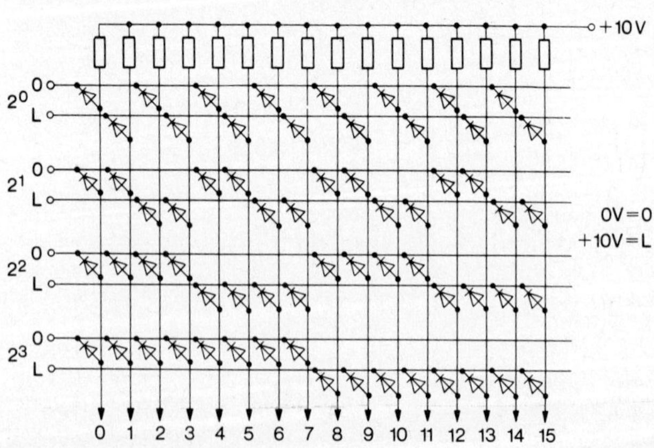

Soll umgekehrt etwa eine 4-bit-Dualzahl ins Dezimale übersetzt werden, so eignet sich die Diodenmatrix von Bild 2/58. Sie hat je Dualstelle zwei Eingänge, den 0-Eingang, der auf +10 V (= L) liegt, wenn die Dualstelle 0 ist, und den L-Eingang, der auf +10 V (= L) liegt, wenn die Dualstelle L ist.
Durch geeignete Anordnung könnte man bei dieser Schaltung noch 16 Dioden einsparen.

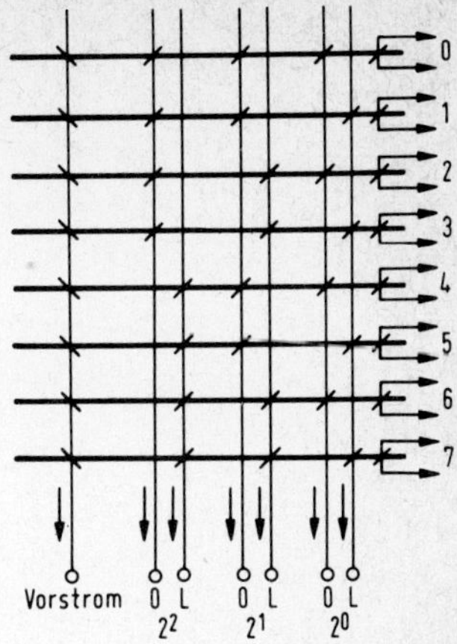

Bild 2/59. Magnetkernmatrix für Umwandlung Dual–Dezimal

2.4.2. Magnetkernmatrix

Auch hierbei handelt es sich um eine Anordnung, die zum Umkodieren benutzt wird [1]. Ein Beispiel ist in Bild 2/59 angegeben. Hier sind acht Magnetkerne mit je einer Vorstrômwicklung und drei entgegenwirkenden Signalwicklungen dargestellt. Die Verkettung eines Kerns mit einer Wicklung ist durch einen Schrägstrich und der Wickelsinn durch die Richtung des Schrägstrichs angegeben. Je drei Signalströme können den vormagnetisierten Kern ummagnetisieren und dadurch auf der Ausgangsleitung einen Impuls erzeugen.
Wird z. B. die duale 7 als LLL an die Eingangsdrähte gelegt, so heben die drei Impulse an den L-Leitungen von 2^2, 2^1 und 2^0 gerade den Vorstrom im Kern 7 auf und magnetisieren den Kern um, so daß auf der Ausgangsleitung 7 ein Impuls auftritt.
Es leuchtet ein, daß andere Kodeumformer leicht durch entsprechend andere Verkettungsanordnungen aufgebaut werden können.

2.5. Das System Logistat®

Bei der Steuerung industrieller Prozesse stellen sich den elektronischen Steuerungssystemen vielfältige Aufgaben. Man kann diese Aufgaben mit Bausteinsystemen unterschiedlicher Konfigurationen lösen (Universalsystem, anwendungsorientiertes System). In der Praxis wird stets die optimale Handhabung (Projektierung, Inbetriebnahme, Bedienung, Wartung) im Vordergrund stehen.
Ein Steuerungssystem muß daher sowohl universelle als auch anwendungsspezifische Komponenten enthalten. Logistat C ist ein solches Steuerungssystem mit zwei aufeinander abgestimmten Produktlinien CI und CP. Logistat CI besteht aus Bausteinen zur festprogrammierten Informationsverarbeitung und wird vorwiegend dezentral verwendet. Die Produktlinie CP besteht dagegen aus einer frei programmierbaren Zentraleinheit, deren Peripherie die Bausteine der Linie CI bilden können.
Damit sind einmal von den Verarbeitungsthemen her universelle Anwendbarkeit, von der Programmierung bzw. den peripheren Bausteinen her anwendungsorientierte Lösungen möglich (Tabelle 2/4).

Tabelle 2/4. Schaltwerte im System Logistat-Si

	Schaltwert	
	0	L
Logistat I-Si	0 V–1,5 V	6,5 V–12 V
Logistat II-Si L	0 V–6 V	17 V–24 V
Logistat II-Si M	0 V–1,5 V	6,5 V–12 V
Logistat II-Si S	0 V–1,5 V	6,5 V–12 V

2.5.1. Struktur des Bausteinsystems Logistat C

CI arbeitet verbindungsprogrammiert; CP frei programmierbar. Beide Produktlinien der Systemfamilie Logistat C lassen sich in Funktionsebenen unterteilen (Bild 2/60 und Bild 2/61).

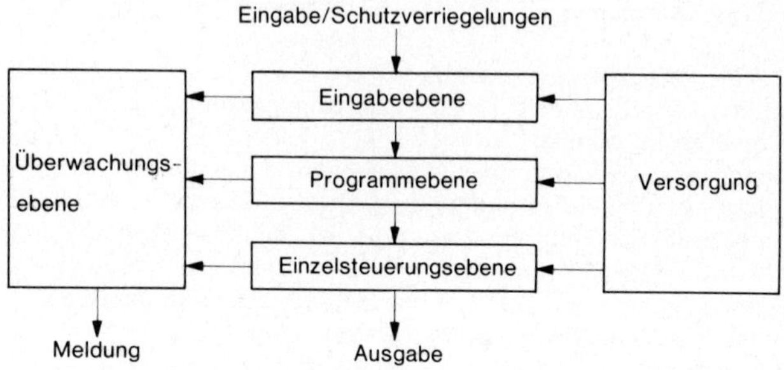

Bild 2/60. Struktur des Bausteinsystems Logistat CI

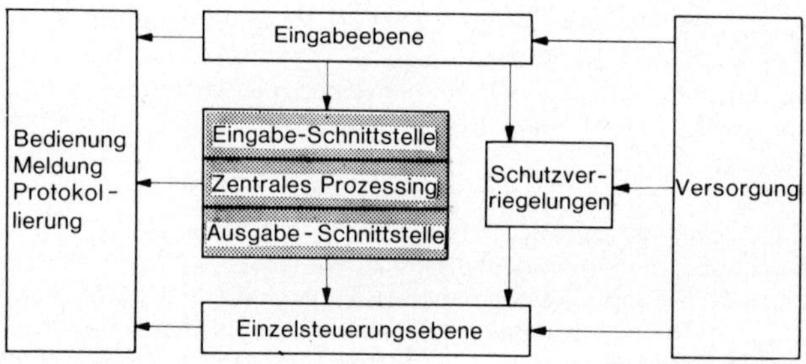

Bild 2/61. Struktur des Bausteinsystems Logistat CP

2.5.1.1. Logistat CI

Eingabeebene

Die Bausteine der Eingabeebene ermöglichen eine Signaleingabe in die Programm-, Einzelsteuerungs-, Schutz- und Überwachungsebene mit Einheitssignalen entsprechend den Systemdaten. Systemfremde Signale werden hier aufbereitet, verstärkt und umgeformt. Hierzu gehört z. B. eine Geber-Kontaktabfrage mit höherer Spannung oder das Entprellen von Kontakten.

Programmebene

Die Bausteine der Programmebene führen den eigentlichen Steuerungsablauf aus. Die von der Eingabeebene kommenden Signale werden entsprechend den Programmen verknüpft und als Stellbefehle an die Einzelsteuerungsebene bzw. als Überwachungskriterien an die Überwachungsebene weitergegeben.

Einzelsteuerungsebene

Die Bausteine der Einzelsteuerungsebene sind stellgliedorientiert. Sie gestatten ein direktes Ansteuern von Stellgliedern über elektronische Ausgänge mit oder ohne Kurzschlußschutz sowie über Kontaktausgänge bzw. Triac-Einheiten.

Überwachungs- und Meldeebene
Mit Hilfe der Bausteine der Überwachungs- und Meldeebene lassen sich nachfolgend aufgeführte Probleme lösen:
Darstellung des normalen und/oder gestörten Betriebes;
Kontrolle und Sicherung eines für Mensch und Maschine gefährlichen Anlagenzustandes;
Meldung von Zustand und Gefahr.

Schutzebene
Die Bausteine der Schutzebene realisieren vorwiegend kombinatorische Funktionen. Sie sind fehlerkontrolliert aufgebaut.

Versorgungsebene
Die Versorgungsebene erzeugt die für die Bausteine der einzelnen Funktionsebenen erforderlichen Versorgungsspannungen.

2.5.1.2. Logistat CP (Prozeßsteuereinheit CP 550)

Mit der Prozeßsteuereinheit CP 550 wird bevorzugt die Programmebene von binär-digitalen Steuerungen realisiert. Als Prozeßperipherie werden die Bausteine der Produktlinie CI verwendet.

Eingabe-Schnittstelle
Die Eingabe-Schnittstelle dient zum systemgerechten Umformen und Entstören von Prozeßsignalen. Interner und externer Spannungsbereich werden hier galvanisch entkoppelt.
Zum Unterdrücken von Störimpulsen ist eine wählbare Entstörung in vier Operationszeitklassen vorgesehen.

Zentrales Prozessing
Die rechnerstrukturierte, zentrale Verarbeitungseinheit führt in ihren Arbeitsregistern logische und arithmetische Operationen mit Daten aus, die durch ihre Verarbeitungsvorschrift (Programm) bestimmbar sind. Sie erhält die Prozeßsignale von den Datenschienen der Eingabe-Schnittstelle; ihre Verarbeitungsergebnisse werden über die Datenschienen der Ausgabe-Schnittstelle zugeleitet.

Ausgabe-Schnittstelle
Durch ein Freigabesignal werden die Ausgangssignale von den Datenschienen in die Ausgangs-Schnittstelle übernommen und zwischengespeichert. Gleichzeitig erfahren die Signale eine Pegelwandlung vom geräteinternen Signal zum Logistat-Normpegel. Analog zur Eingabe-Schnittstelle wird auch hier eine Potentialtrennung vorgenommen.

Bedienungsebene
Zur Korrespondenz mit der CP stehen Fernschreiber und Bildschirmsichtgeräte zur Verfügung. Zur speziellen Prozeßüberwachung dienen unter anderem Bausteine mit Leuchtdiodenanzeigen, zur Protokollierung kann die Fernschreibmaschine herangezogen werden.

Schutzebene
Gefahren erfordern eine sofortige Reaktion; daher werden Schutzverriegelungen parallel zur Zentraleinheit vorgenommen.

Versorgungsebene
Die Versorgungsebene erzeugt die für die Bausteine der einzelnen Funktionsebenen erforderlichen Versorgungsspannungen.

2.5.2. Schaltungsaufbau

2.5.2.1. Schaltungskonzept Logistat CI (Bild 2/62)

Schaltungskonzept Logistat CI

e_n Eingang
A Ausgang
1 Schutzbeschaltung gegen Überspannung
2 Signalanpassung zwischen 3 und 5
3 Logische Verknüpfung
4 Signalaufbereitung
5 Ausgangsschutz
6 interne Hilfsspannungserzeugung

Die Signale der Eingangsvariablen e_n gelangen über eine Überspannungs-Schutzschaltung *1* zur Signalanpassung *2*. Sie erzeugt die Einheitsbürde nach Betrag und Signalsprache sowie für die Verknüpfungsschaltung *3* geeignete Signalpegel. Generell wird mit einem *1*-Signal gesteuert (current-source-logic). Ein offen gelassener Eingang bedeutet 0-Signal. Die Funktionen 1 und 2 sind schaltungstechnisch in einem Widerstandsnetzwerk zusammengefaßt, wobei acht Einheiten als integrierte Dickschichtschaltung aufgebaut sind. Zur Operationszeitbildung wird fallweise ein Kondensator hinzugefügt. Der Verküpfungsteil *3* variiert gemäß der auszuführenden logischen Funktion. Er wird aus C-MOS-Standard-Schaltkreisen aufgebaut. Der Strombedarf für diesen Teil ist vernachlässigbar gering, so daß die bausteininterne Hilfsspannungserzeugung für den C-MOS-Schaltkreis sehr einfach ist (Z-Diode). Die interne Hilfsspannung bestimmt mit ihren Potentialen gleichzeitig die Schaltschwelle der Bausteineingänge und schützt vor Störeingriffen über die Versorgungsspannungszufuhr. Das Ausgangssignal des Verknüpfungsnetzwerkes wird einem Pegelumsetzer zugeführt, der das systemeigene 24-V-Ausgangssignal liefert.

2.5.2.2. Zerstör- und Störfestigkeit von Logistat CI

Integrierte Schaltkreise können durch Überspannungen besonders leicht zerstört werden. Beim Bausteinsystem Logistat CI werden Überspannungsimpulse durch integrierte Clamp-Dioden

Bild 2/62. Schaltungskonzept Logistat CI

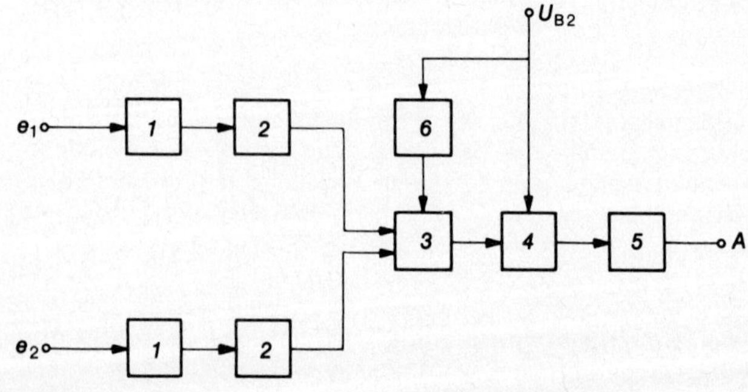

und Dickschichtwiderstände auf ein unkritisches Maß begrenzt. Die Signalausgänge der Bausteine sind strombegrenzt und durch einen integrierten Thermoschutz kurzschluß- und überlastungsfest. Ein weiteres wesentliches Merkmal ist die Störfestigkeit der Bausteine Logistat CI. Darunter versteht man die Fähigkeit Störspannungen am Eingang nicht mit einem Signalwechsel am Ausgang zu beantworten. Die statische Störfestigkeit ist durch zwei Gleichspannungswerte für den 0- und den 1-Zustand festgelegt. Das Verhalten bei Störimpulsen, deren Amplitude ein Vielfaches des Nutzsignals beträgt, ist durch die dynamische Störfestigkeit gekennzeichnet. Diese kann bei Logistat CI durch veränderliche Operationszeiten der jeweiligen Verwendung angepaßt werden. Eine Signalverschleppung auf Grund defekter Schutzschaltung im Eingang ist durch Widerstandskopplung ausgeschlossen. Die Ausgangsschaltungen der Bausteine mit antivalenten Ausgängen (z. B. Speicher sind so aufgebaut, daß der Ausfall einer Ausgangsstufe die dazugehörige antivalente Stufe unbeeinflußt läßt (Antivalenzautonomie). Diese Eigenschaft ermöglicht einen wirtschaftlichen Aufbau überwachter Baugruppen und eine Fehlerkontrolle bezüglich peripherer Einflüsse.

Zerstörgrenzen

Eingänge:	spannungsfest	± 200 V/10 μs ± 500 V/1 μs, typ.
Ausgänge:	spannungsfest	± 200 V/10 μs ± 500 V/1 μs, typ.
Ausgänge:	stoßstromfest	0,4 A/10 μs
	Kurzschluß	unbegrenzt
	überlastfest auch bei Kurzschluß an mehreren Bausteinausgängen	
Versorgung:	spannungsfest	45 V/0,3 s

Störgrenzen Signalleitungen	Statischer Störabstand 1	10 V, typ.
	0	7 V, typ.
	Dynamischer Störabstand	0,5 m WS, typ.
	Operationszeit	wählbar

Versorgungsspannung: Einbrüche zulässig auf 0,5 × U_{B2N}/1 ms. Schwankung zulässig im Bereich 20 · · · 30 V.

2.5.2.3. Schaltungskonzept Logistat CO

Im Unterschied zu CI stellen die Eingangsvariablen e_n jeweils ein Datenwort von 12 Bit dar. Durch Optokoppler erreicht man eine galvanische Trennung der Bezugspotentiale. Mit Tristate-Elementen werden die Datenwörter über einen Datenbus an die Zentraleinheit weitergegeben. Ein von der Zentraleinheit gesteuerter Ein/Ausgabe-Dekoder wählt das jeweilige Eingangssignal aus. Die zentrale Verarbeitungseinheit wird durch Befehlswörter (13 Bit) gesteuert. Die Befehle werden schrittweise von einem Programmspeicher geliefert; im Normalbetrieb steht das Programm in einem Halbleiter-Festwertspeicher (ROM).
Die Testphase jeder Anlage erfordert einen Schreib/Lesespeicher. Hierbei werden Kernspeicher und/oder Halbleiterspeicher ver-

Bild 2/63. Schaltungskonzept Logistat CP

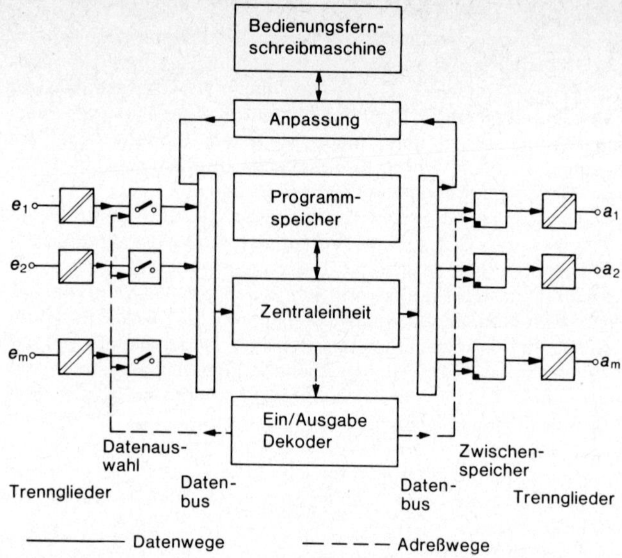

wendet. Die Zentrale Verarbeitungseinheit ist mit TTL-Schaltkreisen aufgebaut.

Wesentliche Merkmale:
12 Bit Datenformat (parallele binäre Verarbeitung).
13 Bit Befehlsformat;
Arithmetisch-logische Befehle im Zwei-Adressformat;
Befehlsformat:

12 11 10 9 8	7 6 5 4	3 2 1 0
Operationscode	A-Adresse oder Operationscode-erweiterung	B-Adresse oder Statusadresse oder E/A Moduladresse

Befehlsausführungsdauer 550 ns;
Zusammenarbeit mit dem Programmspeicher nach dem Start-Quittungsprinzip;

Digital Ein/Ausgaben:
Grundausbau 72 (+6) Eingaben; 72 (+6) Ausgaben;
Erweiterungsausbau bis 576 (+48) Eingaben;
576 (+48) Ausgaben;

Bedienungsmöglichkeiten:
Fernschreibmaschine
Bildschirmsichtgerät
Adapterkonsole

Über einen Datenbus sind die Zentraleinheit und die Ausgangszwischenspeicher direkt verbunden. Die Übernahmeadressierung erfolgt über den Ein/Ausgabe Dekoder. Auch am Ausgang werden

die Bezugspotentiale durch den Optokoppler galvanisch entkoppelt.
Zur Korrespondenz im Dialogbetrieb mit der Zentraleinheit dient die Bedienungs-Fernschreibmaschine, auf der ein Programmprotokoll erstellt werden kann.

2.5.2.4. Schaltungskonzept für erhöhte Sicherheit

Logistat CI 1, CI 2 und CP 550 genügen den Standardanforderungen bezüglich der Sicherheit.
Die Konzeption von CI 1, CI 2 und der CP 550-Schnittstelle enthält die nachstehenden Einzelmaßnahmen.
Die Mehrzahl der Signaleingänge sind gesichert gegen Fehlerverschleppung am Eingang; d. h. Signale können nicht durch Halbleiterdefekte von einem Eingang über einen anderen auf fremde Signalleitungen übertragen werden.
Die Signalausgänge sind rückwirkungsfrei; dadurch ist z. B. das rückwärtige Setzen von Speichern durch Beaufschlagung der Speicherausgänge unmöglich.
Die Signalausgänge aller Bausteine des Funktionsbereichs *Schutzebene* sind fehlerkontrolliert. Erfaßt werden Defekte im Ausgangsbereich sowie Unterbrechung und Schluß der Anschlußleitung. (Die Fehlerkontrolle geht zu Lasten der Wire-Fähigkeit.)
Bei allen Bausteinen erfolgt eine redundante Einspeisung und Überwachung des Bezugspotentials. (Eine Unterbrechung des Bezugsleiters kann bekanntlich zu gefährlichen Ausgabefehlern führen.)
Systemgemäß berücksichtigt ist auch bei allen Bausteinen eine Steckverbindungs-Kontrolle.
Der Bezugsleiter $M\,2$ bei vorhandenem $U_{B\,2}$ und die Steckkontrolle der Bausteine in einer Kette werden mit Hilfe einer Kontrolleinheit überwacht. Der Fehler wird gemeldet.

Verhalten bei auftretendem Fehler
Die Steuerung mit aktivem *1*-Signal (current-source) verhindert die Ansteuerung eines Bausteins infolge Drahtbruchs.
Eine Signalverschleppung auf Grund defekter Schutzschaltung im Eingang ist durch eine Widerstandskopplung ausgeschlossen.
Die Ausgangsschaltungen der Bausteine mit antivalenten Ausgängen, vor allem auch bei Speichern, sind so aufgebaut, daß bei Zerstörung (z. B. Unterbrechung) einer Ausgangsstufe die zugehörige antivalente Stufe unbeeinflußt bleibt (Antivalenzautonomie). Diese Eigenschaft ermöglicht einen wirtschaftlichen Aufbau überwachter Baugruppen und eine Fehlerkontrolle bezüglich peripherer Einflüsse.

2.5.3. Ablauf des Standard-Projektierungsganges

Den Ausgangspunkt des Standard-Projektierungsganges bildet eine detaillierte Aufgabenbeschreibung, bestehend aus funktioneller Darstellung der Steuerungsaufgabe, ergänzt durch Zusatzinformationen wie Forderungen an die technischen Daten des Steuerungssystems, die Sicherheit- und Verfügbarkeit, die Änderbarkeit, den Bedienungskomfort und den Service. Zur Darstellung der Steuerungs-Sollfunktion und zum späteren Darstellen der Lösung werden einheitlich die Symbole und Regeln für Funktionspläne des Normungsvorschlages DKE

Bild 2/64. Arbeitsablauf einer gestellten Aufgabe

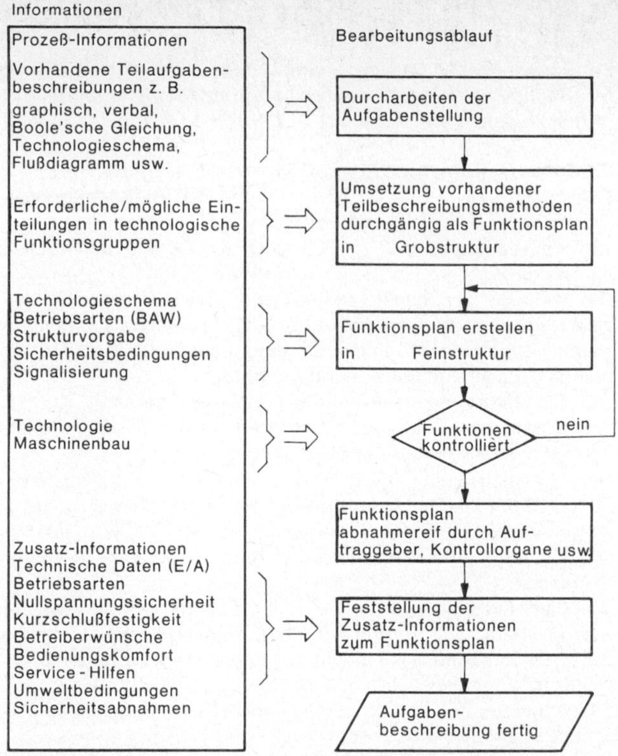

K 113.1.2 F in Verbindung mit DIN 40 700, Blatt 14 verwendet. Der schematisierte Bearbeitungsablauf für Aufgabenbeschreibungen ist Bild 2/64 zu entnehmen. Zur Standardisierung und Vereinfachung der Beschreibungsaufgabe stehen vorgedruckte Formulare, Checklisten und Lösungsvorschläge zur Verfügung. Diese Aufgabenbeschreibung ist die Voraussetzung für die sich anschließenden Lösungsschritte, gleichzeitig bildet sie eine eindeutige Schnittstelle zwischen Auftraggeber und Auftragnehmer. Auf Grund der Aufgabenbeschreibung wird nun ein geeignetes Steuerungssystem ausgewählt. Als Entscheidungshilfe zur Auswahl des Steuerungssystems können die Anwendungskriterien aus Bild 2/65 für CI und CP mit herangezogen werden.

Diese Entscheidung kann durch Wünsche des Benutzers in Bezug auf Ersatzteilhaltung usw. bereits vorweggenommen worden sein. Bei der Wahl eines verbindungsprogrammierten Steuerungssystems, z. B. Logistat CI 1oder CI 2, wählt man nun die geeigneten Bausteine zur Realisierung der mit Hilfe des Funktionsplans hardwarefrei dargestellten Steuerungsaufgabe. Die in reale Bausteine zusammengefaßte Lösung wird, ebenfalls unter Verwendung von Formblättern, als Funktionsplan in Feinstruktur dargestellt. Bei einer umfangreichen Steuerung und einer Serie komplexer Bausteine ist es nur sehr schwer möglich, die Logikstruktur in eine optimale Bausteinstruktur umzusetzen. Mit Hilfe eines Rechners läßt sich dieser iterative Prozeß (Ergebnisse müssen ständig geprüft und korrigiert werden) sehr

Bild 2/65 a. Kriterien zur Bestimmung des Steuersystems

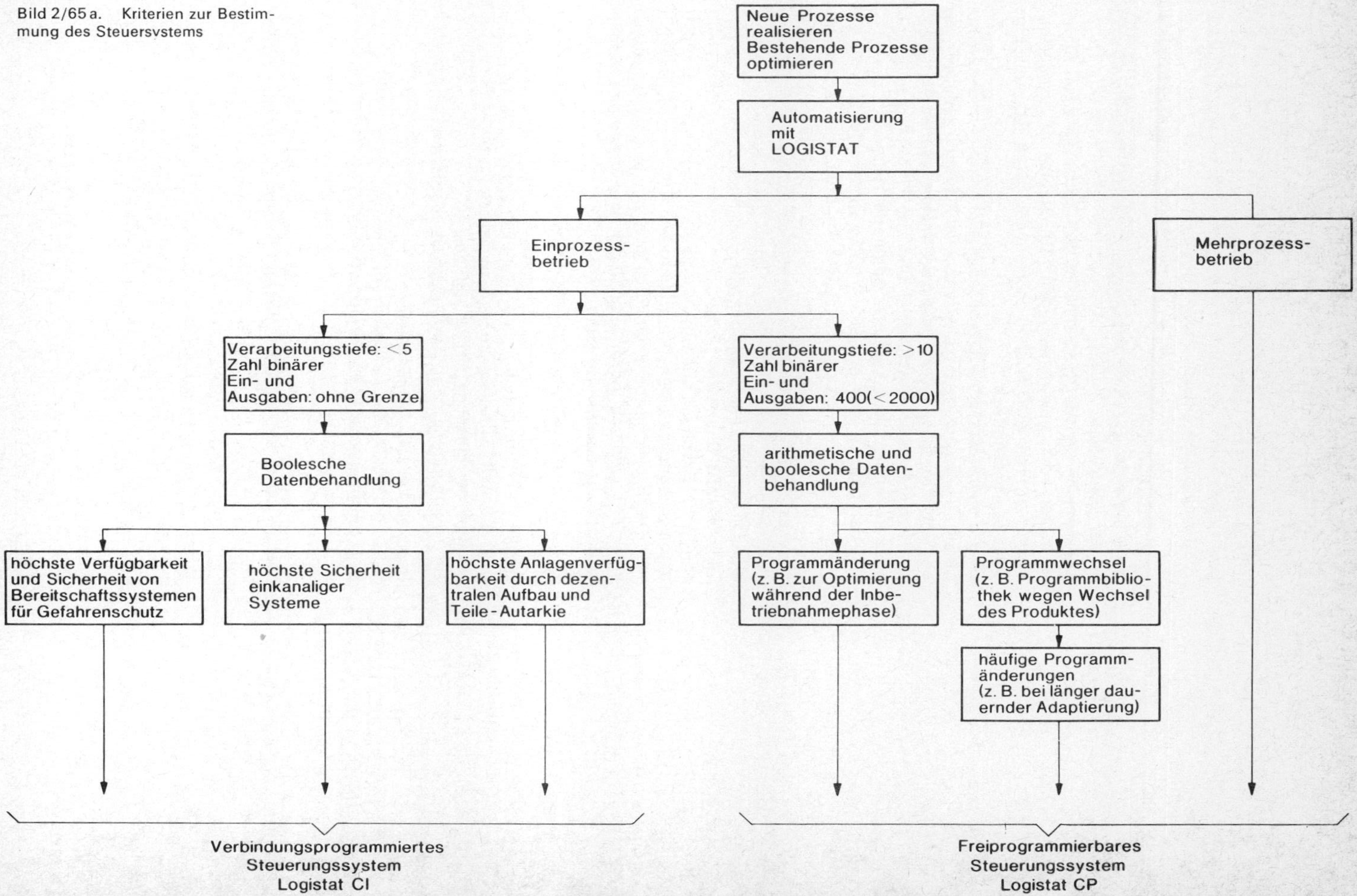

leicht und sehr schnell durchführen. Für das Bausteinsystem Logistat C übernimmt das Programmsystem ADDIS diese Überführung. In einer ADDIS-Quelle werden dem Rechner die Logikstruktur und die Randbedingungen angegeben. Die ADDIS-Quelle enthält im wesentlichen folgende Informationen:

Die Logikstruktur der Funktionsgruppe in Form von einfachen mathematischen Gleichungen,

Vorschriften, durch welche Bausteintypen die Logikstruktur realisiert werden soll,

Eine Liste der Ein- und Ausgangssignale der Funktionsgruppe in der Kopfzeile.

Die Sprache der ADDIS-Quelle ist sehr leicht erlernbar. Sie ist in keiner Form spaltengebunden. Mit wenigen Grundsprachelementen von ADDIS kann man in der Regel jede beliebige Funktion beschreiben.

Eine wichtige Möglichkeit ist besonders zu erwähnen: Bestimmte Logik-Zusammenhänge, die an verschiedenen Stellen der Logikstruktur in gleicher Weise vorkommen, können als *Unterstrukturen* für sich beschrieben und wie Unterprogramme bei einer algorithmischen Sprache, aufgerufen werden.

Bei der freiprogrammierbaren Prozeßsteuereinheit Logistat CP bildete das Verfahren der Bausteinverknüpfung den Ausgangspunkt für die Entwicklung des Programmsystems DOLOG. In gleicher Weise wie bei CI einzelne fest definierte Hardware-Bausteine zur Verfügung stehen, enthält das Programmsystem DOLOG eine Palette von Software-Bausteinen.

Die DOLOG-Bausteine lassen sich in ähnlicher Weise wie Hardware-Bausteine auswählen und aneinanderfügen. DOLOG enthält insgesamt einen Grundvorrat von 16 Software-Bausteinen. Da sie sehr flexibel anwendbar sind, entsprechen sie jedoch einer viel größeren Anzahl von Hardware-Bausteinen verbindungsprogrammierter Systeme.

Bei dem gleichen Grundbaustein ist es möglich,
die Art und Folge der Verknüpfungen zu wählen,
die Ein- und Ausgänge wahlweise zu negieren,
dem Baustein Speicherverhalten zu geben,
die Zahl der Eingänge frei zu wählen und
Rechenoperationen und Textausgaben auszuführen.

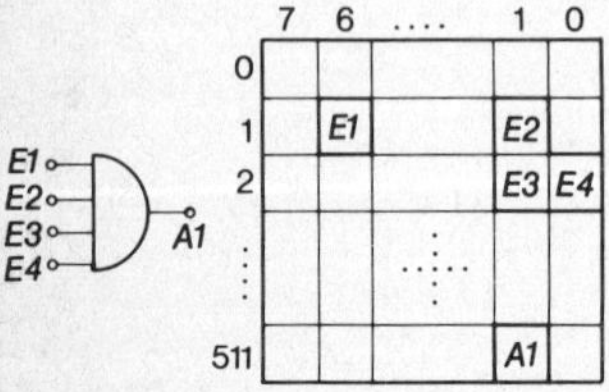

Bild 2/65 b. Lage der Signale E 1 bis E 4 und A 1 im Lese/Schreibspeicher

Beispiele für DOLOG-Bausteine:
LOS Logik universell mit Speicherfunktion
ALO arithmetische/logische Operationen
KEZ Kettenzeitglied
ZET Zählerbaustein.

Beispiel eines mit DOLOG programmierten Bausteins mit vier Eingängen E 1 · · · E 4 und einem Ausgang A 1.

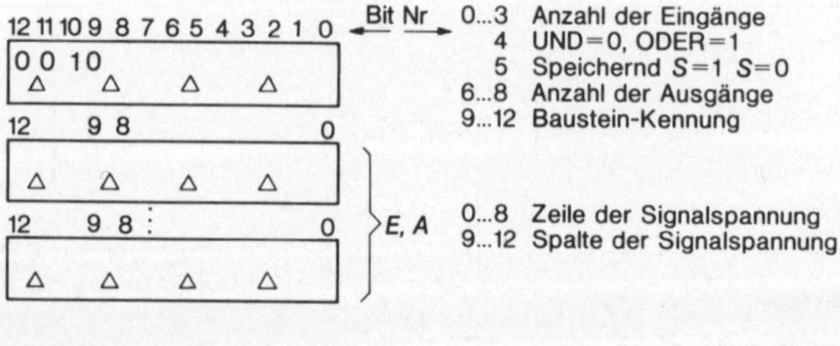

Bild 2/65 c. Formale Darstellung der Bausteinanweisung

Alle Eingänge und Ausgänge werden in einem Lese/Schreibspeicher, Signalspeicher genannt, zwischengespeichert (Bild 2/65b).
Für UND-Verknüpfungen steht der Software-Baustein UNO mit der Baustein-Kennung 02 zur Verfügung. Formale Darstellung der Bausteinanweisung (Bild 2/65c).
Die zum Beispiel gehörende spezielle Notierung stellt sich in oktaler Form wie folgt dar:

Baustein-Spezifikation	UNO	02104
E/A-Bit-Lage nach Spalte/Zeile im Signalspeicher	E 1	06001
	E 2	01001
	E 3	01002
	E 4	00002
	A 1	01511

Die von ADDIS oder DOLOG abrufbaren Ausdrucke stellen bereits wichtige Fertigungs- und/oder Betreiberunterlagen dar. Die sich bei der Inbetriebnahme gegebenenfalls noch einstellenden Änderungen können leicht nachvollzogen werden. Ein erneuter Ausdruck beinhaltet dann den aktuellen Ausführungszustand.
Die ausgefüllten Lösungsformulare, ergänzt durch Ausdrucke, Kataloge und Wartungsunterlagen, stellen somit die Summe aller Betreiberunterlagen dar.

2.5.4. Aufbau und Ausbaustufen von Logistat C

Um Steuerungen unterschiedlicher Wirkungsbreite mit einem Minimum an Aufwand zu realisieren, gibt es sowohl von CI als auch von CP verschiedene Ausbaustufen.
Die Produktlinie CI verzweigt sich in CI 1 und CI 2.
Logistat CI 1 im schaltgerätekompatiblen Kompaktaufbau eignet sich für kleinere bis mittlere Steuerungs- und Überwachungseinheiten. Der Kompaktaufbau hat die INTERMAS-Einbauhöhe 4 und -Einbaubreite 1/2 × 19″ (Bild 2/66).
Für dezentral arbeitende Prozeßsteuerungen mittlerer bis größerer Verarbeitungstiefe wird der Produktzweig Logistat CI 2 ange-

Bild 2/66. Magazin und Steckkarte CI 1

Bild 2/67. Volleinsatz und Baustein Cl 2

Bild 2/68. CP 550 mit ASM 1

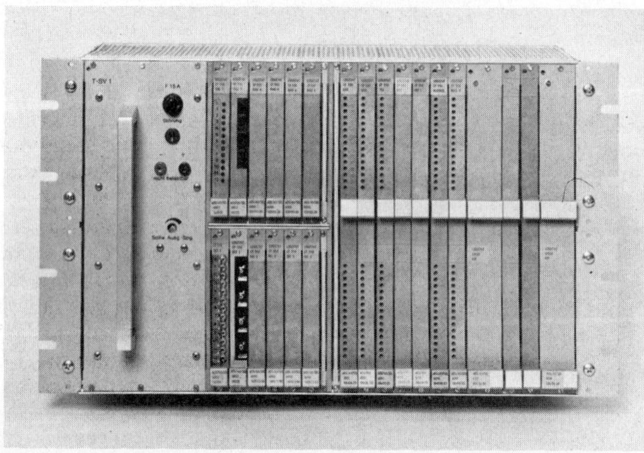

wendet. In einen 19″ Volleinsatz der Größe 3 können maximal 20 Bausteine eingesetzt werden (Bild 2/67).
Unter Verwendung des mechanischen Aufbausystems INTERMAS wurde auch die Produktlinie Logistat CP aufgebaut. Für die Grundausbaustufe der CP 550 stehen zwei Standardvolleinsätze bereit. Der Standardvolleinsatz ASM 1 ist für sich allein voll betriebsfähig. Er kann mit Volleinsätzen zur Erweiterung der Ein- und Ausgabemöglichkeiten versehen werden.
Der Standardvolleinsatz ASM 2 benötigt in jedem Fall eine Aufnahmemöglichkeit für die Ein- und Ausgaben. Dafür besteht hier die Möglichkeit der Erweiterung des Programm- und Datenspeichers (Bild 2/68).

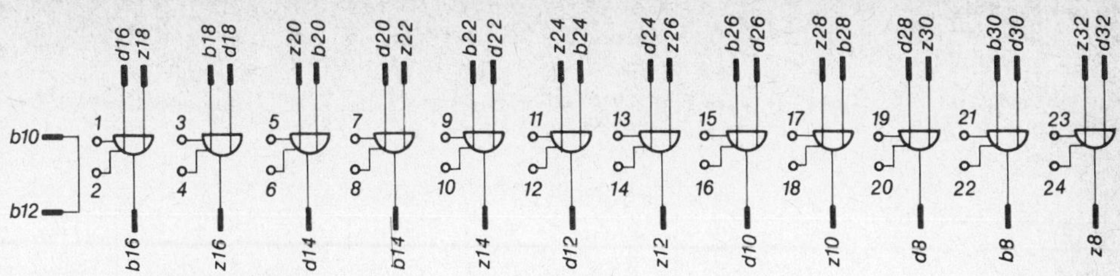

Bild 2/69. Logikstruktur DVB 104

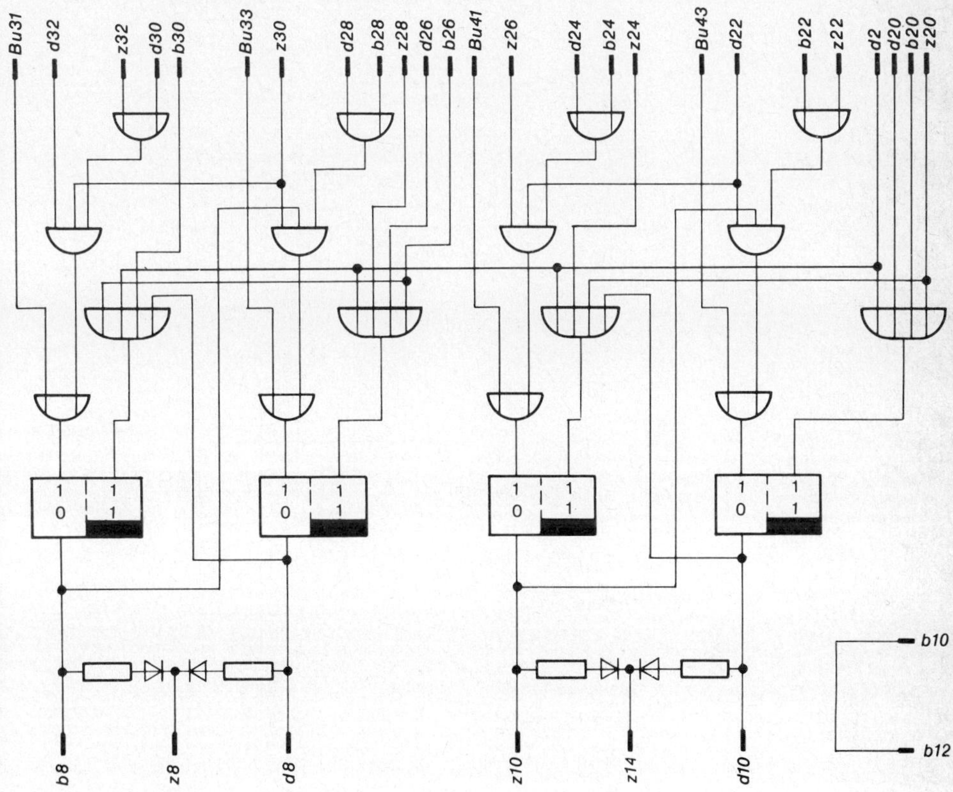

Bild 2/70. DPS 102

Typische Beispiele für Logistat C-Bausteine:

1. Logistat CI:

Universalbausteine für die logischen Grundfunktionen UND, ODER, NICHT und deren Kombinationen, z. B. NOR. Nach der Regel von ‚De Morgan' kann jede logische Gleichung mit NOR-Elementen realisiert werden.

Schaltzeichen des ODER-Bausteins DVB 104 mit 12 Einheiten zu je zwei entkoppelten Eingängen und einem Ausgang (Bild 2/69),

komplexe Signalverarbeitungs-Bausteine Zähler, Schieberegister, Blinktaktgeber (Bild 2/70).

Anwendungsorientierte Bausteine wie Ventilsteuer-Baustein, Steuer-Baustein für Förderantriebe, Steuer-Baustein für verklinkte motorische Antriebe (Bild 2/71 Logikplan des Ventilsteuer-Bausteins DAW 101).

Bild 2/71. Logikplan des Ventilsteuerbausteins DAW 101

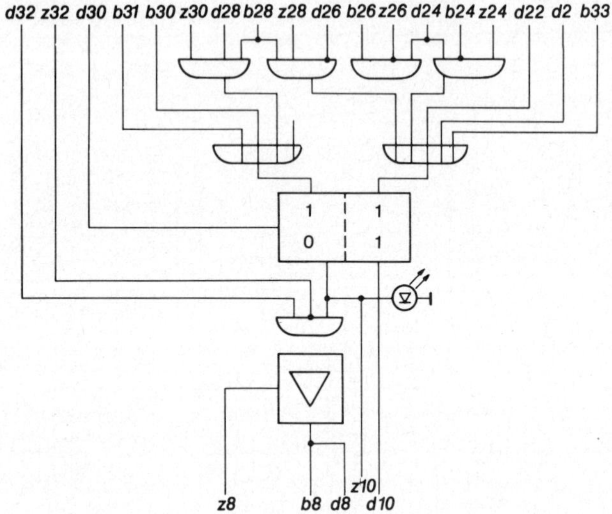

Bild 2/72. Blockschaltplan der DEI 1

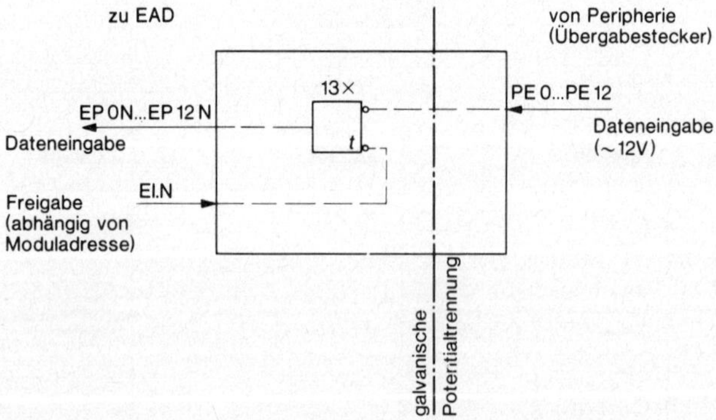

Bild 2/73. Logikstruktur der DEI 1

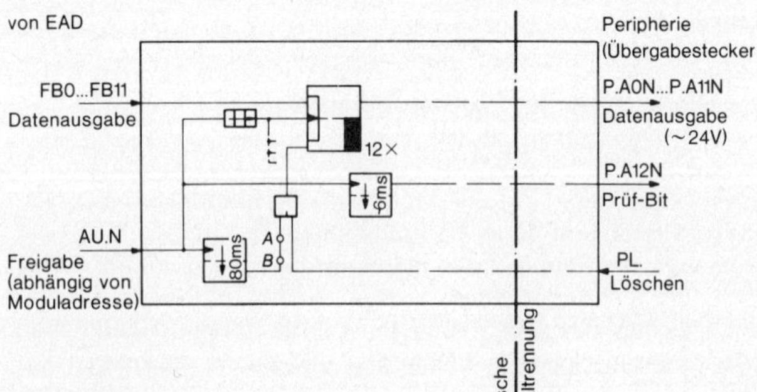

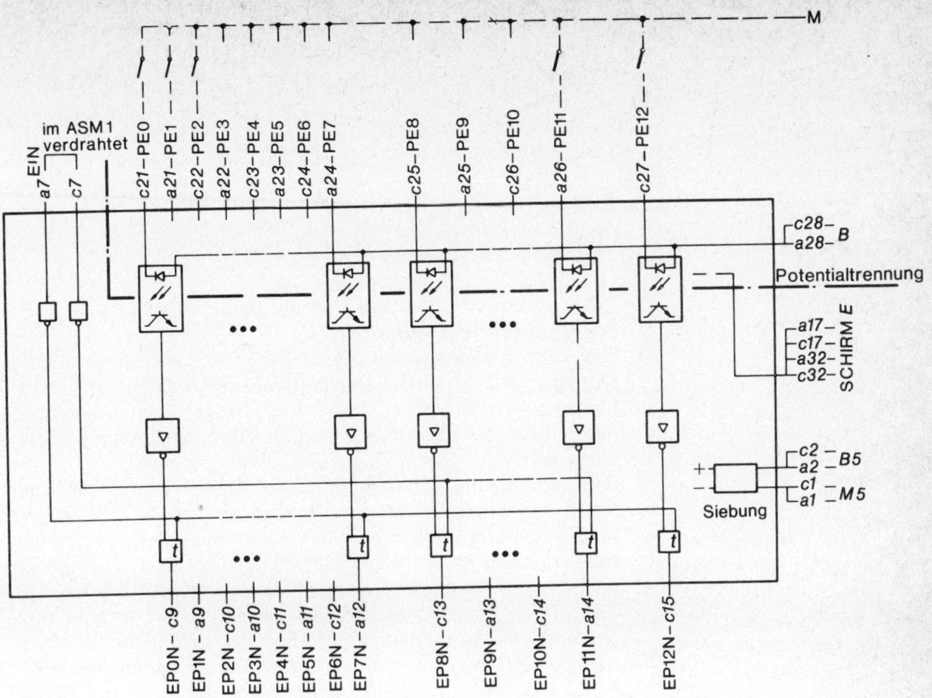

Bild 2/74. Blockschaltplan der DAU 4

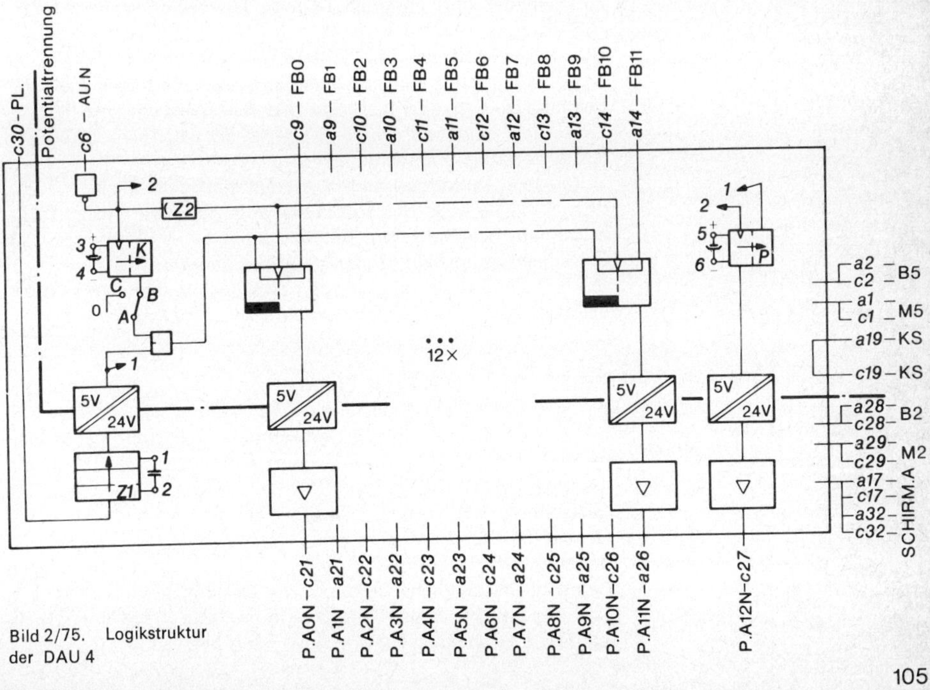

Bild 2/75. Logikstruktur der DAU 4

2. Logistat CP
Zentrale Verarbeitungseinheit ALUTROL
E/A-Dekoder
Digitale Eingabeeinheiten
(Bild 2/72 Blockbild DEI 1)
(Bild 2/73 Logikstruktur der DEI 1)

Digitale Ausgaben
(Bild 2/74 Blockschild der DAU 14)
(Bild 2/75 Logikstruktur der DAU 4)

2.6. Pneumatische und hydraulische Realisierungssysteme (Fluid-Elemente)

Elektronische Schaltkreissysteme haben in den letzten Jahren an vielen Stellen andere Realisierungssysteme abgelöst. Dabei hat die Universalität ihrer Einsatzmöglichkeiten ebenso eine Rolle gespielt wie die stark gesunkenen Kosten für elektronische Bauelemente.
Der Verwendung von elektronischen Schaltkreissystemen sind jedoch an manchen Stellen Grenzen gesetzt. In z. B. Hochtemperaturanlagen etwa der chemischen oder stahlerzeugenden Industrie oder in Prozessen mit radioaktiver Strahlung können häufig keine elektronischen Schaltkreise eingesetzt werden.
Für solche Zwecke wurden pneumatische und hydraulische Systeme (Fluidics, Pneumonik) entwickelt, die nicht nur unabhängig von Temperatur und radioaktiver Strahlung funktionsfähig, sondern auch stoßunempfindlich und leicht zu warten sind. Überdies ist die Herstellung der Bauelemente dieser Systeme derart ausgereift, daß sie eine sehr große Zuverlässigkeit, eine auch bei Auftreten mechanisch bewegter Teile hohe Lebensdauer und dennoch geringe Herstellungskosten haben [62 bis 71].
Die Funktionsweise von pneumatischen und hydraulischen Systemen ist sehr ähnlich. Manche Systeme können sogar mit beiden, also entweder mit gasförmigen Medien oder mit Flüssigkeitsdruck betrieben werden. Sie sollen allgemein als Fluid-Systeme bezeichnet werden.
Unterschieden werden muß zwischen statischen Systemen, bei denen mechanisch bewegte Teile auftreten und dynamischen Systemen, bei denen die Beeinflussung eines Gasstrahls oder Flüssigkeitsstrahls zur Signalerzeugung benutzt wird.
Die Schaltwerte 0 und L werden prinzipiell immer durch Nichtvorhandensein oder Vorhandensein eines Drucks realisiert.

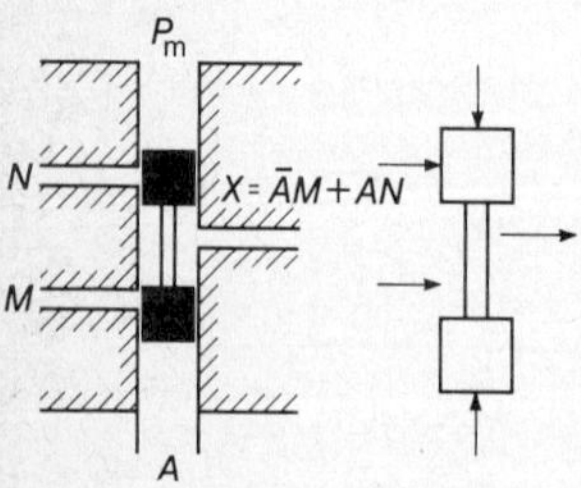

Bild 2/76. Statistisches Fluid-Verknüpfungselement und Gerätesymbol

2.6.1. Statische Fluid-Elemente

Ein statisches Fluid-Bauelement wird in Bild 2/76 gezeigt [63, 69, 70]. Durch einen konstanten Mitteldruck P_m wird der Kolben in Richtung auf den Druckeingang A gedrückt. Ist bei A ein niedriger Druck vorhanden ($A = 0$), so wird der Kolben die gezeichnete Lage annehmen. Ein bei M vorhandener hoher Druck ($M = L$) kann sich der Ausgangsgröße X mitteilen. Ist dagegen bei A ein hoher Druck ($A = L$), so nimmt der Kolben seine zweite mögliche Lage ein. Der Eingang M wird verschlossen, der Eingang N geöffnet. Die durch das Schaltelement realisierte Funktion ist also: $X = \bar{A}\,M + A\,N$.

Bild 2/76 zeigt gleichzeitig ein Gerätesymbol des Elements. Ein statisches pneumatisches NICHT-Glied ist im Prinzip in Bild 2/77 gezeigt. Eine Druckversorgung V kann sich nur dann am Ausgang S als Hochdruck auswirken, wenn der Hohlraum A durch eine Prallplatte P an seinem zweiten Ausgang verschlossen ist. Dieser ist aber nur dann verschlossen, wenn der Eingangsdruck E nicht vorhanden ist. Das Element erzeugt also die Negation $S = \bar{E}$ [71].

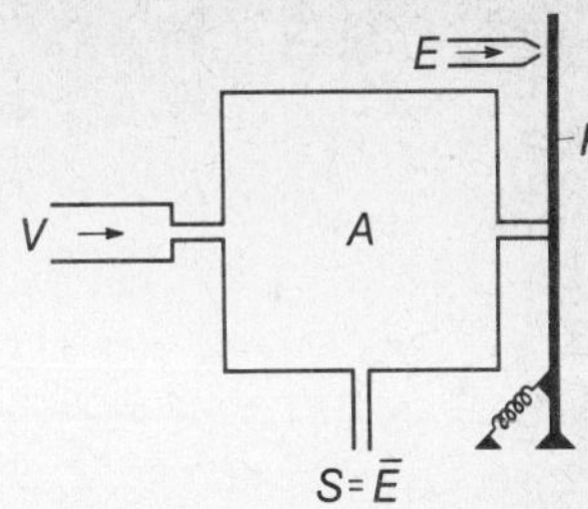

Bild 2/77. Prinzip eines statischen Fluid-Negationselementes

In Bild 2/78 ist ein Fluid-System mit einer Kugel gezeigt. Die Eingänge sind E_1 und E_2, die Ausgänge sind A_1 und A_2. Das Element realisiert die Funktionen

$$A_1 = E_1 \bar{E}_2 \text{ und } A_2 = \bar{E}_1 E_2$$

und ähnelt sehr dem im Bild 2/76 gezeigten. Die Kombination $(E_1, E_2) = (\mathrm{L}, \mathrm{L})$ darf nicht auftreten. Durch Kombination solcher Elemente lassen sich beliebige Schaltfunktionen realisieren. Beispiele enthält Bild 2/79, wobei das durch Bild 2/78 eingeführte Symbol benutzt wurde. Der konstante Mitteldruck P_m gehört hierbei noch zu dem dem Schaltwert L zugeordneten Druckpegel. Ausgeführte Schaltkreissysteme weisen Kugeldurchmesser von weniger als 1 mm auf und arbeiten bei Überdruck mit so beachtlichen Frequenzen wie 100 kHz [71].

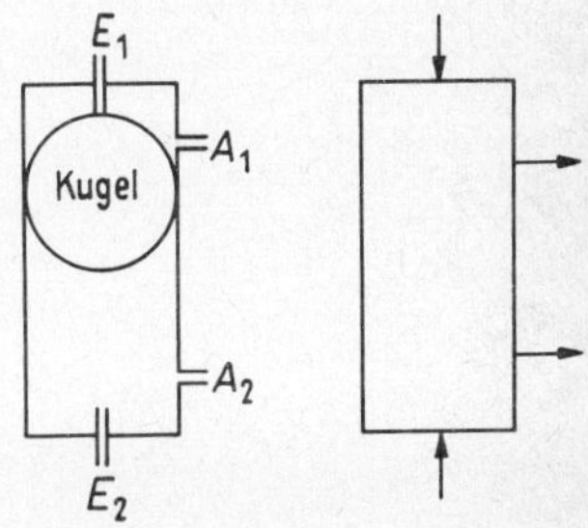

Bild 2/79. Verschiedene Fluid-Kugel-Schaltkreise

2.6.2. Dynamische Fluid-Elemente

Während die statischen Fluid-Elemente mechanisch bewegte Körper enthalten, wie Kolben, Prallplatten, Kugeln, Membranen und Schieber, werden bei den dynamischen Fluid-Systemen Strahlen des benutzten Mediums durch andere Strahlen des Mediums in andere Strömungsrichtungen umgeschaltet oder vom laminaren in den turbulenten Zustand gebracht.

Die Herstellung dieser Elemente ist sehr billig, da sie in Massenfertigung aus Kunststoff in Spritzguß hergestellt werden können.

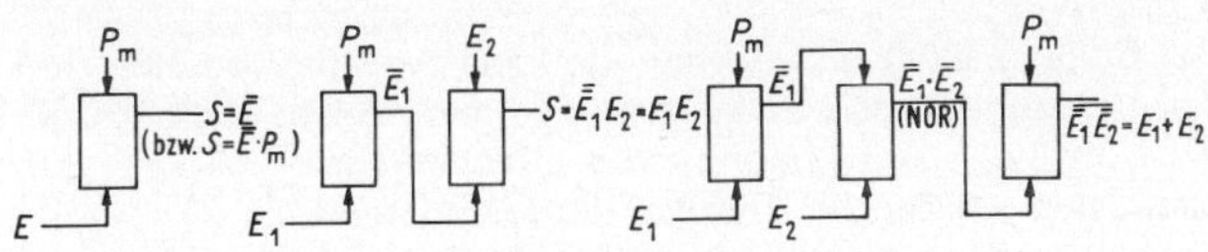

Bild 2/78. Prinzip eines Fluid-Systems mit Kugel

Ein Beispiel für ein dynamisches Schaltelement ist in Bild 2/80 angegeben. Der Hohlraum des Elementes ist durch einen von der Versorgungsleitung V her gespeisten laminaren Gasstrahl durchströmt, der direkt auf den Ausgang A trifft und hier einen Signaldruck erzeugt. Tritt bei einer der Signaldüsen E_1 bis E_4 ein Signal auf, so wird der laminare Gasstrahl getroffen und schlägt kurz danach in eine turbulente Strömung um. Der Druck bei A verschwindet dadurch. Die realisierte Funktion ist also

$$A = \overline{E_1 + E_2 + E_3 + E_4} = \bar{E}_1 \cdot \bar{E}_2 \cdot \bar{E}_3 \cdot \bar{E}_4$$

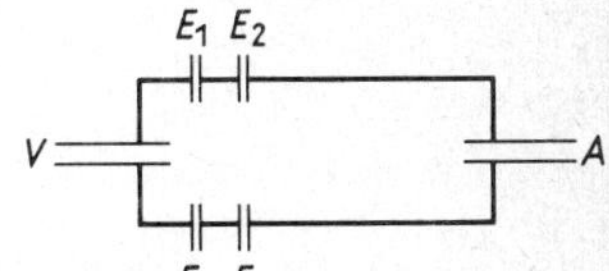

Bild 2/80. Dynamisches pneumatisches Schaltelement mit laminarem Gasstrahl

Weitere interessante Lösungen kann man z. B. in dem ausgezeichneten Werk von Perrin, Denouette und Daclin nachlesen [71].

3. Vereinfachung Boolescher Funktionen

Will man eine gegebene Schaltfunktion technisch realisieren, so hängt der benötigte Schaltaufwand von der Anzahl der Verknüpfungen + und · in der Schaltfunktion ab. Meist ist die Anzahl verwendeter Bausteine des zur Realisierung benutzten Bausteinsystems geringer, wenn die Anzahl der Verknüpfungen geringer ist.

Man wird daher bestrebt sein, eine Schaltfunktion durch Umformen nach den Regeln der Schaltalgebra auf eine äquivalente Form mit weniger Verknüpfungen zu bringen, um Dioden, Transistoren oder Relaiskontakte einzusparen.

Im Abschnitt 2.1.2 wurde z. B. die Funktion $f = \bar{A}B + A\bar{B} + AB$ für die Kesselschutzschaltung entwickelt. Zur Realisierung in dieser Form würde man sechs Relaiskontakte benötigen. Durch identische Umformungen geht diese Funktion über in $f = A + B$, wofür nur noch zwei Relaiskontakte benötigt werden. Hier bringt die Umformung eine erhebliche Ersparnis.

Es wurden einige mehr oder weniger systematische Minimierungsverfahren für Schaltfunktionen entwickelt [37 bis 46]. Fast alle formen sie eine gegebene Funktion in eine identische Funktion um, die durch eine Summe von Produkttermen gebildet wird und meist weniger Verknüpfungen hat als die ursprüngliche Form.

Zuerst wird die direkte Anwendung der Rechenregeln der Schaltalgebra als die am wenigsten systematische Methode beschrieben. Danach wird die Quinesche Methode behandelt, an der man die wesentlichen Grundgedanken einiger Methoden studieren kann [37, 38].

3.1. Direkte Anwendung der Regeln der Booleschen Algebra

Die Brauchbarkeit dieser Methode hängt von der Intuition und der Erfahrung des Benutzers ab. Er muß einen Blick für die zweckmäßige Anwendung von Rechenregeln haben. Am häufigsten werden die Gesetze der Idempotenz $A + A = A$ und $A \cdot A = A$, der Absorption $A \cdot B + A = A$ und $A\,(A + B) = A$ sowie $A + \bar{A} = \mathrm{L}$, $A\bar{A} = 0$, $A \cdot \mathrm{L} = A$, $A \cdot 0 = 0$ benutzt.

An Hand einiger Beispiele sei die Vereinfachung von Funktionen gezeigt:

Die schon erwähnte im Abschnitt 2.1.2 aufgestellte Funktion $f = \bar{A}B + A\bar{B} + AB$ wird folgendermaßen vereinfacht:

$$\mathrm{f} = \bar{A}B + A\bar{B} + AB = \bar{A}B + A\,(\bar{B} + B) = \bar{A}B + A =$$
$$= (A + \bar{A})\,(A + B) = A + B.$$

Hierbei wurde die sehr nützliche Formel $\bar{A}B + A = A + B$ mitbewiesen.

Im Abschnitt 2.1.4 wurde ein Schaltglied für die Addition von Dualzahlen entworfen, unter der Voraussetzung, daß für eine bestimmte Dualstelle n der Übertrag von der vorausgehenden Stelle 0 ist. Soll diese Voraussetzung fallengelassen werden, so muß man acht Kombinationen von drei Eingangsvariablen betrachten, nämlich n-te Dualstelle A_n der ersten, n-te Dualstelle b_n der zweiten zu addierenden Dualzahl sowie $ü_{n-1}$, der Übertrag von der $(n-1)$-ten Stelle. Dabei ergibt sich leicht aus den Additionsgesetzen für Dualzahlen die Tabelle 3/1.

Tabelle 3/1. Vollständige Schaltfunktionen des Additionsschaltgliedes für die n-te Stelle eines Addierwerks für Dualzahlen

A_n	B_n	$ü_{n-1}$	S_n	$ü_n$
0	0	0	0	0
0	0	L	L	0
0	L	0	L	0
0	L	L	0	L
L	0	0	L	0
L	0	L	0	L
L	L	0	0	L
L	L	L	L	L

Nach der im Abschnitt 1.3.2.3 dargelegten Methode liest man aus Tabelle 3/1 für die Summe S_n und den Übertrag $ü_n$ folgende algebraische Funktionsdarstellungen ab:

$$\begin{aligned} S_n &= \bar{A}_n\bar{B}_n ü_{n-1} + \bar{A}_n B_n \bar{ü}_{n-1} + A_n\bar{B}_n\bar{ü}_{n-1} + A_n B_n ü_{n-1}, \\ ü_n &= \bar{A}_n B_n ü_{n-1} + A_n\bar{B}_n ü_{n-1} + A_n B_n \bar{ü}_{n-1} + A_n B_n ü_{n-1}. \end{aligned} \tag{3.1}$$

Während die Darstellung von S_n nicht mehr zu vereinfachen ist (als Summe von Produkttermen!), läßt sich für $ü_n$ auf folgende Weise eine Verbesserung erzielen:

$$\begin{aligned} ü_n &= \bar{A}_n B_n ü_{n-1} + A_n\bar{B}_n ü_{n-1} + A_n B_n \bar{ü}_{n-1} + A_n B_n ü_{n-1} \\ &= (\bar{A}_n B_n ü_{n-1} + A_n B_n ü_{n-1}) + (A_n\bar{B}_n ü_{n-1} + A_n B_n ü_{n-1}) + \\ &\quad + (A_n B_n \bar{ü}_{n-1} + A_n B_n ü_{n-1}) \\ &= B_n ü_{n-1} + A_n ü_{n-1} + A_n B_n. \end{aligned} \tag{3.2}$$

Wollte man zur Realisierung Relais benutzen, so hätte man den Aufwand von fünfzehn auf acht Kontakte reduziert.
Ein weiteres Beispiel ist die Funktion

$$g = AB\bar{C} + B\bar{C}\bar{D} + \bar{A}B + \bar{A}\bar{B}C\bar{D} + A\bar{B}. \tag{3.3}$$

Diese Funktion hat dreizehn Operationen, sie läßt sich aber vereinfachen:

$$g = B\,(A\bar{C} + \bar{C}\bar{D} + \bar{A}) + \bar{B}\,(\bar{A}C\bar{D} + A). \tag{3.4}$$

Mit der im ersten Beispiel abgeleiteten Beziehung $A + \bar{A}B = A + B$ ergibt sich so:

$$\begin{aligned} g &= B\,(\bar{C} + \bar{A}) + \bar{B}\,(C\bar{D} + A), \\ &= \bar{A}B + A\bar{B} + B\bar{C} + \bar{B}C\bar{D}. \end{aligned} \tag{3.5}$$

Man ist von dreizehn auf acht Verknüpfungen gekommen.
Ein recht eindrucksvolles Beispiel ist die Verriegelungsschaltung nach Abschnitt 2.1.3.

$$
\begin{aligned}
h &= ABCD + ABC\bar{D} + AB\bar{C}D + A\bar{B}CD + \bar{A}BCD + \\
&\quad + AB\bar{C}\bar{D} + A\bar{B}C\bar{D} + \bar{A}BC\bar{D} + A\bar{B}\bar{C}D + \bar{A}B\bar{C}D + \bar{A}\bar{B}CD, \\
&= ABC + ABD + ACD + BCD + AB\bar{C}\bar{D} + A\bar{B}C\bar{D} + \\
&\quad + \bar{A}BC\bar{D} + A\bar{B}\bar{C}D + \bar{A}B\bar{C}D + \bar{A}\bar{B}CD, \\
&= AB\,(C + D + \bar{C}\bar{D}) + AC\,(B + D + \bar{B}\bar{D}) + \\
&\quad + AD\,(B + C + \bar{B}\bar{C}) + BC\,(A + D + \bar{A}\bar{D}) + \\
&\quad + BD\,(A + C + \bar{A}\bar{C}) + CD\,(A + B + \bar{A}\bar{B}).
\end{aligned}
\tag{3.6}
$$

Nun gilt stets

$$
\begin{aligned}
x + y + \bar{x}\bar{y} &= (x + \bar{x}\bar{y}) + (y + \bar{x}\bar{y}), \\
&= (x + \bar{y}) + (y + \bar{x}), \\
&= x + \bar{x} + y + \bar{y}, \\
&= \mathrm{L}.
\end{aligned}
\tag{3.7}
$$

Also geht Gleichung (3.6) über in

$$h = AB + AC + AD + BC + BD + CD. \tag{3.8}$$

Hier ist es gelungen, eine Reduzierung von 43 Operationen auf 11 oder von 54 Relaiskontakten auf 17 zu erreichen.

An diesem Beispiel zeigt es sich, daß es nicht immer sehr naheliegend ist, auf welche Weise man die Regeln der Schaltalgebra auf eine Funktion anwendet. Manchmal scheint es auf den ersten Blick sogar unwahrscheinlich, daß sich eine Funktion weiter vereinfachen läßt. Die Funktion

$$h = \bar{A}B + A\bar{C} + \bar{A}C + A\bar{B} \tag{3.9}$$

hat bereits eine sehr einfache Gestalt. Sie läßt sich jedoch noch weiter reduzieren:

$$
\begin{aligned}
h &= \bar{A}B + A\bar{C} + \bar{A}C\,(B + \bar{B}) + A\bar{B}\,(C + \bar{C}), \\
&= \bar{A}B + A\bar{C} + \bar{A}BC + \bar{A}\bar{B}C + A\bar{B}C + A\bar{B}\bar{C}, \\
&= (\bar{A}B + \bar{A}BC) + (A\bar{C} + A\bar{B}\bar{C}) + (\bar{A}\bar{B}C + A\bar{B}C), \\
&= \bar{A}B + A\bar{C} + \bar{B}C.
\end{aligned}
\tag{3.10}
$$

Bei allen behandelten Beispielen wurden Funktionen auf eine einfachere Form von Summen von Produkttermen gebracht. Manchmal wäre es möglich gewesen, durch Ausklammern eine weitere Verminderung der Verknüpfungsanzahl zu erreichen. Die weitaus meisten systematischen Verfahren zur Funktionsminimierung beschränken sich jedoch auf Formen der oben gewählten Art.

Als Beispiel einer systematischen Methode zur Funktionsvereinfachung wird die Methode von Quine angeführt [37, 38]. Sie benutzt selbstverständlich ebenso wie die vorher geschilderte Methode die Gesetze der Booleschen Algebra. Jedoch wird die Funktionsvereinfachung in einzelne systematische Schritte unterteilt, die bei jeder besonderen Funktion schematisch zu durchlaufen sind. Zweifellos ist die Methode bei einfachen Fällen langsamer als direktes Errechnen. Dafür garantiert sie aber in jedem, auch in einem sehr komplizierten Falle den Erfolg.

3.2. Quine-Methode

Die Schwierigkeiten der dargelegten unsystematischen Methode entstanden oft dadurch, daß man bei der Anwendung der

Booleschen Rechenregeln sozusagen falsch anfing. Eine systematische Methode zur Minimierung muß also zunächst einmal unabhängig davon werden, in welcher Reihenfolge man die Regeln anwendet. Genaugenommen ist aber jede gegebene Boolesche Funktion schon das Ergebnis von besonderen Umformungen der äquivalenten Mintermform. Um auch von diesen speziellen Umformungen freizukommen, muß daher stets auf die Mintermform zurückgegriffen werden. Die Methode von Quine läuft nun darauf hinaus, alle nur möglichen Zusammenfassungen von Mintermen durchzuführen und erst am Ende die günstigsten auszuwählen.
Das Verfahren wird in leicht zu beschreibende Schritte aufgelöst. An Hand eines Beispiels werden diese Schritte nun erklärt.

3.2.1. Schritt 1: Aufstellung der Mintermform

Man betrachte etwa die Funktion

$$f = AB\bar{C} + \bar{A}CD + BD + AC\bar{D} + \bar{A}\bar{B}\bar{C}\bar{D} + \bar{B}C\bar{D}. \qquad (3.11)$$

Die Mintermform dieser Funktion ist

$$f = \bar{A}\bar{B}\bar{C}\bar{D} + \bar{A}\bar{B}C\bar{D} + \bar{A}\bar{B}CD + \bar{A}B\bar{C}D + A\bar{B}C\bar{D} + AB\bar{C}\bar{D} + ABC\bar{D} + AB\bar{C}D + \bar{A}BCD + ABCD. \qquad (3.12)$$

3.2.2. Schritt 2: Anwendung der Identität $AB + \overline{AB} = A$

Die Minterme werden in einer Liste senkrecht nebeneinander angeordnet. Dann werden alle Minterme miteinander verglichen. Unterscheiden sich zwei Minterme nur in einer Variablen, die in dem einen negiert und im anderen nicht negiert auftritt, so werden diese beiden Minterme mit der Identität $AB + A\bar{B} = A$ zusammengefaßt. So werden z. B. $\bar{A}B\bar{C}D$ und $\bar{A}BCD$ zu $\bar{A}BD$ vereinigt. Sämtliche so erhaltenen verkürzten Terme werden in einer zweiten Spalte neben den Mintermen aufgeschrieben. Mit dieser Spalte wird nun genauso verfahren wie mit der ersten. Es wird also jeder Term mit allen anderen der Spalte verglichen und wenn sich zwei Terme nur durch Negation und Nicht-Negation einer Variablen unterscheiden, so werden sie zusammengefaßt. Die sich so ergebenden neuen Terme werden in einer dritten Spalte festgehalten. Das Verfahren wird fortgesetzt, bis sich keine Terme mehr kombinieren lassen. Die Terme, die zu mindestens einer Kombination herangezogen werden, werden markiert, etwa mit einem Stern (*). Alle nicht markierten Terme werden als Primterme oder auch Primimplikanten bezeichnet.
Aus der Konstruktion ist unmittelbar einleuchtend, daß die Summe aller Primterme identisch mit der gegebenen Funktion ist. Für die Funktion (3.11) ergibt sich in Schritt 2, somit Tabelle 3/2. Die Funktion (3.11) hat also die Primterme BD, AB, $\bar{A}\bar{B}\bar{D}$, $\bar{A}\bar{B}C$, $\bar{B}C\bar{D}$, $\bar{A}CD$, $AC\bar{D}$, ABC und läßt sich somit darstellen in der Form

$$f = BD + AB + \bar{A}\bar{B}\bar{D} + \bar{A}\bar{B}C + \bar{B}C\bar{D} + \bar{A}CD + AC\bar{D} + ABC. \qquad (3.13)$$

Diese Form ist nun wirklich nicht einfacher als (3.11). Es sind jedoch auch nicht alle Primterme nötig, um die Funktion darzustellen. Einer guten Auswahl notwendiger Primterme sind die nächsten Schritte gewidmet.

Tabelle 3/2.

$\bar{A}\bar{B}\bar{C}\bar{D}^*$	$\bar{A}\bar{B}\bar{D}$	BD
$\bar{A}\bar{B}C\bar{D}^*$	$\bar{A}\bar{B}C$	AB
$\bar{A}\bar{B}CD^*$	$\bar{B}C\bar{D}$	
$\bar{A}B\bar{C}D^*$	$\bar{A}BD^*$	
$A\bar{B}C\bar{D}^*$	$\bar{A}CD$	
$AB\bar{C}\bar{D}^*$	$B\bar{C}D^*$	
$ABC\bar{D}^*$	$AC\bar{D}$	
$AB\bar{C}D^*$	$AB\bar{D}^*$	
$\bar{A}BCD^*$	ABC	
$ABCD^*$	ABD^*	
	BCD^*	

Tabelle 3/3. Tabelle A der Primterme und Minterme

	$\bar{A}\bar{B}\bar{C}\bar{D}$	$\bar{A}\bar{B}C\bar{D}$	$\bar{A}\bar{B}CD$	$\bar{A}B\bar{C}D$	$A\bar{B}C\bar{D}$	$AB\bar{C}\bar{D}$	$ABC\bar{D}$	$AB\bar{C}D$	$\bar{A}BCD$	$ABCD$
$\bar{A}\bar{B}\bar{D}$	*	*								
$\bar{A}\bar{B}C$		*								
$\bar{B}C\bar{D}$		*								
$\bar{A}CD$									*	
$AC\bar{D}$										
ABC										*
BD								*	*	*
AB								*		*

3.2.3. Schritt 3: Aufstellung einer Primterm-Minterm-Tabelle A

Nun werden die Minterme und die Primterme der zu untersuchenden Funktion übersichtlich angeordnet. Man gibt eine Tabelle A an, als deren Spaltenbezeichnungen alle Minterme und als deren Zeilenbezeichnung alle Primterme auftreten. Zweckmäßigerweise ordnet man die Primterme nach ihrer Länge. Jedes Feld, in dem sich die Zeile eines Primterms mit den Spalten eines in ihm enthaltenen Minterms kreuzt, wird mit * gekennzeichnet. Für die untersuchte Funktion ergibt sich als Tabelle A die Tabelle 3/3.

Um die Sterne etwa in der ersten Zeile zu bestimmen, muß man alle Minterme aufsuchen, die mit $\bar{A}\bar{B}\bar{D}$ beginnen. Es sind das die Minterme $\bar{A}\bar{B}\bar{C}\bar{D}$ und $\bar{A}\bar{B}C\bar{D}$. Für den Primterm AB findet man die Minterme $AB\bar{C}\bar{D}$, $ABC\bar{D}$, $AB\bar{C}D$, $ABCD$.

Es ist nun unmittelbar einleuchtend, daß die Summe einer Anzahl von Primtermen, deren Sterne das Schema horizontal überdecken, äquivalent zur Ausgangsfunktion ist. Die nächsten Schritte systematisieren die Auswahl einer minimalen Menge solcher Primterme.

3.2.4. Schritt 4: Aufsuchen der Hauptterme

Wenn in der Tabelle A Spalten mit nur einem einzigen Stern auftreten, so bedeutet das nach dem vorher Gesagten, daß der Primterm der zugehörigen Zeile in der endgültigen Form enthalten sein muß. Schritt 4 lautet daher:

Man suche alle Spalten in Tabelle A mit nur einem Stern und markiere die zugehörigen Primterme. Diese Primterme werden Hauptterme (essential prime implicants) genannt.

Im Beispiel werden so $\bar{A}\bar{B}\bar{D}$, BD und AB als Hauptterme erkannt.

3.2.5. Schritt 5: Aufstellen einer Tabelle B ohne Hauptterme

Da die Hauptterme auf jeden Fall in der Endform enthalten sein werden, können sie bei den nächsten Betrachtungen ausgelassen

Tabelle 3/4. Tabelle B

	$\bar{A}\bar{B}CD$	$A\bar{B}C\bar{D}$
$\bar{A}\bar{B}C$	*	
$\bar{B}C\bar{D}$		*
$\bar{A}CD$	*	
$AC\bar{D}$		*
ABC		

Tabelle 3/5. Tabelle C der Primterme und Minterme

Primterme	Minterme $\bar{A}B\bar{C}D$	$\bar{A}B\bar{C}\bar{D}$	$\bar{A}\bar{B}\bar{C}\bar{D}$	$\bar{A}BC\bar{D}$
$\bar{A}\bar{B}\bar{C}$			*	
$\bar{A}BC$				*
$\bar{A}D$	*			
$\bar{A}\bar{C}$	*	*	*	
$\bar{A}B$	*	*		*

werden, ebenso die Minterme, die bereits von Hauptermen überdeckt werden. In Schritt 5 wird daher aus der Tabelle A eine Tabelle B gebildet, bei der Hauptterme und zugehörige Minterme nicht mehr auftreten. Für das Beispiel ergibt sich so Tabelle 3/4. Für das Beispiel von Funktion (3.11) ergibt sich bereits hieraus eine minimale Endform

$$f = \bar{A}\bar{B}\bar{D} + BD + AB + \bar{A}\bar{B}C + \bar{B}C\bar{D}. \tag{3.14}$$

3.2.6. Schritt 6: Auslassen doppelterfaßter Minterme

Wenn in der Tabelle B eine Spalte x in mindestens den Feldern Sterne hat, in denen auch eine andere Spalte y Sterne hat, so kann der entsprechende Minterm aus der Betrachtung herausgelassen werden, denn wie auch immer die endgültige Wahl der Minterme aussieht, wenn y überdeckt wird, wird auch x überdeckt.
Für eine derartige Tabelle C sei das konstruierte Beispiel von Tabelle 3/5 angegeben. Man erkennt, daß der Minterm $\bar{A}B\bar{C}D$ nach Schritt 6 entfällt, weil in seiner Spalte überall Sterne stehen, wo auch die Spalte von $\bar{A}B\bar{C}\bar{D}$ Sterne hat.

3.2.7. Schritt 7: Aufstellen einer Tabelle C durch Auslassen bereits erfaßter Terme

Nun kann es passieren, daß gewisse Primterme nur Minterme enthalten, die entweder schon durch Hauptterme erfaßt sind oder durch Schritt 6 eliminiert werden. Solche Primterme erkennt man daran, daß ihre Zeilen in der reduzierten Tabelle B keinen Stern mehr enthalten. Schritt 7 lautet daher: Bilde aus Tabelle B eine Tabelle C, in den Spalten, die in Schritt 6 weggefallen sind, und Zeilen, die keinen Stern mehr enthalten, weggelassen werden.

3.2.8. Schritt 8: Auslassen ungünstiger Primterme

Durch die Anordnung der Primterme nach ihrer Länge zerfällt Tabelle C in Blöcke von Zeilen. In jedem Block sind die zugehörigen Primterme gleich lang. Wenn nun in einer Zeile in mindestens den Stellen ein Stern steht, an denen auch eine Zeile eines höheren Blocks Sterne enthält, so ist der Primterm des höheren Blocks zweifellos ungünstiger, da er höchstens dieselben Minterme überdeckt, aber länger ist. Der Primterm des höheren Blocks kann daher weggelassen werden. Wenn man nicht an der Gesamtheit aller minimalen Lösungen, sondern nur an einer minimalen Lösung interessiert ist, so kann man auch Primterme desselben Blocks vergleichen und ungünstige Primterme weglassen. Im Beispiel ist $\bar{A}B\bar{C}$ ungünstiger als $\bar{A}\bar{C}$ und $\bar{A}BC$ ungünstiger als $\bar{A}B$. Man stellt eine Tabelle D auf, in der die ungünstigen Primterme weggelassen werden (Tabelle 3/6).

Tabelle 3/6. Tabelle D der Primterme und Minterme

	$\bar{A}B\bar{C}\bar{D}$	$\bar{A}\bar{B}\bar{C}\bar{D}$	$\bar{A}BC\bar{D}$
$\bar{A}\bar{C}$	*	*	
$\bar{A}B$	*		*

3.2.9. Schritt 9: Hauptterme zweiter Art

Beim Schritt 8 kann es passiert sein, daß in einigen Spalten nun wieder nur ein Stern steht. Die zugehörigen Primterme heißen Hauptterme zweiter Art und müssen in der endgültigen Form der Funktion auftreten.

3.2.10. Schritt 10: Aufstellen der Tabelle E

Im allgemeinen werden nicht alle verbleibenden Primterme auch Hauptterme zweiter Art sein. In sehr ungünstigen Fällen muß

Tabelle 3/7. Tabelle E der Primterme und Minterme

	m_1	m_2	m_3	m_4	m_5	m_6
$[P_1]$	[*]	[*]				
(P_2)	(*)				(*)	
(P_3)		(*)	(*)			
$[P_4]$			[*]	[*]		
(P_5)				(*)		(*)
$[P_6]$					[*]	[*]

Tabelle 3/8. Ermittlung der Primimplikanten

$ABCD^*$	ABC^*	AB
$ABC\bar{D}^*$	ABD^*	AC
$AB\bar{C}D^*$	ACD^*	BC
$A\bar{B}CD^*$	BCD^*	AD
$\bar{A}BCD$	ABD^*	BD
$AB\bar{C}\bar{D}^*$	$AC\bar{D}^*$	CD
$A\bar{B}C\bar{D}^*$	$BC\bar{D}^*$	
$\bar{A}BC\bar{D}^*$	$AB\bar{C}^*$	
$A\bar{B}\bar{C}D^*$	$A\bar{C}D^*$	
$\bar{A}B\bar{C}D^*$	$B\bar{C}D^*$	
$\bar{A}\bar{B}CD^*$	$A\bar{B}C^*$	
	$A\bar{B}D^*$	
	$\bar{B}CD^*$	
	$\bar{A}BC^*$	
	$\bar{A}BD^*$	
	$\bar{A}CD^*$	

man daher die Schritte 5 bis 9 noch mehrmals durchlaufen Man wird jedenfalls am Ende eine Tabelle E erhalten, die in jede. Spalte wenigstens zwei Sterne enthält und in der keine ungünstigen Primterme mehr weggelassen werden können. Mit dieser Tabelle befaßt sich der nächste Schritt.

3.2.11. Schritt 11: Aufsuchen der einfachsten Primtermkombination zum vollständigen Erfassen aller noch nicht erfaßten Minterme

Dieser letzte Schritt ist der einzige unsystematische der Methode von Quine. Er besteht darin, die einfachste horizontale Überdeckung der Tabelle E zu finden. Da das behandelte Beispiel keine Tabelle E ergibt, wird Schritt 11 an einer konstruierten Tabelle demonstriert (Tabelle 3/7).

In Tabelle 3/7 erkennt man, daß sowohl die Primterme, die mit einer runden Klammer versehen sind, als auch die, die mit einer eckigen Klammer markiert sind, eine vollständige Überdeckung der Minterme ergeben. Jede andere Überdeckung erforderte mehr Aufwand, während diese beiden Möglichkeiten gleichwertig sind, was die Anzahl der Primterme betrifft.

Die Schritte 8 bis 10 sind noch nicht in der Originalarbeit von Quine enthalten. Sie werden in einer Arbeit von McCluskey angegeben, der auch noch Schritt 11 vollständig systematisiert hat [39].

3.2.12. Beispiele zur Quine-Methode

3.2.12.1. Verriegelung von vier Verbrauchern

Schon mehrfach wurde eine Schaltung betrachtet, die vier Verbraucheranschlüsse so gegeneinander verriegelt, daß nie mehr als zwei Anschlüsse gleichzeitig in Betrieb sein können. Zu diesem Zweck wurde im Abschnitt 2.1.3 eine Schaltfunktion aufgestellt, die immer dann den Wert L hat, wenn mehr als ein Verbraucher angeschaltet ist. Ist das der Fall, so können von ihr Schaltbefehle abgeleitet werden, die die nichtbetätigten Anschlüsse spannungslos machen. Diese Funktion lautet explizit:

$$f = ABCD + ABC\bar{D} + AB\bar{C}D + A\bar{B}CD + \bar{A}BCD + AB\bar{C}\bar{D} + \\ + A\bar{B}C\bar{D} + \bar{A}BC\bar{D} + A\bar{B}\bar{C}D + \bar{A}B\bar{C}D + \bar{A}\bar{B}CD. \qquad (3.15)$$

Schritt 1 der Quine-Methode fällt weg, weil die Funktion schon in Mintermform gegeben ist. Schritt 2 wird in Tabelle 3/8 durchgeführt:

Als Primimplikanten ergeben sich also AB, AC, BC, AD, BD und CD. Damit stellt man Tabelle A auf (Tabelle 3/9).

Tabelle 3/9. Tabelle A der Funktion $f = ABCD + ABC\bar{D} + AB\bar{C}D + A\bar{B}CD + \bar{A}BCD + AB\bar{C}\bar{D} + A\bar{B}C\bar{D} + \bar{A}BC\bar{D} + A\bar{B}\bar{C}D + \bar{A}B\bar{C}D + \bar{A}\bar{B}CD$

	$ABCD$	$ABC\bar{D}$	$AB\bar{C}D$	$A\bar{B}CD$	$\bar{A}BCD$	$AB\bar{C}\bar{D}$	$A\bar{B}C\bar{D}$	$\bar{A}BC\bar{D}$	$A\bar{B}\bar{C}D$	$\bar{A}B\bar{C}D$	$\bar{A}\bar{B}CD$
(AB)	*	*	*			(*)					
(AC)	*	*		*			(*)				
(BC)	*	*			*			(*)			
(AD)	*		*	*					(*)		
(BD)	*		*		*					(*)	
(CD)	*			*	*						(*)

Tabelle 3/10. Ermittlung der Primterme

1	$ABCDE^*$	$ABDE^*$	$A\bar{B}\bar{C}E^*$	ABE^*		AE	9
2	$AB\bar{C}DE^*$	$ABCE^*$	$\bar{A}\bar{B}\bar{D}\bar{E}^*$	BDE^*		DE	10
3	$AB\bar{C}\bar{D}E^*$	$BCDE^*$	$\bar{A}\bar{C}\bar{D}\bar{E}^*$	ADE^*		CD	11
4	$ABC\bar{D}E^*$	$ABCD^*$	$\bar{A}\bar{B}\bar{C}\bar{E}^*$	ACE^*		$\bar{A}D$	12
5	$\bar{A}BCDE^*$	$ACDE^*$	$\bar{A}\bar{B}C\bar{D}^*$	BCD^*		$\bar{B}C$	13
6	$\bar{A}B\bar{C}DE^*$	$AB\bar{C}E^*$	$\bar{A}B\bar{C}\bar{E}^*$	ACD^*			
7	$\bar{A}\bar{B}\bar{C}DE^*$	$B\bar{C}DE^*$	$B\bar{C}\bar{D}\bar{E}^*$	$A\bar{C}E^*$			
8	$\bar{A}\bar{B}CDE^*$	$A\bar{C}DE^*$	$BCD\bar{E}^*$	$\bar{C}DE$	1		
9	$\bar{A}\bar{B}CD\bar{E}^*$	$AB\bar{D}E^*$	$\bar{B}C\bar{D}E^*$	$A\bar{D}E^*$			
10	$A\bar{B}CD\bar{E}^*$	$A\bar{C}\bar{D}E^*$	$A\bar{B}CE^*$	$A\bar{C}\bar{D}$	2		
11	$A\bar{B}C\bar{D}\bar{E}^*$	$AB\bar{C}\bar{D}^*$	$A\bar{B}DE^*$	$\bar{A}DE^*$			
12	$A\bar{B}\bar{C}\bar{D}\bar{E}^*$	$AC\bar{D}E^*$	$\bar{A}\bar{C}D\bar{E}^*$	$\bar{A}BD^*$			
13	$A\bar{B}\bar{C}\bar{D}E^*$	$\bar{A}BDE^*$	$\bar{A}BD\bar{E}^*$	$\bar{A}CD^*$			
14	$\bar{A}\bar{B}\bar{C}\bar{D}\bar{E}^*$	$\bar{A}BCD^*$		$\bar{A}\bar{C}D^*$			
15	$\bar{A}\bar{B}C\bar{D}\bar{E}^*$	$\bar{A}\bar{C}DE^*$		$\bar{A}\bar{B}D^*$			
16	$\bar{A}B\bar{C}\bar{D}\bar{E}^*$	$\bar{A}B\bar{C}D^*$		$\bar{B}DE^*$			
17	$ABCD\bar{E}^*$	$\bar{A}\bar{B}DE^*$		$\bar{B}CD^*$			
18	$\bar{A}\bar{B}C\bar{D}E^*$	$\bar{B}\bar{C}DE^*$		$\bar{A}\bar{B}C^*$			
19	$A\bar{B}C\bar{D}E^*$	$\bar{A}\bar{B}\bar{C}D^*$		$\bar{B}$[illegible]E^*			
20	$A\bar{B}\bar{C}DE^*$	$\bar{A}\bar{B}CD^*$		$BC\bar{E}^*$			
21	$A\bar{B}CDE^*$	$\bar{A}\bar{B}CE^*$		$CD\bar{E}$	3		
22	$\bar{A}\bar{B}\bar{C}D\bar{E}^*$	$\bar{B}CD\bar{E}^*$		$\bar{A}\bar{B}\bar{E}$	4		
23	$\bar{A}B\bar{C}D\bar{E}^*$	$\bar{A}\bar{B}C\bar{E}^*$		$\bar{A}D\bar{E}^*$			
24	$\bar{A}BCD\bar{E}^*$	$\bar{A}\bar{B}D\bar{E}^*$		$A\bar{B}C^*$			
25	$AB\bar{C}\bar{D}\bar{E}^*$	$\bar{A}CD\bar{E}^*$		$A\bar{B}\bar{D}$	5		
		$A\bar{B}C\bar{E}^*$		$\bar{B}\bar{D}\bar{E}$	6		
		$ACD\bar{E}^*$		$\bar{B}C\bar{D}^*$			
		$A\bar{B}CD^*$		$\bar{C}\bar{D}\bar{E}$	7		
		$A\bar{B}\bar{D}\bar{E}^*$		$A\bar{B}\bar{E}^*$			
		$\bar{B}C\bar{D}\bar{E}^*$		$\bar{A}\bar{C}\bar{E}$	8		
		$A\bar{B}C\bar{D}^*$					
		$A\bar{B}\bar{C}\bar{D}^*$					
		$\bar{B}\bar{C}\bar{D}\bar{E}^*$					
		$A\bar{C}\bar{D}\bar{E}^*$					
		$A\bar{B}\bar{D}E^*$					

An Tabelle A erkennt man mit Schritt 4, daß sämtliche Primterme auch Hauptterme sind. Alle übrigen Schritte der Quine-Methode sind daher überflüssig. Es ergibt sich somit als endgültige Minimalform der Verriegelungsfunktion:

$$f = AB + AC + BC + AD + BD + CD. \tag{3.16}$$

3.2.12.2. Funktion mit fünf Variablen

Nun wird die Quine-Methode an einem umfangreicheren Beispiel demonstriert. Es werde die Funktion

$$\begin{aligned} f = {} & ABCDE + \bar{B}\bar{D}\bar{E} + AB\bar{C}DE + AB\bar{C}\bar{D}E + \bar{A}\bar{B}C\bar{D} + ABC\bar{D}E + \\ & + \bar{A}BCDE + A\bar{B}\bar{D}E + \bar{A}B\bar{C}D\bar{E} + \bar{A}\bar{B}\bar{C}DE + A\bar{B}E + \bar{A}\bar{B}CDE + \\ & + \bar{A}\bar{B}CD\bar{E} + A\bar{B}CD\bar{E} + \bar{A}D\bar{E} + A\bar{B}C\bar{D}\bar{E} + A\bar{B}\bar{C}\bar{D}\bar{E} + \\ & + B\bar{C}\bar{D}\bar{E} + A\bar{B}\bar{C}\bar{D}E + \bar{A}\bar{B}\bar{C}\bar{D}\bar{E} + \bar{A}\bar{B}C\bar{D}\bar{E} + \bar{A}B\bar{C}\bar{D}\bar{E} + ABCD\bar{E} \end{aligned} \tag{3.17}$$

betrachtet. Die Funktion ist nicht in Mintermform gegeben und muß mit Schritt 1 erst auf diese Form gebracht werden. Die Schritte 1 und 2 sind aus Tabelle 3/10 zu ersehen. Um bei den späteren Tabellen Schreibarbeit und Platz zu sparen, werden die Primterme und Minterme durchnumeriert.

In Tabelle 3/11 ist die Tabelle A aus Schritt 3 aufgestellt. Man erkennt, daß die Primterme *7*, *9* und *13*, also $\bar{C}\bar{D}\bar{E}$, AE und $\bar{B}C$,

Tabelle 3/11. Tabelle A für die Funktion (3.17)

	1	2	3	4	5	6	7	8	9	10	11	12	13	14	15	16	17	18	19	20	21	22	23	24	25
1		×				×	×													×					
2			×									×	×												×
3									×	×							×							×	
4									×					×	×							×			
5											×	×	×						×						
6											×	×		×	×										
7												×		×		×									×
8												×		×								×	×		
9	×	×	×	×									×						×	×	×				
10	×	×			×	×	×	×												×	×				
11	×				×			×	×	×							×				×			×	
12					×	×	×	×	×													×	×	×	
13								×	×	×	×				×			×	×		×				

Tabelle 3/12. Tabelle B für die Funktion (3.17)

	5	6	7	17	22	23	24
1		×	×				
2							
3				×			×
4					×		
5							
6							
8					×	×	
9							
10	×	×	×				
11	×			×			×
12	×	×	×		×	×	×

Tabelle 3/13. Tabelle C für die Funktion (3.17)

	5	7	17	22	23
1		×			
3			×		
4				×	
8				×	×
10	×	×			
11	×		×		
12	×	×		×	×

Tabelle 3/14. Tabelle D für die Funktion (3.17)

	5	7	17	22	23
8				×	×
11	×		×		
12	×	×		×	×

Hauptterme sind. Dann wird Tabelle B aufgestellt (Tabelle 3/12). In Tabelle B ist festzustellen, daß in den Spalten 6 und 7 die Sterne genau gleich verteilt sind und die Spalte 24 an den Stellen, an denen die Spalte 17 Sterne hat, markiert ist. Die Spalte 24 kann daher mit Schritt 6 ausgelassen werden. Nach Schritt 7 entfallen außerdem die Zeilen 2, 5 und 6. So ergibt sich die Tabelle C (Tabelle 3/13).

In Tabelle 3/13 erkennt man nun, daß Primterm *1* wegen *10*, *3* wegen *11*, *4* wegen *12*, und *10* wegen *12* ungünstig sind. Sie werden weggelassen, und es ergibt sich Tabelle D (Tabelle 3/14). Hier sieht man sofort, daß die Primterme *11* und *12* Hauptterme zweiter Art sind und zusammen die Tabelle D horizontal überdecken. Als einfachste Form der Funktion (3.17) ergibt sich so

$$f = AE + \bar{B}C + CD + \bar{A}D + \bar{C}\bar{D}\bar{E}\,. \qquad (3.18)$$

3.3. Die Methode des Karnaugh-Veitch-Diagramms

Bei den bisher beschriebenen Minimierungsmethoden für Boolesche Funktionen bildet stets die Mintermnormalform den Ausgangspunkt. Eine gegebene Funktion muß also zunächst in diese Form gebracht werden.

3.3.1. Anordnung von zwei Variablen in einem Diagramm

Ein Verfahren, das diese unter Umständen mühsame Umformung nicht erfordert, ist die Methode des Karnaugh-Veitch-Diagramms

[41, 42]. Dieses graphische Verfahren veranschaulicht ähnlich wie die Mengenlehre Boolesche Variablen durch Punktmengen eines abgegrenzten Bereichs. Dies sei an Hand der Diagramme von Bild 3/1 näher erläutert.

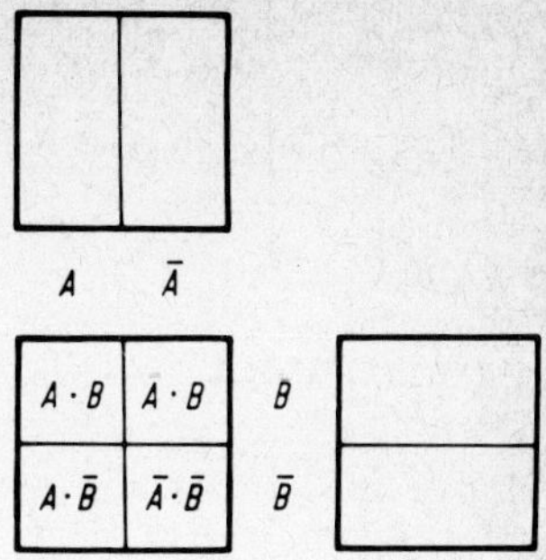

Bild 3/1. Diagramm mit zwei Variablen

Der linke obere Teil des Bildes ist in zwei Rechtecke geteilt. Das linke ist der Variablen A zugeordnet, das rechte dem Komplement $\bar{A}$.

Rechts im Bild ist eine weitere Variable B mit ihrem Komplement $\bar{B}$ in das Diagramm eingeordnet.

Hat man nun in einer Funktion zwei Variablen A und B, so kann man diese in ein Diagramm eintragen, das gemäß der eben beschriebenen Variableneinteilung die Form des linken unteren Teiles von Bild 3/1 annimmt.

Hier sind nun die Variablen, die zu einem Punktmengenstreifen gehören, außen an diesen Streifen geschrieben worden. Es kann noch vereinbart werden, um die Übersichtlichkeit zu erhöhen, daß die Komplemente von Variablen nicht an das Diagramm geschrieben werden, da sie gedanklich leicht ergänzt werden können.

Man kann nun aus Bild 3/1 erkennen, daß jedes der vier Teilquadrate des unteren Diagramms einem Minterm der Variablen A, B entspricht. So befindet man sich etwa im linken oberen Quadrat auf einer Punktmenge, die zu der Punktmenge A und zu der Punktmenge B gehört, die also den Minterm $A \cdot B$ (A und B) repräsentiert. Die Punktmenge des rechten oberen Teilquadrates im unteren Diagramm von Bild 3/1 gehört zu $\bar{A}$ und zu B, repräsentiert also den Minterm $\bar{A} \cdot B$. Ebenso sind die beiden übrigen Teilquadrate als die Mintermentsprechungen zu $A \cdot \bar{B}$ und zu $\bar{A} \cdot \bar{B}$ zu erkennen.

Man kann aus einem solchen Diagramm eine Reihe wichtiger Sätze der Booleschen Algebra ablesen. Z. B. kann man den Satz $A \cdot \bar{B} + A \cdot B = A$ leicht finden. Bewegt man sich nämlich entweder auf der Punktmenge, die $A \cdot \bar{B}$ verkörpert (Bild 3/1, unten, das linke untere Teilquadrat), oder (+) auf der Punktmenge, die $A \cdot B$ verkörpert (Bild 3/1, unten, das linke obere Teilquadrat), so befindet man sich stets auf den Punkten, die die Variable A verkörpern.

Viel wichtiger als zum Ablesen Boolescher Rechengesetze ist das Diagramm jedoch für die Darstellung Boolescher Funktionen. Für eine gegebene Funktion stellt man zunächst ein Variablendiagramm in der angegebenen Weise auf. Dann trägt man in alle die Teilfelder des Diagramms ein L ein, die Termen entsprechen, die der Funktion angehören. Dies soll verdeutlichen, daß die Funktion L wird, wenn diese Terme L sind.

3.3.2. Beispiel

Ein Beispiel sei mit der Funktion

$$f = A\bar{B} + \bar{A}B + AB \tag{3.19}$$

gegeben, wie sie in Abschnitt 2.1.2 für die Kesselschutzschaltung hergestellt wurde. Das zugehörige Diagramm ist in Bild 3/2 angegeoen. Man sieht, daß in den Teilflächen, die den Termen $A \cdot \bar{B}$, $\bar{A} \cdot B$ und $A \cdot B$ entsprechen, L steht.

Ein derartiges Funktionsdiagramm ist eine ebenso eindeutige Darstellung der Funktion wie z. B. die Funktionstabelle.

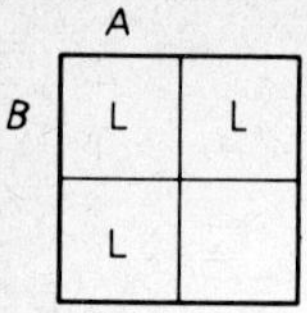

Bild 3/2. Diagramm der Funktion $f = A \cdot \bar{B} + \bar{A} \cdot B + A \cdot B$

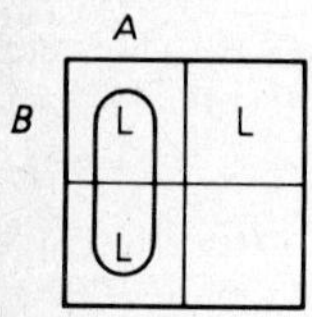

Bild 3/3. Zusammenfassung von $AB + A\bar{B}$ zu A

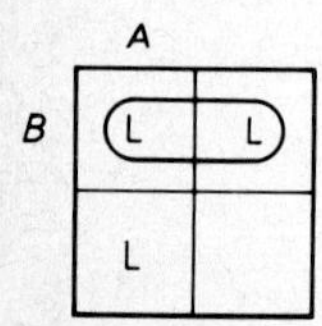

Bild 3/4. Zusammenfassung von $AB + \bar{A}B$ zu B

Man bezeichnet ein solches Diagramm als Karnaugh-Veitch-Diagramm (KV-Diagramm).
Mit Hilfe des KV-Diagramms können Boolesche Funktionen ebenfalls vereinfacht werden. Die Methode hierzu wird nun dargelegt.

3.3.3. Elementarblöcke

Zuvor soll jedoch die Funktion (3.19) mit Hilfe des KV-Diagramms vereinfacht werden, um das Prinzip der Methode zu erläutern. Es kommt hierbei darauf an, möglichst viele Terme zusammenzufassen, d. h. möglichst viele im KV-Diagramm mit L belegte Felder zu sogenannten Elementarblöcken zusammenzufassen. Die Funktion (3.19) ist im KV-Diagramm Bild 3/2 dargestellt. Hier können nun zunächst die zwei linken Teilquadrate zusammengefaßt werden (Bild 3/3). Es ergibt sich der Elementarblock A. Da aber ein Term wegen $A + A = A$ auch zweimal in einer Funktion enthalten sein darf, kann man nach Bild 3/4 auch die beiden oberen Teilquadrate zu dem Elementarblock B zusammenfassen.
Man erkennt in der Zusammenfassung, daß die Funktion

$$f = A\bar{B} + \bar{A}B + AB \tag{3.19}$$

auch kürzer als

$$f = A + B \tag{3.20}$$

geschrieben werden kann.

3.3.4. Karnaugh-Veitch-Diagramm für mehr als zwei Variablen

Will man eine Funktion mit mehr als zwei Variablen in ein KV-Diagramm eintragen, so muß man das Diagramm für diese Variablen entsprechend vorbereiten. In Bild 3/5 ist angegeben, wie man das Diagramm durch weitere Unterteilung für die Aufnahme von 3- und 4-Variablenfunktionen vorbereiten kann. In Bild 3/5 sind in die einzelnen Felder der Diagramme die jeweiligen Mintermbezeichnungen eingetragen worden, die den Feldern entsprechen. Man sieht, daß alle Minterme einer gegebenen Anzahl von Variablen im KV-Diagramm enthalten sein müssen.
Für sechs Variablen kann man ein KV-Diagramm herstellen, das z. B. die in Bild 3/6 angegebene Form hat. Die eingetragenen

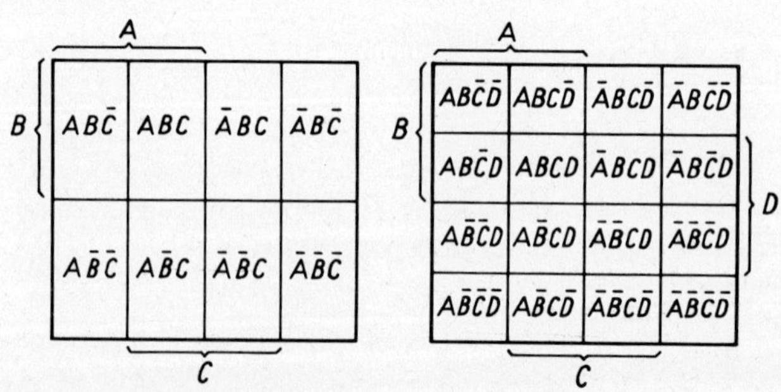

Bild 3/5. Karnaugh-Veitch-Diagramm für Funktion mit drei und vier Variablen

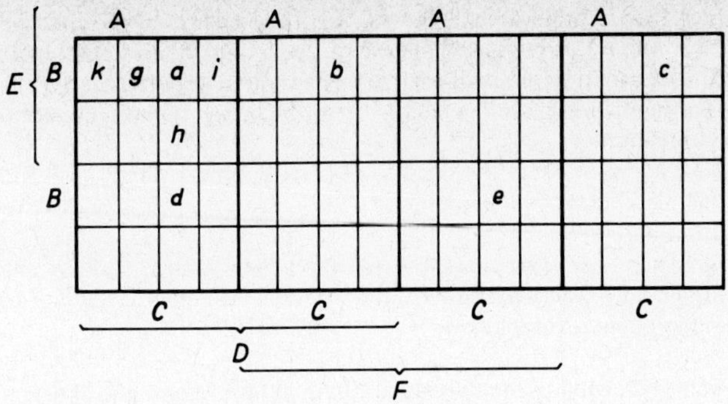

Bild 3/6. Karnaugh-Veitch-Diagramm für eine 6-Variablenfunktion

Buchstaben *a* bis *k* sind in diesem Zusammenhang noch ohne Bedeutung. Sie werden für Erläuterungen des nächsten Abschnitts benötigt. Für eine derartige Anordnung lassen sich nun jeweils besondere Regeln darüber angeben, welche Terme in einem solchen Diagramm zu Elementarblöcken kombinierbar sind.

3.3.5. Regeln für die Kombinierbarkeit von Mintermen

Zwei Minterme sind immer dann und nur dann kombinierbar, wenn sie sich in einer Variablen unterscheiden, die in einem Minterm negiert, im anderen nicht negiert ist.
Diese Regel kann unmittelbar auf die die Minterme repräsentierenden Felder des KV-Diagramms übertragen werden. Über die Kombinierbarkeit zweier Felder zu einem Elementarblock können z. B. für die Anordnung nach Bild 3/6 folgende besonderen Regeln angegeben werden.
Zwei mit L belegte Felder lassen sich zusammenfassen, wenn sie

in der gleichen Zeile oder Spalte des Diagramms (Bild 3/6) aneinandergrenzen. Hiernach sind z. B. die mit *g* und *a* bezeichneten beiden Felder kombinierbar, ebenso *a* mit *h*, *a* mit *i* usw.

auf entgegengesetzten Seiten der gleichen Zeile oder Spalte stehen (*i* und *k*)

gleiche Positionen in den 3-Variablenbereichen haben, die aneinandergrenzen (*a* und *b*, *a* und *d*) oder an entgegengesetzten Enden von Zeilen oder Spalten des Diagramms liegen (*a* und *c*, *a* und *d*, nicht jedoch *a* und *e*).

3.3.6. Systematische Schritte zur Minimierung im Karnaugh-Veitch-Diagramm

Der wichtigste Vorzug im KV-Diagramm beruht darauf, daß man eine gegebene Funktion nicht erst rechnerisch in die Mintermform umformen muß, sondern direkt in das Diagramm übertragen kann. Hierbei ergibt sich die Mintermform von selbst.
So entspricht z. B. der Funktion

$$f = BC + AD + \bar{A}\bar{B}CD \qquad (3.21)$$

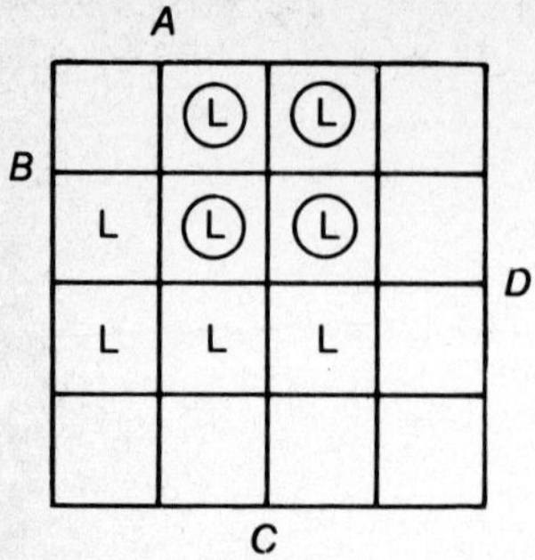

Bild 3/7. Karnaugh-Veitch Diagramm der Funktion $f = BC + AD + \bar{A}\bar{B}CD$

das KV-Diagramm in Bild 3/7. Der Term BC dieser Funktion führt hierin direkt auf die mit einem Kreis markierten Felder usw. Man kann nun nach dieser Übertragung der Funktion in das Diagramm wieder in die Quine-Methode gehen und die Funktion minimieren.
Man kann jedoch auch nach folgenden Schritten direkt an Hand des KV-Diagramms vorgehen.

Schritt 1: Man wähle ein Feld mit einem L und notiere alle möglichen Kombinationen mit anderen L-Feldern nach den angegebenen Regeln.

Schritt 2: Man untersuche jede Kombination. Wenn alle in dieser Kombination enthaltenen L-Felder auch in anderen Kombinationen enthalten sind, streiche man die untersuchte Kombination. Nicht gestrichene Kombinationen bezeichnen die Primterme. Sind alle Kombinationen eines L-Feldes mit anderen L-Feldern außer einer gestrichen, so bezeichnet diese einen Hauptterm. Kann ein L-Feld gar nicht kombiniert werden, so bezeichnet es ebenfalls einen Primterm, der gleichzeitig Hauptterm ist.

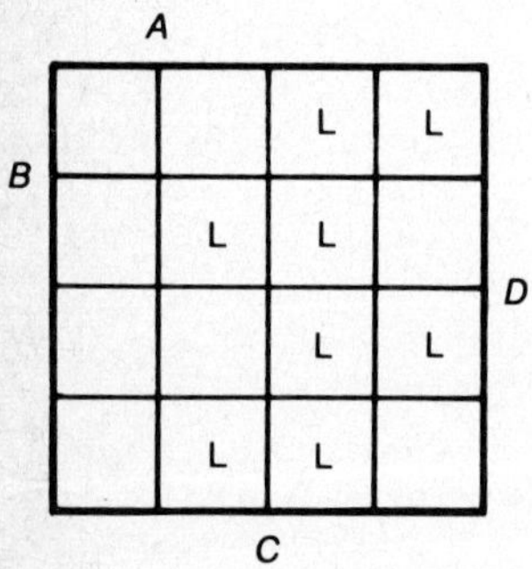

Bild 3/8. Karnaugh-Veitch-Diagramm einer 4-Variablen-Funktion

Schritt 3: Man wiederhole diese Schritte für alle L-Felder.
Als Beispiel sei die Funktion

$$f = \bar{A}C + BCD + \bar{A}\bar{B}D + \bar{B}C\bar{D} + \bar{A}B\bar{C}\bar{D} \tag{3.22}$$

untersucht. Ihr KV-Diagramm ist in Bild 3/8 angegeben.
Zunächst werden die vier L-Felder der dritten Spalte des KV-Diagramms betrachtet:

Minterm	$\bar{A}BC\bar{D}$	$\bar{A}BCD$	$\bar{A}\bar{B}CD$	$\bar{A}\bar{B}C\bar{D}$
Kombinierbar zu	$\bar{A}C$	$\bar{A}C$	$\bar{A}C$	$\bar{A}C$
	$\bar{A}B\bar{D}$	BCD	$\bar{A}\bar{B}D$	$\bar{B}C\bar{D}$

Zunächst sieht es so aus, als sei $\bar{A}C$ ein Hauptterm. Jeder der vier Minterme ist jedoch zweimal kombinierbar, daher ist $\bar{A}C$ kein Hauptterm.
Die restlichen vier Minterme der Funktion haben jedoch nur je eine Kombinationsmöglichkeit. Dies sind die Terme $\bar{A}B\bar{D}$, BCD, $\bar{A}\bar{B}D$ und $\bar{B}C\bar{D}$, sie sind also Hauptterme. Diese Terme kommen aber bei den untersuchten Mintermen bereits vor und enthalten die zuerst untersuchten vier Minterme.
Die Funktion (3.22) lautet in ihrer einfachsten Form daher

$$f = \bar{A}B\bar{D} + \bar{A}\bar{B}D + BCD + \bar{B}C\bar{D}. \tag{3.23}$$

3.3.7. Vereinfachungsbeispiele

Es folgen noch zwei einfache Beispiele.
Zunächst sei die Funktion

$$f = AB\bar{D} + ABC\bar{D} + ABCD + \bar{A}B\bar{D} + \bar{B}CD + A\bar{B}\bar{C}D + A\bar{B}CD + \bar{A}\bar{B}CD + \bar{A}\bar{B}\bar{C}D + A\bar{B}C \tag{3.24}$$

betrachtet. Ihr KV-Diagramm in Bild 3/9 erlaubt sofort das Ablesen der vereinfachten Form

$$f = AC + B\bar{D} + \bar{B}D. \qquad (3.25)$$

Ebenso kann für die in Bild 3/7 dargestellte Funktion (3.21) leicht abgelesen werden:

$$f = BC + AD + CD. \qquad (3.26)$$

Die in Abschnitt 2.1.3 abgeleitete Schaltfunktion für die Verriegelung von vier Verbraucheranschlüssen gegeneinander hat die Form

$$f = \bar{A}\bar{B}CD + \bar{A}B\bar{C}D + A\bar{B}\bar{C}D + \bar{A}BC\bar{D} + A\bar{B}C\bar{D} + AB\bar{C}\bar{D} + \\ + \bar{A}BCD + A\bar{B}CD + AB\bar{C}D + ABC\bar{D} + ABCD. \qquad (3.27)$$

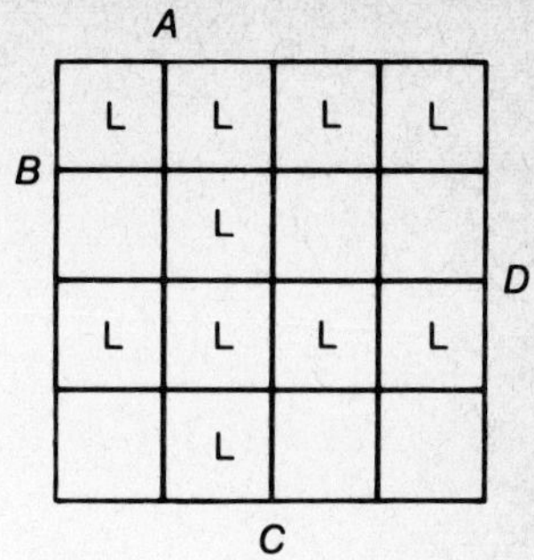

Bild 3/9. Karnaugh-Veitch-Diagramm einer 4-Variablen-Funktion

Das zugehörige KV-Diagramm ist in Bild 3/10 dargestellt.
Man kann auch hier leicht durch Bildung von Elementarblöcken die vereinfachte Form

$$f = AB + AD + BC + BD + AC + CD \qquad (3.28)$$

finden, die alle Minterme von (3.27) und nur diese umfaßt.
Mit Hilfe des KV-Diagramms können Funktionen mit bis zu acht Variablen übersichtlich vereinfacht werden. KV-Diagramme für Funktionen mit mehr als acht Variablen werden unübersichtlicher.

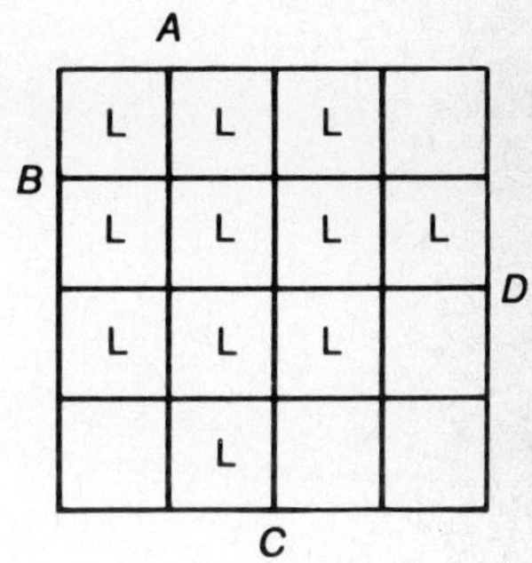

Bild 3/10. Karnaugh-Veitch-Diagramm der Schaltfunktion für eine Verriegelungsschaltung

3.3.8. Vereinfachung von mehreren Funktionen mit dem Karnaugh-Veitch-Diagramm

Es kommt häufig vor, daß mehrere Funktionen der gleichen Variablen gleichzeitig benötigt werden. Haben diese Funktionen nun gleiche Funktionsteile, so wäre es unnötiger Aufwand, diese Funktionsteile bei jeder Funktion für sich zu bilden. Es genügt, sie einmal zu bilden und allen Funktionen zuzuführen.
Mit Hilfe des KV-Diagramms können nun aber derartige gleiche Funktionsteile leicht ermittelt werden.
Hierfür sei das Beispiel dreier Funktionen

$$\begin{aligned} f &= AB\bar{C} + AC + \bar{A}\bar{B}C + \bar{A}B\bar{C} + \bar{A}\bar{B}D + \bar{A}\bar{B}\bar{D} \\ g &= AB\bar{D} + ACD + AB\bar{C}D + \bar{A}\bar{B}C + \bar{A}\bar{B}\bar{D} + \bar{A}\bar{B}\bar{C} + A\bar{C}\bar{D} + \\ &\quad + \bar{A}B\bar{C}\bar{D} \\ h &= AB\bar{C} + BC\bar{D} + ABC + \bar{A}CD + \bar{A}\bar{B}\bar{C} + \bar{B}C\bar{D} + \bar{B}\bar{C}D + \\ &\quad + A\bar{B}\bar{C} \end{aligned} \qquad (3.29)$$

gegeben. Die zugehörigen KV-Diagramme zeigt Bild 3/11.
An Hand dieser Diagramme findet man die allen Funktionen gemeinsamen Teile AB sowie $\bar{A}\bar{B}$, die in Bild 3/11 durch Kreise markiert sind. Man muß daher den Funktionsteil $E = AB + \bar{A}\bar{B}$ nur ein einziges Mal erzeugen und dann allen Funktionen hinzufügen.
Die Funktion f hat noch vier weitere L-Felder, die nicht im gemeinsamen Funktionsteil enthalten sind. Sie werden mit den Termen $\bar{B}C$ und $\bar{A}\bar{C}$ erfaßt. Die Funktion g hat noch drei weitere L-Felder, die durch die Terme $\bar{C}\bar{D}$ und ACD erfaßt werden. Für

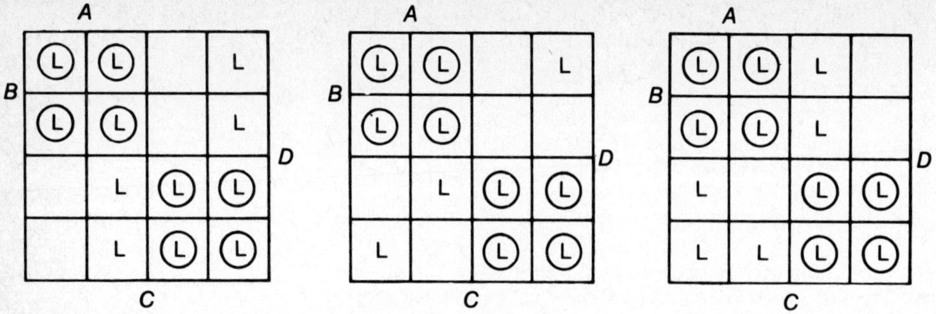

Bild 3/11. Karnaugh-Veitch-Diagramm der Funktion (3.29)

die Funktion h werden die restlichen Minterme mit $A\bar{C}$, BC und $\bar{B}\bar{D}$ erfaßt. Man hat dann statt (3.29)

$$f = E + \bar{B}C + \bar{A}\bar{C},$$
$$g = E + \bar{C}\bar{D} + ACD,$$
$$h = E + A\bar{C} + BC + \bar{B}\bar{D},$$
$$\text{mit } E = AB + \bar{A}\bar{B}. \qquad (3.30)$$

3.4. Benutzung von Redundanzen im Karnaugh-Veitch-Diagramm

3.4.1. Verriegelungsschaltung für vier Verbraucheranschlüsse

In Abschnitt 2.1.3 wurde eine Schaltfunktion

$$f = \bar{A}\bar{B}CD + \bar{A}B\bar{C}D + A\bar{B}\bar{C}D + \bar{A}BC\bar{D} + A\bar{B}C\bar{D} + AB\bar{C}\bar{D} + \\ + \bar{A}BCD + A\bar{B}CD + AB\bar{C}D + ABC\bar{D} + ABCD \qquad (3.31)$$

aufgestellt, deren technische Realisierung die Aufgabe hat, vier Verbraucheranschlüsse so gegeneinander zu verriegeln, daß stets nur zwei benutzt werden können. Zu diesem Zweck soll $f = L$ werden, wenn mehr als ein Verbraucheranschluß betätigt wird und aus diesem $f = L$ sollen Schaltbefehle abgeleitet werden, die die restlichen Verbraucheranschlüsse spannungslos machen.

In der Funktion (3.31) bedeuten die Variablen folgendes:

A = Verbraucher 1 ist angeschlossen,
B = Verbraucher 2 ist angeschlossen,
C = Verbraucher 3 ist angeschlossen,
D = Verbraucher 4 ist angeschlossen.

In der Funktion (3.31) sind nun alle Minterme der Variablen A, B, C, D summiert, bei denen mehr als eine Variable ohne Negierungsstrich auftaucht, d. h. bejaht ist. f wird also tatsächlich immer dann L, wenn mehr als ein Verbraucher angeschlossen ist, und erfüllt daher die gestellte Aufgabe. Nun sind aber stillschweigend in Gleichung (3.31) Schaltzustände aufgenommen worden, die bei funktionierender Verriegelung nie vorkommen können, z. B. der Zustand, daß alle vier Anschlüsse eingeschaltet worden sind, was dem Minterm $A \cdot B \cdot C \cdot D$ entspricht. In Wirklichkeit wird $ABCD$ immer den Wert 0 haben, wenn die Verriegelung die ihr gestellte Aufgabe erfüllt. Ebenso

werden in diesem Fall nie Kombinationen von drei eingeschalteten Verbrauchern vorkommen, so daß auch die Minterme $ABC\bar{D}$, $AB\bar{C}D$, $A\bar{B}CD$ und $\bar{A}BCD$, die diesen Kombinationen entsprechen, stets den Wert 0 haben.
Man nennt derartige Kombinationen, die nie vorkommen können und deren zugehörige Minterme daher stets gleich 0 sind, redundant. Der Begriff redundanter Kombinationen wurde bereits bei den Kodes für nichtvorkommende Bitkombinationen eingeführt (Abschnitt 1.2.6).
Redundante Terme haben also stets den Wert 0. Das bedeutet aber, daß man zu einer Schaltfunktion wegen $A + 0 = A$ beliebig viele derartige redundante Terme addieren darf. Man verändert die Funktion dadurch zwar algebraisch, nicht jedoch in ihrem technischen Funktionswert. Dies kann man dazu ausnutzen, um Funktionen in eine einfachere Form zu bringen.
Für das Beispiel der Verriegelungsschaltungen würden also nur die in dem KV-Diagramm des Bildes 3/12 eingetragenen Terme jemals den Wert L erhalten können. Entsprechend würde die Schaltfunktion die Form

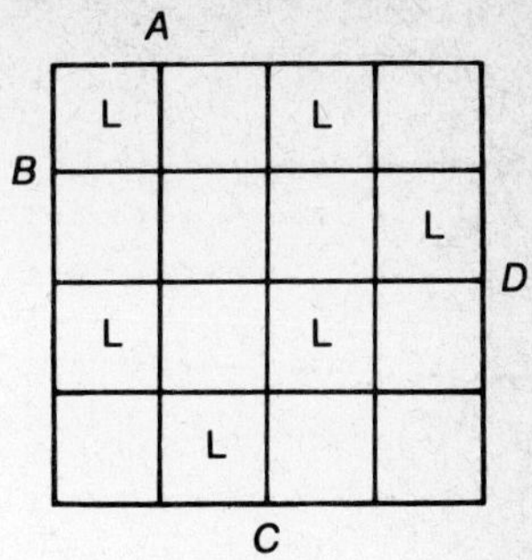

Bild 3/12. Schaltfunktion der Verriegelungsschaltung ohne Redundanzen

$$g = AB\bar{C}\bar{D} + A\bar{B}C\bar{D} + \bar{A}BC\bar{D} + A\bar{B}\bar{C}D + \bar{A}B\bar{C}D + \bar{A}\bar{B}CD \quad (3.32)$$

haben. Auch diese Schaltfunktion würde die gestellte Aufgabe erfüllen und den Wert L erhalten, wenn mehr als ein Verbraucher eingeschaltet ist. Beim Einschalten eines zweiten Verbrauchers würden durch $f = \mathrm{L}$ Schaltmaßnahmen eingeleitet, die verhindern, daß die restlichen Anschlüsse eingeschaltet werden können. Wie man an Hand von Bild 3/12 erkennen kann, sind alle in (3.32) summierten Terme Hauptterme, (3.32) stellt daher schon die Minimalform der Funktion g dar.
In Bild 3/13 sind nun zu dieser Funktion g noch zusätzlich die Minterme mit einem Redundanzkreuz x eingetragen, die nach Voraussetzung stets den Wert 0 haben, da auf Grund der Verriegelung die entsprechenden Variablenkombinationen nie auftreten können.
Da man aber zu einer Schaltfunktion beliebig viele Terme mit dem Wert 0 addieren darf, kann man einige dieser mit x bezeichneten Terme oder auch alle zu der Funktion g addieren. Man nimmt dann rein formal an, daß an Stelle der Kreuze der addierten Redundanzen jeweils ein L steht.
Bei der Funktion in Bild 3/13 empfiehlt es sich, alle Redundanzen zur Funktion g hinzuzufügen, d. h. alle mit x belegten Felder als L-Felder aufzufassen. Es ergibt sich dann die Minimalform der Funktion (3.31) als

$$f = AB + AD + BC + AC + CD + BD. \quad (3.33)$$

3.4.2. Ein weiteres Beispiel

Als weiteres Beispiel zum Benutzen von Redundanzen zum Zweck der Schaltungsminimierung sei die Funktion

$$f = \bar{B}CD + \bar{A}\bar{B}D + ABC\bar{D} \quad (3.34)$$

mit den Redundanzen

$$\bar{A}B = B\bar{D} = \bar{A}\bar{D} = A\bar{B}\bar{C} = 0$$

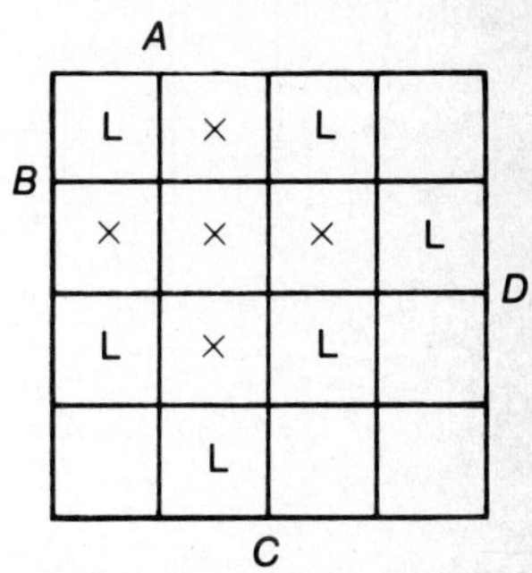

Bild 3/13. Schaltfunktion der Verriegelungsschaltung mit Redundanzen

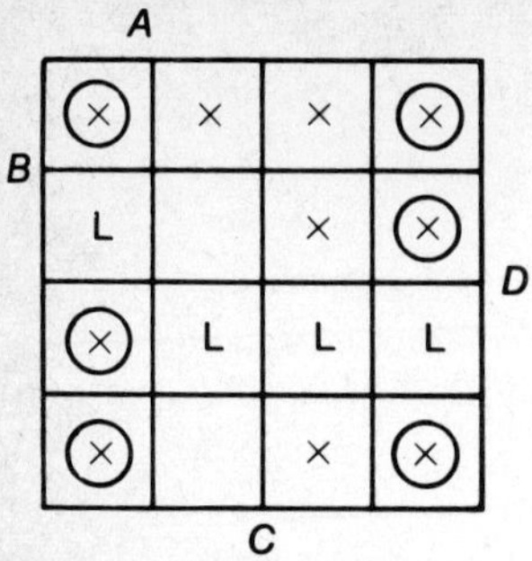

Bild 3/14. Karnaugh-Veitch-Diagramm der Funktion $f = \bar{B}CD + \bar{A}\bar{B}D + AB\bar{C}D$ mit Redundanzen

betrachtet. Das KV-Diagramm für diese Funktion und für die gegebenen Redundanzen ist in Bild 3/14 angegeben. Man ersieht hieraus, daß es zweckmäßig ist, in diesem Fall nur einige Redundanzen zur Funktion f zu addieren. Sie sind durch Kreise markiert.

Man findet damit die Funktion

$$g = \bar{C} + \bar{B}D, \qquad (3.35)$$

die zwar mit der Funktion f in (3.34) algebraisch nicht identisch ist, jedoch wegen der Redundanzen die gleiche Aufgabe erfüllt.

3.5. Umformung zwischen Minterm- und Maxtermform mit Hilfe des Karnaugh-Veitch-Diagramms

In manchen Fällen kommt es vor, daß man aus der Mintermform einer Funktion deren Maxtermform bilden oder daß man überhaupt eine Funktion in Maxtermform haben möchte. Dies ist mit Hilfe des KV-Diagramms ohne große Mühe möglich:

Schritt 1

Man stellt das KV-Diagramm der gegebenen Funktion f her. Man stellt das KV-Diagramm der komplementären Funktion $\bar{f}$ her, indem man in alle Felder ein L setzt, wo das KV-Diagramm der Funktion f kein L enthält.

Schritt 2

Man schreibt die Mintermform von $\bar{f}$ auf.

Schritt 3

Man bildet das Komplement des im vorigen Schritt gewonnenen Ausdruckes für $\bar{f}$, erhält also dadurch einen Ausdruck für $\bar{\bar{f}} = f$. Diesen formt man nach dem Satz von De Morgan um in einen Maxtermausdruck.

Als Beispiel sei die Funktion

$$f = \bar{C}\bar{D} + A\bar{B}\bar{C} + CD + \bar{A}C \qquad (3.36)$$

in Maxtermform dargestellt. Schritt 1 führt zu den in Bild 3/15 dargestellten KV-Diagrammen.

Schritt 2 ergibt

$$\bar{f} = AB\bar{C}D + ABC\bar{D} + A\bar{B}C\bar{D} + \bar{A}B\bar{C}D + \bar{A}\bar{B}\bar{C}D. \qquad (3.37)$$

Hieraus läßt sich mit Schritt 3 die Funktion

$$\begin{aligned} f = \bar{\bar{f}} &= \overline{AB\bar{C}D} \cdot \overline{ABC\bar{D}} \cdot \overline{A\bar{B}C\bar{D}} \cdot \overline{\bar{A}B\bar{C}D} \cdot \overline{\bar{A}\bar{B}\bar{C}D}, \qquad (3.38) \\ &= (\bar{A} + \bar{B} + C + \bar{D})\,(\bar{A} + \bar{B} + \bar{C} + D)\,(\bar{A} + B + \bar{C} + D) \cdot \\ &\quad \cdot (A + \bar{B} + C + \bar{D})\,(A + B + C + \bar{D}) \end{aligned}$$

bilden, die der Maxtermausdruck für die Funktion (3.36) ist.

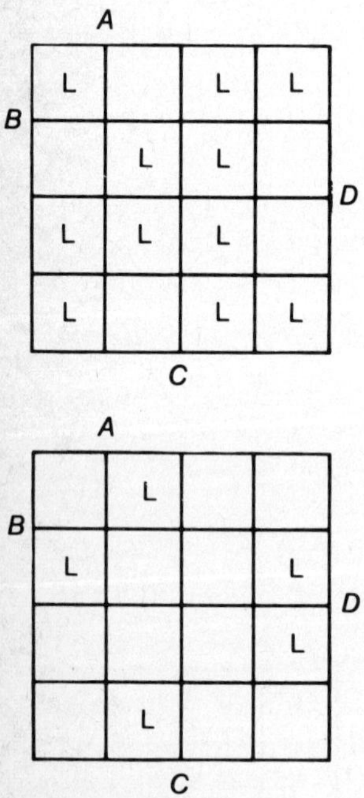

Bild 3/15. Umformung einer Funktion in die Maxtermnormalform

4. Realisierung und Aufgabe digitaler Speicher

Sollen in einem Fall digitaler Nachrichtenverarbeitung digitale Informationen gespeichert werden, so benötigt man Geräte, die sie aufnehmen und bei Abruf wieder ausgeben können. Ein Digitalrechner etwa benötigt Speicher, um Zwischenergebnisse und Ergebnistabellen bis zur Weiterverarbeitung oder zum Drucken aufzubewahren. Arithmetische Operationen oder Umwandlungen von Serien- in Parallelinformationen werden mit aus Speichergliedern aufgebauten Schaltungen vorgenommen. Zähler sind ebenfalls aus Speicherelementen aufgebaut.
So gibt es in digitalen Anlagen vielfältige Aufgaben für Speicher [1, 2].
Sehr umfassende und ins einzelne gehende Darstellungen der Aufgaben von Speicherelementen und Speicherwerken findet man in den ausgezeichneten Arbeiten [72] und [161].
Die Digitaltechnik bedient sich auch bei den Speicherelementen meist zweiwertiger Systeme, auf die sich der folgende Abschnitt daher auch beschränken soll. Sie können zwei verschiedene physikalische Zustände annehmen, die die Booleschen 0 und L repräsentieren.
Das Speicherelement muß möglichst einfach ausgesteuert werden können. Ebenso muß es leicht möglich sein, das Element von einem Zustand in den anderen zu bringen. Außerdem muß auch noch die Bedingung erfüllt sein, daß man den im Speicherelement enthaltenen Bitwert leicht herauslesen kann. Bei manchen Typen von Speicherelementen wird die gespeicherte Information durch das Lesen zerstört, muß also gegebenfalls neu eingespeichert werden, bei anderen Typen wird durch das Lesen der Zustand des Speicherelementes nicht geändert.
Es gibt einige physikalische Eigenschaften, mit denen sich die obengenannten Forderungen an ein Speicherelement erfüllen lassen. Die wichtigsten benutzten Systeme werden nun beschrieben.
Grundsätzlich kann man hierbei unterscheiden zwischen

magnetischen Speicherelementen,
elektronischen Speicherelementen,
Laufzeitspeichern,
Speicherelementen, die auf den Effekten der Supraleitung beruhen und
elektrostatischen Speicherelementen.

Magnetische Speicherelemente werden häufig als Langzeitspeicher verwendet, die gewöhnlich zur längeren Speicherung größerer Datenmengen bestimmt sind [47, 48]. Mit magnetischen Speicherelementen ist die sogenannte Selektion, d. h. das Auswählen einer bestimmten gespeicherten Information aus der Datenmenge, besonders einfach zu bewältigen. Elektronische Speicherelemente wären hier wesentlich ungeeigneter. Sie sind dagegen besonders gut zu gebrauchen als Kurzzeitspeicher also zur kurzzeitigen Speicherung besonders kleiner Datenmengen, die gleich weiterverarbeitet werden sollen. Für Kurzzeitspeicher ist auch der Begriff Register gebräuchlich.

4.1. Magnetische Speicher

Bei allen magnetischen Speichern werden die zwei möglichen magnetischen Sättigungszustände von Magnetwerkstoffen mit den Booleschen 0 und L identifiziert. Man kann z. B. die 0 identifizieren mit negativer Magnetisierung, das L mit positiver Magnetisierung. Die benutzten Magnetwerkstoffe haben eine annähernd rechteckige Hysteresekennlinie.

4.1.1. Kernspeicher

4.1.1.1. Eigenschaften der Speicherkerne

Die Speicherelemente von Kernspeichern sind Magnetkerne, deren zwei Sättigungszustände positiver und negativer Magnetisierung mit 0 und L identifiziert werden. Ursprünglich wurden diese Kerne aus einem Permalloyband auf etwa 5 mm Durchmesser aufgewickelt und in einen Isolierkörper eingelegt. Die hiermit erreichbare Sättigungsinduktion war etwa 0,5 bis 2 Vs/m². Später wurden Kerne aus gesintertem Magnetmaterial, sogenannte Ferritkerne, gebräuchlich, die eine Sättigungsinduktion von etwa 0,1 Vs/m² haben. Diese Ferritkerne sind zwar sehr temperaturempfindlich – die Temperatur darf höchstens um etwa ±10 grd schwanken –, sie haben jedoch sonst sehr günstige Eigenschaften. So sind sie z. B. völlig erschütterungsunabhängig. Ihr Hauptvorzug ist jedoch darin zu sehen, daß sie in Durchmessern von nur 0,3 bis 1 mm hergestellt werden können und dadurch zu sehr raumsparenden Anordnungen führen (Bild 4/1).

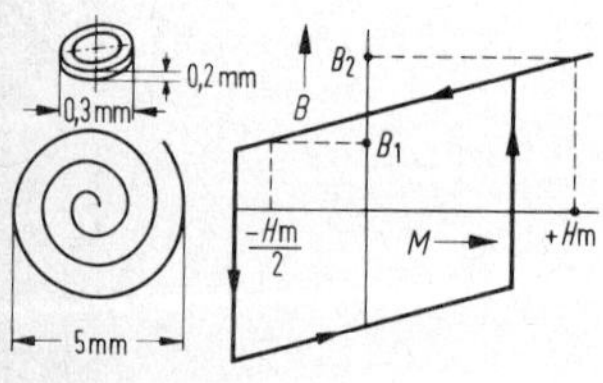

Bild 4/1. Kernspeicherelemente mit Hysteresekurve
links, oben: Ferritkern, 0,2 mm dick
links, unten: Permalloybandkern

In Bild 4/1 ist die Hysteresekurve eines Kernspeicherelementes dargestellt. Positive Magnetisierung möge hier das Boolesche L, negative Magnetisierung die Boolesche 0 charakterisieren. H_m ist die maximale auftretende magnetische Feldstärke, die auf Grund der stromdurchflossenen Kernwicklung entsteht. Für die Qualität eines Kernspeicherelementes ist dann das sogenannte Rechteckigkeitsverhältnis

$$R = \frac{B_1}{B_2} = \frac{B\left(-\frac{H_m}{2}\right)}{B\,(+H_m)},$$

ein Maß [1]. Es kann maximal den Wert 1 annehmen. Je näher R an 1 herankommt, desto besser ist das Material zu Speicherzwecken geeignet.

4.1.1.2. Speicherkernmatrix, Stromkoinzidenz

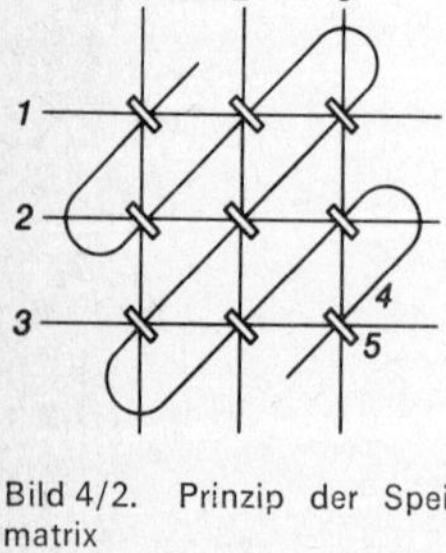

Bild 4/2. Prinzip der Speicherkernmatrix
1, 2, 3 Selektionsdrähte
4 Lesedraht *5* Ferritkern

Um einen größeren Speicher aufzubauen, ordnet man viele Speicherkerne in matrizenähnlicher Form an, d. h. nach Zeilen und Spalten geordnet in einer Fläche [1]. Das Prinzip zeigt Bild 4/2 in einem dreispaltigen und dreizeiligen Ausschnitt aus einem Ferritkernspeicher. Die Ferritkerne sind hier in Seitenansicht dargestellt. Die Zeilen und Spalten der Matrix werden durch Selektionsdrähte gebildet, die durch die Kerne durchgefädelt sind. Sie entsprechen also Kernwicklungen

(mit einer Windung). Jeder Kern hat den zugehörigen Zeilendraht und Spaltendraht als Wicklungen. Ferner sind noch alle Kerne magnetisch mit einem sogenannten Lesedraht verbunden, dessen Funktion hier noch nicht betrachtet werden soll.
Man nehme nun an, daß alle Speicherkerne den Wert 0 gespeichert hätten, sich also im Punkt *A* ihrer Hysterseschleife befänden (Bild 4/3).
Durch jeden der Selektionsdrähte kann nun gerade ein solcher Stromimpuls zum Fließen gebracht werden, daß das hierdurch mit den entsprechenden Kernen verkettete Magnetfeld maximal den Wert H_d aufweist. Man sieht aus Bild 4/3, daß ein Feld H_d den Kern nur in den Punkt *C* der Hystereseschleife bringen kann, von wo er am Ende des Stromimpulses wieder nach *A* zurückkommt. Durch H_d kann man also keine Ummagnetisierung vornehmen. Wenn aber nun bei einem bestimmten Ferritkern sowohl der Zeilendraht als auch der Spaltendraht gleichzeitig einen Stromimpuls in Richtung auf positive *H*-Werte erhalten, so ist das mit dem Kern verkettete Magnetfeld $2\,H_d$, wodurch der Kern in die positive Magnetisierung zum Punkt *D* gebracht wird. Nach Ende der Stromimpulse ist der Kern im Magnetisierungszustand *B*, es ist also ein L eingespeichert worden. Es leuchtet ein, daß man den Kern wieder in den Zustand *A* bringen, also 0 speichern kann, wenn man die Ströme durch die mit ihm verketteten Selektionsdrähte entgegengesetzt fließen läßt. Auch dann muß man jedoch für das gleichzeitige Vorhandensein der beiden Stromimpulse, also für eine sogenannte Stromkoinzidenz sorgen, damit der Kern über den Punkt *E* hinaus nach *F* ummagnetisiert wird. Man kann aus Bild 4/3 auch ersehen, daß es vor Einspeichern eines Bitwertes nicht nötig ist, den vorher vorhandenen Bitwert etwa zu kennen oder den Kern zunächst auf 0 zu bringen. Das Neueinspeichern eines L im Kern ist stets mit der Koinzidenz zweier positiver H_d-Werte verbunden, die den Kern sowohl von *A* her als auch von *B* her nach *D* bringt, so daß er sich schließlich nach dem Ende der Stromimpulse in *B* befindet. Das Neueinspeichern von 0 im Kern ist mit der Koinzidenz zweier negativer H_d-Werte verbunden, die den Kern nach *F* und am Ende nach *A* bringt, gleichgültig, ob er anfangs in *B* oder in *A* war. So können in einen derartigen Kernspeicher Kodewörter und andere binäre Informationen eingespeichert werden, indem diese Informationen z. B. zeilenweise den Ferritkernstellen zugeordnet und durch Stromkoinzidenz alle Kerne in der gewünschten Weise magnetisiert werden.

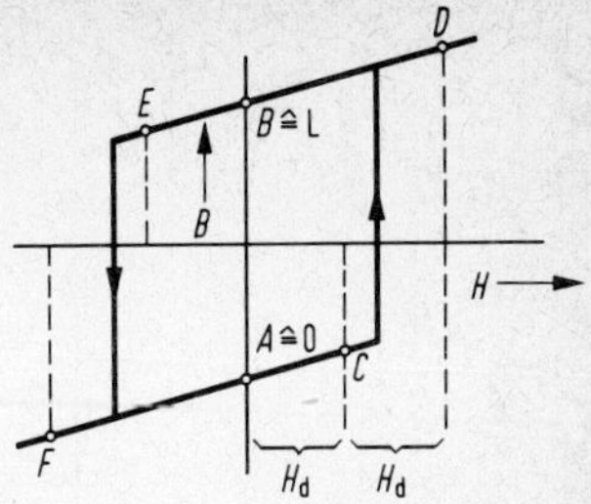

Bild 4/3. Einspeicherung eines L

4.1.1.3. Lesevorgang

Sollen aus dem Kernspeicher Kodewörter herausgelesen werden, so müssen die Kerne, die diese Kodewörter speichern, nach ihrem Speicherzustand abgefragt werden, und zwar mit Hilfe des Lesedrahtes (Bild 4/2), der mit allen Kernen magnetisch verbunden ist. Nacheinander wird bei den abzufragenden Kernen eine negative Stromkoinzidenz erzeugt, die den Kern nach Punkt *F* magnetisiert (Bild 4/3). Kerne, die ein L gespeichert hatten, also von Punkt *B* kamen, induzieren durch ihre Ummagnetisierung einen Impuls auf der Leseleitung. Kerne, die eine 0 hatten, also von *A* kamen, erzeugen keinen Impuls. Hiermit können alle benötigten Bitwerte herausgelesen werden. Die gespeicherte Information L wird jedoch durch das Lesen gelöscht.

Nach dem Lesen muß also durch eine positive Stromkoinzidenz in den Kern das L wieder neu eingespeichert werden. Dieses Neueinspeichern kann jedoch leicht von dem Impuls auf der Leseleitung eingeleitet werden.

4.1.1.4. Störende Unterschleifen

In Abschnitt 4.1.1.1 wurde das Rechteckigkeitsverhältnis R definiert [1]. Je mehr die Hystereseschleife sich einem Rechteck nähert, desto besser sind die Kerneigenschaften. Dies wird unmittelbar einleuchtend, wenn man sich überlegt, was beim Lesen eines Bitwertes bei den anderen Kernen passiert, die ebenfalls noch mit den Selektionsdrähten des betrachteten Kerns magnetisch verbunden sind. Bei diesen tritt zwar keine Stromkoinzidenz auf, d. h., es wird kein Ummagnetisierungsvorgang in den anderen Sättigungszustand auftreten. Aber es tritt beim Übergang von Punkt B zu Punkt E der Hysteresekennlinie immerhin eine kleine Änderung der magnetischen Flußdichte B auf, die einen kleinen Impuls auf der Leseleitung induzieren kann (Bild 4/3). Genau gesehen, durchlaufen die Kerne bei diesem Effekt sogar regelrechte kleine Unterschleifen. Da dies bei mehreren Kernen gleichzeitig auftritt, kann die Summe dieser kleinen Impulse einen großen Impuls ergeben, der z. B. bei abgefragten Kernen mit einer eingespeicherten 0 ein eingespeichertes L vortäuscht. Diesen Effekt kann man sowohl durch Wahl von Kernen mit großem Rechteckigkeitsverhältnis R als auch durch geeignete Anordnung der Kerne verkleinern.

4.1.1.5. Selektion, Wählerkerne

Sehr aufwendig wäre es, jeden Selektionsdraht eines Ferritkernspeichers mit einem eigenen Ansteuerverstärker auszustatten. Nimmt man etwa eine quadratische Matrix mit n^2 Kernen, also $2 \cdot n$ Selektionsdrähten an, so würde man z. B. für $n^2 = 10\,000$ insgesamt 200 Verstärker brauchen.

Hier verwendet man mit Erfolg sogenannte Wählerkernmatrizen. Auch hierbei werden Kerne, die Wählerkerne, in Form einer Matrix angeordnet. Sie sind durch eine Vorstromwicklung so stark negativ magnetisiert, daß sie nur während der Stromkoinzidenz in den zwei jeweils mit ihnen verketteten Selektionsdrähten kurzzeitig ins Positive ummagnetisiert werden. Jeder Wählerkern hat nun einen der Selektionsdrähte der Ferritkernmatrix als Wicklung. Wird daher im Wählerkern ummagnetisiert, so entsteht auf der mit ihm verketteten Ferritkern-Selektionsleitung ein Impuls.

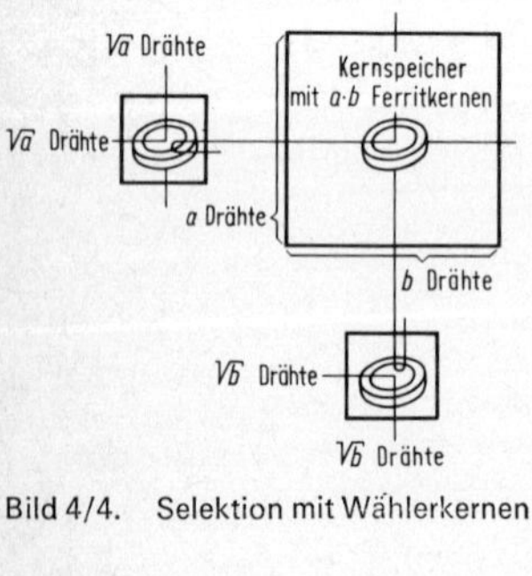

Bild 4/4. Selektion mit Wählerkernen

Auf diese Weise steuert man den Kernspeicher an (Bild 4/4), ohne jeder Selektionsleitung einen Verstärker zuweisen zu müssen.

Statt $(a + b)$ Verstärker benötigt man nur $(2\sqrt{a} + 2\sqrt{b})$ Verstärker. Für $a = b = 100$ wären das statt 200 nur 40 Verstärker.

4.1.2. Magnettrommel-, Magnetplatten-, Magnetkarten- und Magnetbandspeicher

Bei diesen Speichern werden die Bitwerte in Form von positiven und negativen Magnetisierungsrichtungen kleiner magnetischer Dipole in einem magnetisierbaren Kontinuum dargestellt (Bild 4/5).

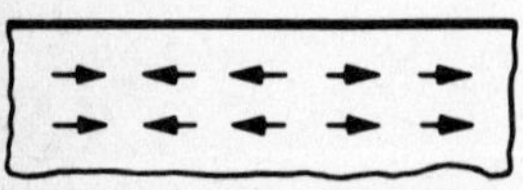

Bild 4/5. Magnetfläche mit verschiedengepolten Magnetisierungen zur Darstellung von LOOLL

Ein Trommelspeicher hat eine magnetische Schicht auf der Zylinderfläche. Sie ist z. B. in sieben Spuren je Zentimeter Höhe eingeteilt und kann auf 10 cm Länge etwa 300 Bit speichern. Jeder Spur ist ein Aufsprech- und ein Wiedergabeknopf zugeordnet. Die Impulse, die in Serie beim Aufsprechknopf ankommen, werden räumlich hintereinander in die Spur der umlaufenden Trommel eingespeichert (Bild 4/6).

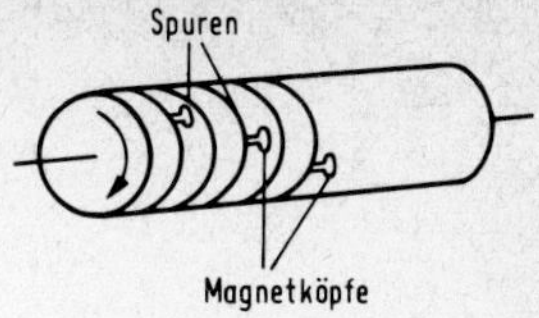

Bild 4/6. Trommelspeicher

Die Magnetköpfe haben etwa 20 bis 50 µm Abstand von der Magnetfläche. Das Lesen einer Information zerstört diese nicht wie es beim Kernspeicher der Fall ist. Die Umfangsgeschwindigkeit der Trommel ist etwa 50 m/s und die Impulsfrequenz einige 100 kHz.

Gegenüber dem Kernspeicher ist ein Trommelspeicher billiger, benötigt aber auch größere Zugriffszeiten. Für sehr schnelle Rechenmaschinen sind daher Kernspeicher geeigneter.

Während beim Trommelspeicher die Speicherkapazität proportional der Trommeloberfläche ist, ist sie beim Magnetplattenspeicher sogar proportional dem Volumen des Magnetplattenpaketes. Das Prinzip des Plattenspeichers ist nicht unterschiedlich zum Trommelspeicher, seine Zugriffszeiten sind aber erheblich größer.

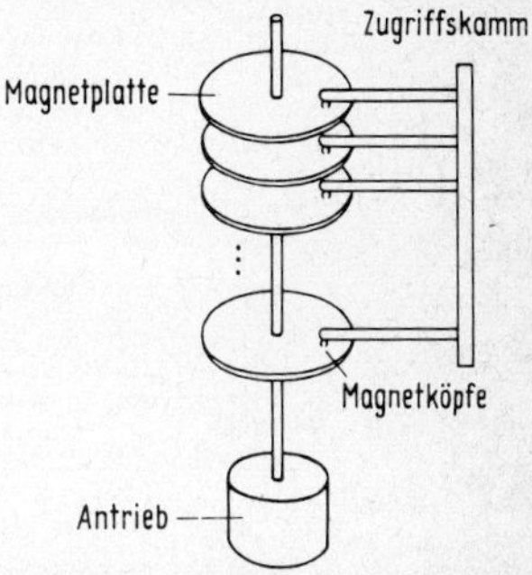

Bild 4/7. Prinzip des Plattenspeichers

Der prinzipielle Aufbau eines Plattenspeichers wird in Bild 4/7 gezeigt. Der Plattenspeicher hat 20 bis 200 magnetische Scheiben, die um eine meist senkrecht, seltener waagerecht angeordnete Achse mit z. B. 6000 min^{-1} rotieren. Die Plattenoberflächen dienen der Speicherung. Durch eine Steuerungseinrichtung kann der die Schreib- und Leseköpfe tragende Zugriffskamm in plattenradialer Richtung bewegt werden, um auf der angesteuerten Spur Informationen zu lesen oder einzuschreiben.

Als Beispiel für einen Magnetplattenspeicher sei der zum Digitalrechner TR 440 gehörige Speicher SSP 500–440 genannt.

Seine Speicherkapazität ist bis auf 352 512 000 bit ausbaufähig. Die Wortlänge beträgt 54 bit, von denen 48 als Informationsträger benutzt werden. Die Schreib- und Lesegeschwindigkeit beträgt 163 200 Wörter/sec. bei einer Umdrehungszahl von 1500 min^{-1}. Auf 1 mm Spurlänge sind 43 bit untergebracht. Der Plattenspeicher SSP 500–440 ist aus bis zu fünf Speichermoduln zu je vier ständig rotierenden Platten aufgebaut. Jeder Plattenspur ist ein Magnetkopf zugeordnet (insgesamt 1200 Köpfe für einen Modul). Durch die hierdurch überflüssige Positionierung der Köpfe können die Zugriffszeiten sehr klein (bei 20 ms im Mittel, maximal 40 ms) gehalten werden. Eine Plattenseite ist in drei Zonen mit insgesamt je 50 Spuren eingeteilt.

Ein ebenfalls zum Rechner TR 440 passender Magnetplattenspeicher ist der Großraumplattenspeicher GSP 600–440. Seine sich mit 1200 min^{-1} drehenden Platten sind horizontal gelagert und nehmen bei einer Zugriffszeit von mindestens 25 ms, maximal 200 ms und einer mittleren Schreib- und Lesegeschwindigkeit von etwa 80 000 Wörtern/sec. bis zu 62 914 560 Wörter zu 56 bit auf.

Ein dem Plattenspeicherprinzip sehr ähnliches Speicherprinzip findet man beim Magnetkartenspeicher. Die die Informationen tragenden Magnetkarten werden bei Bedarf aus dem Magnetkartenmagazin einer rotierenden Trommel zugeführt, die die jeweilige Karte ansaugt und an den Magnetköpfen vorbeidreht

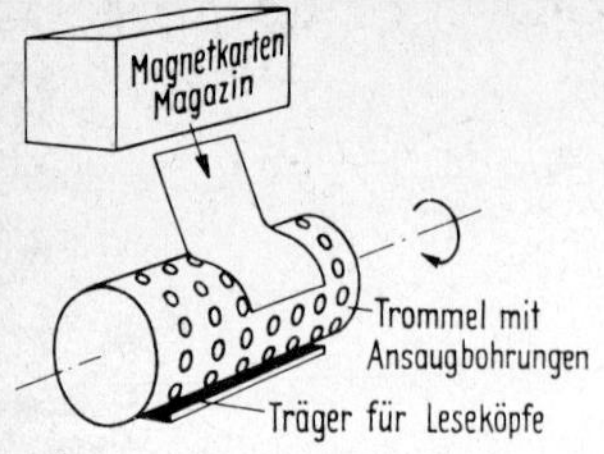

Bild 4/8. Prinzip des Magnetkartenspeichers

(Bild 4/8). Die Kapazität dieser Speicher kann außerordentlich hoch sein (z. B. 400 Millionen bit), allerdings liegt auch die mittlere Zugriffszeit mit etwa 500 ms recht hoch.

Ebenfalls für große Datenmengen (0,5 bis 20 Millionen bit) eignet sich der Magnetbandspeicher. Die Informationen sind Kodewort für Kodewort als jeweils mehrere Sprossen senkrecht zur Bewegungsrichtung des Magnetbandes gespeichert. Das Band ist in Längsrichtung in Spuren eingeteilt. Eingeschrieben und gelesen werden die Bits von Magnetköpfen (Bild 4/9).

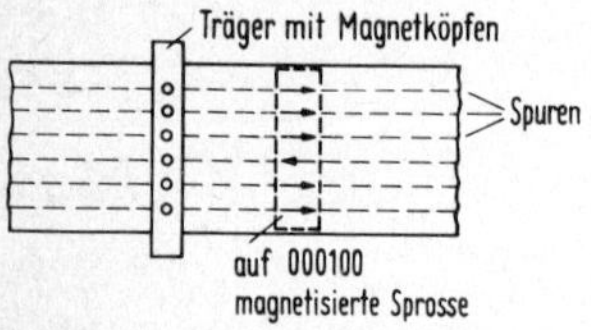

Bild 4/9. Spuren und Sprossen beim Magnetband

Es gibt auf der einen Seite Spulenbandspeicher, bei denen während des Schreib- oder Lesevorgangs als eine Art Puffer zwei Bandschleifen in Vakuumkammern geführt sind. Die Länge dieser Schleifen wird geregelt. Dadurch wird erreicht, daß beim Starten und Stoppen des Lesens oder Schreibens eines Datenblocks nicht jeweils die Massen der Wickelspulen beschleunigt oder verzögert werden müssen (Bild 4/10). Die Spulenbandspeicher sind die gebräuchlichen Magnetbandspeicher mit etwa 1000 m Bandlänge.

Außerdem gibt es die nur für kürzere Bandlängen (200 m) geeigneten Schleifenbandspeicher. Bei ihnen liegt das ab- oder auflaufende Band in schmalen Kassetten (Bild 4/11).

Die Zugriffszeiten von Bandspeichern liegen je nach Ort der Information auf dem Band bei 1 bis 10 Minuten [72].

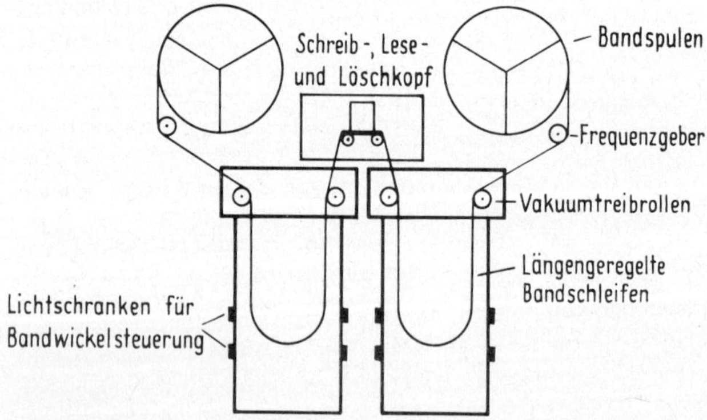

Bild 4/10. Prinzip des Spulenmagnetbandspeichers

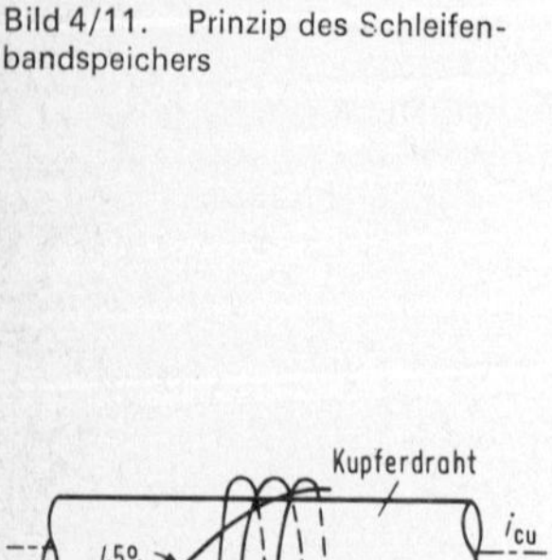

Bild 4/11. Prinzip des Schleifenbandspeichers

Als Beispiel für ein Spulenbandspeichergerät sei das zum Rechner TR 4 gehörende Gerät MDS 252 genannt. Es ist für sieben bis neun Spuren vorgesehen. Ein Wort wird auf 10 Sprossen verteilt. Die Schreibdichte beträgt nach Wahl 8, 22 oder 32 Sprossen/mm, die Schreib- und Lesegeschwindigkeit 20 000, 55 000 oder 80 000 Sprossen/s. Die Speicherkapazität eines Bandes liegt bei etwa $2{,}7 \cdot 10^6$ Wörtern für das mit 32 Sprossen/mm belegte, 1080 mm lange Band.

4.1.3. Twistor

Der Twistor ist ein speicherndes Element, das auf der Magnetisierbarkeit eines Permalloydrahtes mit rechteckiger Hysterese beruht. Ein Stück eines solchen Drahtes wird unter Zug um einen isolierten Kupferdraht gewickelt, so daß es mit dessen Längsrichtung einen Winkel von 45° einschließt (Bild 4/12). Da der Permalloydraht in Längsrichtung eine rechteckige Hysterese auf-

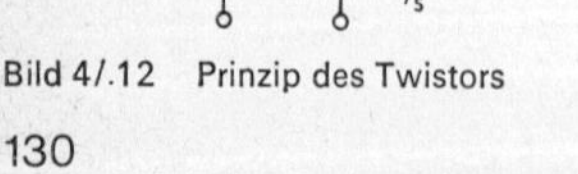

Bild 4/.12 Prinzip des Twistors

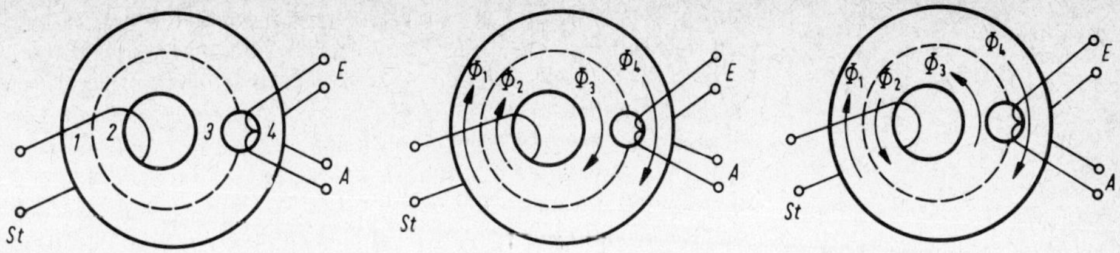

Bild 4/13. Speichern und Löschen des Transfluxors

weist, kann er durch Stromkoinzidenz der Ströme i_{cu} im Kupferdraht und i_s in einer aufgebrachten Wicklung in eine bestimmte Magnetisierungsrichtung gebracht werden.

4.1.4. Transfluxor

Den Nachteil von Ferritkernen, daß beim Lesen einer Information diese zerstört wird und neu eingespeichert werden muß, vermeidet man mit Mehrfachspeicherelementen, wie z. B. Transfluxoren. Das Prinzip des Transfluxors soll an Hand der Bilder 4/13 und 4/14 erläutert werden. Es handelt sich um einen Ferritkern mit zwei Bohrungen. Man kann diesen nun gedanklich so einteilen (Bild 4/13), daß für die magnetischen Teilflüsse im Kern insgesamt vier Bahnen 1 bis 4 vorhanden sind. Die Steuerwicklung *St*, die mit den Flüssen Φ_1 und Φ_2 der Bahnen *1* und *2* verkettet ist, dient zum Speichern von 0 oder L in den Transfluxor. Die Eingangswicklung *E*, die mit dem Fluß Φ_4 verkettet ist, dient zum Eingeben von Leseimpulsen. Die Ausgangswicklung *A* ist die eigentliche Lesewicklung.

Der Magnetisierungszustand bei einer gespeicherten 0 ist in Bild 4/13 (Mitte) zu sehen. Er wird durch einen Impuls auf der Steuerwicklung *St* herbeigeführt. Ein Leseimpuls auf der Wicklung *E* oder auch ein Wechselstrom kleiner Amplitude können wegen der vorhandenen Sättigung den Fluß Φ_4 nicht nennenswert verändern, so daß auf *A* keine Spannung induziert wird. Das bedeutet: Der Transfluxor hat eine 0 gespeichert.

Ein Steuerimpuls auf *St* von bestimmter Größe kann nun aber die Flüsse Φ_2 und Φ_3 umklappen (Bild 4/13, rechts). Dies ist der Magnetisierungszustand eines gespeicherten L.

Die Feldlinien schließen sich dann in der in Bild 4/14 gezeigten Weise. Ein Wechselstrom in *E* magnetisiert nun dauernd das Feld um die kleine Bohrung um. In *A* wird Spannung induziert. Dies bedeutet: Im Transfluxor ist L gespeichert.

4.1.5. Dünne magnetische Schichten

Man benutzt jetzt auch dünne magnetische Schichten zu Speicherzwecken. Mit Hilfe von Masken bringt man auf z. B. polierten Glasplatten etwa 10^{-5} bis 10^{-3} mm dicke Magnet-

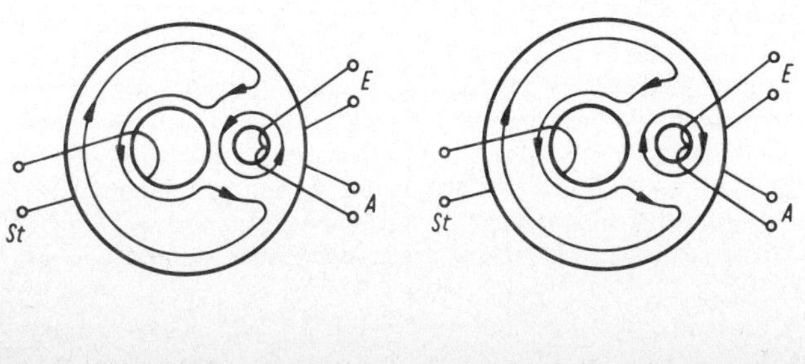

Bild 4/14. Transfluxor beim Lesen eines L

flecken (Filmpunkte) mit einem Durchmesser von etwa 0,5 mm auf. Sie entsprechen den Kernspeicherelementen eines Ferritkernspeichers und werden ebenso wie dieser mit in gleicher Weise aufgebrachten Schreib- und Leseleitungen versehen. Die Filmpunkte werden mit einer magnetischen Vorzugsrichtung (sogenannte leichte Richtung) ausgestattet. Die Schaltwerte 0 und L werden als positive bzw. negative Magnetisierung in der leichten Richtung definiert. Das Einschreiben eines Bits erfolgt durch Anlegen einer entsprechend dem Schaltwert gepolten magnetischen Feldstärke. Das Lesen, das ebenso wie das Lesen beim Ferritkernspeicher die Information zerstört, erfolgt stets durch Anlegen eines Feldes in einer bestimmten Feldstärkerichtung. Je nach Wert des Bits in der Speicherzelle wird dadurch ein positiver oder ein negativer Impuls auf der Leseleitung induziert. Die Schaltzeiten liegen bei 1 bis 10 ns. Zu einem genaueren Verständnis der Wirkungsweise der dünnen magnetischen Schichten sind elementare Kenntnisse der Magnetik nicht ausreichend. Der Interessent sei an die moderne Speziailliteratur, z. B. in [2] verwiesen.

4.1.6. Biax-Speicherzellen

Der Name Biax bedeutet *zwei Achsen*. Es handelt sich um einen Ferritwürfel von etwa 10 cm³ Volumen, der mit zwei senkrecht zueinander verlaufenden Bohrungen ausgestattet ist. Die eine ist das *Speicherloch*. Durch Anlegen eines positiven bzw. negativen Stromimpulses an die mit dem Speicherloch verbundene Leitung wird der Würfel auf 0 oder L gebracht. Das Lesen wird durch Anlegen eines Stromimpulses an die mit der zweiten Bohrung, dem *Abfrageloch* verknüpfte Leitung bewirkt. Der Lesevorgang verändert die Magnetisierung der Speicherzelle nur vorübergehend. Das Lesen erfolgt im Gegensatz zum Ferritkernspeicher zerstörungsfrei. Die erreichbaren Schaltzeiten liegen bei etwa 20 ns.

4.2. Elektronische Speicherelemente, Register

Während die in Abschnitt 4.1 betrachteten magnetischen Speicher sich besonders als Langzeitspeicher eignen, sollen im folgenden Speicherelemente betrachtet werden, die besonders zu Kurzzeitspeichern in digitalen Systemen an fast allen Stellen benötigt werden.

Auch diese meist elektronischen Speicherelemente haben zwei physikalische Zustände zur Repräsentation der Booleschen 0 und L. Ein besonders wichtiges Element dieser Art ist die bistabile Kippstufe. Es läßt sich mit Röhren oder Transistoren oder auch anderen Elementen aufbauen.

Für die Digitaltechnik haben die elektronischen Kippstufen (auch Flipflops genannt) in Röhrentechnik ihre Bedeutung verloren. Es werden daher als elektronische Kippstufen nur die Transistorrealisierungen besprochen.

4.2.1. Transistor-Kippstufe als Speicherelement

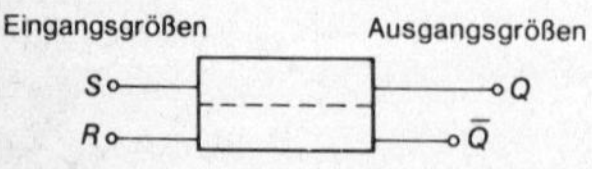

Bild 4/15. Symbol für eine *RS*-Kippstufe

Kippstufen werden symbolisch durch ein Rechteck mit einem oder mehreren Eingängen und einem Ausgang dargestellt. Ein Beispiel ist in Bild 4/15 dargestellt. Es ist das Symbol einer *RS*-Kippstufe angegeben. Sie hat einen Setzeingang *S*, der die Ausgangsgröße *Q* auf *Q* = L setzt und einen Löscheingang *R*, der die Ausgangsgröße Q auf $Q = 0$ setzt. Es existiert außerdem noch eine zweite Ausgangsgröße $\bar{Q}$, die das Komplement von Q darstellt. Tritt bei R ein Impuls auf, so wird sie auf L gesetzt. Tritt bei S ein Impuls auf, so wird sie auf 0 gesetzt.

Wichtig ist nun, daß dieses Element Speichercharakter hat. Der Zustand der Ausgangsgröße Q erlaubt stets eine Aussage darüber, auf welcher Eingangsgröße zuletzt ein L-Impuls aufgetreten ist, auch wenn dieser längst verschwunden ist.

Den prinzipiellen Aufbau einer bistabilen Kippstufe zeigt Bild 4/16. Negatives Potential möge hierbei als L aufgefaßt werden, 0 V möge als 0 gelten. An den Eingangsklemmen R und S sei die L jeweils durch einen negativen Impuls, die 0 durch das Fehlen eines solchen Impulses dargestellt.

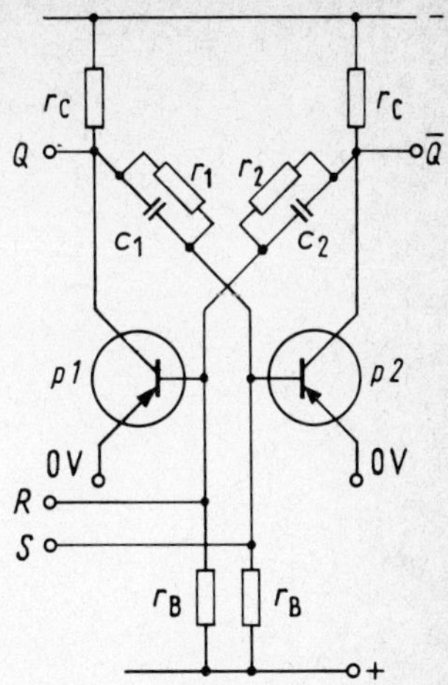

Bild 4/16. Bistabile Kippstufe

Die Schaltung wird durch zwei PNP-Emitterstufen mit dem Arbeitswiderstand r_C gebildet. Wichtig ist die für eine Kippstufe charakteristische Verbindung beider Stufen. Die Basis des einen Transistors ist mit dem Kollektor des anderen jeweils über ein *RC*-Glied *r 1*, *c 1* bzw. *r 2*, *c 2* verbunden. Durch diese Verkopplung wird der Speichercharakter der Kippstufe bewirkt.

Um dies erläutern zu können, sei von einem bestimmten Zustand der Kippstufe ausgegangen. Der Transistor *p 1* sei *auf*, der Transistor *p 2* sei *zu*. Dem entspricht, daß der Kollektor von *p 1* auf 0 V, der Kollektor von *p 2* auf negativem Potential liegt, also $Q = 0$, $\bar{Q} = \text{L}$.

Es möge nun ein negativer Impuls auf S ankommen ($S = \text{L}$). Er ist auf Grund der Schaltung direkt auf die Basis des Transistors *p 2* geführt und bringt auf Grund der besprochenen Wirkungsweise eines Transistors sofort einen Strom durch den Kollektor von *p 2* zum Fließen. Er steuert also *p 2 auf*. Dies bedeutet aber, daß das Kollektorpotential von *p 2* einen Sprung von negativem Potential auf 0 V macht ($\bar{Q} = 0$), der über *r 2*, *c 2* auf die Basis des Transistors *p 1* übertragen wird, *p 1* wird dadurch *zu*gesteuert. Sein Strom sinkt auf Null, so daß sein Kollektorpotential einen Sprung von 0 V auf negatives Potential macht ($Q = \text{L}$). Dieser Sprung setzt sich seinerseits über *r 1*, *c 1* auf die Basis von *p 2* fort. Hier kann ein negativer Impuls aber nur bewirken, daß der ohnehin schon stromführende Transistor *p 2* *auf*gesteuert bleibt. Der neue Zustand ist daher stabil. Während vorher der Transistor *p 1 auf*- und *p 2 zu*gesteuert war, ist jetzt *p 1 zu*- und *p 2 auf*gesteuert. Der anfängliche Impuls bei S hat Q auf $Q = \text{L}$ gesetzt. Ein weiterer Impuls bei S wird diesen Zustand nicht ändern. Wichtig ist vor allem, daß auch nach Verschwinden des Eingangsimpulses bei S die Ausgangsgröße Q ihren Wert $Q = \text{L}$ dauerhaft behält, solange kein Löschimpuls bei R ankommt.

Tritt dies auf, so wird durch den negativen Impuls bei R der Transistor *p 1* zunächst *auf*gesteuert. Sein Kollektorpotential steigt auf 0 V ($Q = 0$) und überträgt diesen positiven Spannungsimpuls auf die Basis von *p 2*, der dadurch *zu*gesteuert wird. Der Kollektor von *p 2* macht einen Spannungssprung von 0 V auf negatives Potential ($\bar{Q} = \text{L}$), der sich über *r 2*, *c 2* auf die Basis von *p 1* rücküberträgt und *p 1* *auf*gesteuert hält. Der neue Zustand ist stabil. Durch einen L-Impuls bei R ist Q auf $Q = 0$ gesetzt worden, das Speicherglied ist gelöscht.

Man erkennt, daß das beschriebene Schaltglied die Eigenschaft des Speicherns einer kurzzeitig am Eingang aufgetretenen Information hat. Man kann am Zustand des Speichergliedes ablesen, ob der letzte Impuls bei *R* oder bei *S* aufgetreten ist.

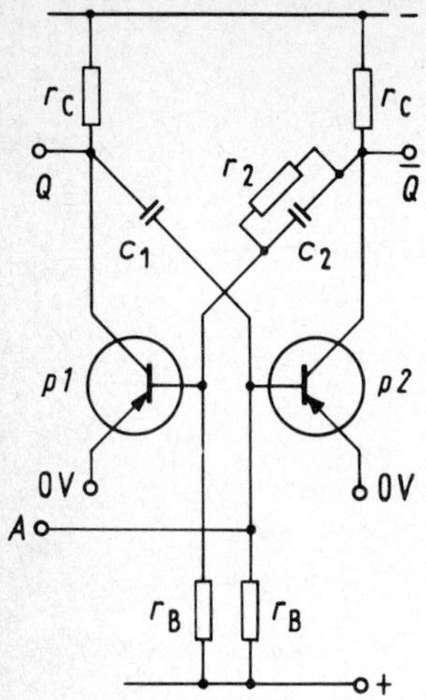

Bild 4/17. Monostabile Kippstufe

4.2.2. Monostabile und astabile Transistor-Kippstufe

Monostabile Kippstufen, auch kurz Monoflops genannt, werden in digitalen Schaltungen eingesetzt, um bestimmte Zeitbedingungen zu erfüllen. Monoflops haben die Eigenschaft, bei Auftreten einer Eingangsgröße kurzzeitig ihren Zustand zu ändern, etwa von $Q = 0$ auf $Q = L$ zu schalten. Nach einer bestimmten, einstellbaren Zeit aber kehren sie wieder in ihre Ausgangsstellung zurück. Sie haben also eine Art Kurzzeitgedächtnis.

Den prinzipiellen Aufbau einer monostabilen Kippstufe zeigt Bild 4/17. Sie unterscheidet sich nur in einem einzigen Punkt vom Aufbau der bistabilen Kippstufe: Der Kopplungswiderstand *r 1* ist nicht vorhanden. Die Basis von *p 2* hängt also nur über den Kondensator *c 1* mit dem Kollektor von *p 1* zusammen.

Der stabile Zustand der Schaltung ist vorhanden, wenn *p 1* Strom führt und *p 2* gesperrt ist. Ein negativer Impuls bei *A* ($A = L$) ändert diesen Zustand. *p 2* wird stromführend, der dadurch am Kollektor von *p 2* auftretende positive Impuls pflanzt sich über *r 2* und *c 2* auf die Basis von *p 1* fort und sperrt *p 1*. Der dadurch am Kollektor von *p 1* auftretende negative Impuls hält den Stromfluß in *p 2* aufrecht. Dieser neue Zustand ist jedoch wegen des fehlenden Widerstandes *r 1* nicht dauerhaft. Denn im stationären Zustand stellt *c 1* ja eine Unterbrechung dar. *c 1* ist nur für veränderliche Spannungen oder Ströme durchlässig, nicht für Gleichspannungen oder -ströme. Infolgedessen wird also nach Abklingen der ersten Umschaltströme immer der Zustand erreicht, wo die über r_B auf die Basis von *p 2* wirkende positive Spannung den Transistor *p 2* wieder sperrt und sich damit der ursprüngliche, einzig stabile Zustand wieder einstellt. *p 1* wird durch die positive Spannung über r_B nicht wieder gesperrt, weil der Widerstand *r 2* vorhanden ist und auch im stationären Zustand ein Spannungsteiler r_C, *r 2* und r_B existiert, der die Basis von *p 1* genügend negativ hält. Die Basis von *p 2* liegt wegen des fehlenden *r 1* nicht in einem solchen Spannungsteiler, so daß sich schließlich immer wieder die positive Spannung sperrend auf *p 2* auswirkt. Stabil ist daher nur der Zustand: *p 1 auf, p 2 zu*, also $Q = 0$.

Astabile Kippstufen tragen auch die Bezeichnung Multivibrator. Sie haben eine periodisch zwischen 0 und L schwankende Ausgangsgröße, geben also eine annähernd rechteckige Dauerschwingung ab. Sie werden in digitalen Systemen z. B. als Taktgeber benutzt.

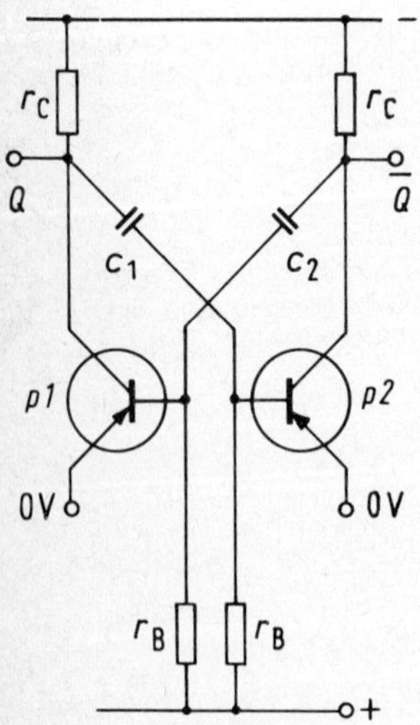

Bild 4/18. Astabile Kippstufe (Multivibrator)

Der prinzipielle Aufbau ist im Bild 4/18 dargestellt. Hier fehlt auch noch der zweite Kopplungswiderstand *r 2*. Beide Stufen sind zwischen Kollektor und Basis nur noch über die Kapazitäten *c 1* und *c 2* verkoppelt. Was beim Monoflop über den Transistor *p 2* gesagt wurde, gilt hier auch für den Transistor *p 1*. Keiner der beiden Transistoren kann dauerhaft Strom führen, da immer wieder nach einer gewissen Zeit die über r_B eingespeiste positive Spannung den gerade Strom führenden Transistor sperrt, so daß der andere Transistor *auf*gesteuert wird. An den Kollektoren von *p 1* und *p 2* entstehen dadurch zwei Rechteckschwingungen. Hieraus ist auch der Name Multivibrator abgeleitet.

Die in den Bildern 4/16 bis 4/18 gezeigten Schaltungen können zum prinzipiellen Verständnis derartiger Geräte dienen. Die praktische Ausführung von Kippstufen enthält darüber hinaus noch eine Fülle von schaltungstechnischen Feinheiten, die für den Fachmann wesentlich sind, jedoch hier nicht behandelt werden sollen. Wichtig ist es, daß man aus solchen komplizierten Schaltungen den Kern derartiger Bausteine herauslesen kann.

4.2.3. Statische und dynamische Speicherelemente

Die in den Abschnitten 4.2.1 und 4.2.2 angegebenen Flip-Flops werden durch statische Spannungswerte geschaltet. Derartige Speicherglieder werden statische Speicher genannt. Im Gegensatz dazu reagieren dynamische Speicher nur auf die Änderungsgeschwindigkeit der angelegten Spannungen, also auf deren Flankensteilheit. Aus statischen Speichern lassen sich leicht durch Vorschalten von *RC*-Gliedern mit differenzierendem Charakter dynamische Speicher erzeugen. Die im Abschnitt 5 dargestellten Berechnungsmethoden von Speicherschaltungen sind zwar zunächst für statische Speicherglieder gedacht worden, können aber abgewandelt auch auf dynamische Schaltglieder übertragen werden.

Allgemein muß bemerkt werden, daß dynamische Speicher wesentlich störanfälliger sind als statische Speicher, z. B. gegen eingestreute kleine Impulse usw. Statische Speicher sind dagegen in den meisten Anwendungen mit größerem Aufwand verbunden als dynamische.

In Bild 4/19 (unten) sind die Symbole für statische und dynamische Kippstufen angegeben. Ein Dreieck markiert den dynamischen Eingang. Ist es schwarz ausgefüllt, so wird ein L-0-Übergang als Schaltwert L interpretiert, ist es nicht ausgefüllt, so wird der Übergang von 0 nach L als Schaltwert L interpretiert.

Diese soeben benutzte Ausdrucksweise ist nicht ganz korrekt. Richtig, aber umständlicher müßte man sich folgendermaßen ausdrücken: An den Stellen, wo ein dynamischer Eingang an einem Baustein auftritt, wird die sonst in den anderen Teilen des Systems übliche Zuordnung von zwei physikalischen Zuständen Z_0 bzw. Z_L zu den Schaltwerten 0 bzw. L aufgehoben und eine andere Zuordnung an deren Stelle gesetzt. Handelt es sich um ein schwarz ausgefülltes Dreieck, so wird hier als Schaltwert L nicht einer der beiden Zustände Z_0 oder Z_L definiert, sondern der Wechsel von dem Zustand Z_L in den Zustand Z_0.

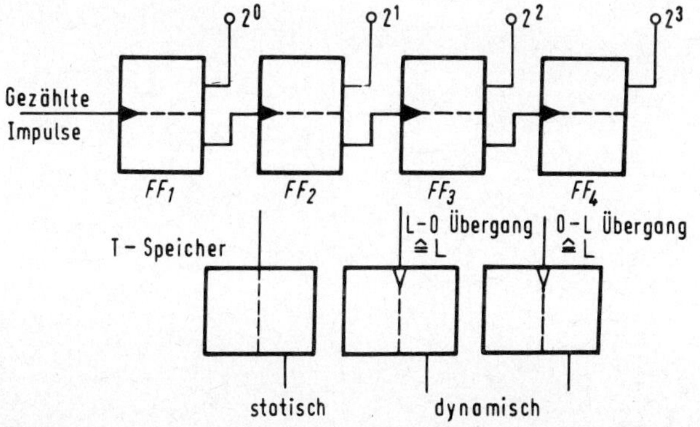

Bild 4/19. Zählkette mit dynamischen Kippstufen

Als Schaltwert 0 wird dagegen jedes beliebige andere Verhalten des Eingangs definiert, also sowohl das Verharren in einem beliebigen Zustand als auch z. B. der Wechsel vom Zustand Z_0 in den Zustand Z_L.
Bei einem nicht schwarzen Dreieck als Symbol für einen dynamischen Eingang wird als Schaltwert L der Wechsel von Z_0 nach Z_L interpretiert. Der Schaltwert 0 ist durch ein beliebiges anderes Verhalten der Eingangsgröße definiert.
Die Umständlichkeit der soeben unternommenen begrifflich exakten Definition von dynamischen Eingängen hat dazu geführt, daß die zuvor gebrauchte und auch in Bild 4/19 angegebene falsche Sprechweise sich generell eingebürgert und sogar Eingang in die Norm gefunden hat.

4.2.4. Zählketten, Zählringe

Verbindet man die beiden Eingänge eines Flipflops zu einem einzigen, so erhält man ein Speicherelement, das sogenannte T-Speicherelement, das bei einem L am Eingang jeweils die Ausgangszustände ändert. Baut man ein derartiges Element als dynamisches Flipflop, d. h., macht man es empfindlich gegen Impulsflanken einer bestimmten Polarität, so läßt sich damit ein dualer Untersetzer, d. h. eine Zählkette für Dualzahlen, bauen (Bild 4/19).
Bild 4/19 zeigt auch die Schaltkreissymbole für derartige Flipflops mit dynamischem Eingang. Vor dem Zählen mögen alle Flipflops mit ihren schwarz markierten Ausgängen auf L liegen, mit den komplementären Ausgängen auf 0. Beim ersten Impuls wird der Ausgang 2^0 auf L gesetzt, der komplementäre Ausgang auf 0. Er kann jedoch das Flipflop *FF 2* nicht umwerfen, da dieses als dynamisches Speicherglied nur auf Flanken der anderen Polarität reagiert. Es wird dagegen beim zweiten Impuls umgeworfen, der wieder *FF 1* in den ursprünglichen Zustand bringt. Nun ist also 2^0 wieder auf 0 und 2^1 auf L usw. Auf diese Weise hat man an den Ausgängen der

Bild 4/20. Zählring

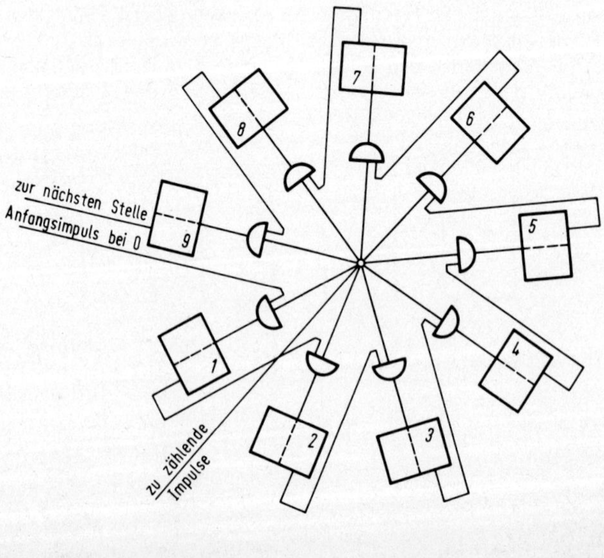

Flipflops jeweils eine Dualzahl, die der Anzahl der gezählten Impulse entspricht.
Leicht läßt sich damit auch die Funktionsweise eines Zählrings nach Bild 4/20 verstehen. Die hier dargestellten T-Flipflop-Speicherelemente erhalten die zu zählenden Eingangsimpulse über UND-Gatter zugeführt. In jedes UND-Gatter wird jedoch noch die Ausgangsgröße eines benachbarten Speichergliedes eingeführt. Bei jedem ankommenden Impuls wird eines der Speicherglieder in fortlaufender Reihenfolge auf L geschaltet, bis nach neun Impulsen der ganze Ring durchlaufen ist.

4.2.5. Schieberegister

Sollen binäre Informationen von der Seriendarstellung in die Paralleldarstellung und umgekehrt umgewandelt werden, so benutzt man Schieberegister, die ebenfalls auf Flipflops aufgebaut werden können.
Ein Schieberegister aus Flip-Flops ist in Bild 4/21 gezeigt. Es besteht aus drei Speicherelementen *S 1*, *S 2* und *S 3*, die zu Beginn einer Umwandlung alle mit dem Ausgang x_a auf 0 gebracht sind. Am Eingang $x_{e\,1}$ kommt das zu verwandelnde Serienwort an. Dabei muß dafür gesorgt werden, daß an der zweiten Eingangsgröße von *S 1* die komplementäre Wertfolge gleichzeitig zur Verfügung steht. Das erste Bit des Serienwortes wird so auf den Ausgang $x_{a\,1}$ gebracht und liegt nach einer definierten Verzögerung, die z. B. durch *RC*-Glieder erzeugt

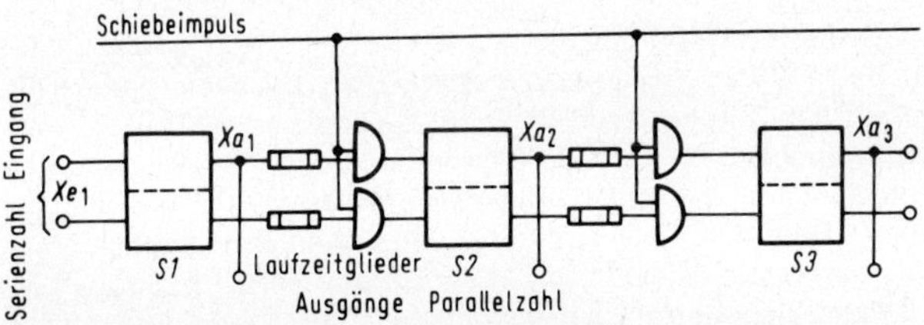

Bild 4/21. Prinzip des Schieberegisters

werden kann, am Eingang von einem dem Eingang von *S 2* vorgeschalteten UND-Gatter, das durch einen Schiebeimpuls geöffnet werden kann. Durch diesen Schiebeimpuls wird das erste Bit nach $x_{a\,2}$ gebracht, während am Eingang von *S 1* das zweite Bit des Serienwortes ankommt und nach $x_{a\,1}$ geschaltet wird. Der nächste Schiebeimpuls bringt das erste Bit nach $x_{a\,3}$, das zweite Bit nach $x_{a\,2}$, während das dritte Bit bei $x_{a\,1}$ auftritt. Dies ist der Zeitpunkt, in dem das Serienwort an drei Ausgängen der Schaltung parallel abgegriffen werden kann.
Es wird klar, daß durch zwei weitere Schiebeimpulse dieses Parallelwort bei x_{a3} wieder als Serienwort abgenommen werden kann.

4.2.6. Memoryspeicher, Haftspeicher

Fällt bei einem gewöhnlichen Flipflop die Speisespannung kurzzeitig aus, so entscheiden Zufälle über die Lage, die das Flipflop nach Wiederkehr der Spannung annimmt. Jedenfalls wird die gespeicherte Information im allgemeinen hierbei zerstört.
Um nun die Speicherelemente zu zwingen, beim Wiedereinschalten der Spannung die alte Lage wieder einzunehmen,

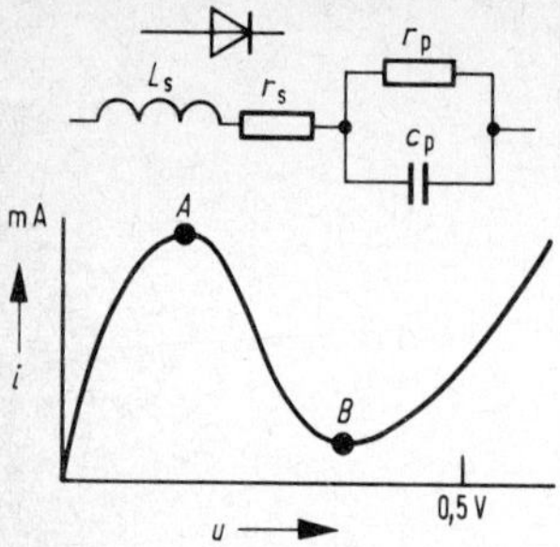

Bild 4/22. Statische Charakteristik, Schaltungssymbol und Ersatzschaltplan einer Tunneldiode

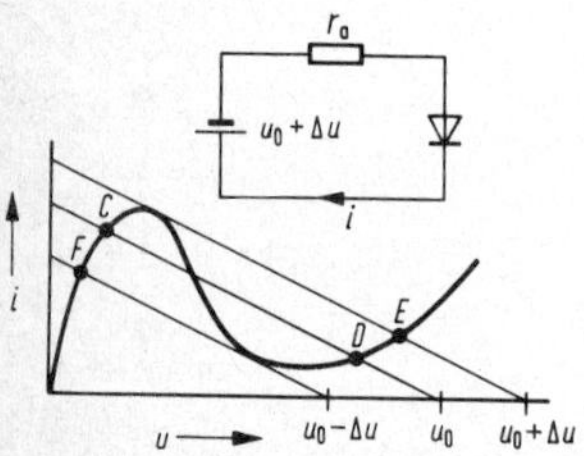

Bild 4/23. Zwei stabile Arbeitspunkte einer Tunneldiode

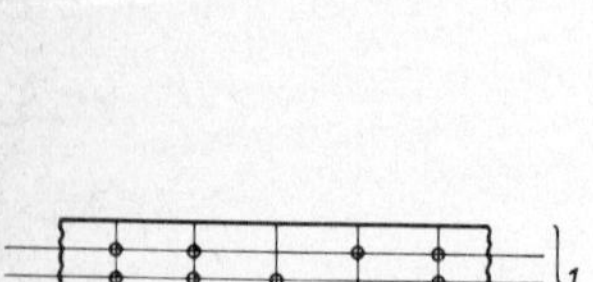

Bild 4/24. Prinzip des Laufzeitspeichers

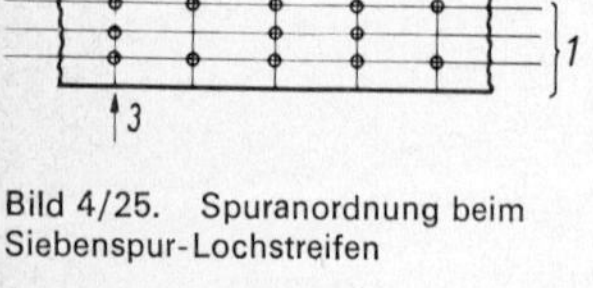

Bild 4/25. Spuranordnung beim Siebenspur-Lochstreifen

1 Informationsspuren
2 Transportspur
3 Sprosse

können sie mit Hilfe von Ferritkernen mit einem sogenannten magnetischen Gedächtnis versehen werden, das von der Spannung unabhängig ist. Eine derartige Kombination von Flipflop und Ferritkernen nennt man Memoryspeicher oder Haftspeicher.

4.2.7. Tunneldiode

Ein aus Germanium oder Galliumarsenid bestehendes Bauelement mit Speichercharakter ist die Tunneldiode [49, 50]. Ihre statische Strom-Spannungs-Charakteristik, ihr Schaltungssymbol und ihr Ersatzschaltplan für kleine Aussteuerungen zeigt Bild 4/22. Zwischen Punkt A und Punkt B der statischen Charakteristik $i\,(u)$ existiert ein Bereich negativen differentiellen Widerstandes. Nur in diesem Bereich, der bei fast allen Tunneldioden unterhalb 0,5 V liegt, gilt der angegebene Ersatzschaltplan. Schaltet man nun eine derartige Diode in Serie mit einem Arbeitswiderstand r_a an eine Spannungsquelle $U_0 \pm \Delta u$ an, so existieren zwei stabile Arbeitspunkte des Systems (Bild 4/23). Beim erstmaligen Anlegen von U_0 stellt sich der Arbeitspunkt bei C ein. Durch Zuschalten von Δu klappt der Zustand in den Arbeitspunkt E um und wandert in den Punkt D, wenn Δu verschwindet.

Bei Anlegen von $-\Delta u$ stellt sich von D aus der Arbeitspunkt F ein. Die Bedingung für dieses bistabile Verhalten ist, daß $r_a > r_p + r_s$ ist.

Mit der Tunneldiode lassen sich viele Schaltungen zu digitalen Zwecken aufbauen.

4.3. Laufzeitspeicher

In Bild 4/24 ist das Prinzip eines Laufzeitspeichers dargestellt. In ein Laufzeitglied wird in Serie ein digitales Wort in Impulsform eingegeben und von dessen Ausgang eine Rückführung zum Eingang hergestellt. Auf diese Weise läuft dieses digitale Wort dauernd im Kreis um und kann bei A in Serie abgenommen werden. In die Rückführung ist noch eine Taktung durch einen Uhrpuls eingeführt. Ebenso können in der Rückführung noch Hilfsschaltungen zum Verstärken und Regenerieren der Impulse vorgesehen werden.

Als Laufzeitglieder eignen sich Kettenschaltungen von Widerständen, Kapazitäten und Induktivitäten oder auch akustische Laufzeitröhren. Akustische Laufzeitröhren sind z. B. mit Quecksilber gefüllt (Schallgeschwindigkeit 1500 m/s) und enthalten am einen Ende der Röhre einen Quarz als Trägerfrequenzsender, am anderen Ende einen Empfängerquarz. In einer 1,5 m langen Röhre können bei 1 MHz Modulationsfrequenz z. B. 1000 bit gespeichert werden.

4.4. Elektromechanische Speicher

Zu den elektromechanischen Speichern zählen Lochkarten- und Lochstreifenspeicher. Beiden gemeinsam ist das Prinzip der Realisierung der Schaltwerte 0 durch eine nicht vorhandene Lochung und L durch eine vorhandene Lochung im Datenträgerpapier. Gelocht wird im Lochstreifen- bzw. Lochkartenstanzer. Die Informationen werden sprossenweise aufgebracht. Der Transport des Lochstreifens wird durch Friktionsräder oder mit Hilfe der sogenannten Transportspur bewirkt, in die Perlräder eingreifen (Bild 4/25). Der Lochstreifen hat fünf bis acht

Informationsspuren. Die Lochungsgeschwindigkeit liegt bei etwa 10 bis 300 Sprossen/s, wobei die Angabe 10 Zeichen/s die im Fernschreibdienst benutzte Größenordnung der Geschwindigkeit angibt.
Die Lochkarte hat 12 Zeilen und z. B. 80 oder 90 Spalten. In jeder Spalte kann ein Zeichen abgelocht werden. Die Kartenlocher können entweder manuell bediente oder von einem anderen Speicher angesteuerte Geräte sein.
Die Karte wird entweder nacheinander spaltenweise oder insgesamt in einem Arbeitshub des Stanzers gelocht. Die Stanzgeschwindigkeit liegt etwa bei vier Karten je Sekunde.
Das Lesen erfolgt bei Lochkarte und Lochstreifen durch mechanische, photoelektrische oder kapazitive Abtastung der Lochungen. Bei der Lochkarte lassen sich bisher maximal etwa 20 Karten je Sekunde lesen, Lochstreifenleser erreichen als mechanische Leser etwa 30 Zeichen je Sekunde, als photoelektrische Leser 300 bis 2000 Zeichen je Sekunde.
Während man die Lochkarte als Informationsspeicher insbesondere in Datenverarbeitungszentren findet, hat sich im rauheren Klima der industriellen Datenverarbeitung, insbesondere bei numerischen Steuerungen von Maschinen der Lochstreifen besonders bewährt [72].
Als Beispiele für Geräte für elektromechanische Speicherung seien verschiedene zum Rechner TR 440 gehörende Anlagen genannt.

Der Lochkartenstanzer LKS 150–440 stanzt in beliebigen Kodes bis zu 250 Karten/min. Dem Stanzvorgang folgt ein Prüflesen, das die Anzahl der durchgeführten Lochungen mit der Zahl der den Stanzvorgang auslösenden Impulse vergleicht. Falsch gestanzte Karten werden automatisch durch Versetzung im Kartenstapel des Ausgabefachs gekennzeichnet.
Der Lochkartenleser LKL 720–440 liest photoelektrisch bis zu 1200 Karten/min. Er liest 80spaltige Lochkarten mit 12zeiligen Sprossen. Die Ablagefächer der Ein- und Ausgabe fassen je 4000 Karten.
Der Lochstreifenleser LSL 200–440 liest fünf- bis achtspurige, beliebig kodierte Lochstreifen mit einer Geschwindigkeit bis zu 2000 Zeichen/s Der Pufferspeicher nimmt bis zu 128 Zeichen auf, ohne daß die Lesegeschwindigkeit gemindert werden muß. Erhält der Pufferspeicher mehr als 128 Zeichen, so sorgt er für eine stetige Verminderung der Lesegeschwindigkeit bis zum vollständigen Stillstand des Streifentransports.

4.5. Speicherelemente im System Logistat

Das bereits in Kapitel 2 zum Teil besprochene Bausteinsystem Logistat hat natürlich auch eine Reihe von elektronischen Zeitelementen, wie z. B. Speichern und Verzögerungsgliedern [24, 25].

4.5.1. Speicherbausteine von Logistat I-Si

Bei Logistat I-Si stehen als Speicher zur Verfügung:
Der Speicher SS 1 und die Haftspeicher HS 11 bzw. HS 21 sowie der Impulsspeicher IS 11.
Die Funktion dieser Bausteine ist durch die Schaltkreissymbole von Bild 4/26 erklärt. Die Speicher SS 11 und HS 11 haben die

gleiche Eingangsschaltung. Um den Speicher zu setzen, d. h. auf $A = L$ zu bringen, können entweder die zwei UND-verknüpften Eingänge a_1, a_2 benutzt werden oder der Eingang a_3. Gelöscht wird der Speicher durch die beiden UND-verknüpften Eingänge b_1, b_2 oder durch b_4. An a_0 bzw. b_0 können weitere ODER-Bausteine angefügt werden. Beide Speicher sind Speicher mit Löschvorrang, d. h. bei gleichzeitigem Auftreten eines L am Lösch- und am Setzeingang wird $A = 0$ erzeugt. Dies ist in den beiden Symbolen für die Speicher SS 11 und HS 11 angegeben (Bild 4/26).

Der Unterschied zwischen beiden Speichern liegt darin, daß der Speicher HS 11 über die geschilderten Eigenschaften hinaus ein Haftspeicher oder Memoryspeicher ist, der auch bei Ausfallen der Versorgungsspannung seine Information beibehält und sich nach deren Rückkehr wieder in seinen Zustand vor dem Ausfall einstellt. Dies wird durch Benutzung von magnetischen Speicherkernen erreicht, die mit ihrer Remanenz das von der Versorgungsspannung unabhängige Gedächtnis des Haftspeichers darstellen.

Ebenfalls ein Haftspeicher ist das Speicherglied HS 21. Es hat eine zusätzliche vielseitige Eingangslogik (Bild 4/26). Das Setzen erfolgt durch fünf UND-Eingänge, das Löschen durch zwei ODER-Eingänge. Die Ausgangsgröße ist X. Auf Grund der Zuordnung der Schaltwerte 0 und L zu positiven Spannungswerten treten hier stets positive Spannungen $+X$ [V] auf. Um leistungsmäßig z. B. eine optische Anzeige des Speicherzustands direkt an den Baustein anschließen zu können, wird auch der entsprechende negative Wert $-X$ [V] erzeugt und herausgeführt. Weiterhin hat der Baustein HS 21 die in Bild 4/26 gezeigte Logik für die Verknüpfung von Schutzbedingungen sowie zum Aufbau einer Umschaltlogik für Automatik, Hand und Einrichten.

Der Impulsspeicher IS 11 wird durch dynamische Eingänge c_1 und c_2 gesetzt und gelöscht. Er hat je zwei Vorbereitungseingänge für Setzen und Löschen, sowie zwei statische Eingänge für Löschen und Voreinstellung.

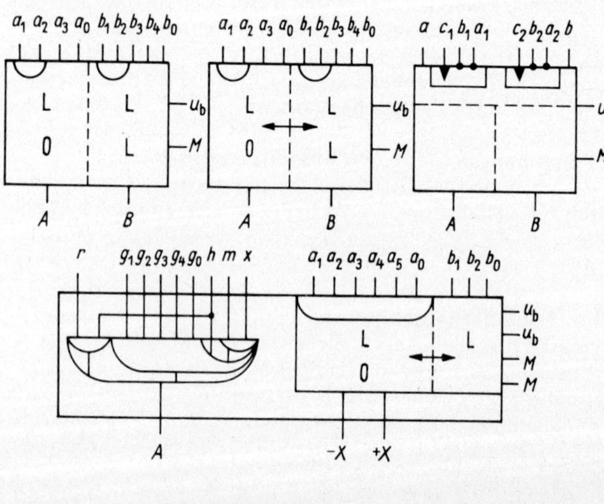

Bild 4/26. Speicherbausteine des Systems Logistat I-Si
Von links nach rechts:
SS 11, HS 11, HS 21, IS 11

Logistat I-Si hat ferner das variable Zeitglied ZS 11, das als Verzögerungsglied, Kurzzeitspeicher, Monoflop oder Taktgeber benutzt werden kann. Durch Zusammenschaltung mehrerer Impulsspeicher wurde die Zähldekade QS 11 geschaffen.
Eine Reihe von Zusatz- und Sonderbausteinen rundet die Vielseitigkeit des Systems ab.

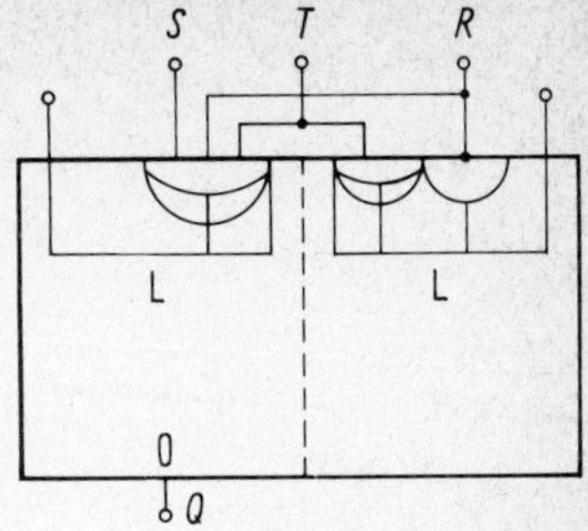

Bild 4/27. Funktionssymbol für das Speicherelement S 4300

4.5.2. Speicherbausteine von Logistat II-Si

An Speicherbausteinen hat das System Logistat II-Si die Bausteine S 4300 und S 4301. S 4300 hat vier statische Kippstufen mit einem zusätzlichen gemeinsamen Löscheingang. Die Funktion einer Kippstufe des S 4300 ist aus Bild 4/27 ersichtlich.
Der Speicherbaustein S 4301 hat ebenfalls vier statische Speicherelemente, deren Funktion durch Bild 4/28 erklärt ist. Auch hier ist ein allen vier Elementen gemeinsamer Löscheingang herausgeführt.
Logistat II-Si hat ferner eine Fülle von weiteren Funktionseinheiten, wie Rechenbausteinen, Zeitgliedern, Kodierern, Zählern und Sonderbausteinen, die hier nicht näher besprochen werden können.

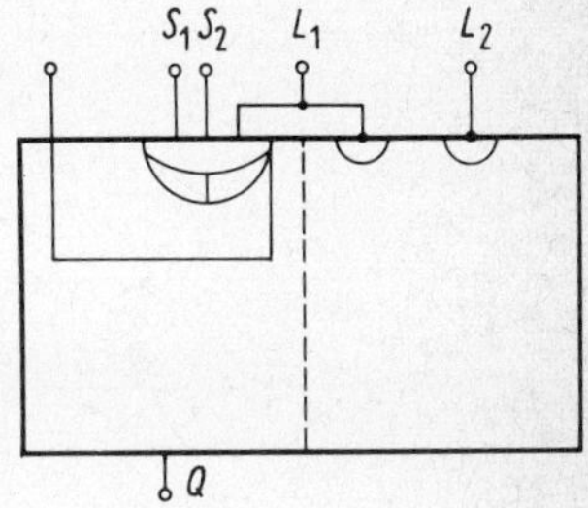

Bild 4/28. Funktionssymbol für das Speicherelement S 4301

4.5.3. Speicher für synchrone Digitalsysteme

Bei den bisher beschriebenen Verknüpfungsschaltungen und Speicherelementen ändern sich die Ausgangssignale unmittelbar nach dem Eintreffen der Eingangssignale (abgesehen von den unvermeidbaren Stufenverzögerungszeiten). Ein aus solchen Elementen gebautes System arbeitet *asynchron*, sofern die Eingangssignale nicht in gleichen Zeitabständen eintreffen. Auf Grund der meist unterschiedlichen Verzögerungszeiten der einzelnen Schaltstufen ist die Größe eines funktionsfähigen asynchron arbeitenden Digitalsystems begrenzt nach oben hin. Beim Aufbau größerer Systeme zieht man daher das Prinzip der *synchronen* Digitalsysteme heran, bei dem sämtliche Speicher von einem zentralen Taktgenerator gesteuert werden. Die Speicher haben zusätzlich zu den üblichen Eingängen (in der Folge als Vorbereitungseingänge bezeichnet) noch einen Takteingang. Etwaige Änderungen der Speicherzustände werden erst durch einen Impuls am Takteingang ermöglicht. Dabei ist der neue Zustand, den der Speicher annimmt, nur abhängig von den Vorbereitungssignalen und dem Speicherzustand im Augenblick des Eintreffens des Taktimpulses und bleibt unverändert bis zum nächsten Taktimpuls.
Bild 4/29 zeigt das Prinzip der synchronen Digitalsysteme. Die zur Realisierung solcher Systeme erforderlichen getakteten Speicher (eventuell mit zusätzlichen logischen Funktionen) werden heutzutage fast ausschließlich in integrierter Schaltkreistechnik (IC-Technik) hergestellt. Man unterscheidet hierbei abhängig vom Grad der Integrierung zwischen SSI (**S**mall **S**cale **I**ntegration), MSI (**M**id **S**cale **I**ntegration) und LSI (**L**arge **S**cale **I**ntegration). Drei Formen der SSI-Halbleiterspeicher, die sich stark durchgesetzt haben, sind die sogenannten Speicher-Flipflops, D-Flipflops und Master-Slave-Flipflops.

4.5.3.1. Speicher-Flipflop

Ein vierfaches Speicher-Flipflop, nämlich der Baustein TL 7425 N der TTL-Serie von AEG-TELEFUNKEN ist in Bild 4/30 dargestellt.

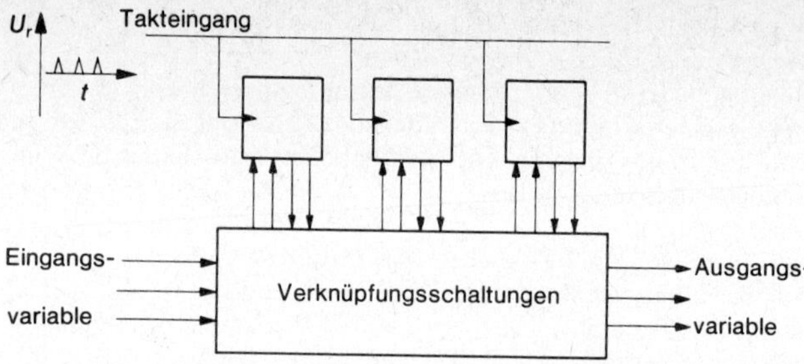

Bild 4/29. Zum Prinzip synchroner Digitalsysteme

Die Wirkungsweise des Flipflops bei synchronem Betrieb ist durch die im gleichen Bild gezeigte Funktionstabelle angegeben. Hierbei stellen D und Q_1 in den ersten beiden Spalten die Werte dieser binären Signale zu einem Zeitpunkt nach dem n-ten und vor dem $(n+1)$-ten Impuls und die 3. Spalte die Werte von Q_1 nach dem $(n+1)$-ten Impuls dar. Es ist offensichtlich, daß die Ausgangsgröße nach dem Taktimpuls stets gleich der Eingangsgröße zum Zeitpunkt des Eintreffens des Taktimpulses ist.

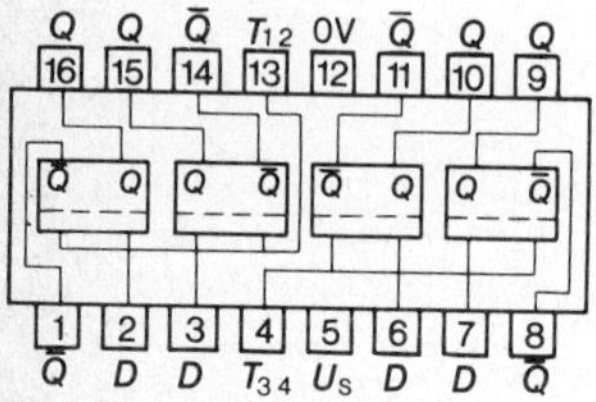

Bitzeit t_n		t_{n+1}
D	Q_1 1)	Q_1 1)
2	16	16
3	15	15
6	10	10
7	9	9
L	L	L
H	L	H
L	H	L
H	H	H

Bild 4/30. Anschlußplan und Funktionstabelle des Speicherflipflops L 7475 N
oben: Anschlußplan U_1 4,5 ··· 5,25 V

4.5.3.2. D-Flipflop

Bild 4/31 zeigt die Anschluß-, Funktions- und Stromlaufpläne des von AEG-TELEFUNKEN hergestellten Bauelements FBJ 132 in RTL-Technik. Es handelt sich hierbei um ein zweifaches D-Flipflop. Die Funktionstabelle und die Setz-Rücksetzfunktion sind in den entsprechenden Tabellen gezeigt. Hierbei stellen D und Q_1 in den ersten beiden Spalten die Werte dieser Signale zum Zeitpunkt nach dem n-ten und vor dem $(n+1)$-ten Taktimpuls dar und Q_1 in der dritten Spalte den Zustand der Ausgangsgröße nach dem $(n+1)$-ten Impuls.

4.5.3.3. JK-Master-Slave-Flipflop

Im Bild 4/32 ist als weiteres Flipflop das JK-Master-Slave-Flipflop der AEG-Telefunken-TTL-Serie dargestellt. Die Funktionstabellen für den synchronen Betrieb sowie für die Setz-Rücksetzfunktionen in der entsprechenden Tabelle dienen zur Erläuterung der Funktionsweise dieses Bausteins.

4.5.4. SSI-Halbleiter-Speichereinheiten

Beim Verarbeiten digitaler Signale in größeren Anlagen, etwa in einem Digitalrechner werden häufig größere Speichermatrizen mit kurzen Schreib- und Lesezeiten (etwa 10 bis 50 ns) bzw. Festwertspeicher-Matrizen mit kurzen Lesezeiten benötigt. Infolge der raschen Entwicklung der Technologie der IC-Herstellungsverfahren sowie auf Grund von neuen Prinzipien des Halbleiterspeichers ist man in der Lage, solche Speichermatrizen mit bis zu 4 Kbit Kapazität als monolithischen LSI-IC in einem 3,0 cm × 1,2 cm × 0,35 cm -Gehäuse unterzubringen. Die Information wird hierbei meist wortweise mit Wortlängen von 4 bis 6 Bit gespeichert. Im folgenden werden einige Merkmale typischer Klassen solcher Speicherbausteine erläutert.

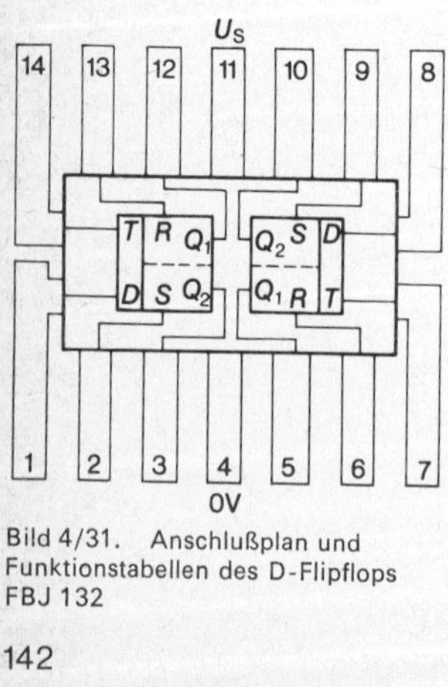

Bild 4/31. Anschlußplan und Funktionstabellen des D-Flipflops FBJ 132

4.5.4.1. Random Access Memory (RAM)

RAM oder wahlfreie Speichereinheiten sind solche, bei denen die binäre Information sowohl eingeschrieben, als auch herausgelesen werden kann. Es werden sowohl Speichermatrizen mit MOSFET, als auch mit bipolaren Transistoren hergestellt. Die erstgenannten haben gegenüber Bipolar-Transistor-Matrizen die Vorteile, daß sie billiger in der Herstellung sind, mit höherer Packungsdichte hergestellt werden können und niedrigeren Leistungsverbrauch aufweisen. Bipolar-Transistor-Speicher sind dagegen schneller.

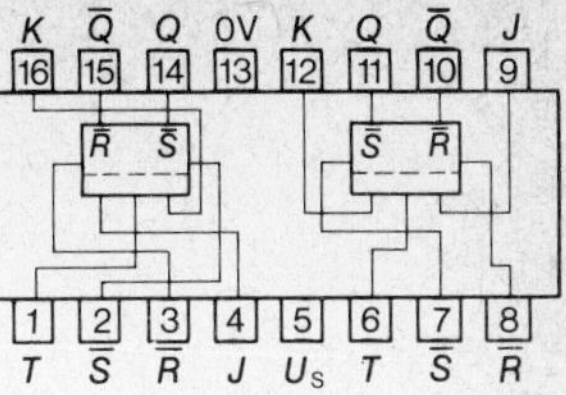

Bitzeit			
t_n			t_{n+1}
J	K	Q_1 1)	Q_1 1)
4	16	15	15
9	12	11	11
L	L/H	L	L
H	L/H	L	H
L/H	H	H	L
L/H	L	H	H

S	R	Q_1	Q_2
L	H	H	L
H	L	L	H

Bild 4/32. Anschlußplan und Funktionstabellen für ein TK-Master-Slave-Flipflop TL 7476

4.5.4.2. Read Only Memory (ROM)

ROM oder Festwertspeicher sind solche, bei denen die Information ein für allemal im Speicher eingeschrieben ist. Man kann den Speicher nur lesen. Solche Speicher werden verwendet als Zuordner, für Kodewandlung und Tabellensuchen, bei der Mikroprogrammierung usw. Das Einschreiben oder Programmieren des Speichers wird entweder durch Verwendung geeigneter Masken während der Herstellung der monolithischen IC oder elektrisch durchgeführt. ROM werden sowohl in MOS-Technik als auch mit bipolaren Transistoren hergestellt.

4.5.4.3. Read Mostly Memory (RMM)

RMM oder teilweise löschbare Speicher. Zur Zeit werden LSI-MOS-Halbleiter-Speicher entwickelt, die sehr schnell gelesen werden können (vergleiche ROM), andererseits aber eine Änderung des gespeicherten Programms gestatten. Die Änderung des Programms (d. h. das Einschreiben der Information) erfolgt allerdings sehr langsam.

4.6. Pneumatische und hydraulische Speicherelemente (Fluid-Speicherelemente)

Für die bereits in Kapitel 2 vorgestellten Fluid-Systeme benötigt man natürlich auch Speicherelemente, astabile Kippstufen und andere Zeitglieder. Für ihre Realisierung seien einige Beispiele angegeben.

Bild 4/33 zeigt mit der durch Bild 2/76 definierten Symbolik einen Multivibrator [70].

In Bild 4/34 findet man ein Speicherelement in Fluid-Kugel-Realisierung, wobei die durch Bild 2/78 eingeführte Symbolik benutzt wurde [71].

Ein Speicherelement in dynamischer Fluid-Technik ist in Bild 4/35 dargestellt. Der vom Versorgungsdruck V erzeugte Strahl hat das

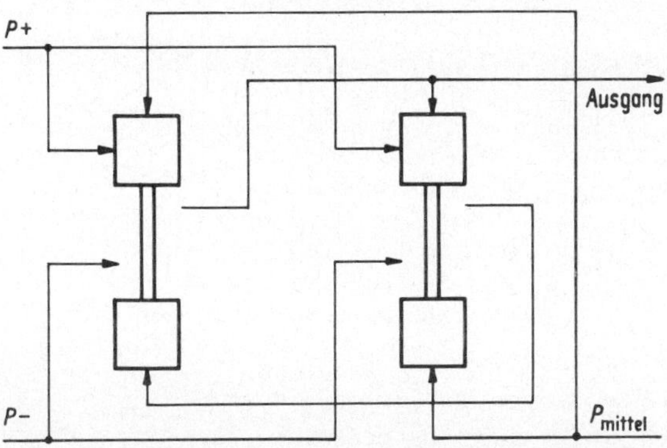

Bild 4/33. Multivibrator in Fluid-Technik

Bild 4/34. Speicherelement in Fluid-Technik mit Kugelverknüpfern

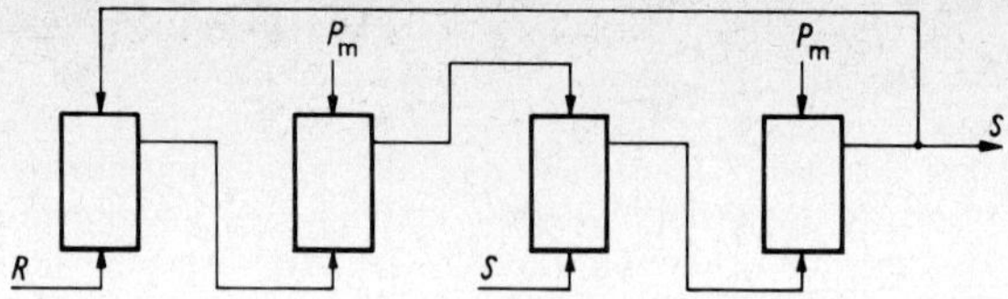

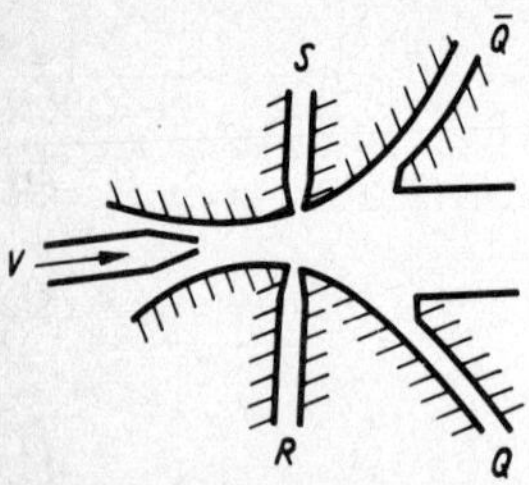

Bild 4/35. Speicherelement in dynamischer Fluid-Technik

Bestreben, sich einer der beiden gekrümmten Konturen anzuschmiegen. Diese Flächenhaftung kann durch eine der Eingangsgrößen überwunden werden. Wird der Strahl etwa zunächst nach Q gelenkt, so kann ein Löschimpuls auf R den Strahl nach $\bar{Q}$ umlenken, so daß bei Q kein Staudruck mehr vorhanden ist. Auch wenn der Druck bei R wieder schwindet, bleibt der Strahl auf $\bar{Q}$ zu gerichtet. Der Speicher ist gelöscht.

5. Theoretische Behandlung digitaler Systeme mit Speicherelementen

Das Kapitel 5 beschäftigt sich mit den theoretischen Hilfsmitteln zum Entwurf von Schaltungen, in denen elektronische statische Speicherelemente verwendet werden [5, 16, 26, 51]. Elektronische Speicherglieder (Flipflops) haben einen oder mehrere Eingänge und einen Ausgang Q sowie einen weiteren Ausgang, der gerade immer den Wert $\bar{Q}$ hat. Realisierungen wurden in Kapitel 4 besprochen. Q wird auch als Zustand des Speicherelementes bezeichnet, der am Ausgang abgefragt wird. Zur Vereinfachung und in Anlehnung an die Realität (meist existiert in einer Anlage ein Taktimpuls) denkt man sich die Zeit in diskreten Zeitpunkten gegeben. Eingangssignale, Zustand und Ausgangssignale kann man sich dann als nur zu diesen Zeitpunkten existent vorstellen.

5.1. Übertragungsfunktion der Speicherglieder

Die Funktionsweise eines Speicherelementes wird vollständig beschrieben durch Angabe des Zusammenhangs zwischen Eingangssignalen und Zustand zu einem Zeitpunkt n und Zustand zum Zeitpunkt $n + 1$. Dieser Zusammenhang läßt sich formal als Funktion

$$Q^{n+1} = f\,(E_1{}^n, E_2{}^n, \ldots, E_k{}^n, Q^n) \tag{5.1}$$

schreiben. Dabei sind E_1, bis, E_k die k Eingänge des betrachteten Speicherelementes. Der hochgestellte Index gibt an, zu welchem Zeitpunkt die Größe betrachtet wird. Die Funktion (5.1) wird als Übertragungsfunktion des Speicherelementes bezeichnet. Die Übertragungsfunktion hat für verschiedene Speichertypen verschiedenes Aussehen. Da die Eingänge nur die Werte 0 und L annehmen können, kann die Funktion (5.1) durch eine Funktionstabelle gegeben werden. Nun werden einige wichtige Speicherelemente mit zwei Eingängen betrachtet.

Tabelle 5/1. Funktionstabelle für das RS-Speicherglied

R^n	S^n	Q^{n+1}	
0	0	Q^n	
0	L	L	
L	0	0	
L	L	–	nicht zugelassen

5.1.1. *RS*-Speicherelement

Die zwei Eingänge dieses Elementes werden mit S (set) und R (reset) bezeichnet. Wenn auf beiden Eingängen die 0 erscheint, so soll der Zustand nicht geändert werden. Erscheint auf S ein L, so soll der nächste Zustand L sein, wenn auf R ein L erscheint, so soll der nächste Zustand 0 sein. Der Fall, daß beide Eingänge mit L belegt sind, soll nicht auftreten. Er muß im realen Gerät nötigenfalls durch eine Zusatzschaltung verhindert werden. Die so beschriebene Funktion läßt sich in der Funktionstabelle darstellen (Tabelle 5/1). Das Schaltkreissymbol des *RS*-Speicherelementes zeigt Bild 5/1.

Aus Tabelle 5/1 kann man nun die Übertragungsfunktion explizit ablesen. Man erhält

$$Q^{n+1} = \bar{R}^n\,\bar{S}^n\,Q^n + \bar{R}^n\,S^n. \tag{5.2}$$

Man kann die Aussage, daß $(R, S) = (\mathrm{L}, \mathrm{L})$ nicht zugelassen ist, als Nebenbedingung

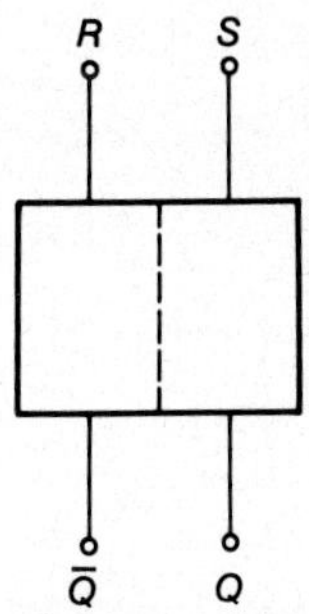

Bild 5/1. Schaltkreissymbol für das *RS*-Speicherglied

$$R^n S^n = 0 \qquad (5.3)$$

formulieren.
Der Einfachheit halber setzt man den gemeinsamen Index aller Größen an eine gemeinsame Klammer:

$$Q^{n+1} = (\bar{R}\bar{S}Q + \bar{R}S)^n. \qquad (5.4)$$

Die Übertragungsfunktion kann unter Ausnutzung der Nebenbedingung zu

$$Q^{n+1} = (S + \bar{R}Q)^n \qquad (5.5)$$

vereinfacht werden.
Die Funktionen (5.5) und (5.3) zusammen beschreiben das Verhalten des *RS*-Speichergliedes vollständig.

5.1.2. *IK*-Speicherelement

Ein anderes Speicherelement mit zwei Eingängen ist das *IK*-Speicherelement. Es zeigt ganz ähnliches Verhalten wie der *RS*-Speicher. Durch den Eingang *K* wird der Zustand des Elementes zu 0 gemacht, durch den Eingang *I* zu L. Wenn auf beiden Eingängen kein Signal erscheint, bleibt der Zustand des vorherigen Zeitpunktes erhalten. Im Gegensatz zum *RS*-Speicherglied ist die Eingangskombination (I, K) = (L, L) erlaubt. Diese Eingangskombination ändert Q in $\bar{Q}$. Die Funktionstabelle für diesen Zusammenhang ist Tabelle 5/2 und das Schaltsymbol für das *IK*-Speicherelement zeigt Bild 5/2.

Tabelle 5/2. Funktionstabelle für das *IK*-Speicherglied

I^n	K^n	Q^{n+1}
0	0	Q^n
0	L	0
L	0	L
L	L	$\bar{Q}^n$

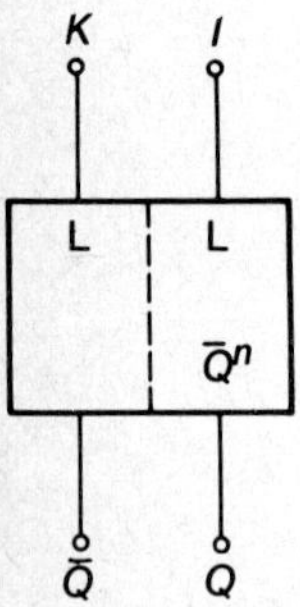

Bild 5/2. Schaltkreissymbol für das *IK*-Speicherglied

Aus der Tabelle liest man unmittelbar für die Übertragungsfunktion ab:

$$Q^{n+1} = (\bar{I}\bar{K}Q + I\bar{K} + IK\bar{Q})^n. \qquad (5.6)$$

Diese Funktion läßt sich vereinfachen, und man erhält endgültig als Übertragungsfunktion für das *IK*-Speicherelement

$$Q^{n+1} = (\bar{K}Q + I\bar{Q})^n. \qquad (5.7)$$

5.1.3. *EL*-Speicherelement

Als drittes Speicherelement wird der *EL*-Speicher mit Löschvorrang beschrieben [16, 51]. Für die ersten drei Kombinationen von 0 und L für *E* und *L* soll sich das Element genauso wie der *RS*- und der *IK*-Speicher verhalten. Für (E, L) = (L, L) soll der Löscheingang *L* den Vorrang haben, d. h., für diese Kombination soll $Q^{n+1} = 0$ sein. Funktionstabelle ist Tabelle 5/3, und das Schaltkreissymbol des *EL*-Speichers zeigt Bild 5/3.

Tabelle 5/3. Funktionstabelle für das *EL*-Speicherglied

E^n	L^n	Q^{n+1}
0	0	Q^n
0	L	0
L	0	L
L	L	0

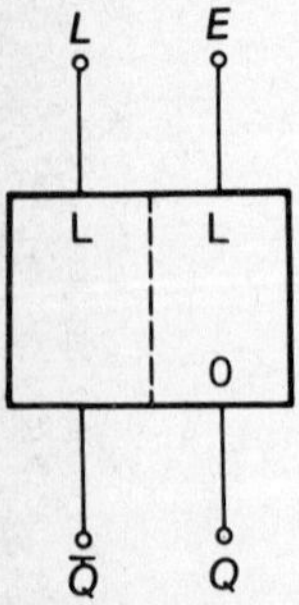

Bild 5/3. Schaltkreissymbol für das *EL*-Speicherglied

Aus der Tabelle liest man als Übertragungsfunktion des *EL*-Speichers ab:

$$Q^{n+1} = (\bar{E}\bar{L}Q + E\bar{L})^n = [\bar{L}\,(E + Q)]^n. \qquad (5.8)$$

5.2. Problemfunktion

Die Übertragungsfunktion beschreibt vollständig das Übertragungsverhalten des betrachteten Speicherelementes, d. h., sie gibt den Zusammenhang zwischen Eingangsgrößen und Zustand zu einem und zum nächsten Zeitpunkt wieder.
Auf der anderen Seite soll das Speicherglied eine ganz bestimmte Funktion in einer Schaltung erfüllen. Das Verhalten eines

Speicherelementes als Bestandteil einer digitalen Schaltung wird durch eine Problemfunktion beschrieben. Diese Funktion gibt an, wie der Zustand des Elementes zu einem Zeitpunkt abhängt von irgendwelchen anderen Größen der Schaltung und seinem Zustand zum vorherigen Zeitpunkt.

5.2.1. Beispiel einer Problemfunktion

Es soll eine Schaltung aufgebaut werden, die eintreffende Impulse mod 8 zählt. Um acht Zahlen als Folge von 0 und L darzustellen, braucht man drei Stellen, also für die Realisierung drei Speicherelemente *A, B, C*. Man kann die Zuordnung der acht Zahlen 0, 1, bis 7 zu den acht Kombinationen von 0 und L der Länge drei beliebig wählen. Es sei die in Tabelle 5/4 dargestellte Zuordnung festgelegt.

Tabelle 5/4.

0	L00
1	LLL
2	00L
3	L0L
4	0LL
5	LL0
6	0L0
7	000

Manchmal ist es in der Praxis tatsächlich zweckmäßig, einen solchen auf den ersten Blick absonderlich erscheinenden Kode zu wählen.

Sind bei der betrachteten Schaltung etwa fünf Impulse angekommen, so ist die Kombination (*A, B, C*) gleich (L, L, 0). Beim nächsten Impuls muß auf (*A, B, C*) = (0, L, 0) geschaltet werden. Von (0, 0, 0) = 7 wird zurück auf 0 = (L, 0, 0) gesprungen. Es läßt sich so leicht ein Funktionszeitplan für zwei aufeinanderfolgende Zeitpunkte *n* und *n* + 1 angeben. Das ist in Tabelle 5/5 durchgeführt.

Tabelle 5/5.

	A^n	B^n	C^n	A^{n+1}	B^{n+1}	C^{n+1}	
(0)	L	0	0	L	L	L	(1)
(1)	L	L	L	0	0	L	(2)
(2)	0	0	L	L	0	L	(3)
(3)	L	0	L	0	L	L	(4)
(4)	0	L	L	L	L	0	(5)
(5)	L	L	0	0	L	0	(6)
(6)	0	L	0	0	0	0	(7)
(7)	0	0	0	L	0	0	(0)

Tabelle 5/5 läßt sich aber nun leicht als Funktionstabelle auffassen. Es lassen sich dann die Funktionen

$A^{n+1} = f_1\,(A^n, B^n, C^n)$, $B^{n+1} = f_2\,(A^n, B^n, C^n)$ und $C^{n+1} =$
$= f_3\,(A^n, B^n, C^n)$ angeben. Man findet

$$
\begin{aligned}
A^{n+1} &= (A\bar{B}\bar{C} + \bar{A}\bar{B}C + \bar{A}BC + \bar{A}\bar{B}\bar{C})^n,\\
B^{n+1} &= (A\bar{B}\bar{C} + A\bar{B}C + \bar{A}BC + AB\bar{C})^n,\\
C^{n+1} &= (A\bar{B}\bar{C} + ABC + \bar{A}\bar{B}C + A\bar{B}C)^n.
\end{aligned}
\qquad (5.9)
$$

Dies sind die Problemfunktionen, die das Verhalten der drei Speicherelemente *A, B* und *C* als Teile der gewünschten Zählschaltung beschreiben.

5.2.2. Verallgemeinerte Form der Problemfunktion

Man kann nun die Form einer Problemfunktion standardisieren. Ist

$$Q^{n+1} = f\,(A, B, C, \ldots, Q)^n, \qquad (5.10)$$

so läßt sich diese Funktion umformen zu

$$Q^{n+1} = [g_1 (A, B, C, \ldots) Q + g_2 (A, B, C, \ldots) \bar{Q}]^n \qquad (5.11)$$
$$Q^{n+1} = (g_1 Q + g_2 Q)^n,$$

wobei g_1 und g_2 Funktionen sind, die weder Q noch $\bar{Q}$ enthalten. Diese Umformung folgt daraus, daß entweder jeder Term in (5.10) Q oder $\bar{Q}$ enthält oder durch $T = T(Q + \bar{Q}) = TQ + T\bar{Q}$ zu solchen Termen umgeformt werden kann.
Diese verallgemeinerte Form der Problemfunktion wird im Weiteren benutzt.

5.3. Boolesche Bestimmungsgleichungen und Eingangsfunktionen

Nun hat man also für jedes Speicherelement einer digitalen Schaltung eine Übertragungsfunktion

$$Q^{n+1} = f(E_1{}^n, \ldots, E_k{}^n, Q^n)$$

und eine Problemfunktion

$$Q^{n+1} = (g_1 Q + g_2 \bar{Q})^n.$$

Um die gewünschte Funktion des Speicherelementes zu erreichen, müssen die Eingänge $E_1, \ldots, E_k$ so beeinflußt werden, daß Übertragungs- und Problemfunktion gleich werden, so daß also gilt

$$f(E_1{}^n, \ldots, E_k{}^n, Q^n) = (g_1 Q + g_2 \bar{Q})^n. \qquad (5.12)$$

Diese Bestimmungsgleichung muß also zur Konstruktion der gewünschten Schaltung nach den E_i aufgelöst werden. Genauer: es müssen Funktionen

$$E_1 = h_1 (g_1, g_2, Q)$$
$$\vdots \qquad (5.13)$$
$$E_k = h_k (g_1, g_2, Q)$$

gefunden werden, so daß gilt

$$f[h_1 (g_1, g_2, Q)^n, \ldots, h_k (g_1, g_2, Q)^n, Q^n] = (g_1 Q + g_2 \bar{Q})^n.$$

Die Funktionen (5.13) werden Eingangsfunktionen genannt. Sie bestimmen den Aufbau des logischen Teils, der vor die Speicherelemente geschaltet werden muß.
Die Eingangsfunktionen für die schon behandelten drei Speicherelemente werden nun in sehr allgemeiner Form abgeleitet.

5.3.1. Auflösung für das *RS*-Speicherelement

Für das *RS*-Speicherelement entspricht der Gleichung (5.12) die Gleichung

$$(g_1 Q + g_2 \bar{Q})^n = (S + \bar{R} Q)^n \qquad (5.14)$$

Tabelle 5/6. Lösungstabelle für die Boolesche Bestimmungsgleichung beim *RS*-Speicherelement

g_1^n	g_2^n	Q^n	$Q^{n+1} = (g_1 Q + g_2 \bar{Q})^n =$ $= (S + \bar{R} Q)^n$	R^n	S^n	Zeile
0	0	0	0	a_0	0	0
0	0	L	0	L	0	1
0	L	0	L	0	L	2
0	L	L	0	L	0	3
L	0	0	0	a_4	0	4
L	0	L	L	0	a_5	5
L	L	0	L	0	L	6
L	L	L	L	0	a_7	7

mit der Nebenbedingung

$$(RS)^n = 0\,. \tag{5.3}$$

Gesucht sind jetzt R und S in Abhängigkeit von g_1, g_2 und Q, so daß (5.14) erfüllt ist. Wegen der Einfachheit der Bestimmungsgleichung kann sie mit einer Funktionstabelle gelöst werden (Tabelle 5/6).

Wie die ersten vier Spalten der Tabelle 5/6 zustande kommen, ist klar. Die Spalten 5 und 6 betrachtet man nun zeilenweise. Zunächst werden die Zeilen behandelt, in denen Q^{n+1} gleich 0 ist, also die Zeilen 0, 1, 3 und 4. Für diese Zeilen muß wegen $0 = (S + \bar{R}\,Q)^n$ jedenfalls stets $S^n = 0$ sein. Für R^n muß man zwei Fälle unterscheiden. Entweder ist $Q^n = \text{L}$, dann muß $\bar{R}^n = 0$ sein, oder $Q^n = 0$, dann kann $\bar{R}^n$ sowohl 0 als auch L sein. Deshalb steht in der nullten und vierten Zeile der R^n-Spalte a_0 bzw. a_4. Diese Symbole stellen freie Parameter dar, die den Wert 0 oder L annehmen können. Nun betrachtet man die Zeilen, in denen $Q^{n+1} = \text{L}$ ist. Wenn $Q^n = 0$ ist, so muß $S^n = \text{L}$ sein, und R^n kann wegen $(RS)^n = 0$ nicht L sein. Das ist in den Zeilen 2 und 6 der Fall. Bleiben noch die Zeilen 5 und 7. Wäre hier $R^n = \text{L}$, so müßte auch $S^n = \text{L}$ sein, das ist aber wiederum wegen $(RS)^n = 0$ nicht möglich. Es muß also $R^n = 0$ sein. Dann kann aber S^n sowohl gleich L als auch gleich 0 sein. Dieser Sachverhalt wird durch die freien Parameter a_6 und a_7 charakterisiert.

Damit ist der funktionale Zusammenhang von R^n, S^n und g_1^n, g_2^n, Q^n andererseits in einer Funktionstabelle festgelegt. Aus ihr liest man für die Eingangsfunktionen des *RS*-Speichers leicht ab:

$$\begin{aligned} S^n &= (\bar{g}_1\, g_2\, \bar{Q} + a_5\, g_1\, \bar{g}_2\, Q + g_1\, g_2\, \bar{Q} + a_7\, g_1\, g_2\, Q)^n\,, \\ R^n &= (a_0\, \bar{g}_1\, \bar{g}_2\, \bar{Q} + \bar{g}_1\, \bar{g}_2\, Q + \bar{g}_1\, g_2\, Q + a_4\, g_1\, \bar{g}_2\, \bar{Q})^n\,. \end{aligned} \tag{5.15}$$

Durch besondere Wahl der Parameter erhält man alle Lösungen der Gleichung (5.14).

In der algebraischen Form (5.15) sind die Eingangsfunktionen nicht sehr einprägsam. Sie lassen sich sehr viel übersichtlicher im KV-Diagramm darstellen (Tabelle 5/7).

Tabelle 5/7.

R^n

	a_0	L	
g_2	0	L	
	a_4	0	g_1
g_2	0	0	g_1
		Q	

S^n

	0	0	
g_2	L	0	
	0	a_5	g_1
g_2	L	a_7	g_1
		Q	

Tabelle 5/8. Lösungstabelle für die Boolesche Bestimmungsgleichung beim *IK*-Speicherelement

$g_1{}^n$	$g_2{}^n$	Q^n	$Q^{n+1} = (g_1 Q + g_2 \bar{Q})^n = (\bar{K}Q + I\bar{Q})^n$	I^n	K^n	Zeile
0	0	0	0	0	a_0	0
0	0	L	0	a_1	L	1
0	L	0	L	L	a_2	2
0	L	L	0	a_3	L	3
L	0	0	0	0	a_4	4
L	0	L	L	a_5	0	5
L	L	0	L	L	a_6	6
L	L	L	L	a_7	0	7

Tabelle 5/9.

I^n

	0	a_1	
g_2	L	a_3	
	0	a_5	g_1
g_2	L	a_7	g_1
		Q	

K^n

	a_0	L	
g_2	a_2	L	
	a_4	0	g_1
g_2	a_6	0	g_1
		Q	

5.3.2. Auflösung für das *IK*-Speicherelement

Die Gleichsetzung von Problemfunktion und Übertragungsfunktion führt beim *IK*-Speicherelement zur Bestimmungsgleichung

$$(g_1 Q + g_2 \bar{Q})^n = (\bar{K} Q + I \bar{Q})^n. \tag{5.16}$$

Sie wird in ganz ähnlicher Weise wie beim *RS*-Speicherglied mit einer Funktionstabelle gelöst (Tabelle 5/8).
Wieder werden zunächst Zeilen mit $Q^{n+1} = 0$ und Zeilen mit $Q^{n+1} = \mathrm{L}$ unterschieden. Ist $Q^{n+1} = 0$ und außerdem $Q^n = 0$, wie in den Zeilen 0 und 4, so muß $I^n = 0$ sein, während K^n beliebig ist. Ist $Q^{n+1} = 0$ und $Q^n = \mathrm{L}$, wie in Zeile 1 und 3, so ist $K^n = \mathrm{L}$ und I^n beliebig. In Zeile 2 und 6 ist $Q^{n+1} = \mathrm{L}$ und $Q^n = 0$. Hier muß $I^n = \mathrm{L}$ sein, K^n darf beliebig gewählt werden. In den beiden restlichen Zeilen 5 und 7 ist $K^n = 0$ und I^n beliebig. Aus Tabelle 5/8 liest man ab:

$$\begin{aligned} I^n &= (a_1 \bar{g}_1 \bar{g}_2 Q + \bar{g}_1 g_2 \bar{Q} + a_3 \bar{g}_1 g_2 Q + a_5 g_1 \bar{g}_2 Q + \\ &\qquad + g_1 g_2 \bar{Q} + a_7 g_1 g_2 Q)^n, \\ K^n &= (a_0 \bar{g}_1 \bar{g}_2 \bar{Q} + \bar{g}_1 \bar{g}_2 Q + a_2 \bar{g}_1 g_2 \bar{Q} + \bar{g}_1 g_2 Q + \\ &\qquad + a_4 g_1 \bar{g}_2 \bar{Q} + a_6 g_1 g_2 \bar{Q})^n . \end{aligned} \tag{5.17}$$

Das KV-Diagramm dieser Funktionen ist in Tabelle 5/9 angegeben.

5.3.3. Auflösung für das *EL*-Speicherelement [51]

Beim *EL*-Speicher ergibt sich die Bestimmungsgleichung

$$(g_1 Q + g_2 \bar{Q})^n = [\bar{L} (E + Q)]^n . \tag{5.18}$$

Diese Gleichung wird ähnlich wie beim *RS*-Speicher und beim *IK*-Speicher aufgelöst. Hier sei nur das Ergebnis im KV-Diagramm angegeben (Tabelle 5/10).
Bemerkenswert an diesen Eingangsfunktionen ist, daß nicht alle Parameter frei sind, d. h. unabhängig voneinander gewählt werden können. Ist z. B. $b_0 = \mathrm{L}$, so kann der Parameter im nullten Feld von L^n nicht gleich 0 sein. Ist umgekehrt der Parameter im nullten Feld von L^n gleich 0, kann nicht $b_0 = \mathrm{L}$ sein.

5.4. Wahl der Parameter, Umsetzung der Eingangsfunktionen in einen Schaltplan

In den Eingangsfunktionen aller hier behandelten Speicherelemente treten Parameter auf. Beim *RS*-Speicher sind es vier Parameter, die unabhängig voneinander die Werte 0 und L annehmen können. Das bedeutet, daß die Gesamtheit aller Eingangsfunktionspaare aus $2^4 = 16$ verschiedenen Paaren von Funktionen bestehen. Diese Funktionen haben sehr unterschiedlichen Aufbau, so daß sich die Frage nach dem Paar mit den wenigsten Verknüpfungen erhebt.

Es gibt nun zwar auch ein systematisches Verfahren, das ein solches Paar bestimmt, hier soll jedoch darauf nicht eingegangen werden [5, 16, 51]. Die Parameter werden willkürlich gewählt.

Wenn man für den *RS*-Speicher alle Parameter zu 0 macht, erhält man die Eingangsfunktionen

$$S = g_2\bar{Q},$$

$$R = \bar{g}_1 Q. \qquad (5.19)$$

Mit diesen Eingangsfunktionen wird im nächsten Abschnitt gearbeitet.

5.4.1. Beispiel einer kodierten Zählschaltung aus Abschnitt 5.2.1

Im Abschnitt 5.2.1 wurde die Problemfunktion am Beispiel einer Zählschaltung eingeführt. Zur Realisierung dieser Schaltung sollen *RS*-Speicher benutzt werden.

Mit der oben getroffenen Wahl der Parameter ergibt sich:

$$\begin{aligned} S_A &= g_{2A}\bar{A}, \\ R_A &= \bar{g}_{1A} A, \\ S_B &= g_{2B}\bar{B}, \\ R_B &= \bar{g}_{1B} B, \\ S_C &= g_{2C}\bar{C}, \\ R_C &= \bar{g}_{1C} C. \end{aligned} \qquad (5.20)$$

Aus den Problemfunktionen (5.9) liest man für die Teilfunktionen ab:

$$\begin{aligned} g_{1A} &= \bar{B}\bar{C}, \\ g_{1B} &= \bar{A}C + A\bar{C}, \\ g_{1C} &= A + \bar{B}, \\ g_{2A} &= \bar{B} + C, \\ g_{2B} &= A, \\ g_{2C} &= A\bar{B}. \end{aligned} \qquad (5.21)$$

Setzt man nun (5.21) in (5.20) ein, so erhält man

$$\begin{aligned} S_A &= (\bar{B} + C)\bar{A}, \\ R_A &= (B + C) A, \\ S_B &= A\bar{B}, \\ R_B &= (\bar{A}\bar{C} + AC) B, \\ S_C &= A\bar{B}\bar{C}, \\ R_C &= \bar{A}BC. \end{aligned} \qquad (5.22)$$

Tabelle 5/10.

E^n

	b_0	a_1	
g_2	L	a_3	
	b_4	a_5	g_1
g_2	L	a_7	
		Q	

L^n

	$b_0 + b_1$	L	
g_2	0	L	
	$b_4 + b_2$	0	g_1
g_2	0	0	
		Q	

Bild 5/4. Schaltwerk für den zu ermittelnden Zähler

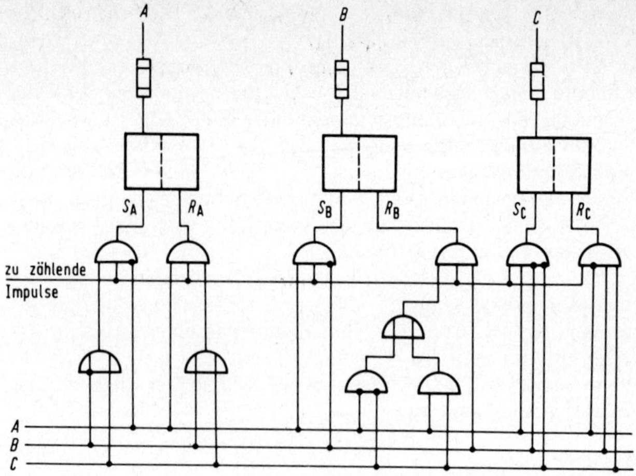

Aus diesen Beziehungen ergibt sich der Schaltplan in Bild 5/4. Natürlich müssen die zu zählenden Impulse allen Eingangsgrößen zugefügt werden.

Die Eingangsgrößen *A*, *B* und *C* in Bild 5/4 werden erst hinter Verzögerungsgliedern abgenommen und in den Eingang des logischen Teils zurückgeführt. Wäre das nicht der Fall, so würde die direkte, unverzögerte Rückführung unter Umständen ein unerwünschtes Weiterschalten bewirken, nämlich dann, wenn der zu zählende Impuls noch nicht verschwunden ist.

5.4.2. Beispiel einer pentadisch kodierten Zählschaltung

Nun soll eine Zählschaltung konstruiert werden, die im Walking-Kode von 0 bis 9 zählt. Die Zuordnung des Walking-Kodes ist im Abschnitt 1.2.7.1 beschrieben. Aus ihr ergibt sich der Funktionszeitplan (Tabelle 5/11).

Die 5 Bits der Kodewörter werden an den Ausgängen von fünf Speichergliedern abgenommen. Es werden hier *EL*-Speicher gewählt. Ihre Ausgangsgrößen werden mit *A*, *B*, *C*, *D* und *E* bezeichnet. Aus dem Funktionszeitplan (Tabelle 5/11) lassen sich die fünf Problemfunktionen ablesen:

$$
\begin{aligned}
A^{n+1} &= [\bar{A}BC\bar{D}\bar{E} + A\bar{B}C\bar{D}\bar{E} + \bar{A}B\bar{C}\bar{D}E + A\bar{B}\bar{C}\bar{D}E]^n = \\
&= [(\bar{B}C\bar{D}\bar{E} + \bar{B}\bar{C}\bar{D}E)\cdot A + (BC\bar{D}\bar{E} + B\bar{C}\bar{D}E)\cdot \bar{A}]^n = [g_{1A}A + g_{2A}\bar{A}]^n, \\
B^{n+1} &= [\bar{A}\bar{B}CD\bar{E} + \bar{A}B\bar{C}D\bar{E} + A\bar{B}C\bar{D}\bar{E} + AB\bar{C}\bar{D}\bar{E}]^n = \\
&= [(\bar{A}\bar{C}D\bar{E} + A\bar{C}\bar{D}\bar{E})\cdot B + (\bar{A}CD\bar{E} + AC\bar{D}\bar{E})\cdot \bar{B}]^n = [g_{1B}B + g_{2B}\bar{B}]^n, \\
C^{n+1} &= [\bar{A}\bar{B}\bar{C}DE + \bar{A}\bar{B}C\bar{D}E + \bar{A}B\bar{C}D\bar{E} + \bar{A}BC\bar{D}\bar{E}]^n = \\
&= [(\bar{A}\bar{B}\bar{D}E + \bar{A}B\bar{D}\bar{E})\cdot C + (\bar{A}\bar{B}DE + \bar{A}BD\bar{E})\cdot \bar{C}]^n = [g_{1C}C + g_{2C}\bar{C}]^n, \\
D^{n+1} &= [\bar{A}\bar{B}C\bar{D}E + \bar{A}\bar{B}CD\bar{E} + A\bar{B}\bar{C}\bar{D}E + A\bar{B}\bar{C}D\bar{E}]^n = \\
&= [(\bar{A}\bar{B}C\bar{E} + A\bar{B}\bar{C}\bar{E})\cdot D + (\bar{A}\bar{B}CE + A\bar{B}\bar{C}E)\cdot \bar{D}]^n = [g_{1D}D + g_{2D}\bar{D}]^n, \\
E^{n+1} &= [\bar{A}\bar{B}\bar{C}DE + AB\bar{C}\bar{D}\bar{E} + \bar{A}B\bar{C}\bar{D}E + A\bar{B}\bar{C}D\bar{E}]^n = \\
&= [(\bar{A}\bar{B}\bar{C}D + \bar{A}B\bar{C}\bar{D})\cdot E + (AB\bar{C}\bar{D} + A\bar{B}\bar{C}D)\cdot \bar{E}]^n = [g_{1E}E + g_{2E}\bar{E}]^n.
\end{aligned}
\tag{5.23}
$$

Tabelle 5/11. **Zeitplan des pentadischen Zählers**

Zeit n A^n	B^n	C^n	D^n	E^n	Zeit $n+1$ A^{n+1}	B^{n+1}	C^{n+1}	D^{n+1}	E^{n+1}
0	0	0	L	L	0	0	L	0	L
0	0	L	0	L	0	0	L	L	0
0	0	L	L	0	0	L	0	L	0
0	L	0	L	0	0	L	L	0	0
0	L	L	0	0	L	0	L	0	0
L	0	L	0	0	L	L	0	0	0
L	L	0	0	0	0	L	0	0	L
0	L	0	0	L	L	0	0	0	L
L	0	0	0	L	L	0	0	L	0
L	0	0	L	0	0	0	0	L	L

Die Teilfunktionen g_{1Q} und g_{2Q} in diesen Problemfunktionen lauten also jeweils

$$
\begin{aligned}
g_{1A} &= \bar{B}C\bar{D}\bar{E} + \bar{B}\bar{C}\bar{D}E,\\
g_{2A} &= BC\bar{D}\bar{E} + B\bar{C}\bar{D}E;\\
g_{1B} &= \bar{A}\bar{C}D\bar{E} + A\bar{C}\bar{D}\bar{E},\\
g_{2B} &= \bar{A}CD\bar{E} + AC\bar{D}\bar{E};\\
g_{1C} &= \bar{A}\bar{B}\bar{D}E + \bar{A}B\bar{D}\bar{E},\\
g_{2C} &= \bar{A}\bar{B}DE + \bar{A}BD\bar{E};\\
g_{1D} &= \bar{A}\bar{B}C\bar{E} + A\bar{B}\bar{C}\bar{E},\\
g_{2D} &= \bar{A}\bar{B}CE + A\bar{B}\bar{C}E;\\
g_{1E} &= \bar{A}\bar{B}\bar{C}D + \bar{A}B\bar{C}\bar{D},\\
g_{2E} &= AB\bar{C}\bar{D} + A\bar{B}\bar{C}D.
\end{aligned}
\qquad (5.24)
$$

Wählt man die freien Parameter der Eingangsfunktionen in Tabelle 5/10 in folgender Weise

$$b_0 = b_1 = b_2 = b_4 = a_1 = a_5 = 0, \; a_3 = a_7 = \mathrm{L}. \qquad (5.25)$$

so ergibt sich

$$
\begin{aligned}
E^n &= g_{2Q}{}^n,\\
L^n &= \bar{g}_{1Q}{}^n\, Q^n.
\end{aligned}
\qquad (5.26)
$$

Aus (5.24) und (5.26) erhält man so

$$
\begin{aligned}
E_A{}^n &= g_{2A}{}^n = (BC\bar{D}\bar{E} + B\bar{C}\bar{D}\bar{E})^n,\\
E_B{}^n &= g2_B{}^n = (\bar{A}CD\bar{E} + AC\bar{D}\bar{E})^n,\\
E_C{}^n &= g_{2C}{}^n = (\bar{A}\bar{B}DE + \bar{A}\bar{B}D\bar{E})^n,\\
E_D{}^n &= g_{2D}{}^n = (\bar{A}\bar{B}CE + A\bar{B}\bar{C}E)^n,\\
E_E{}^n &= g_{2E}{}^n = (AB\bar{C}\bar{D} + A\bar{B}\bar{C}D)^n,\\
\\
L_A{}^n &= (\overline{g_{1A}}\,A)^n = (\overline{\bar{B}C\bar{D}\bar{E} + \bar{B}\bar{C}\bar{D}E})^n \cdot A^n,\\
L_B{}^n &= (\overline{g_{1B}}\,B)^n = (\overline{\bar{A}\bar{C}D\bar{E} + A\bar{C}\bar{D}\bar{E}})^n \cdot B^n,\\
L_C{}^n &= (\overline{g_{1C}}\,C)^n = (\overline{\bar{A}\bar{B}\bar{D}E + \bar{A}B\bar{D}\bar{E}})^n \cdot C^n,\\
L_D{}^n &= (\overline{g_{1D}}\,D)^n = (\overline{\bar{A}\bar{B}\bar{D}\bar{E} + A\bar{B}\bar{C}\bar{E}})^n \cdot D^n,\\
L_E{}^n &= (\overline{g_{1E}}\,E)^n = (\overline{\bar{A}\bar{B}\bar{C}D + \bar{A}B\bar{C}\bar{D}})^n \cdot E^n.
\end{aligned}
\qquad (5.27)
$$

Hiermit läßt sich der Schaltplan in Bild 5/5 angeben.

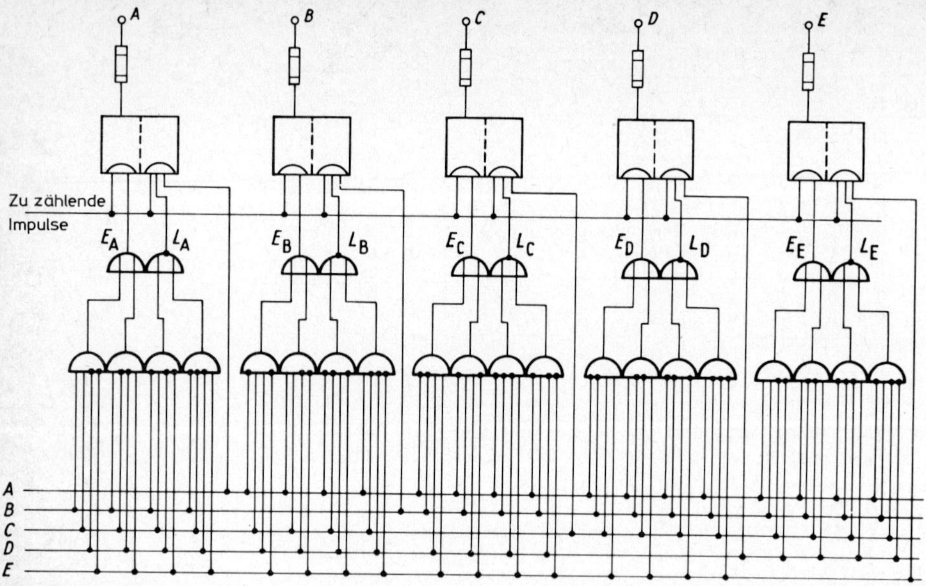

Bild 5/5. Schaltwerk für den pentadischen Zähler

5.4.3. Hinweis auf Methoden zur Optimierung der Zahl der freien Parameter und zur Einführung von Redundanzen

Wie bereits erwähnt, gibt es eine Methode zur optimalen Wahl der Parameter in den Eingangsfunktionen [51]. Würde man aber die redundanten Pentaden, die im Walking-Kode keine Bedeutung haben, berücksichtigen, so wäre der Schaltaufwand wesentlich geringer.

Eine Darstellung der Methoden zur besten Wahl der freien Parameter und zum Erfassen von Redundanzen für derartige Schaltungen würde jedoch über den Rahmen dieses Handbuches hinausgehen. Es wird daher hier lediglich auf das Bestehen solcher Methoden hingewiesen.

6. Einführung in die Schaltkreissynthese

6.1. Logischer Zuordner

Für theoretische Betrachtungen ist es nützlich, ein möglichst allgemeines Beschreibungssystem für eine beliebige digitale Anlage zu haben. Zu diesem Zweck wurden einige Automatenmodelle entwickelt, in denen sämtliche speziellen digitalen Systeme enthalten sind.

Eine besondere Form eines Automatenmodells ist der logische Zuordner. Hierbei werden sämtliche Ausgangsgrößen eines digitalen Systems als Funktionen aller Eingangsgrößen zu bestimmten Zeitpunkten beschrieben. In Bild 6/1 ist ein solcher Zuordner dargestellt.

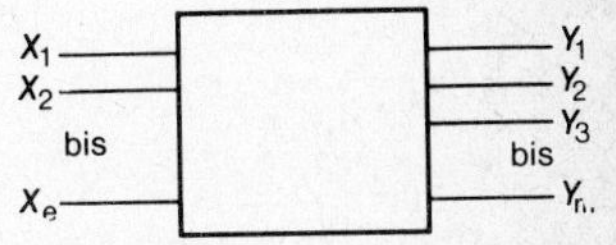

Bild 6/1. Logischer Zuordner als Automatenmodell

Die Ausgangsgrößen y_i zur Zeit n lassen sich für jedes beliebige digitale System in der Form

$$y_i^n = f_i\,(x_1^{n-1}, x_1^{n-2}, x_1^{n-3}, \ldots, x_2^{n-1}, x_2^{n-2}, x_2^{n-3}, \ldots, \ldots, x_l^{n-1}, x_l^{n-2}, x_l^{n-3}, \ldots) \quad (6.1)$$

als Funktion darstellen. Ein solcher Zuordner eliminiert also gewissermaßen die Zeit.

Da der logische Zuordner als Automatenmodell zur Schaltkreissynthese nicht gut brauchbar ist, wurde von Huffman und Moore ein Automatenmodell angegeben, das besser dazu geeignet ist, Aufgaben der Schaltkreissynthese so aufzubereiten, daß sie mit Boolescher Algebra behandelt werden können [52 bis 54].

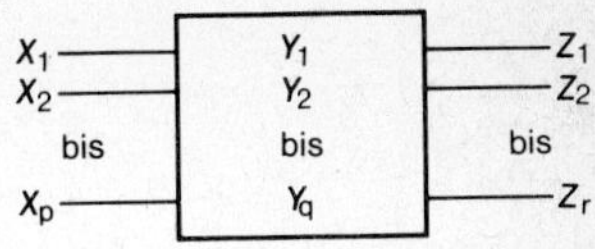

Bild 6/2. Automatenmodell von Huffman und Moore

6.2. Automatenmodell von Huffman und Moore

Dieses Automatenmodell ist durch die Eingangsgrößen x_i, die Ausgangsgrößen z_k und eine Anzahl innerer Zustände von z. B. Speicherelementen y_j sowie durch die diese Größen verbindenden Beziehungen (Bild 6/2) zu beschreiben.

$$z_k^n = f_k\,(x_1, x_2, \ldots, x_p, y_1, y_2, \ldots, y_q)^n, \quad k = 1, 2, \ldots, r,$$
$$y_j^{n+1} = f_j\,(x_1, x_2, \ldots, x_p, y_1, y_2, \ldots, y_q)^n, \quad j = 1, 2, \ldots, q. \quad (6.2)$$

Bei einem größeren digitalen System empfiehlt sich eine Unterteilung in verschiedene Einheiten (Bild 6/3). Dabei ist jede einzelne Einheit ein System, das wiederum durch Beziehungen der Form (6.2) beschrieben werden kann.

Die einzelnen Teile können auch noch weiter in Teilautomaten zerlegt werden. Jeder Teilautomat kann dann für sich mit seinen Charakteristiken untersucht und bei bestimmten Aufgaben synthetisiert werden.

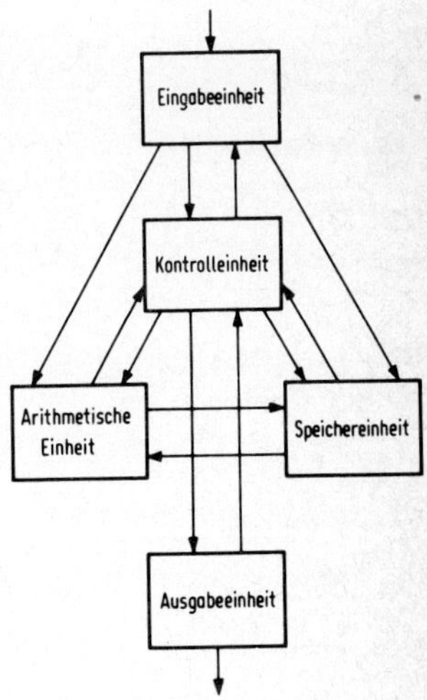

Bild 6/3. Aufspaltung eines digitalen Systems

6.3. Minimierungsmethode für Speicherschaltungen von Huffman und Mealy

Eine aus dem Automatenmodell von Huffman und Moore abgeleitete Minimierungsmethode für Speicherschaltungen wurde von Huffman und Mealy entwickelt, um bei einer digitalen Automateneinheit (Bild 6/3) mit gegebener Anzahl von Ausgangs-, Eingangsgrößen und inneren Zuständen die Anzahl der Speicherelemente, die diese inneren Zustände haben, zu minimieren. Hierbei wird nur die Anzahl benötigter Speicherelemente, die nötig sind, um eine bestimmte Funktionsweise der Einheit zu verwirklichen, betrachtet, nicht jedoch die Anzahl anderer Schaltelemente.

6.3.1. Schaltung mit drei Speicherelementen

Die Methode kann besonders leicht an Hand eines Beispiels erläutert werden [5, Seite 149 bis 155]. Als Beispiel wird eine Schaltung betrachtet, die eine Eingangsgröße *x*, eine Ausgangsgröße *z* und drei Speicherelemente mit den Ausgängen *A*, *B*, *C* hat, die die inneren Zustände der Schaltung darstellen. Mit dieser Schaltung wird eine Funktion realisiert, die aus der Tabelle 6/1 hervorgeht.

Die durch die Methode von Huffman und Mealy zu lösende Frage lautet: Sind in der Schaltung drei Speicherelemente nötig oder läßt sich die Abhängigkeit des Ausgangs *z* vom Eingang *x* auch mit weniger Speicherelementen verwirklichen?

Zuerst muß die Unterfrage beantwortet werden, wie viele der Kombinationen von *x*, *A*, *B* und *C* in Tabelle 6/1 eingespart werden können.

In der Tabelle 6/1 sind alle möglichen 16 Wertekombinationen der Größen *x*, *A*, *B* und *C* zur Zeit *n* der Reihe nach aufgeführt. Ebenso ist angegeben, was für einen Wert *z* zu diesem Zeitpunkt *n* bei den einzelnen Kombinationen aufweist. Außerdem ist noch aufgeführt, auf welche Wertekombinationen *A*, *B* und *C* zum Zeitpunkt $n + 1$ jeweils geschaltet werden.

6.3.2. Umformung der Tabelle

Der erste Schritt der Methode besteht in einer systematischen Umformung der Tabelle 6/1. Hierzu werden die Kombinationen der einzelnen Größen zunächst anders angeordnet (Tabelle 6/2) und mit Buchstaben abgekürzt (Tabelle 6/3).

So wird die Kombination $(A, B, C) = (0, 0, 0)$ mit *a* benannt, die Kombination $(A, B, C) = (\mathrm{L}, \mathrm{L}, 0)$ mit *g*.

Als nächsten Schritt kann man zum Veranschaulichen der Struktur die Herstellung eines Mealy-Graphen einschalten

Tabelle 6/1. Funktionstabelle einer Schaltung mit drei Speicherelementen

Zeit *n*	*n*			$n + 1$			*n*
x	*A*	*B*	*C*	*A*	*B*	*C*	*z*
0	0	0	0	0	0	0	0
0	0	0	L	0	L	L	L
0	0	L	0	L	0	0	L
0	0	L	L	L	L	0	0
0	L	0	0	0	0	0	0
0	L	0	L	0	L	L	L
0	L	L	0	L	0	0	L
0	L	L	L	nicht erlaubt			–
L	0	0	0	0	0	L	0
L	0	0	L	0	L	0	L
L	0	L	0	0	0	L	L
L	0	L	L	L	0	L	0
L	L	0	0	0	0	L	0
L	L	0	L	L	L	0	L
L	L	L	0	L	0	L	L
L	L	L	L	nicht erlaubt			–

Tabelle 6/2. Abgewandelte Anordnung der Kombinationen

Benennung	$(ABC)^n$	$(ABC)^{n+1}$ wenn $x^n = 0$	$(ABC)^{n+1}$ wenn $x^n = L$	z^n $x = 0$	z^n $x = L$
a	0 0 0	0 0 0	0 0 L	0	0
b	0 0 L	0 L L	0 L 0	L	L
c	0 L 0	L 0 0	0 0 L	L	L
d	0 L L	L L 0	L 0 L	0	0
e	L 0 0	0 0 0	0 0 L	0	0
f	L 0 L	0 L L	L L 0	L	L
g	L L 0	L 0 0	L 0 L	L	L

Tabelle 6/3. Abkürzungen der Kombinationen (*A*, *B*, *C*) durch Buchstaben

$(\text{Zustand})^n$	$(ABC)^{n+1}$ $x = 0$	$x = L$	z^n $x = 0$	$x = L$
a	*a*	*b*	0	0
b	*d*	*c*	L	L
c	*e*	*b*	L	L
d	*g*	*f*	0	0
e	*a*	*b*	0	0
f	*d*	*g*	L	L
g	*e*	*f*	L	L

(Bild 6/4). Hierbei werden die einzelnen Ausgangszustände zur Zeit *n* als Kreise dargestellt. Der Zustand, der von einem bestimmten betrachteten Ausgangszustand bei $x = L$ angelaufen wird, wird mit diesem durch einen Pfeil verbunden, an den man $x = L$ oder einfach L schreibt. Der Zustand, zu dem man bei $x = 0$ kommt, wird ebenfalls mit einem Pfeil in der Bezeichnung $x = 0$ oder 0 angegeben. Zum Beispiel kommt man entsprechend Tabelle 6/3 vom Zustand *a* für $x = L$ nach *b* und für $x = 0$ nach *a* zurück. Dies ist im Graphen (Bild 6/4) entsprechend dargestellt. Von *b* kommt man dagegen für $x = 0$ nach *d*, für $x = L$ nach *c*.

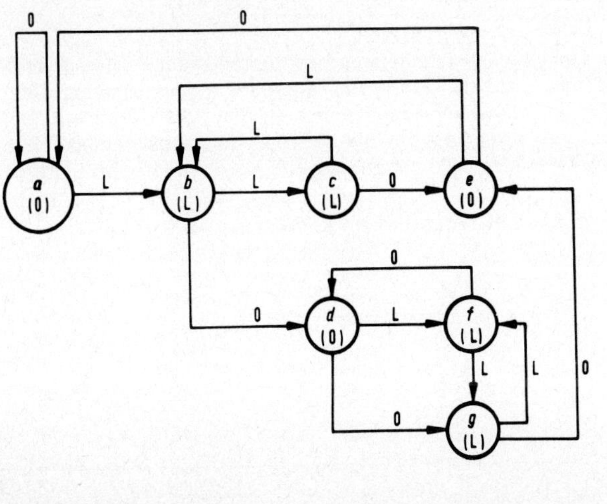

Bild 6/4. Herstellung eines Mealy-Graphen

Das wird ebenfalls durch entsprechende Pfeile wiedergegeben. In die einzelnen Zustandskreise des Graphen werden noch die Werte eingetragen, die z zur Zeit n bei diesem Zustand des inneren Schaltkreises hat. Im Beispiel ist dieser Wert für $x = 0$ und $x = L$ jeweils gleich.

6.3.3. Bildung von sogenannten kombinationsverdächtigen Gruppen

Wenn nun überhaupt irgendwelche Zustände kombinierbar sind, d. h. bestimmte Kombinationen einsparbar sind, so können dies sicher nur Zustände sein, die auf ein und denselben Wert der Ausgangsgröße z^n führen. Sicher sind also die Zustände *a* und *b* nicht kombinierbar, da a^n auf $z^n = 0$ und b^n auf $z^n = 1$ führt. Wohl aber ist möglicherweise *b* und *c* kombinierbar, die beide auf $z^n = 1$ führen.

Es werden an Hand des Graphen oder an Hand der Tabelle zunächst sogenannte kombinationsverdächtige Gruppen gebildet, so daß zu jeder Gruppe nur Zustände mit gleichem Wert von z^n gehören. Man findet offenbar die folgenden Gruppen:

Gruppe 1 ($z^n = 0$)	Gruppe 2 ($z^n = L$)
a, d, e	*b, c, f, g*

6.3.4. Kombination von Zuständen

In jeder dieser Gruppen können nun diejenigen Zustände kombiniert werden, die für $x = 0$ und für $x = L$ jeweils auf den gleichen Zustand $(A, B, C)^{n+1}$ laufen. Man ersieht aus Tabelle 6/3, daß dies für die Zustände *a* und *e* der Gruppe 1 gilt, für $x = 0$ läuft man von beiden Zuständen im Zeitpunkt $n + 1$ nach *a*, für $x = L$ von beiden Zuständen nach *b*. Das bedeutet aber, daß man einen der beiden Zustände *a* und *e* einsparen kann. Man kann *e* durch *a* ersetzen.

Man bildet aus Tabelle 6/3 eine neue Tabelle, in der man *e* durch *a* ersetzt und überflüssige Zeilen fortläßt (Tabelle 6/4).

Die kombinationsverdächtigen Gruppen sind jetzt neu zu bilden. Sie sind im Beispiel gegeben durch

Gruppe 1	Gruppe 2
a, d	*b, c, f, g.*

Da hierin zunächst keine weiteren Kombinationen möglich sind, folgt der nächste Schritt der Methode: Man schreibt unter jeden Zustandsbuchstaben einer Gruppe die Nummern der Gruppen, in die man für die einzelnen Eingangskombinationen (hier $x = 0$ und $x = L$) hineinläuft. Z. B. kommt man vom Zustand *a*

Tabelle 6/4. Neue Tabelle nach Kombination von *a* und *e*

(Zustand)^n	$(n+1)$		z^n	
	$x = 0$	$x = L$	$x = L$	$x = 0$
a	*a*	*b*	0	0
b	*d*	*c*	L	L
c	*a*	*b*	L	L
d	*g*	*f*	0	0
f	*d*	*g*	L	L
g	*a*	*f*	L	L

für $x = 0$ wieder nach *a*, das zu Gruppe 1 gehört, für $x = L$ nach *b*, das zu Gruppe 2 gehört. Unter *a* schreibt man also, 1, 2. Von *d* läuft man gemäß der Tabelle 6/4 nach *g* für $x = 0$ und nach *f* für $x = L$. Sowohl *g* als auch *f* gehören zu Gruppe 2, also schreibt man unter *d* die Ziffern 2, 2 usw.

Gruppe 1		Gruppe 2			
a	*d*	*b*	*c*	*f*	*g*
1, 2	2, 2	1, 2	1, 2	1, 2	1, 2

Man bildet dann in jeder Gruppe neue Gruppen mit jeweils gleichen Ziffernkombinationen. So bildet etwa *a* eine Gruppe, *d* eine andere Gruppe, *b, c, f, g* eine weitere.

Gruppe 1	Gruppe 2	Gruppe 3			
a	*d*	*b,*	*c,*	*f,*	*g*
1, 3	3, 3	2, 3	1, 3	2, 3	1, 3

Hierbei können natürlich die Ziffern, die unter den Zustandsbuchstaben stehen, sich ändern, da ja die Gruppen geändert worden sind. Sie müssen bei jedem Schritt neu gebildet werden. Im Beispiel kann noch Gruppe 3 unterteilt werden nach den Ziffernkombinationen 2, 3 und 1, 3. Man hat dann

Gruppe 1	Gruppe 2	Gruppe 3		Gruppe 4	
a	*d*	*c,*	*g*	*b,*	*f*
1, 4	3, 4	1, 4	1, 4	2, 3	2, 3

Eine weitere Unterteilung ist offenbar nicht mehr möglich, da in jeder Gruppe alle Zustände sowohl für $x = 0$, als auch für $x = L$ auf die gleichen neuen Zustände führen.
Wohl aber sind *c* und *g* sowie *b* und *f* kombinierbar, d. h. durch einander ersetzbar. Für $x=0$ ist dies direkt erkennbar (Tabelle 6/4), da man sowohl von *b* als auch von *f* nach *d* kommt (bei gleichem $z^n = L$) ebenso, wie man sowohl von *c* als auch von *g* nach *a* kommt (bei gleichem $z^n = L$).
Für $x = L$ führen *c* und *g* dagegen nach *b* und *f*, offenbar also in Zustände, denen $z^n = L$ entspricht (2. und 5. Zeile der Tabelle 6/4). *b* und *f* führen dagegen für $x = L$ nach *c* und *g*, also (3. und 6. Zeile der Tabelle 6/4) ebenfalls in Zustände, denen gleichermaßen $z^n = L$ entspricht.
Ersetzt man daher *g* durch *c* und *f* durch *b*, so ergibt sich aus Tabelle 6/4 die neue Tabelle 6/5 mit nunmehr vier Zeilen. Hiermit könnte man wieder einen Mealy-Graphen darstellen.

6.3.5. Einsparung eines Speicherelements

Setzt man die einzelnen Buchstaben nun wieder in die Wertekombinationen von (A, B, C) um, denen sie entsprechen (Tabelle 6/2), so erhält man Tabelle 6/6.
Da man aber nun offenbar nur noch vier verschiedene interne Zustände braucht, um die gewünschte Abhängigkeit der Ausgangsgröße von der Eingangsgröße zu realisieren, kann man eines der drei Speicherelemente sparen, da sich vier Zustände auch mit zwei Speicherelementen bilden lassen. Haben diese beiden Speicherelemente die Ausgangsgrößen *A* und *B*, so

Tabelle 6/5. Neue Tabelle nach Kombinationen

	$n+1$		z^n	
n	$x = 0$	$x = L$	$x = 0$	$x = L$
a	*a*	*b*	0	0
b	*d*	*c*	L	L
c	*a*	*b*	L	L
d	*c*	*b*	0	0

Tabelle 6/6. **Zustandstabelle mit drei Speicherelementen**

n	$n+1$ $x=0$	$x=\mathrm{L}$	z^n $x=0$	$x=\mathrm{L}$
0 0 0 = a	0 0 0	0 0 L	0	0
0 0 L = b	0 L L	0 L 0	L	L
0 L 0 = c	0 0 0	0 0 L	L	L
0 L L = d	0 L 0	0 0 L	0	0

Tabelle 6/7. **Endgültige Tabelle zur Schaltungsrealisierung**

Zeit n			Zeit $n+1$		z^n
x^n	A^n	B^n	A^{n+1}	B^{n+1}	
0	0	0	0	0	0
0	0	L	L	L	L
0	L	0	0	0	L
0	L	L	L	0	0
L	0	0	0	L	0
L	0	L	L	0	L
L	L	0	0	L	L
L	L	L	0	L	0

können die vier Zustände durch folgende Wertekombinationen dargestellt werden:

Zustand	(A, B)
a	(0, 0)
b	(0, L)
c	(L, 0)
d	(L, L)

Damit läßt sich aus Tabelle 6/6 die neue Tabelle 6/7 gewinnen. Aus Zustand a z. B. kommt man (Tabelle 6/6) für $x = 0$ bei drei Speicherelementen nach (0, 0, 0), also wieder nach a, für $x = \mathrm{L}$ nach (0, 0, L), also nach b. Entsprechend kommt man bei zwei Speicherelementen von a nach a, also nach $(A, B) = (0, 0)$ für $x = 0$ und nach b, also nach $(A, B) = (0, \mathrm{L})$, für $x = \mathrm{L}$ usw.

6.3.6. Ermittlung des Schaltplanes

Aus Tabelle 6/7 lassen sich aber nun einige Boolesche Funktionen ablesen:

Für die Ausgangsgröße z findet man

$$z^n = (A\bar{B}\bar{x} + \bar{A}B\bar{x} + A\bar{B}x + \bar{A}Bx)^n = (A\bar{B} + \bar{A}B)^n. \qquad (6.3)$$

Für die Größen A und B lassen sich die Problemfunktionen

$$A^{n+1} = (\bar{A}B\bar{x} + AB\bar{x} + \bar{A}Bx)^n,$$
$$B^{n+1} = (\bar{A}B\bar{x} + \bar{A}\bar{B}x + A\bar{B}x + ABx)^n \qquad (6.4)$$

ablesen. Diese Funktionen können auch in abgekürzter Form als

$$A^{n+1} = (g_{1\mathrm{A}}A + g_{2\mathrm{A}}\bar{A})^n,$$
$$B^{n+1} = (g_{1\mathrm{B}}B + g_{2\mathrm{B}}\bar{B})^n \qquad (6.5)$$

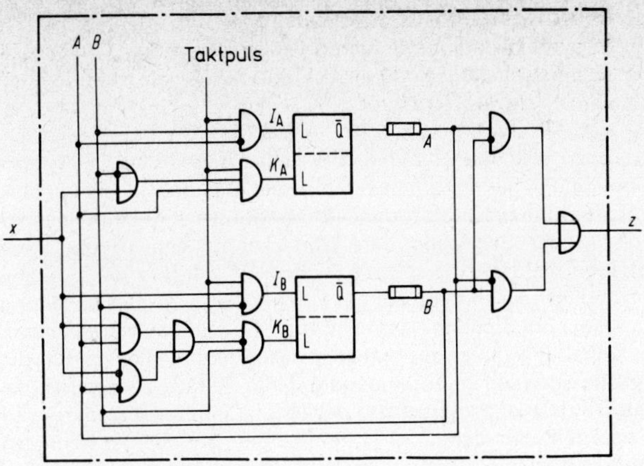

Bild 6/5. Schaltplan der nach Huffman und Mealy vereinfachten Schaltung

geschrieben werden, worin die Teilfunktionen durch

$$
\begin{aligned}
g_{1A} &= B\bar{x}, \\
g_{2A} &= B\bar{x} + Bx = B, \\
g_{1B} &= \bar{A}\bar{x} + Ax, \\
g_{2B} &= \bar{A}x + Ax = x
\end{aligned}
\tag{6.6}
$$

definiert sind.

Aus Abschnitt 5.3.2 kennt man aber nun z. B. die allgemeinen Eingangsfunktionen des *IK*-Speichergliedes. Sie sind dort im KV-Diagramm der Tabelle 5/9 dargestellt. Wählt man in diesen Diagrammen etwa nun sämtliche freien Parameter $a_0 = a_1 = a_2 = a_3 = a_4 = a_5 = a_6 = a_7 = 0$, so liest man die speziellen Eingangsfunktionen

$$
\begin{aligned}
I^n &= (g_{2Q}\,\bar{Q})^n, \\
K^n &= (\bar{g}_{1Q}\,Q)^n
\end{aligned}
\tag{6.7}
$$

ab.

Soll nun also die betrachtete Schaltung mit zwei *IK*-Speicherelementen realisiert werden, so kann man unmittelbar die Eingangsfunktionen dieser Speicherglieder gemäß (6.7) und (6.6) als

$$
\begin{aligned}
I_A{}^n &= (g_{2A}\,\bar{A})^n = (B \cdot \bar{A})^n, \\
K_A{}^n &= (\overline{g_{1A}}\,A)^n = (\overline{B\bar{x}}A)^n = [(\bar{B} + x)\,A]^n, \\
I_B{}^n &= (g_{2B}\,\bar{B})^n = (x\bar{B})^n, \\
K_N{}^n &= (\overline{g_{1B}}\,B)^n = [(\overline{\bar{A}\bar{x} + Ax})\,B]^n
\end{aligned}
\tag{6.8}
$$

angeben.

Mit (6.8) und (6.3) kann aber leicht der Schaltplan (Bild 6/5) der endgültigen Schaltung ermittelt werden.

6.4. Synthese eines digitalen Schaltkreises zur Anzeige von Pseudo-Tetraden

Die Methode von Huffman und Mealy läßt sich gut bei der Schaltkreissynthese anwenden. Hierfür sei im folgenden ein Beispiel gegeben [5, Seite 156 bis 160].

6.4.1. Aufgabe des Schaltkreises

Die zu synthetisierende Schaltung soll in einem digitalen System mit dezimal-dualem Kode (Abschnitt 1.2.6.2) die redundanten Tetraden (Pseudo-Tetraden)

L O L O, L O L L, L L O O, L L O L, L L L O, L L L L

anzeigen, also die Tetraden, die keine Bedeutung im System haben und daher nur durch einen Fehler entstanden sein können. Tritt also eine dieser Pseudo-Tetraden auf, so soll die Ausgangsgröße z der Schaltung den Wert L annehmen. Treten diese Tetraden nicht auf, so soll $z = 0$ sein. Die vier Bits der Tetraden kommen jeweils in Serie auf der Eingangsleitung x der Schaltung an, wobei die Stelle mit dem kleinsten Gewicht zuerst ankommt. Die Schaltung kann also immer erst nach Ankunft aller vier Bits die Entscheidung fällen, ob eine redundante Tetrade aufgetreten ist. Jede Tetrade ist entsprechend in vier Bit-Zeitpunkte t_1, t_2, t_3 und t_4 unterteilt. Im Zeitpunkt t_4 kommt das Bit mit der höchsten Wertigkeit an.

6.4.2. Aufstellen einer Zustandstabelle

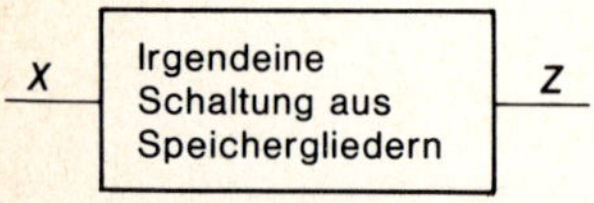

Bild 6/6. Digitalschaltkreis zur Anzeige von Pseudo-Tetraden

Die digitale Schaltung hat eine Eingangsgröße x, eine Ausgangsgröße z und besteht aus irgendeiner Anordnung aus Speicherelementen (Bild 6/6) zur Darstellung der inneren Schaltzustände.
Die Ausgänge der Speicherelemente sind, bevor das erste Bit einer Tetrade auf dem Eingang x ankommt, in einem bestimmten Zustand der Werte. Diese Wertekombination werde a genannt. Im Zeitpunkt t_1, wenn gerade das erste Bit ankommt, ist der innere Schaltzustand des Systems also a. Das erste Bit der Tetrade kann nun die Werte 0 oder L haben. Für $x(t_1) = 0$ möge die Schaltung auf eine Wertekombination b, für $x(t_1) = L$ auf eine Wertekombination c geschaltet werden.
Wenn im Zeitpunkt t_2 das zweite Bit der Tetrade auf x eintrifft, befindet sich die Schaltung entweder im Zustand b oder c. Von b ausgehend wird die Schaltung durch $x(t_2) = 0$ auf d, durch $x(t_2) = L$ auf e geschaltet. Von c ausgehend, wird die Schaltung durch $x(t_2) = 0$ auf f, durch $x(t_2) = L$ auf g geschaltet.
Wenn im Zeitpunkt t_3 das dritte Bit der Tetrade ankommt, befindet sich die Schaltung in einem der Zustände d, e, f, g.
Geht die Schaltung dann von d aus, so schaltet sie bei $x(t_3) = 0$ auf einen neuen Zustand h, bei $x(t_3) = L$ auf einen neuen Zustand i.
Geht die Schaltung von e aus, so schaltet sie bei $x(t_3) = 0$ nach j, bei $x(t_3) = L$ nach k.
Geht die Schaltung von f aus, so schaltet sie bei $x(t_3) = 0$ nach l, bei $x(t_3) = L$ nach m.
Geht die Schaltung von g aus, so schaltet sie bei $x(t_3) = 0$ nach n, bei $x(t_3) = L$ nach o.
Wenn im Zeitpunkt t_4 dann das vierte und letzte Bit der zu prüfenden Tetrade auf x ankommt, so befindet sich die Schaltung also in einem der folgenden Zustände: h, i, j, k, l, m, n, o. Im Zeitpunkt t_4 muß die Schaltung nun entscheiden, ob eine Pseudo-Tetrade angekommen ist ($z = L$) oder nicht ($z = 0$). Im nächsten Zeittakt beginnt dann wieder ein neuer Zyklus für eine zu prüfende Tetrade. Die Schaltung beginnt also wieder mit dem Zustand a, in den sie daher bei Takt t_4 sowohl für $x(t_4) = 0$ als auch für $x(t_4) = L$ zurückgeschaltet werden muß. Diese Zusammenhänge sind in der Tabelle 6/8 dargestellt.

In Tabelle 6/8 müssen noch die Spalten erläutert werden, die die Werte der Ausgangsfunktion z in Abhängigkeit vom gegenwärtigen Zustand der Schaltung angibt. In den Zeitpunkten t_1, t_2 und t_3 muß z sowohl für $x = 0$ als auch für $x = L$ jeweils den Wert 0 aufweisen, da ja erst bei Ankunft des vierten Bit, also zur Zeit t_4 entschieden werden kann, ob die Tetrade zugelassen oder redundant ist. Im Zeitpunkt t_4 dagegen muß bei Ankunft des letzten und vierten Bit der Tetrade $z = L$ werden, sofern die Tetrade zu den Pseudo-Tetraden gehört. Wenn man sich die redundanten Tetraden ansieht, so erkennt man, daß das letzte

Tabelle 6/8. Zustandstabelle für fehleranzeigenden Schaltkreis

Gegenwärtiger Zustand (n)	Nächster Zustand ($n+1$) $x=0$	$x=L$	Ausgang z^n im gegenwärtigen Zustand $x=0$	$x=L$	Zeit
a	b	c	0	0	t_1
b	d	e	0	0	t_2
c	f	g	0	0	
d	h	i	0	0	t_3
e	j	k	0	0	
f	l	m	0	0	
g	n	o	0	0	
h	a	a	0	0	t_4
i	a	a	0	L	
j	a	a	0	L	
k	a	a	0	L	
l	a	a	0	0	
m	a	a	0	L	
n	a	a	0	L	
o	a	a	0	L	

von ihnen bei x ankommende Bit (das Bit mit dem größten Gewicht) stets ein L ist. Für $x\,(t_4) = 0$ entsteht daher stets $z = 0$, womit die vorletzte Spalte vollständig erklärt ist. Die letzte Spalte ist ebensoleicht zu verstehen, wenn man sich die Bitkombinationen überlegt, die zu den Zuständen h bis j führen. Nach h gelangt man, wie oben erläutert und aus Tabelle 6/8 ersichtlich, aus dem Zustand d, wenn $x\,(t_3) = 0$ ist, nach d aus dem Zustand b, wenn $x\,(t_2) = 0$ ist, und nach b aus dem Zustand a für $x\,(t_1) = 0$. Es ist also bisher angekommen 0 0 0. Die Schaltung ist dadurch von a nach h geschaltet worden. Kommt dann $x\,(t_4) = L$, so ist die gesamte Tetrade also L 0 0 0. Dies ist eine erlaubte Tetrade und daher $z\,(t_4) = 0$. Ebenso kommt man von a mit $x\,(t_1) = L$ nach c, von c mit $x\,(t_2) = 0$ nach f, von f mit $x\,(t_3) = 0$ nach l. l entsteht also aus der Kombination 0 0 L. Bei $x\,(t_4) = L$ hat man also insgesamt L 0 0 L als Tetrade empfangen. Da auch diese Tetrade erlaubt ist, wird, vom Zustand l ausgehend, bei $x\,(t_4) = L \quad z\,(t_4) = 0$.

Hat man dagegen eine der Kombinationen i, j, k, m, n, o zum Zeitpunkt t_4, so entsprechen diese bei $x\,(t_4) = L$ einer redundanten Tetrade, $z\,(t_4)$ wird hier also gleich L und zeigt einen Fehler an. Z. B. kann i nur entstanden sein durch L 0 0, denn mit dem ersten ankommenden Bit 0 wurde von a nach b, mit dem zweiten ankommenden Bit 0 wurde von b nach d, mit dem dritten ankommenden Bit L von d nach i geschaltet. Ist das vierte

ankommende Bit daher L, so hat man insgesamt L L 0 0 empfangen, also eine redundante Tetrade.
In gleicher Weise kommt man nach *j* durch 0 L 0, so daß mit $x(t_4)$ = L die Tetrade L 0 L 0 ankommt, also eine Pseudo-Tetrade durch $z(t_4)$ = L angezeigt werden muß. Entsprechend entsteht *k* aus L L 0, was für $x(t_4)$ = L die redundante Tetrade L L L 0 ergibt, *m* aus L 0 L, was für $x(t_4)$=L die redundante Tetrade L L 0 L ergibt, *n* aus 0 L L, was für $x(t_4)$ = L die redundante Tetrade L 0 L L ergibt und endlich *o* aus L L L, was für $x(t_4)$ = L die redundante Tetrade L L L L ergibt. In diesen Fällen muß z = L sein. So läßt sich auch die letzte Spalte in Tabelle 6/8 leicht verstehen.

6.4.3. Anwendung der Huffman- und Mealy-Methode auf diese Zustandstabelle

Nach der Methode von Huffman und Mealy findet man in der Tabelle 6/8 folgende kombinationsverdächtige Gruppen von Zuständen:

Gruppe 1	Gruppe 2
a, b, c, d, e, f, g, h, l	*i, j, k, m, n, o*

Alle Zustände in Gruppe 1 führen für $x = 0$ nach $z = 0$ und für x = L nach $z = 0$, alle Zustände in Gruppe 2 führen für $x = 0$ nach $z = 0$, für x = L nach z = L.
In Gruppe 2 sind offenbar alle Zustände kombinierbar, da von allen hier auftretenden Zuständen nach *a* geschaltet wird, sowohl für $x = 0$ als auch für x = L. Man kann also *j, k, m, n, o* durch *i* ersetzen. In Gruppe 1 sind dadurch kombinierbar *e* mit *g*,

Tabelle 6/9. Vereinfachte Zustandstabelle

Gegenwärtiger Zustand (n)	Nächster Zustand ($n+1$) $x = 0$	x = L	Ausgang z^n im gegenwärtigen Zustand (n) $x = 0$	x = L
a	*b*	*c*	0	0
b	*d*	*e*	0	0
c	*f*	*e*	0	0
d	*h*	*i*	0	0
e	*i*	*i*	0	0
f	*h*	*i*	0	0
h	*a*	*a*	0	0
i	*a*	*a*	0	L

Tabelle 6/10. Weiter vereinfachte Tabelle der Schaltzustände

Gegenwärtiger Zustand (n)	Nächster Zustand ($n+1$) $x = 0$	x = L	Ausgang z^n im gegenwärtigen Zustand (n) $x = 0$	x = L
a	*b*	*b*	0	0
b	*d*	*e*	0	0
d	*h*	*i*	0	0
e	*i*	*i*	0	0
h	*a*	*a*	0	0
i	*a*	*a*	0	L

die beide nach i führen, sowohl für $x = 0$ als auch für $x = L$. Ebenso ist in Gruppe 1 noch h mit l kombinierbar, da für $x = 0$ und für $x = L$ von hier nach a geschaltet wird. Damit erhält man zunächst die vereinfachte Tabelle 6/9.
Aus Tabelle 6/9 erkennt man, daß offenbar auch d und f kombinierbar sind, da beide Zustände sowohl die gleiche Ausgangsgröße z haben, als auch die gleichen neuen Zustände h bzw. i für $x = 0$ bzw. $x = L$ aussteuern. Ersetzt man aber f durch d, so wird in Tabelle 6/9 auch b und c kombinierbar, denn sowohl von b aus als auch von c kommt man mit $x = 0$ nach d und mit $x = L$ nach e (bei gleicher Ausgangsgröße $x = 0$).
Es ergibt sich Tabelle 6/10.
Es werden wieder sogenannte kombinationsverdächtige Gruppen gebildet und dann jeweils weiter nach Gruppenziffern unterteilt:

Gruppe 1					Gruppe 2
a,	*b*,	*d*,	*e*,	*h*	*i*
1, 1	1, 1	1, 2	2, 2	1, 1	1, 1

Von den Zuständen a, b und h der Gruppe 1 kommt man für $x = 0$ und für $x = L$ wieder in einen Zustand, der zur Gruppe 1 zählt; daher die Unterziffer 1, 1.
Die neuen Gruppen sind:

Gruppe 1			Gruppe 2	Gruppe 3	Gruppe 4
a,	*b*,	*h*	*d*	*e*	*i*
1, 1	2, 3	1, 1			

Gruppe 1 kann weiter unterteilt werden:

Gruppe 1		Gruppe 2	Gruppe 3	Gruppe 4	Gruppe 5
a,	*h*	*b*	*d*	*e*	*i*
2, 2	1, 1				

Gruppe 1 zerfällt weiter in zwei Teilgruppen.
Eine weitere Unterteilung ist nicht möglich. Eine Kombinierbarkeit weiterer Zustände hat sich nicht ergeben. Da man sechs unterscheidbare Zustände a, h, b, d, e, i offenbar benötigt, ist die Anwendung von drei Speicherelementen nötig, da mit zwei Speicherelementen nur vier Kombinationen zu speichern wären.

6.4.4. Anwendung der Rechenmethode bei Speicherschaltungen

Die drei Speicherglieder mögen die Ausgangsgrößen A, B, C haben. Mit drei Speicherelementen sind die acht Kombinationen: 0 0 0, 0 0 L, 0 L 0, 0 L L, L 0 0, L 0 L, L L 0, L L L speicherbar, indem man jeder Ausgangsgröße eines Speicherelements Q 1 bit zuordnet. Sechs aus diesen acht Kombinationen werden jedoch nur benötigt. Die sechs Zustände kann man den 3-bit-Wörtern etwa mit

a = 0 0 L, d = L L 0,
h = L L L, e = L 0 0,
b = L 0 L, i = 0 L L

Tabelle 6/11. Zustandstabelle nach Zuordnung von sechs 3-bit-Worten zu den sechs Zuständen

	Gegenwärtiger Zustand (n)			Nächster Zustand ($n+1$) $x = 0$			$x = \text{L}$			Ausgangsgröße z^n im gegenwärtigen Zustand (n)	
	A	B	C	A	B	C	A	B	C	$x = 0$	$x = \text{L}$
a	0	0	L	L	0	L	L	0	L	0	0
b	L	0	L	L	L	0	L	0	0	0	0
d	L	L	0	L	L	L	0	L	L	0	0
e	L	0	0	0	L	L	0	L	L	0	0
h	L	L	L	0	0	L	0	0	L	0	0
i	0	L	L	0	0	L	0	0	L	0	L

zuordnen. Die Kombinationen 0 0 0 und 0 L 0 werden hierbei nicht benutzt. Aus Tabelle 6/10 kann dann Tabelle 6/11 gebildet werden.

Aus dieser Tabelle aber kann nun endgültig abgelesen werden:

$$z^n = (\bar{A}BCx)^n. \tag{6.9}$$

Als Problemfunktionen findet man

$$A^{n+1} = (\bar{A}\bar{B}C\bar{x} + A\bar{B}C\bar{x} + AB\bar{C}\bar{x} + \bar{A}\bar{B}Cx + A\bar{B}Cx)^n,$$
$$B^{n+1} = (A\bar{B}C\bar{x} + AB\bar{C}\bar{x} + A\bar{B}\bar{C}\bar{x} + AB\bar{C}x + A\bar{B}\bar{C}x)^n,$$
$$C^{n+1} = (\bar{A}\bar{B}C + AB\bar{C} + A\bar{B}\bar{C} + ABC + \bar{A}BC)^n. \tag{6.10}$$

6.4.5. Benutzen von Redundanzen

Diese Funktionen werden in den KV-Diagrammen der Tabelle 6/12 dargestellt. Zusätzlich sind noch die redundanten Terme $\bar{A}\bar{B}\bar{C}$ und $\bar{A}B\bar{C}$ in Form von Redundanzkreuzen eingetragen. Über diese Terme kann man frei verfügen. Aus Tabelle 6/12 liest man mit Hilfe der Redundanzen für die Problemfunktionen ab:

$$A^{n+1} = (\bar{B}C + B\bar{C}\bar{x})^n,$$
$$B^{n+1} = (\bar{C} + A\bar{B}\bar{x})^n,$$
$$C^{n+1} = (\bar{A} + B + \bar{C})^n. \tag{6.11}$$

Tabelle 6/12. KV-Diagramme der Problemfunktionen mit Redundanzen

A^{n+1} (Variablen: A, B, C, x)

L			×
			×
	L	L	×
	L	L	×

B^{n+1} (Variablen: A, B, C, x)

L			×
L			×
L			×
L	L		×

C^{n+1} (Variablen: A, B, C, x)

L	L	L	×
L	L	L	×
L		L	×
L		L	×

Diese Funktion kann man abgekürzt schreiben:

$$A^{n+1} = (g_{1A} A + g_{2A} \bar{A})^n,$$
$$B^{n+1} = (g_{1B} B + g_{2B} \bar{B})^n,$$
$$C^{n+1} = (g_{1C} C + g_{2C} \bar{C})^n. \qquad (6.12)$$

Die hierin vorkommenden Teilfunktionen sind:

$$g_{1A} = \bar{B}C + B\bar{C}x,$$
$$g_{2A} = \bar{B}C + B\bar{C}\bar{x},$$
$$g_{1B} = \bar{C},$$
$$g_{2B} = \bar{C} + A\bar{x},$$
$$g_{1C} = \bar{A} + B,$$
$$g_{2C} = \bar{A} + B + \mathrm{L} = \mathrm{L}. \qquad (6.13)$$

Sollen nun zum Aufbau der Schaltung etwa *IK*-Speicherglieder benutzt werden, so kann man gemäß Abschnitt 5.3.2 mit z. B. $a_1 = a_5 = a_4 = a_6 = 0$ und mit $a_3 = a_7 = a_0 = a_2 = \mathrm{L}$ deren Eingangsfunktionen als

$$I^n = g_2{}^n, \quad K^n = \bar{g}_1{}^n \qquad (6.14)$$

angeben und erhält für die einzelnen Speicherelemente der hier aufzubauenden Schaltung mit (6.14) und (6.12) folgende Eingangsfunktionen:

$$I_A = g_{2A} = \bar{B}C + B\bar{C}\bar{x},$$
$$K_A = \overline{g_{1A}} = \overline{\bar{B}C + B\bar{C}x},$$
$$I_B = g_{2B} = \bar{C} + A\bar{x},$$
$$K_B = \overline{g_{1B}} = C,$$
$$I_C = g_{2C} = \mathrm{L},$$
$$K_C = \overline{g_{1C}} = \overline{\bar{A} + B} = A\bar{B}. \qquad (6.15)$$

Der hiermit und mit (6.9) nun leicht herzustellende Schaltplan ist in Bild 6/7 dargestellt.

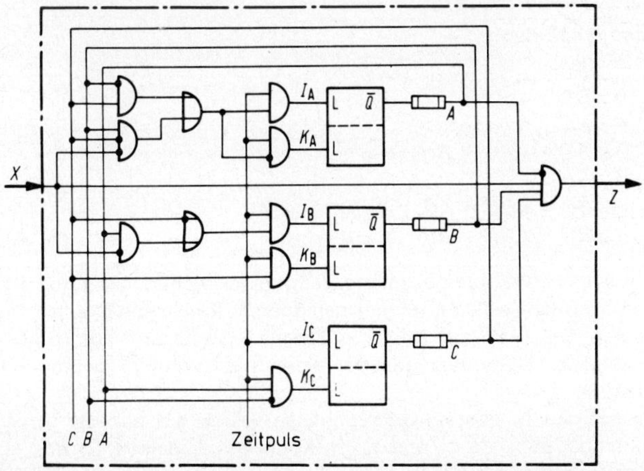

Bild 6/7. Schaltplan für eine digitale Schaltung zur Anzeige von Pseudo-Tetraden

6.5. Synthese eines Schaltkreises zur Pseudo-Tetraden-Anzeige bei definierten Zeittakten

Der nun als weiteres Beispiel [5, Seite 161 bis 164] behandelte Schaltkreis soll die gleiche Aufgabe erfüllen, wie der im Abschnitt 6.4 synthetisierte Schaltkreis. Er soll Pseudo-Tetraden, die in einer Schaltung vorkommen, anzeigen. Nur wird die in diesem Abschnitt ermittelte Schaltung einfacher, da man sich hier noch zusätzlicher Zeitinformationen bedienen kann. Man kann in die Schaltung noch Variablen einführen, die nur jeweils zu einem der Zeitpunkte t_1, t_2, t_3, t_4 den Wert L annehmen.

Zunächst soll betrachtet werden, wie man solche Zeitsignale erzeugt.

6.5.1. Erzeugung von Zeitsignalen

Größere datenverarbeitende Digitalsysteme haben gewöhnlich zu verschiedenen Zwecken genau definierte Zeittakte. Z. B. ist es nötig, um etwa ein 20-bit-Wort aus einem Trommelspeicher herauslesen zu können, daß man den Anfang und das Ende des Wortes durch einen Zeitimpuls festlegt. Solche Signale sind zusätzlich zu dem Uhrtakt, der in derartigen Systemen eine Zeiteinteilung vornimmt, nötig zur Organisation beim Ablesen und Löschen oder Speichern von Informationen und zu weiteren Organisationszwecken. Man nimmt diese Zeitsignale von den Ausgängen von kodierten Zählschaltungen ab.

Als Beispiel für eine Zählschaltung, die solche Signale erzeugt, sei eine Anordnung genannt, die 7 bit lange, in einem Speicher aneinandergereihte Worte durch Zeitsignale trennt. Bei 7-bit-Worten braucht man also mindestens sieben verschiedene Zählerzustände, die sich mit drei Speicherelementen realisieren lassen. Der Zähler möge dual von 0 bis 6 (also von 0 0 0 bis L L 0) zählen und dann wieder auf 0 0 0 beginnen. Die Kombination L L L kommt also nie vor und kann als Redundanz zur Vereinfachung benutzt werden. Der Funktionszeitplan dieses Zählers ist in Tabelle 6/13 angegeben.

Tabelle 6/13. Funktionszeitplan eines Bit-Zeit-Zählers

A^n	B^n	C^n	A^{n+1}	B^{n+1}	C^{n+1}
0	0	0	0	0	L
0	0	L	0	L	0
0	L	0	0	L	L
0	L	L	L	0	0
L	0	0	L	0	L
L	0	L	L	L	0
L	L	0	0	0	0

Mit den Methoden des Abschnitts 5 kann hierzu leicht der Schaltplan gefunden werden. Die einzelnen Bitzeiten werden jeweils durch verschiedene Wertekombinationen von (A, B, C) repräsentiert. Bei t_3, t_5 und t_6 wird jeweils noch der redundante Term $A \cdot B \cdot C$ addiert.

Man erhält dann

$$t_0 = \bar{A}\bar{B}\bar{C},$$
$$t_1 = \bar{A}\bar{B}C,$$
$$t_2 = \bar{A}B\bar{C},$$
$$t_3 = \bar{A}BC + ABC = BC,$$
$$t_4 = A\bar{B}\bar{C},$$
$$t_5 = A\bar{B}C + ABC = AC,$$
$$t_6 = AB\bar{C} + ABC = AB. \qquad (6.16)$$

Sind nun etwa nur bestimmte Zeitpunkte wichtig, die anderen nicht, so läßt sich mit einem geeigneten Kode Schaltaufwand sparen. Die Wahl des Kodes in Tabelle 6/13 ist, wie aus (6.16) ersichtlich, besonders günstig, wenn t_3, t_5 und t_6 gebraucht werden.

Würde nur t_0 oder t_4 gebraucht, so würde ein anderer Kode günstiger sein, da t_0 und t_4 im Kode von Tabelle 6/13 aus je drei Variablen gebildet werden und eine Schaltung denkbar wäre, in der t_0 und t_4 aus nur zwei oder einer Variablen gebildet werden. So können derartige Gesichtspunkte unter Umständen die Wahl eines sehr ungewöhnlichen, auf den ersten Blick sehr sonderbaren Kodes bewirken.

Eine Schaltung, die bis 4 zählt, also vier unterscheidbare Zustände haben muß, läßt sich mit zwei Speicherelementen aufbauen. Deren Ausgangsgrößen können vier Wertekombinationen bilden. Hieraus lassen sich vier Variablen t_1, t_2, t_3 und t_4 mit folgenden Eigenschaften ableiten: im Zeitpunkt t_1 ist die Variable t_1 = L und die anderen drei Variablen sind 0. Im Zeitpunkt t_2 ist nur die Variable t_2 = L, im Zeitpunkt t_3 ist nur die Variable t_3 = L, im Zeitpunkt t_4 ist schließlich nur die Variable t_4 = L (Tabelle 6/14).

Hat man nun sowieso eine Schaltung im System, die solche Zeitsignale t_1, t_2, t_3, t_4 abgibt, so läßt sich ein Anzeigeschaltkreis für Pseudo-Tetraden mit weniger Aufwand als der im Abschnitt 6.4 ermittelte Schaltkreis aufbauen.

Tabelle 6/14. Wert der Variablen t_1, t_2, t_3, t_4 bei den vier Takten

Zeitpunkt	Variablen t_1	t_2	t_3	t_4
Takt 1	L	0	0	0
Takt 2	0	L	0	0
Takt 3	0	0	L	0
Takt 4	0	0	0	L

6.5.2. Zustandsliste des Schaltkreises

Zunächst wird wieder eine Zustandsliste des Schaltkreises aufgestellt (Tabelle 6/15).

Diese Tabelle ist leicht zu verstehen. Z. B. schaltet der Schaltkreis von *a* her zur Zeit t_1 nach *b* für $x = 0$ und nach *c* für x = L. Zu den Zeitpunkten t_2, t_3, t_4 kann der Schaltkreis nicht in *a* sein, es kann also auch keine Fortschaltung vom Zustand *a* her vorgenommen werden. Die entsprechenden Stellen sind daher durch Querstriche gekennzeichnet. So läßt sich auch der übrige Teil der Tabelle leicht erläutern.

Mit Hilfe der ersten Schritte der Methode von Huffman und Mealy läßt sich aus Tabelle 6/15 zunächst eine reduzierte Tabelle 6/16 aufstellen, indem man die folgenden Zustände zusammenfaßt:

h und *l*;
i, *j*, *k*, *m*, *n* und *o*;
d und *f*;
e und *g*;
b und *c*

Tabelle 6/15. Zustandsliste des Schaltkreises

Gegen-wärtiger Zustand	Nächster Zustand t_1		t_2		t_3		t_4		Ausgang *z* t_1		t_2		t_3		t_4	
	x = 0	L	0	L	0	L	0	L	0	L	0	L	0	L	0	L
a	*b*	*c*	–	–	–	–	–	–	0	0	–	–	–	–	–	–
b	–	–	*d*	*e*	–	–	–	–	–	–	0	0	–	–	–	–
c	–	–	*f*	*g*	–	–	–	–	–	–	0	0	–	–	–	–
d	–	–	–	–	*h*	*i*	–	–	–	–	–	–	0	0	–	–
e	–	–	–	–	*j*	*k*	–	–	–	–	–	–	0	0	–	–
f	–	–	–	–	*l*	*m*	–	–	–	–	–	–	0	0	–	–
g	–	–	–	–	*n*	*o*	–	–	–	–	–	–	0	0	–	–
h	–	–	–	–	–	–	*a*	*a*	–	–	–	–	–	–	0	0
i	–	–	–	–	–	–	*a*	*a*	–	–	–	–	–	–	0	L
	–	–	–	–	–	–	*a*	*a*	–	–	–	–	–	–	0	L
k	–	–	–	–	–	–	*a*	*a*	–	–	–	–	–	–	0	L
l	–	–	–	–	–	–	*a*	*a*	–	–	–	–	–	–	0	0
m	–	–	–	–	–	–	*a*	*a*	–	–	–	–	–	–	0	L
n	–	–	–	–	–	–	*a*	*a*	–	–	–	–	–	–	0	L
o	–	–	–	–	–	–	*a*	*a*	–	–	–	–	–	–	0	L

Tabelle 6/16. Reduzierte Tabelle

Gegen-wärtiger Zustand	Nächster Zustand								Ausgang z							
	t_1		t_2		t_3		t_4		t_1		t_2		t_3		t_4	
	$x = 0$	L	0	L	0	L	0	L	0	L	0	L	0	L	0	L
a	b	b	–	–	–	–	–	–	0	0	–	–	–	–	–	–
b	–	–	d	e	–	–	–	–	–	–	0	0	–	–	–	–
d	–	–	–	–	h	i	–	–	–	–	–	–	0	0	–	–
e	–	–	–	–	i	i	–	–	–	–	–	–	0	0	–	–
h	–	–	–	–	–	–	a	a	–	–	–	–	–	–	0	0
i	–	–	–	–	–	–	a	a	–	–	–	–	–	–	0	L

Tabelle 6/17. Benutzung von Redundanzen

Gegen-wärtiger Zustand	Nächster Zustand								Ausgang z							
	t_1		t_2		t_3		t_4		t_1		t_2		t_3		t_4	
	$x = 0$	L	0	L	0	L	0	L	0	L	0	L	0	L	0	L
a	b	b	d	e	–	–	–	–	0	0	0	0	–	–	–	–
b	b	b	d	e	–	–	–	–	0	0	0	0	–	–	–	–
d	–	–	–	–	h	i	–	–	–	–	–	–	0	0	–	–
e	–	–	–	–	i	i	–	–	–	–	–	–	0	0	–	–
h	–	–	–	–	–	–	a	a	–	–	–	–	–	–	0	0
i	–	–	–	–	–	–	a	a	–	–	–	–	–	–	0	L

Tabelle 6/18. Sinnvolle Einführung der Redundanzen

Gegen-wärtiger Zustand	Nächster Zustand								Ausgang z							
	t_1		t_2		t_3		t_4		t_1		t_2		t_3		t_4	
	$x = 0$	L	0	L	0	L	0	L	0	L	0	L	0	L	0	L
a	a	a	d	e	h	i	a	a	0	0	0	0	0	0	0	0
d	a	a	d	e	h	i	a	a	0	0	0	0	0	0	0	0
e	–	–	–	–	i	i	a	a	–	–	–	–	0	0	0	L
h	a	a	d	e	h	i	a	a	0	0	0	0	0	0	0	0
i	–	–	–	–	i	i	a	a	–	–	–	–	0	0	0	L

Die Querstriche in der Tabelle geben aber an, daß hier der Schaltkreis niemals in einen anderen Zustand umgeschaltet werden kann. Man darf daher die durch diese Querstriche ausgeschlossenen Schalttakte wie Redundanzen behandeln. Man kann z. B. an Stelle der Querstriche beliebige Zustandsbuchstaben schreiben. Geht man etwa in der Tabelle vom Zustand a aus, so kann man z. B. unter t_2 für $x = 0$ statt des Querstriches d und für $x = \mathrm{L}$ statt des Querstriches e schreiben. Dies ist statthaft, weil zum Zeitpunkt t_2 der Schaltzustand a nie auftreten kann, also die Zeile mit a im Zeitpunkt t_2 gar nicht mehr betrachtet zu werden braucht. Ebenso kann man, wenn die Schaltung von b ausgeht, für den Schaltzeitpunkt t_1 bei $x = 0$ z. B. einen Buchstaben b, bei $x = \mathrm{L}$ z. B. einen Buchstaben c statt der Querstriche in die Tabelle 6/16 schreiben. Denn man weiß ja, daß im Zeitpunkt t_1 der Ausgangszustand der Schaltung nie b, sondern immer nur a sein kann. Entsprechend kann man mit den Querstrichen in der Spalte der Ausgangsgröße z verfahren. Statt der Tabelle 6/16 könnte man ihr also auch das Aussehen der Tabelle 6/17 geben. Man ersieht dann aber, daß man durch diese Einführung von Redundanzen nach Huffman und Mealy auch noch a und b kombinieren kann.

Tabelle 6/19. **Reduzierte Zustandstabelle**

Gegenwärtiger Zustand	Nächster Zustand t_1		t_2		t_3		t_4		Ausgang z t_1		t_2		t_3		t_4	
	$x = 0$	L	0	L	0	L	0	L	0	L	0	L	0	L	0	L
a	a	a	a	e	a	e	a	a	0	0	0	0	0	0	0	0
e	–	–	–	–	e	e	a	a	–	–	–	–	0	0	0	L

Tabelle 6/20. **Wertetabelle des Funktionsablaufs**

Gegenwärtiger Zustand	Nächster Zustand von Q $(n+1)$ t_1		t_2		t_3		t_4		Ausgangsgröße z (n) t_1		t_2		t_3		t_4	
	$x = 0$	L	0	L	0	L	0	L	0	L	0	L	0	L	0	L
$0 = a$	0	0	0	L	0	L	0	0	0	0	0	0	0	0	0	0
$\text{L} = e$	–	–	–	–	L	L	0	0	–	–	–	–	0	0	0	L

Auf die gleiche Weise kann man auch weitere Querstriche sinnvoll durch beliebige Zustandsbuchstaben ersetzen (Tabelle 6/18).

Man erkennt dann mit der Methode von Huffman und Mealy, daß d und h durch a und daß i durch e ersetzt werden kann. So erhält man die Tabelle 6/19.

Da man aber offenbar nur zwei verschiedene Zustände a und e zum Realisieren der gewünschten Funktionsweise der Schaltung benötigt, genügt dazu ein Speicherelement mit den zwei Zuständen seiner Ausgangsgröße $Q = 0$ und $Q = \text{L}$. Der Zustand a möge durch $Q = 0$, der Zustand e durch $Q = \text{L}$ dargestellt werden. Dann kann man die Tabelle 6/19 umformen in die Tabelle 6/20.

6.5.3. Aufstellen des Schaltplanes

Aus Tabelle 6/20 liest man nun leicht die Funktionen

$$z^n = (x \cdot Q \cdot t_4)^n,$$
$$Q^{n+1} = [\bar{Q}\,(xt_2 + xt_3) + Qt_3]^n \qquad (6.17)$$

ab. Soll die Schaltung etwa mit einem IK-Speicherglied mit der Übertragungsfunktion

$$I^n = g_2{}^n,$$
$$K^n = \bar{g}_1{}^n \qquad (6.14)$$

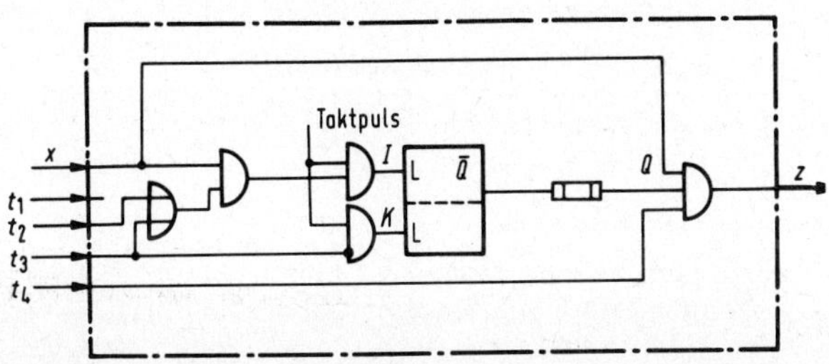

Bild 6/8. Schaltplan des synthetisierten Schaltkreises

realisiert werden, so lauten die Eingangsfunktionen hierfür

$$I^n = [(xt_2 + xt_3)]^n = [x(t_2 + t_3)]^n$$
$$K^n = \bar{t}_3{}^n. \qquad (6.18)$$

Mit den Funktionen (6.17) und (6.18) hat die Schaltung das in Bild 6/8 dargestellte Aussehen.

6.6. Abschlußbemerkung

Die neueren Ergebnisse der Automatentheorie haben inzwischen zu sehr zugkräftigen Methoden geführt, mit denen sich Automaten behandeln lassen. Sehr brauchbare Reduktionsverfahren für Automaten sind entstanden, das z. B. im Abschnitt 6.5.1 stillschweigend übergangene Problem einer optimalen inneren Kodierung von Zuständen wurde behandelt und teilweise gelöst. Die Theorie der Partitionen, die hierfür entwickelt wurde, gestattet es insbesondere, die für die modernen Realisierungssysteme in integrierter elektronischer Schaltkreistechnik so wichtige Frage anzugehen, welche Art von integrierten Schaltkreisen den geringsten Aufwand erfordern, ob es z. B. zweckmäßiger ist, alle Automaten mit Hilfe von integrierten *IK*-Kippstufen oder von integrierten Schieberegistern zu realisieren usw. Hier hat sich ein weites Feld für die Theoretiker und für die Systemingenieure ergeben, die mit ihren Forschungs- und Entwicklungsergebnissen zunehmenden Einfluß auf die Konzeptionen der Schaltkreishersteller nehmen werden.

Auf die Darstellung dieser interessanten Thematik muß in diesem kleinen einführenden Handbuch verzichtet werden. Jedoch seien dem Interessierten die Schrifttumshinweise [73 bis 90] gegeben. Eine kurze Einführung in die Elemente der Automatentheorie sowie eine recht umfassende Literaturzusammenstellung zu diesem Gebiet, die bis 1965 reicht, findet er ferner unter anderem in [16].

7. Digitale Datenverarbeitungsanlagen (Digitalrechner)

Zwei Hauptanwendungsgruppen der Digitaltechnik sind das Gebiet der industriellen Steuerungen und das Gebiet der digitalen Datenverarbeitungsanlagen. Unter den vielen existierenden Arbeiten über industrielle Steuerungen seien als willkürliche Auswahl [26 und 91 bis 108] genannt. Hierzu gehören einfache Steuerungen wie z. B. Flammwächter, Schopfscherensteuerungen und Umkodierer ebenso wie kompliziertere, etwa Aufzugssteuerungen, Schaltanlagensteuerungen und Verriegelungen, Anlaufsteuerungen für Maschinen, Sicherheits- und Überwachungssteuerungen. Sehr komplizierte Steuerungen findet man etwa bei großen numerischen Werkzeug- oder Zeichenmaschinensteuerungen, bei der digitalen Meßwertverarbeitung in der Verfahrenstechnik oder z. B. auch bei Übergabearbeitsrechnern oder Bilanzrechnern der Elektroversorgungsunternehmen.
Einfache Beispiele und die wichtigsten Realisierungssysteme für diesen Anwendungszweig der Digitaltechnik findet man in den vorstehenden Kapiteln in die Darstellung der methodischen Fragen eingestreut.
Gerade die zu dem Gebiet der digitalen Steuerungstechnik letztgenannten Beispiele haben nun einen gleitenden Übergang zu der zweiten großen Anwendungsgruppe der Digitaltechnik, dem Gebiet der digitalen Datenverarbeitungsanlagen.
Die Elemente dieses Gebietes sollen im vorliegenden Kapitel behandelt werden, wobei entsprechend dem Anliegen dieses Buches das Schwergewicht mehr auf die Schaffung von einfachen oder auch vereinfachten, dafür aber um so ausführlicher besprochenen Vorstellungsmodellen gelegt werden soll als auf Vollständigkeit der über den Digitalrechner vermittelten Kenntnisse. Das Kapitel wendet sich also an den Anfänger und nicht an den Fachmann auf diesem Gebiet.
Verschiedene ausgezeichnete Spezialbücher und Aufsätze, mit deren Zuhilfenahme man weiter in die Materie eindringen kann, sind im Schrifttumverzeichnis angegeben [1, 2, 19, 22 und 109 bis 140].

7.1. Der Verkehr des Benutzers mit dem Digitalrechner

7.1.1. Einfache Aufgabenstellung für einen Digitalrechner

Digitalrechner sind heute mit Ausnahme ihrer Speicherwerke und ihrer Peripheriegeräte generell aus elektronischen Bauelementen aufgebaut. Mit elektronischen Schaltern lassen sich die von allen Realisierungssystemen größten Arbeitsgeschwindigkeiten erreichen. Man spricht daher auch von *elektronischer Datenverarbeitung* (EDV) und von EDV-Anlagen. Eine andere Bezeichnung ist Datenverarbeitungsanlage (DV-Anlage). Diese Bezeichnungen sind treffender als die ebensooft benutzte Bezeichnung *Digitalrechner*, da eine EDV-Anlage bei weitem mehr Aufgaben als Rechnen erfüllen kann.

Ein kleines Spektrum der vielfältigen Verarbeitungsfähigkeiten, die von einer EDV-Anlage verlangt werden, soll an Hand des folgenden, dem sehr empfehlenswerten Werk [116] von Steinbuch und Rupprecht entnommenen Beispiels vorgestellt werden: Es sei eine Anzahl n von positiven, reellen Zahlen $a_1, a_2, \ldots, a_\nu, \ldots a_n$ gegeben. Hiervon soll die größte gesucht und ausgedrückt werden.

Diese Aufgabe muß nun zunächst in eine Form gebracht werden, die den Fähigkeiten des Digitalrechners angepaßt ist. Da der Rechner alle ihm gestellten Aufgaben nur in einer Folge von elementaren Operationen lösen kann, wird die Aufgabe in einen sogenannten Programmablaufplan aufgelöst, der diesen Fähigkeiten des Rechners bereits ungefähr entspricht. Der Programmablaufplan für die gestellte Aufgabe ist in Bild 7/1 dargestellt und enthält eine Anzahl von miteinander durch Richtungslinien verbundenen elementaren Operationsvorschriften.

7.1.2. Programmablaufplan für die gestellte Aufgabe

Zu Beginn der Lösung der Aufgabe müssen die n reellen, positiven Zahlen gegeben und, wenn man bereits an die Arbeit des Digitalrechners denkt, in seinem Speicherwerk verfügbar sein. Ebenso ist die Größe n gegeben und verfügbar. Man startet damit, daß man sich die erste Zahl a_1 der n Zahlen vornimmt. Man setzt also den Index auf $\nu = 1$. Für den Rechner bedeutet dies, daß er dem Index ν eine Speicherzelle zuordnet und bei diesem ersten Schritt diese Speicherzelle auf den Wert 1 bringt, da ja die Zahl a_1 (mit dem Index 1) untersucht wird.

Außerdem wird eine weitere Speicherzelle vorgesehen, die zum Schluß entsprechend der gestellten Aufgabe den Wert der größten der untersuchten Zahlen a_ν enthalten soll. Ihr Wert während der Berechnung sei als b bezeichnet.

Da alle Zahlen als positiv und reell vorausgesetzt wurden, wird man keinen Fehler machen, wenn man zu Beginn gemäß Bild 7/1 der Größe b vorläufig den Wert 0 zuweist. Man nimmt sich nun also, wegen $\nu = 1$, die Zahl a_1 vor und zieht von ihr den Wert b, bei diesem ersten Schritt also 0, ab (Bild 7/1). Es wird also die elementare arithmetische Aufgabe der Differenzbildung $a_\nu - b$ durchgeführt. Außerdem wird abgefragt, ob $a_\nu - b > 0$ ist. Hier wird also eine Ja-Nein-Entscheidung gefällt. Beim ersten Mal wird, falls a_1 nicht gerade den Wert 0 hatte, die Antwort „ja" lauten. Daraufhin wird $b = a_\nu$ gemacht, beim Digitalrechner erhält die dem Wert b zugeordnete Speicherzelle den Wert a_1, da a_1 ja größer als 0 und unter Umständen bereits die gesuchte größte Zahl der gegebenen a_ν ist. Die nächste Abfrage $\nu = n$? ergibt in diesem ersten Fall, falls $n > 1$ ist, als Antwort ein „nein", so daß man zu der Vorschrift $\nu + 1 \rightarrow \nu$ gelangt. Sie bedeutet, daß auf dem Speicherplatz, der dem Index ν zugeordnet ist, der vorhandene Wert um 1 erhöht werden soll, d. h. an die Stelle von ν wird $\nu + 1$ eingespeichert. Beim ersten Durchlaufen dieser Schleife wird dabei diese Speicherzelle von $\nu = 1$ auf $\nu = 2$ gesetzt. Man läuft darauf in die Schleife zurück, vollzieht wieder Berechnung und Abfrage $a_\nu - b > 0$?, die jetzt aber bedeutet $a_2 - b > 0$ oder genauer, da ja angenommen wurde, daß bei b der Wert a_1 stand, $a_2 - a_1 > 0$?. Lautet die Antwort *ja*, so ist a_2 offenbar größer als a_1, und b wird auf den Wert a_2 gebracht, da ja a_1 nicht mehr die größte Zahl sein kann. Lautet

die Antwort dagegen „nein", so ist a_2 kleiner als a_1, und der Wert $b = a_1$ wird zunächst nicht geändert. Es besteht also immer noch die Möglichkeit, daß die größte Zahl a_1 ist, jedoch kann a_2 diese größte Zahl nicht mehr sein.
Die nächste Abfrage führt, falls $n > 2$ ist, wiederum auf die Antwort „nein", und als nächstes wird dann a_3 untersucht usw.
Immer, wenn eine neue untersuchte Zahl a_i größer ist als die zuvor aufgetauchte nächstkleinere Zahl a_k, so wird b von $b = a_k$ in $b = a_i$ verändert. Immer, wenn a_i dagegen kleiner als die zuletzt bei b eingespeicherte Zahl a_k ist, wird $b = a_k$ beibehalten. Damit wird erreicht, daß bei b stets die größte der bisher untersuchten Zahlen gespeichert ist.
Schließlich wird bei der Abfrage $\nu = n$ die Antwort „ja" lauten, dann nämlich, wenn die letzte Zahl a_n der a_ν untersucht worden ist. In diesem Fall hat man bei b die größte aller zu untersuchenden Zahlen gewonnen und der Befehl „Drucke b" wird den Wert dieser größten Zahl zum Ausdrucken bringen. Die gestellte Aufgabe ist durch eine Anzahl sehr elementarer Operationen gelöst worden.
Es sei betont, daß der Programmablaufplan lediglich eine andere Schreibweise der Aufgabenstellung ist, unabhängig davon, ob diese durch einen Digitalrechner gelöst wird, eine Schreibweise aber, die auf die Arbeitsweise des Digitalrechners gut zugeschnitten ist.

7.1.3. Algorithmus, Moment, Programm, Befehl

Der in Bild 7/1 gezeigte Programmablaufplan enthält eine Anzahl von Einzelanweisungen, die, sofern sie durch einen Digitalrechner befolgt werden sollen, bereits mehr als nur arithmetische Operationen des Rechners erfordern.
Eine Abfolge von zur Lösung einer Aufgabe zusammengehörigen Anweisungen nennt man, unabhängig davon, ob zur Lösung ein Digitalrechner benutzt wird, einen *Algorithmus*. Die Einzelanweisungen selbst, aus denen ein Algorithmus zusammengesetzt ist, kann man z. B. *Momente* nennen. Läßt sich zur Lösung einer technisch-wissenschaftlichen Aufgabenstellung ein Algorithmus angeben, so ist die Aufgabenstellung im Prinzip immer lösbar oder für den Theoretiker bereits durch Angabe des Algorithmus gelöst. Spezielle Algorithmen sind etwa formelmäßige Zusammenhänge zwischen den abhängigen und unabhängigen Variablen eines Problems. Aber auch bei mathematisch nicht geschlossen lösbaren Problemen lassen sich häufig, z. B. durch Angabe von numerischen Approximationsmethoden, Algorithmen zur Lösung angeben.
Für die Lösung eines Problems durch einen Digitalrechner ist die Angabe eines Lösungsalgorithmus eine notwendige Voraussetzung. Der Rechner muß dann so programmiert werden, daß er diesem Algorithmus folgt. Der Algorithmus muß also in ein *Programm* verwandelt werden. Das Programm ist eine Abbildung des Lösungsalgorithmus in eine vom Rechner interpretierbare Sprache. Seine Einzelteile werden als *Befehle* bezeichnet. Die Gesamtheit aller zur Durchführung eines Problems notwendigen Befehle bildet also das Programm. Durch einen Befehl wird der Rechner zu einer ganz spezifischen Einzelleistung veranlaßt. Entsprechend den verschiedenen Momenten, die in einem Algorithmus vorkommen können, müssen verschiedene Befehle zu

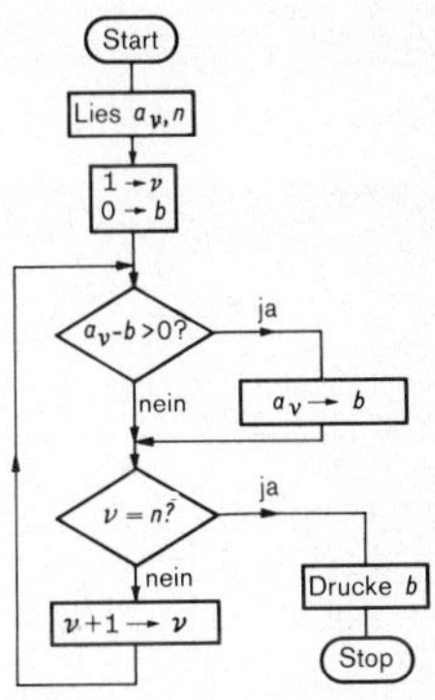

Bild 7/1. Programmablaufplan einer Aufgabe

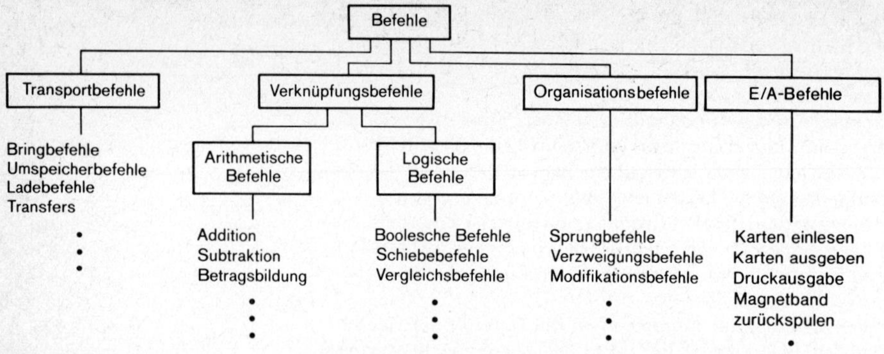

Bild 7/2. Arten von Befehlen

ihrer Ausführung im Rechner vorgesehen sein. Da ein Algorithmus, wie schon aus dem besprochenen Beispiel ersichtlich, keineswegs nur arithmetische Momente enthält, muß es also außer den arithmetischen Befehlen auch nichtarithmetische Befehle geben.

7.1.4. Einteilung der Befehle

Die hier behandelten Befehle sind zunächst noch nicht Befehle, die der Rechner unmittelbar ausführen kann. Sie sind in einem mnemotechnischen externen Kode dargestellt, der dem Programmierer die Arbeit erleichtert, können aber vom Rechner interpretiert und automatisch in die Sprache des Rechners, in die sogenannten Maschinenbefehle umgesetzt werden. Im Gegensatz dazu stehen die sogenannten Pseudobefehle, von denen jeder in mehrere Maschinenbefehle umgesetzt werden muß. Die verschiedenen Arten von Befehlen lassen sich in *Transportbefehle, Verknüpfungsbefehle, Organisationsbefehle* und E/A-Befehle unterteilen [118]. Eine Übersicht zeigt Bild 7/2. Man erkennt, daß selbst unter Verknüpfungsbefehlen nicht ausschließlich arithmetische Befehle verstanden werden. Es gehören etwa auch Boolesche Befehle oder Schiebebefehle oder Vergleichsbefehle dazu.

Bei den Booleschen Befehlen hat man z. B. den Befehl der Bitweisen Konjunktion. Hierbei werden zwei binäre Kodeworte stellenweise verglichen und das Ergebniswort hat an den Stellen (und nur an diesen) ein L, wo beide Kodeworte ein L aufweisen. Ebenso gibt es unter den Booleschen Befehlen die Bit-weise Disjunktion, die Bit-weise Äquivalenzbildung und andere Befehle. Vergleichsbefehle dienen zum Bit-weisen Vergleichen zweier binärer Wörter.

Schiebebefehle (Schiftbefehle) sind Befehle, mit denen z. B. Dualzahlen mit Potenzen von 2 multipliziert werden können. Verschiebt man das Komma einer Dualzahl um eine Stelle, so verändert man ihren Wert um den Faktor 2.

Neben den Verknüpfungsbefehlen gibt es weiter die Transportbefehle, durch die z. B. Daten (beim Digitalrechner stets binäre Werte) aus dem Datenspeicher in die Register (Zwischenspeicher) des Rechenwerks gebracht oder aus diesen umgekehrt in den Speicher zurückgebracht werden können. Eingabe-Ausgabe-Befehle (E/A-Befehle) sorgen auch für den notwendi-

gen Transport von Daten zwischen den externen Speichern (etwa Magnetbandspeichern) und dem Zentralspeicher des Digitalrechners.
Schließlich hat man als dritte Untergruppe die Organisationsbefehle, durch die der Befehlsablauf innerhalb eines Programms festgelegt oder modifiziert werden kann.
Durch diese (unvollständige) Übersicht über die Befehlsarten soll an dieser Stelle lediglich ein Eindruck von den vielfältigen Möglichkeiten der Arbeit mit einer EDV-Anlage vermittelt werden, wenn man in der Lage ist, sich diese Fülle von Befehlen beim Programmieren nutzbar zu machen.
Zur Vorbereitung einer Aufgabe zur Verarbeitung durch einen Digitalrechner gehört also außer der Erstellung eines Algorithmus die Kenntnis der Befehle, die für jeden Rechner durch eine sogenannte Befehlsliste festgelegt sind, sowie eine Umsetzung des Algorithmus in eine Abfolge solcher Befehle, gehört also die Erstellung des Programms.

7.1.5. Binäre Darstellung von Daten und Befehlen

EDV-Anlagen arbeiten grundsätzlich mit binärer Kodierung aller Informationen. Sie machen sich also die günstigen Eigenschaften von zweiwertigen Systemen zunutze, wie sie z. B. in Kapitel 1 beschrieben wurden.
Informationen, mit denen die Rechenmaschine in Berührung kommt, sind aber nicht nur die zu verarbeitenden Daten, wie z. B. Zahlenwerte, von denen unmittelbar einleuchtet, daß sie binär kodierbar sind, sondern auch die Befehle, mit denen die Daten verknüpft oder gemäß denen die Daten behandelt werden sollen. Auch die Befehle werden in Kodeworte aus Folgen von 0 und L verwandelt.
Weiterhin müssen die Daten nicht unbedingt nur Zahlenwerte von zu verknüpfenden etwa zu addierenden Zahlen sein. Es kann sich durchaus auch etwa um Schaltwerte von zweiwertigen Variablen handeln, oder eine durch einen Befehl zu behandelnde Information kann eine Adressennummer sein, die eine ganz bestimmte Speicherzelle des Arbeitsspeichers bezeichnet und in der man dann etwa den eigentlich zu verarbeitenden Zahlenwert der Information findet.

7.1.6. Maschinenbefehle, Externbefehle, Pseudobefehle

Befehle, die unmittelbar von einer EDV-Anlage verstanden und in Aktionen umgesetzt werden, nennt man *Maschinenbefehle*. Die direkte Anwendung von Maschinenbefehlen durch den Programmierer ist aber viel zu umständlich. Man schafft sich daher eine sogenannte externe Sprache (mit mnemotechnischen Abkürzungen, wie sie in Abschnitt 7.1.4 besprochen wurden), die einerseits vom Rechner in Maschinenbefehle übersetzt werden kann, andererseits aber durch ihre sinnfälligen Kodeworte die Programmierung erleichtert. Im allgemeinen muß vom Rechner eine Anweisung der externen Sprache durch einen Maschinenbefehl (oder mehrere) ersetzt werden. Diese Aufgabe bewältigt er natürlich nur, wenn er hierfür geeignet programmiert ist. Bei diesen Übersetzungsprogrammen unterscheidet man *Assembler* und *Compiler*. Assembler übersetzen Programme, die in einer maschinennahen Programmiersprache (maschinennaher Externkode)

geschrieben sind, in die Maschinensprache. Dabei wird im allgemeinen je eine Anweisung der externen Sprache in einen entsprechenden Maschinenbefehl übersetzt.
Programme, die in einer sogenannten problemorientierten Programmiersprache (meist sehr maschinenfern) geschrieben sind, werden von Compilern in die Maschinensprache übersetzt. Dabei muß im allgemeinen eine Anweisung der problemorientierten Programmiersprache in mehrere aufeinanderfolgende Maschinenbefehle übersetzt werden.

7.1.7. Mikrobefehle, Makrobefehle

Es ist zweckmäßig, zwischen Makrobefehlen, Befehlen und Mikrobefehlen zu unterscheiden. Die Befehle werden in einzelne Mikrobefehle aufgelöst. So wird etwa ein Additionsbefehl aufgelöst in die Teile: Hole den einen Summanden, hole den anderen Summanden. Berechne die Summe und den Übertrag der am niedrigsten bewerteten Ziffern, dann dasselbe bei der nächsten Ziffer usw., prüfe, ob das sich ergebende Resultat den zulässigen Bereich überschritten hat, bringe das Ergebnis in den Speicher zurück. Diese ganzen Teile bilden einen Befehl. Die Befehlsabarbeitung erfordert also den Ablauf von einer ganzen Anzahl von Mikrobefehlen. Diese sind zumeist fest verdrahtet, d. h., die Schaltfunktionen, die sie bilden, sind durch eine fest verdrahtete Logik realisiert.
Im Gegensatz dazu nehmen die Makrobefehle nach außen die Form von Pseudobefehlen, nach innen die Form von offenen Unterprogrammen an.

7.1.8. Eingabe und Ausgabe

Um mit dem Rechner und seinen Interpretationsprogrammen in Verbindung treten zu können, benötigt man die Eingabe- und Ausgabegeräte. Besonders wichtig sind hier die Lochkartenleser und die Lochstreifenleser. Wie in Kapitel 4 dargestellt, sind die einzugebenden Befehle und Daten auf diesen Datenträgern abgelocht und werden durch den Leser in elektrische binäre Signalfolgen umgesetzt. Da sie nicht zum eigentlichen Zentrum der EDV-Anlage gehören, werden sie mit einem übergeordneten Begriff auch als Peripheriegeräte bezeichnet. Zu diesen zählen auch die nicht mehr direkt zu den Ein- oder Ausgabegeräten (E/A-Geräten) gerechneten externen Speicher (Magnetbandspeicher, Plattenspeicher usw.).
Wichtige Ausgabegeräte sind der Schnelldrucker, der z. B. als Walzendrucker mit einer Typenwalze oder als Kettendrucker mit einer Typenkette ausgeführt sein kann und mit dem sich 10 bis 25 Zeilen von 100 bis 160 Zeichen je Sekunde drucken lassen, der Lochstreifen- und der Lochkartenstanzer. Der zur EDV-Anlage TR 440 erhältliche Schnelldrucker SDR 366–440 etwa hat eine Druckgeschwindigkeit von bis zu 1250 Zeilen in der Minute mit 160 Druckstellen in einer Zeile und einem Zeichenvorrat von 63 Zeichen. Er hat eine Typenwalze mit 63 verschiedenen (bei der Version SDR 176–440 sind es 115) Zeichen, die auf der Walze entsprechend der Zeichenzahl je Zeile 160mal in einer achsenparallelen Anordnung angebracht sind. Die Walze dreht sich mit konstanter Geschwindigkeit, die magnetisch betätigten Druckhämmer schlagen das Papier und das Farbtuch gegen die Walze. Von geringerer Bedeutung sind wegen ihrer

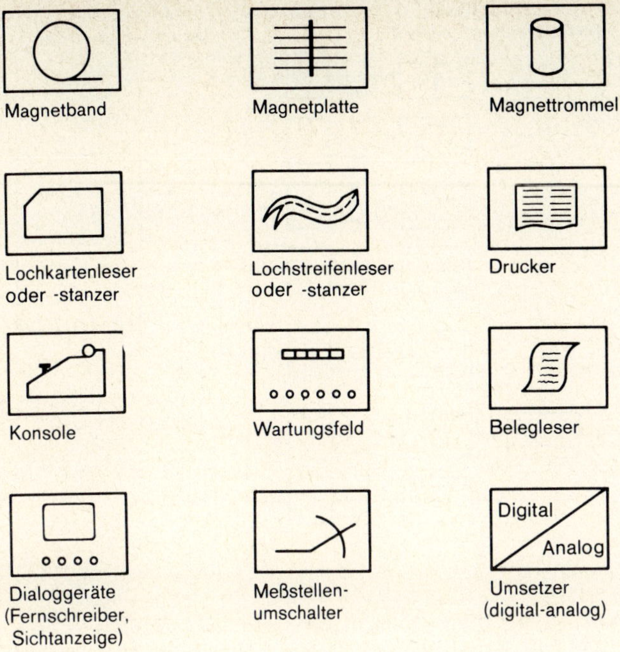

Bild 7/3. Symbole für E/A-Geräte

geringen Arbeitsgeschwindigkeit von 6 bis 15 Anschlägen in der Sekunde Fernschreibmaschinen als E/A-Geräte.
Weitere E/A-Geräte sind das Bedienungspult, heute meist nur noch z. B. zur Wartung oder Inbetriebnahme einer EDV-Anlage benutzt, der Kurvenschreiber und verschiedene Sichtgeräte.
Handelt es sich bei einer EDV-Anlage nicht um einen Universalrechner zur Bearbeitung technisch-wissenschaftlicher oder kommerzieller Probleme, sondern um einen sogenannten Prozeßrechner, der mit einer Anlage, z. B. einem Produktionsprozeß, bilanzierend, überwachend, steuernd, regelnd und optimierend zusammenarbeitet, so treten noch eine Anzahl weiterer E/A-Geräte hinzu, die den Verkehr mit dem Prozeß ermöglichen. Es sind dies in erster Linie Digital-Analog-Umsetzer (D/A-Umsetzer) zur Ausgabe und Analog-Digital-Umsetzer (A/D-Umsetzer) zur Eingabe von Daten in den Rechner [126].
Eine Anzahl von Symbolen für die Peripheriegeräte findet man in Bild 7/3 zusammengestellt [118].

7.2. Aufbau eines Digitalrechners

7.2.1. Verkehr zwischen Zentraleinheit und Peripheriegeräten

Den eigentlichen Kern eines Digitalrechners (EDV-Anlage) bildet die *Zentraleinheit*. Ihre Gliederung und wesentliche Gesichtspunkte ihrer Wirkungsweise werden in einem späteren Abschnitt beschrieben. Hier sei nur so viel gesagt, daß sie aus einem Arbeitsspeicher, einem Rechenwerk und einem Steuerwerk (Leitwerk) besteht.

Bild 7/4. Teile einer EDV-Anlage

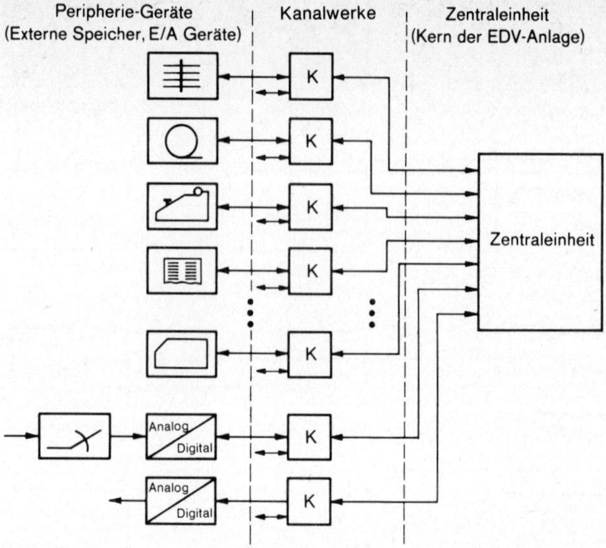

Mit dieser Zentraleinheit verkehren die Peripheriegeräte (Bild 7/4). Es müssen z. B. Daten zwischen der Zentraleinheit und den externen Speichern ausgetauscht werden. Bestimmte Informationen, die die Zentraleinheit zum Abarbeiten eines Programms benötigt, findet sie etwa nur auf einem peripheren Magnetband, oder bestimmte Teile der im Arbeitsspeicher gespeicherten Daten werden zur Abarbeitung des Programms nicht mehr benötigt und können aus dem Arbeitsspeicher auf den Plattenspeicher transportiert werden, um z. B. von dort später ausgedruckt zu werden. Die Zentraleinheit muß aber auch mit den E/A-Geräten verbunden sein. Bei einer Prozeßrechneranlage etwa müssen Meßdaten von den Meßgeräten über einen Meßstellenumschalter und einen A/D-Umsetzer in den Arbeitsspeicher der Zentraleinheit gebracht werden, ehe sie weiterverarbeitet werden. Der Einfluß des Prozeßrechners auf den Prozeß läuft in entgegengesetzter Richtung ab. Die von der Zentraleinheit ermittelten Steuermaßnahmen, zunächst von ihr in binär kodierter Form in ihren Arbeitsspeicher gebracht, müssen z. B. über Digital-Analog-Umsetzer oder über Dekodierer in Steuersignale für den Prozeß umgewandelt werden.

Ferner kann die Zentraleinheit überhaupt erst ein Programm bearbeiten, wenn sie dessen Einzelbefehle z. B. aus dem Lochkartenleser oder dem Lochstreifenleser in ihren Arbeitsspeicher übernommen hat. Ergebnisse gibt sie dann z. B. wieder über den Lochkartenstanzer auf Lochkarten oder über den Drucker ab.

Auch wenn Ergebnisse vom Magnetband über den Drucker ausgedruckt werden sollen, wirkt das Steuerwerk der Zentraleinheit mit. Die für diesen Verkehr zwischen Zentraleinheit und Peripheriegeräten komplizierte und vielfältige Organisation zwischen den Einzelteilen einer EDV-Anlage macht das Verständnis ihrer Funktion so schwierig. Die Einzelteile und Einzelgeräte selbst sind dagegen vergleichsweise einfach zu beschreiben.

7.2.2. Geschwindigkeitsdifferenz zwischen Zentraleinheit und Peripheriegeräten

Während nun die Zentraleinheit mit „elektronischen" Geschwindigkeiten arbeiten kann, also etwa das Herauslesen eines Datenwortes aus dem Arbeitsspeicher in einigen Nanosekunden, die Verknüpfung von zwei Datenworten in einigen Mikrosekunden bis zu einigen hundert Mikrosekunden erledigen kann, können die Peripheriegeräte, insbesondere wenn sie mit mechanischen Teilen arbeiten, wie etwa Drucker, Bandgerät usw., nur vergleichsweise langsam arbeiten. Zahlenwerte für diese Geschwindigkeiten findet man in den Abschnitten 4.1.2, 4.4 und 7.1.8.

7.2.3. Eingabe-Ausgabe-Kanäle (E/A-Kanäle)

Soll sich nun auf Grund dieses Geschwindigkeitsunterschiedes die Zentraleinheit nicht den langsamen Peripheriegeräten anpassen, was man auf jeden Fall vermeiden muß, um eine extreme Senkung der Leistungsfähigkeit einer EDV-Anlage zu verhindern, so benötigt man zusätzliche programm- und gerätetechnische Vorkehrungen. Wesentliche gerätetechnische Vorkehrungen sind die Kanalwerke (E/A-Kanäle). Sie werden vom Leitwerk angestoßen und organisieren und puffern dann den Datenfluß, so daß sich die Zentraleinheit in der Zwischenzeit anderen Aufgaben, z. B. arithmetischen Operationen, zuwenden kann.
Bei einem Datentransport zwischen Zentraleinheit und einem Peripheriegerät wird der zuständige Kanal von der Zentraleinheit angestoßen. Er erhält seine Steuerinformation aus der Zentraleinheit und kann dann selbständig weiterarbeiten. Auf Grund der Steuerinformation holt er sich wortweise die Daten aus dem Speicher, puffert sie und gibt sie Zeichen- oder Bitweise an das Ausgabegerät weiter. Er übernimmt die Daten mit der Geschwindigkeit der Zentraleinheit, puffert sie im eigenen Speicher und übergibt sie dem Peripheriegerät mit dessen Geschwindigkeit. Erst wenn alle Daten entsprechend der Steuerinformation übertragen sind, teilt das Kanalwerk der Zentraleinheit mit, daß die gestellte Aufgabe erledigt ist. Nur für diese kurzzeitige Information wird das Leitwerk der Zentraleinheit beansprucht.
Bei der Eingabe sammelt das Kanalwerk die vom Peripheriegerät kommenden Daten und schreibt sie in den Speicher ein. Hierzu wird das Leitwerk nicht benötigt. Auch hier wird am Ende des Eingabevorgangs dem Leitwerk mitgeteilt, daß die Eingabe beendet ist.
Neben der beschriebenen Form gibt es auch andere Formen von Kanalwerken, z. B. solche, die selbständiger arbeiten und solche, die weniger selbständig arbeiten, indem sie das Leitwerk stärker beanspruchen. Zu den selbständiger arbeitenden Kanalwerken zählen etwa solche für Sichtgeräte, die ohne Anstoß durch die Zentraleinheit Zugriff zum Speicher haben.

7.3. Die Zentraleinheit

Die Zentraleinheit, der eigentliche Kern, das Herz einer EDV-Anlage, besteht aus mehreren Funktionsgruppen. Die wichtigsten sind das Speicherwerk mit dem Zentralspeicher, weiterhin das Leitwerk oder Steuerwerk und schließlich das Rechenwerk. Eine Vorstellung von dem Zusammenwirken dieser drei Werke soll Bild 7/5 vermitteln.

Bild 7/5. Verflechtung von Speicher-, Rechen- und Steuerwerk der Zentraleinheit

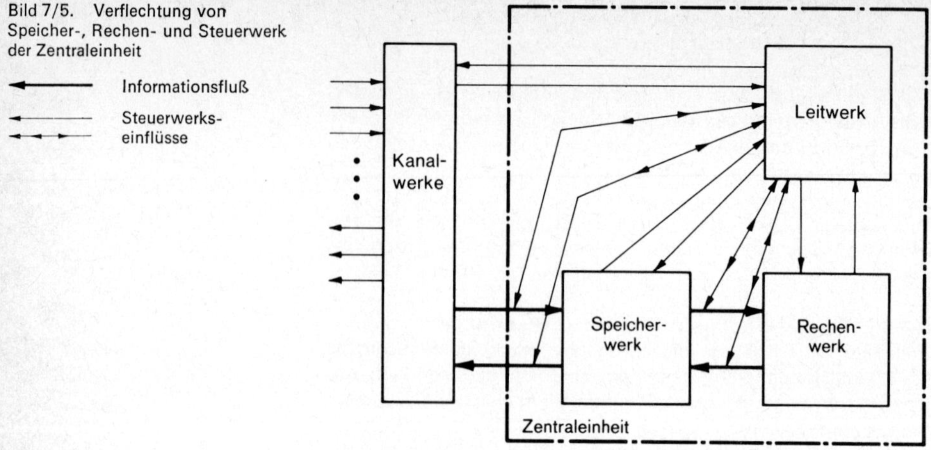

Im Speicherwerk werden unter anderem die Informationen gespeichert, die zur Verarbeitung des gerade behandelten Programms benötigt werden. Weiterhin werden Ergebnisse der gelösten Aufgabenstellung in den Speicher eingespeichert, von wo aus sie dann z. B. zu den Peripheriegeräten gelangen.
Im Rechenwerk werden die Verknüpfungsbefehle des Programms ausgeführt. Das Rechenwerk vollzieht nicht nur arithmetische, sondern auch andere Verknüpfungsoperationen. Das Leitwerk schließlich koordiniert die Befolgung der Befehle, es stellt die richtigen Weichen für den Datenfluß, es ist für die Organisation der Arbeit des Digitalrechners verantwortlich.
Eine Anzahl von getrennt auftretenden Registern ergänzt die übrigen Teile, die ihrerseits ebenfalls Register haben.

7.3.1. Das Leitwerk (Steuerwerk)

Wurde die Zentraleinheit als das Herz einer EDV-Anlage bezeichnet, so kann man das Leitwerk als das Nervensystem der Zentraleinheit oder überhaupt des Digitalrechners bezeichnen. Das Leitwerk ist an allen Verarbeitungsvorgängen im Digitalrechner beteiligt. Es steuert den Lese- bzw. Schreibvorgang, es stößt die Kanalwerke an, es wählt die den Befehlen entsprechenden Verknüpfer des Rechenwerks aus, es steuert die zur Ausführung eines Befehls erforderlichen Mikroprogramme an, kurz, es organisiert die gesamte Abarbeitung eines Programms (Bild 7/5).
Hierzu ist es unter anderem mit einer Anzahl von elektronischen Schaltern ausgestattet, und es enthält Register zur Aufnahme von einem Wort sowie eine Reihe von Registern für ein Bit, die auch als Merker bezeichnet werden.

7.3.2. Das Speicherwerk

Trotz der großen Fülle von Speicherprinzipien, die man untersucht und entwickelt hat und die zum Teil in Kapitel 4 dargestellt wurden, hat man die meisten von ihnen nicht über das Versuchslaborstadium hinausbringen können. Mit geringen Ausnahmen dominiert bei den EDV-Anlagen der magnetische Matrixspeicher, wie er als Ferritkern- und Magnetschichtspeicher verwirklicht wurde. Die Größenordnung der Kapazität eines Arbeitsspeichers

schwankt je nach Maschinentyp zwischen 10^3 und knapp 10^8 bit. Jedem Bit ist ein Speicherelement zugeordnet. Jedes Wort besteht aus 5 bis 60 bit. Die Kapazität eines Arbeitsspeichers (ebenso natürlich die anderer Speicher) kann also auch in der Dimension *Wort* ausgedrückt werden, wobei die Abkürzung 1 K für $2^{10} = 1024$ üblich ist. Ein Speicher hat danach eine Kapazität von etwa einigen K Wörtern bis zu einigen hundert K Wörtern.
Da die einzelnen Speicherkerne in matrizenförmiger Anordnung angebracht sind, spricht man beim Speicher auch von einem *Matrixspeicher*. Mehrere Matrixebenen bilden den Speicherblock. Man unterscheidet *bitorganisierte* Speicher und *wortorganisierte* Speicher. Der bitorganisierte Speicher hat eine Anzahl von Ebenen, die genau der Wortlänge der EDV-Anlage entspricht. Ein Wort wird dabei so gespeichert, daß seine Bits auf hintereinanderliegenden Ebenen gespeichert sind. Im Gegensatz dazu wird beim wortorganisierten Speicher ein Wort jeweils in einer Matrixebene untergebracht.

7.3.2.1. Die Speicherzellen (Stellenmaschinen, Byte-organisierte Maschinen)

Ein Arbeitsspeicher hat eine bestimmte Kapazität, d. h., er ist in der Lage, eine bestimmte maximale Anzahl von binären Wörtern zu speichern. Damit man die Wörter in dem Speicher unterbringen kann und später auch wiederfindet, muß man ihre Anordnung im Speicher auf vernünftige Weise organisieren. Zu diesem Zweck teilt man den Speicher in einzelne Zellen ein, die je zur Aufnahme eines Wortes geeignet sind. Die Zellen werden durchgehend numeriert. Jede Zelle erhält dabei eine Nummer, die als Adresse der Zelle bezeichnet wird. Von der Adresse einer Zelle muß der Inhalt der Zelle, das in ihr gespeicherte Wort, unterschieden werden.
Die Anzahl der Bits verschiedener Zellen kann nun verschieden groß sein. Bei den sogenannten Stellenmaschinen wird ein Wort aus einer Anzahl von sechs Bit-langen Zellen je nach Wortlänge zusammengesetzt.
Im Gegensatz dazu gibt es wortorganisierte Maschinen mit generell fester Wortlänge.

7.3.2.2. Die Vorgänge beim Einspeichern und beim Lesen

Um die Prinzipien des Einspeicherns (Schreibens) eines binären Wortes in den Arbeitsspeicher oder des Lesens eines Wortes aus ihm zu erläutern, soll ein Symbol für ein Speicherwerk benutzt werden, das von V. Kussl in [127, 72] vorgeschlagen wurde und eine große Anschaulichkeit besitzt, nämlich ein Würfel in perspektivischer Darstellung. Er ist in Bild 7/6 gezeigt. An seinem Eingang *1* laufen die Wörter ein, die gespeichert (geschrieben) werden sollen. Für jedes zu schreibende Wort muß an Eingang *2* die Adresse der Zelle angegeben werden, auf der das Wort untergebracht werden soll. Die Zelle muß zunächst gelöscht werden. Der Lösch- und Einspeichervorgang wird aber erst ausgelöst, wenn bei Eingang 3 ein Schreibimpuls dies veranlaßt.
Entsprechend erfolgt das Herauslesen eines Wortes. An Eingang 4 wird die Adresse der Zelle angegeben, deren Inhalt man lesen

Bild 7/6. Eingänge und Ausgänge bei einem Speicher

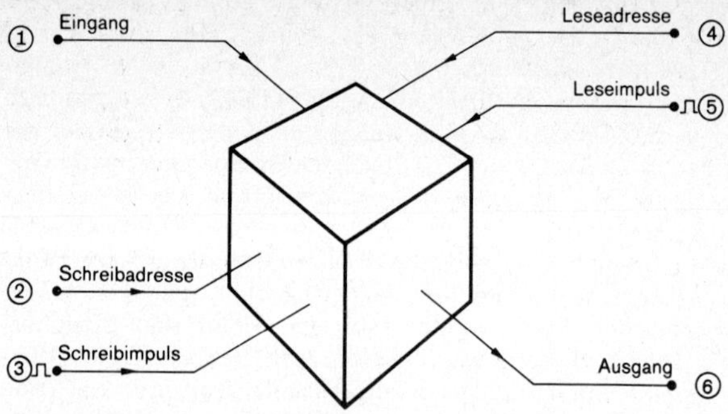

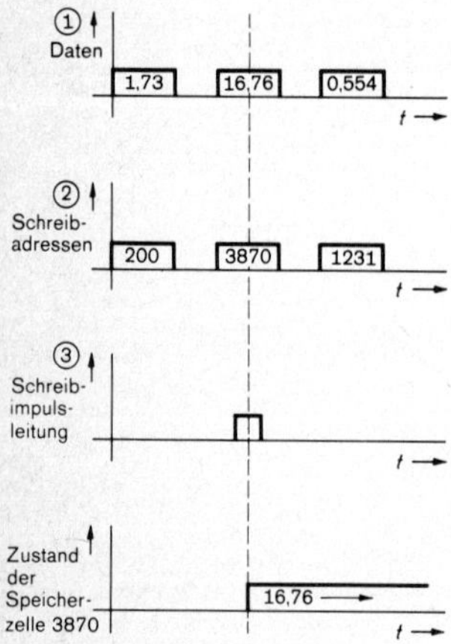

Bild 7/7. Schreibvorgang beim Arbeitsspeicher

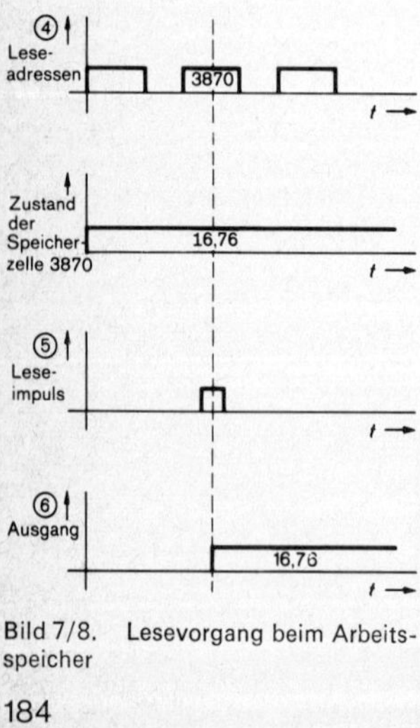

Bild 7/8. Lesevorgang beim Arbeitsspeicher

will. Tritt bei 5 ein Leseimpuls auf, so erscheint dieser Inhalt am Ausgang 6, von wo er in ein Register zwischengespeichert werden muß.

In den Bildern 7/7 und 7/8 wird dies noch verdeutlicht. Man erkennt in Bild 7/7, daß am Punkt 1 des Speichers nacheinander die Daten 1,73; 16,76; 0,554 usw. auftreten. An Punkt 2 tauchen nacheinander die Adressen 200; 3870; 1231 usw. auf. An Punkt 3 wird durch Auftreten des Schreibimpulses das Einlesen der gerade bei 1 anliegenden Information 16,76 in die Speicherzelle 3870 bewirkt, deren Adresse gerade bei 2 vorgeschrieben wird. Das untere Zeitdiagramm von Bild 7/7 zeigt, daß vom Zeitpunkt des Einlesens die Speicherzelle 3870 in den Zustand 16,76 gebracht wurde. Das Wort ist richtig eingespeichert.

Ein Beispiel für einen Lesevorgang zeigt Bild 7/8. Der Leseimpuls veranlaßt, daß der Inhalt der Zelle, deren Adresse gerade bei 4 anliegt, also der Zelle 3870, gelesen wird. Der Inhalt dieser Zelle ist 16,76, also erscheint 16,76 am Ausgang 6 des Speicherwerks und wird in einem Register aufgefangen und zwischengespeichert. Da durch das Lesen die Information in der Zelle zerstört wird, muß sie mit der gleichen Adresse wieder zurückgespeichert werden.

In den Datenangaben vieler Hersteller von EDV-Anlagen taucht die Zeitdauer dieses Lesens und Rückschreibens bzw. des Löschens und Einschreibens als *Zykluszeit* auf und ermöglicht Rückschlüsse auf die Arbeitsgeschwindigkeit der EDV-Anlage. Davon muß unterschieden werden die Zeit für einen Befehlszyklus, die das Lesen und Vollziehen eines Befehls umfaßt und abhängig von der Art des Befehls ist. Ebenso müssen davon die in Abschnitt 2.3.4.4 genannten Schaltzeiten der Transistorbausteine unterschieden werden.

Einzelheiten über die Lese- und Schreibvorgänge beim Arbeitsspeicher möge man dem zahlreichen Schrifttum über Speicherwerke entnehmen, von dem besonders der in [2] erschienene Beitrag von H. Billing hervorgehoben werden soll, wie man überhaupt in [2] zur Thematik EDV-Anlagen eine Anzahl ausgezeichneter, weiterführender Beiträge findet, insbesondere in [128 bis 140].

7.3.2.3. Datenspeicherteil und Programmspeicherteil des Arbeitsspeichers

Ein wesentliches Charakteristikum einer EDV-Anlage ist, daß sie das Programm, das sie jeweils abarbeiten soll, in ihren eigenen

Arbeitsspeicher übernimmt. In ihrem Speicherwerk sind die einzelnen Befehle ebenso als binäre Worte untergebracht, wie die Datenworte der Daten, die durch diese Befehle verarbeitet werden sollen. Für die Betrachtungen über die Wirkungsweise der Zentraleinheit in Abschnitt 7.4 ist es zweckmäßig, so zu tun, als ob Programm und Daten in verschiedenen Teilen des Zentralspeichers gespeichert sind, diesen also in einen Datenspeicherteil und einen Programmspeicherteil zerlegt zu denken, während in Wirklichkeit Daten und Programm meist nicht getrennt gespeichert sind. Eine zunächst nur angedeutete, in Abschnitt 7.4 näher ausgeführte Struktur ersieht man aus Bild 7/9 für das Beispiel eines Verknüpfungsbefehls. Die durch den Befehl aus dem Datenspeicherteil herausgelesenen Daten werden in diesem Fall zur Verknüpfung dem Rechenwerk zugeführt.

Im Rechenwerk werden die Verknüpfungen, die durch einen Verknüpfungsbefehl angeordnet werden, ausgeführt. Verknüpft werden zwei Daten. Hierzu müssen sie zunächst aus dem Datenspeicherteil des Speicherwerks herausgelesen und im Rechenwerk in zwei Registern AC und X untergebracht werden (Bild 7/10). Sie werden dann einem Verknüpfer zugeführt, dessen Art durch die Art des Verknüpfungsbefehls festgelegt und durch den Verknüpfungsbefehl ausgesucht worden ist. Der Verknüpfer ist stets ein Schaltkreis, enthält also entweder Schaltnetze oder Schaltwerke oder beides. Am Ausgang des Verknüpferschaltkreises tritt dann das Verknüpfungsergebnis auf. Es muß wieder in einem Register aufgenommen werden. Häufig benutzt man eines der zwei Register (AC) für die Zwischenspeicherung des

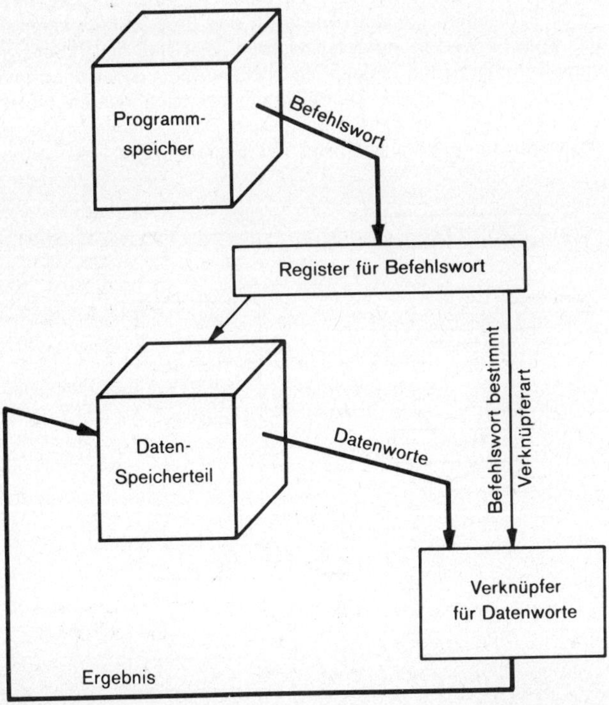

Bild 7/9. Veranschaulichung des Zusammenwirkens von Programmspeicherteil und Datenspeicherteil des Arbeitsspeichers

Ergebnisses. Hieraus wird es dann wieder in den Datenspeicherteil des Arbeitsspeichers übernommen, und der nächste Befehl kann bearbeitet werden.
Wichtige, im Rechenwerk durchgeführte Operationen sind die Addition, die Subtraktion, die Multiplikation und die Division. Die Verknüpfungsoperation der Addition wird stets in einem festverdrahteten Verknüpferschaltkreis ausgeführt. Ein Beispiel wurde in Abschnitt 2.2.3 angegeben. Die drei anderen arithmetischen Grundoperationen können ebenfalls durch festverdrahtete Verknüpfungsschaltkreise realisiert sein, in vielen Fällen werden sie aber auf Mikrooperationen zurückgeführt, also mit dem Programm auf elementarere Schritte, z. B. auch die Addition, zurückgeführt, wodurch natürlich ihre Operationszeit verlängert wird.
Manche Anlagen haben jedoch heute schon z. B. eigene Subtrahierwerke, während man früher aus Kostengründen die Subtraktion stets auf die Addition zurückgeführt hat, was unter anderem wieder Rückwirkungen auf die Kodes in Rechenanlagen gehabt hat.
Weitere Einzelheiten zum Rechenwerk findet man im Zusammenhang mit der „Wirkungsweise der Zentraleinheit" in Abschnitt 7.4.4 und im Schrifttum [109, 117, 118, 138].

7.4. Die Wirkungsweise der Zentraleinheit

Die Zentraleinheit als das Herz einer EDV-Anlage übernimmt die Aufgabe der Bearbeitung eines Programms. Das gestellte Problem ist vorher z. B. in ein Flußdiagramm und von diesem in eine Folge von Befehlen umgesetzt worden. Die Gesamtheit dieser Befehle, also das Programm, ist daraufhin über ein Eingabegerät, z. B. einen Lochkartenleser in den Programmspeicherteil des Speicherwerks eingelesen worden. Hier sind die Befehle in zumeist hintereinanderfolgenden Speicherzellen gespeichert und werden nun durch die Zentraleinheit nacheinander abgerufen und bearbeitet. Sie werden zu diesem Zweck nacheinander in das sogenannte Befehlsregister *BR* gebracht, das, wie bereits

Bild 7/10. Teile des Rechenwerks

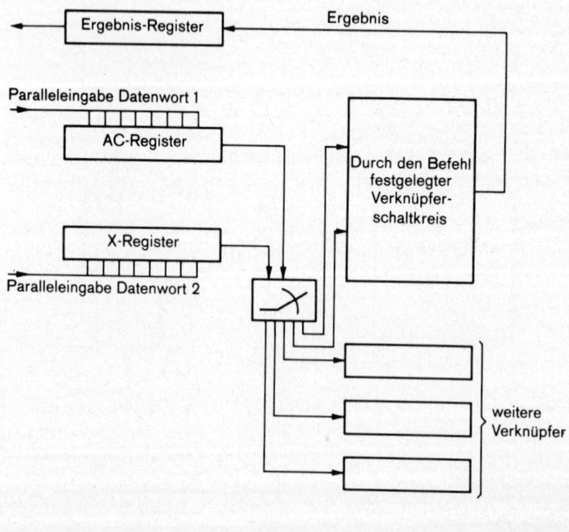

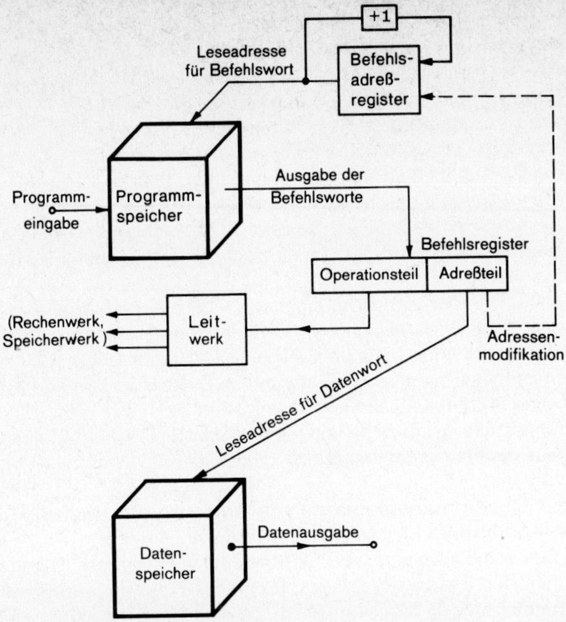

Bild 7/11. Die Aufgaben von Befehlsregister und Befehlsadreßregister

durch Bild 7/9 angedeutet, jeweils ein Befehlswort aufnehmen und zwischenspeichern kann (Bild 7/11).

7.4.1. Aufbau eines Befehls

Ein Befehlswort hat einen ganz bestimmten Aufbau. Zunächst sei daran erinnert, daß es ja als binäres Wort auftritt.

Eine Anzahl von Bits des Befehlswortes wird der Verschlüsselung der Art des Befehls dienen, also der Operation, die durch den Befehl ausgelöst werden soll. Dieser Teil des Befehlswortes wird als Operationsteil bezeichnet. Ein Befehlswort enthält außerdem noch einen Adreßteil. In ihm sind die Adressen der Speicherzellen angegeben, unter denen man die durch den Befehl zu verarbeitenden Daten im Datenspeicherteil des Speicherwerkes findet.

Das Befehlswort enthält also nicht etwa die zu verarbeitenden Daten selbst, sondern nur deren Adressen. Durch diese Organisation ist es daher leicht möglich, ein Programm für verschiedene Werte der Daten bearbeiten zu lassen, ohne daß das Programm geändert werden muß.

Ein Befehl besteht also aus Operationsteil, der die Befehlsart enthält, und Adreßteil, der aus ein oder mehreren Adressen besteht, die die Speicherzellen der zu verarbeitenden Daten angeben.

7.4.2. Einadreßmaschinen und Mehradreßmaschinen

Bei den Einadreßmaschinen enthält ein Befehlswort nur eine Adresse. Eine Addition z. B. muß also hier in drei Befehle unterteilt werden, die Befehle „Hole den ersten Summanden ins Rechenwerk", „Hole und addiere dazu den zweiten Summanden im Rechenwerk" und „bringe das Ergebnis in den Speicher".

Der Adreßteil des ersten Befehls enthält dabei die Adresse des ersten Summanden, der des zweiten Befehls die Adresse des zweiten Summanden und der des dritten Befehls die Adresse der Speicherzelle, in die das Ergebnis gebracht werden soll. Die meisten der ausgeführten Rechner sind Einadreßmaschinen.
Der Adreßteil von Mehradreßmaschinen enthält mehr als eine Adresse. Es können in dem Adreßteil einer Dreiadreßmaschine die drei Adressen der beiden verknüpften Daten und der für das Ergebnis vorgesehenen Speicherzelle angegeben werden, eine Addition also durch ein einziges Maschinenbefehlswort bewirkt werden.
Natürlich braucht der Programmierer auf diese Unterschiede nicht zu achten, da er in einer problemorientierten Programmsprache programmiert, die vom Rechner dann erst z. B. mit Hilfe eines Compilers in die maschineninternen Befehlsworte aufgelöst wird. Der Additionsbefehl etwa wird also auch bei einer Einadreßmaschine symbolisch mit dem Befehl ADD programmiert und erst von der Rechenmaschine umgesetzt.

7.4.3. Zusammenspiel von Programmspeicherteil und Datenspeicherteil in der Zentraleinheit

Die Zusammenwirkung von Programmspeicher und Datenspeicher bei Bearbeitung eines Programms wurde besonders anschaulich von V. Kussl in [118] dargestellt. Dieser Betrachtungsweise sei hier an Hand von Bild 7/11 gefolgt. Bild 7/11 stellt die in Bild 7/9 angegebenen Zusammenhänge genauer dar.
Man erkennt zunächst die zwei Teile des Speicherwerks und ferner zwei Register, zum einen das *Befehlsregister*, zum anderen das *Befehlsadreßregister* (Befehlsfolgeregister). Das Einschreiben und Lesen von Daten- oder Befehlsworten läuft bei beiden Speicherteilen so ab, wie es in Abschnitt 7.3.2.2 beschrieben wurde.
Zunächst wird das Programm eingegeben. Die Gesamtheit aller zum Programm gehörigen Befehlsworte steht dann z. B. auf hintereinanderfolgenden Speicherzellen, etwa den Speicherzellen mit den Adressen 1000 bis 1200. Zu Beginn des Programms wird dem Befehlsadreßregister die Adresse des ersten zu bearbeitenden Befehls, also beispielsweise die Adresse 1000, mitgeteilt. Das Befehlsadreßregister bestimmt stets die Adresse des aus dem Programmspeicher herauszulesenden Wortes. Bei Eintreffen des Leseimpulses wird das unter der Adresse 1000 gespeicherte Befehlswort herausgelesen, im Befehlsregister zwischengespeichert und verarbeitet. Das Befehlsadreßregister hat inzwischen die Adresse des als nächstes zu bearbeitenden Befehls erhalten. Bei konsekutiver Arbeitsweise, falls die Folgebefehle jeweils in der nächsten Speicherzelle zu finden sind, muß das Befehlsadreßregister nur einfach die Anzahl der bearbeiteten Befehle zählen. Nachdem es also ursprünglich auf 1000 gesetzt worden war, nimmt es, nachdem der erste Befehl bearbeitet wurde, die Zahl 1001 an, nach dem zweiten Befehl die Zahl 1002 usw. und gibt damit jeweils die Adresse des folgenden Befehls an. In diesem Fall spricht man auch vom *Befehlszähler*. Die Wirkung des Befehlsadreßregisters als Befehlszähler ist in Bild 7/1 angedeutet.
Das Befehlsadreßregister kann jedoch auch, insbesondere bei

Mehradreßmaschinen, vom Adreßteil eines Befehlswortes modifiziert werden. Adressenmodifikationen im Befehlsadreßregister treten auf, wenn von der konsekutiven Arbeitsweise abgewichen wird, also etwa bei Sprungbefehlen oder bei Verzweigungen. So wird z. B. bei einem Sprungbefehl das Register auf 2000 gesetzt und von dort aus weitergezählt. Nacheinander gelangen nun die Befehle unter organisatorischer Mithilfe des Befehlsadreßregisters in das Befehlsregister, um bearbeitet zu werden.
Im Befehlsregister wird nun einerseits der Operationsteil des Befehls interpretiert. Über das Steuerwerk wird z. B. durch den Operationsteil der richtige Verknüpfer ausfindig gemacht. Der Adreßteil des im Befehlsregister befindlichen Befehls wirkt als Leseadresse beim Datenspeicherteil. Hier wird also damit das richtige Datenwort gelesen und entsprechend dem Operationsteil des Befehls, etwa im Rechenwerk, verarbeitet.
Nacheinander werden so alle Befehle eines Programms abgearbeitet. Besonders wesentlich ist es, daß hierbei mit Hilfe der Adressenmodifikation bestimmte Teile des Programms mehrfach durchlaufen werden. Das Holen und Ausführen eines Befehls wird als Befehlszyklus bezeichnet. Die Dauer eines Befehlszyklus ist von der Art des Befehls abhängig.

7.4.4. Die Verknüpfung von Daten im Rechenwerk

Ein Teil der zu einem Programm gehörigen Befehle wird aus Verknüpfungsbefehlen bestehen. Sie führen zu einer Verarbeitung von Daten im Rechenwerk. Vom Datenspeicher gelangen die Daten dabei zunächst in zwischenspeichernde Register, die in Bild 7/10 als akkumulatives Register (AC-Register) und als X-Register bezeichnet sind. Das Verknüpfungsergebnis wandert aus dem Verknüpfer entweder in das AC-Register oder in ein besonderes Ergebnisregister, ehe es wieder in den Datenspeicher eingeschrieben wird.
Der Aufbau der Verknüpfer des Rechenwerks hängt von der Art der Verknüpfung ab. So wurden in Kapitel 2 Schaltfunktionen und Schaltplan für die Addition von Dualzahlen angegeben. Boolesche Befehle erfordern dagegen die Realisierung der zu diesen Befehlen gehörigen Schaltfunktionen. Sollen zwei 5-Bitwörter (als Beispiel OLLOL und LOLOL) durch einen Befehl „Bit-weise Äquivalenz feststellen" verarbeitet werden, so muß das Ergebniswort an den Stellen ein L-Bit haben, wo die zu verknüpfenden Bitwörter gleiche Schaltwerte aufweisen (im Beispiel OOLLL). Ein Verknüpfer, der diese Operation leistet, ist in Bild 7/12 angegeben.
Ein besonders wichtiger Verknüpfer ist das Addierwerk. Sein Aufbau hängt von der Kodierung der Daten ab. Es enthält z. B. bei Rechnern mit dual-dezimaler Kodierung außer den gewöhnlichen Addierern für die Tetraden auch noch Schaltwerke zur Korrektur etwa entstehender Pseudotetraden. Die Korrekturrechnungen können statt durch Schaltwerke auch durch Korrekturrechenvorgänge erledigt werden. Man spart damit die Korrekturschaltwerke ein, benötigt jedoch eine längere Verknüpfungszeit.

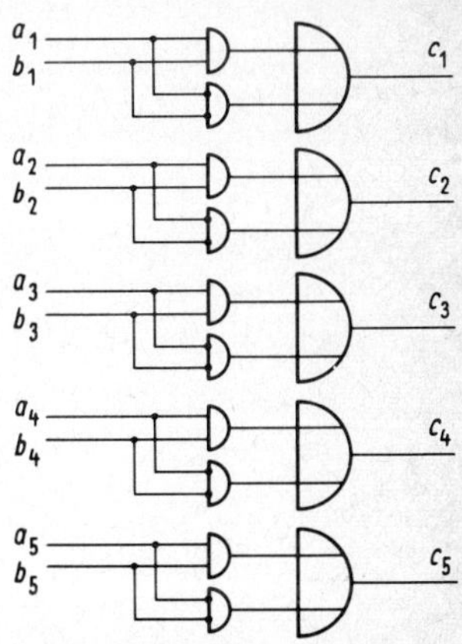

Bild 7/12. Verknüpfer für paarweise Äquivalenzbildung

7.4.4.1. Arbeitsweise der Addierwerke

Man unterscheidet je nach Arbeitsart seriellparallele, parallele und vollparallele Addierwerke. Beim seriellparallelen Addier-

werk werden die Ziffern von zwei zu addierenden Dezimalzahlen nacheinander addiert (daher seriell). Zunächst werden die beiden am weitesten rechts stehenden Ziffern (z. B. Sedezimalziffern) addiert, dann mit einem eventuellen Übertrag die links davon stehenden Ziffern usw. Die Tetraden, mit denen die Dezimalziffern verschlüsselt sind, werden dagegen parallel, d. h. gleichzeitig, addiert (daher seriell-parallel).
Die nächstschnellere Additionsart ist die parallele Addition. Hier werden alle Ziffern (z. B. Sedezimalziffern), d. h. alle sie verschlüsselnden Tetraden, gleichzeitig addiert. Das Ergebnis von jeweils zwei zu addierenden Tetraden erscheint an allen Stellen der zu addierenden Dezimalzahlen gleichzeitig. Jedoch müssen dann noch die eventuell bei einer Tetradenaddition aufgetretenen Überträge nach links weitergegeben werden, so daß es sich in Wirklichkeit doch nicht um eine vollständig parallele Arbeitsweise handelt.
Diese wird erst erreicht mit vollparallelen Addierwerken. Im Prinzip wird bei ihnen jeder möglichen Additionskombination ein UND-Verknüpfer zugeordnet, und alle Ausgänge der UND-Verknüpfer, die das gleiche Ergebnis aufweisen, werden über ein ODER-Glied verbunden. So führen etwa, wie Bild 7/13 verdeutlicht, die Summanden 0 und 5 auf ein UND-Glied, das mit dem ODER-Glied mit dem Ergebnisausgang 5 verbunden ist. Am gleichen ODER-Glied sind aber noch fünf weitere UND-Verknüpfer angeschlossen, deren Eingänge ebenfalls das Ergebnis 5 erbringen. Auf die Summe 5 führen ja auch die Additionen 1 + 4, 2 + 3, 3 + 2, 4 + 1, 5 + 0.
Als Beispiel sei angenommen, daß eine Addition 4 + 1 durchzuführen sei. Der Summand 1 ist also 4, der Summand 2 ist 1. Die beiden Zahlen 4 und 1 sind in Bild 7/13 durch Kreise hervorgehoben. Hier müssen zur Einleitung der Addition die Schaltwerte L auftreten. Dies wird durch zwei Entschlüsselungsschaltnetze bewirkt, die die binären Kodeworte für 4 und 1 entschlüsseln. Hat man etwa den dualdezimalen Kode, also für 4 bzw. 1 die Tetraden (A, B, C, D) = (0L00) bzw. (000L), so muß die in Bild 7/13 unter Summand 1 hervorgehobene 4 Ausgang eines Schaltnetzes zur Realisierung der Schaltfunktion f_4 =

Bild 7/13. Zur Funktionsweise eines vollparallelen Addierwerks

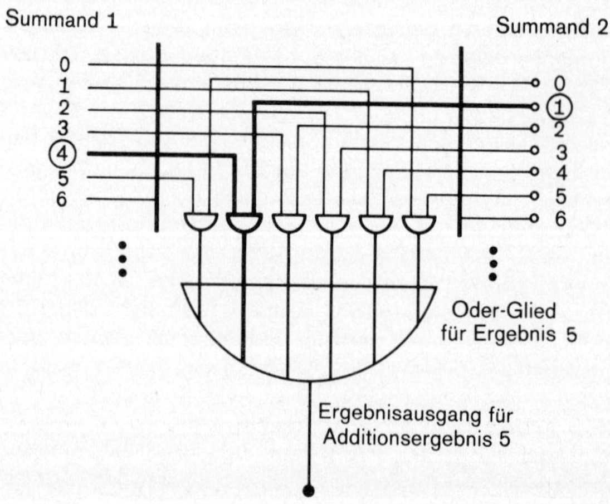

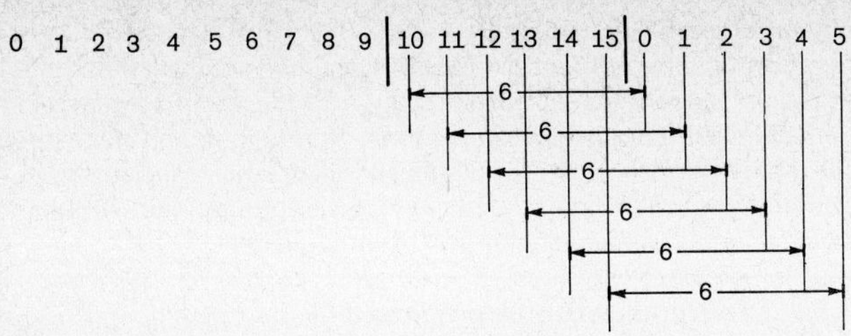

Bild 7/14. Korrektur von Pseudotetraden im dezimaldualen Kode durch Addition einer 6

$\bar{A}B\bar{C}\bar{D}$, die unter Summand 2 hervorgehobene 1 Ausgang eines Schaltnetzes zur Realisierung der Schaltfunktion $f_1 = \bar{A}\bar{B}\bar{C}D$ sein.
Tritt nämlich bei Summand 1 die Tetrade 0L00 auf, bei Summand 2 die Tetrade 000L, so werden die Eingänge 4 und 1 des Addierwerks durch diese vorgeschalteten Schaltnetze auf den Schaltwert L gebracht. Das hervorgehobene UND-Glied erhält dadurch den Ausgang L, der das ODER-Glied für das Ergebnis 5 ebenfalls auf L bringt. Der Ergebnisausgang zeigt das Additionsergebnis 5 an.
Ebenso sind natürlich für alle anderen Additionsergebnisse solche in ODER-Gliedern zusammengefaßten UND-Verknüpfungen für alle denkbaren Additionen erforderlich.
Man erkennt, daß bei dieser vollparallelen Arbeitsweise die Übertragsverzögerungen vermieden werden können, jedoch ein sehr erheblicher Schaltaufwand getrieben werden muß.

7.4.4.2. Korrektur von Pseudotetraden

Treten bei arithmetischen Operationen mit tetradisch kodierten Dezimalzahlen Pseudotetraden auf, so müssen die Ergebnisse in die entsprechenden Kodeworte zurückverwandelt werden. Die Durchführung dieser Korrektur sei an Hand des Dezimaldualen Kodes gezeigt. Eine Addition der Dezimalzahlen 6 und 7, also der Tetraden 0LL0 und 0LLL führt auf die Zahl 13, jedoch auf die Pseudotetrade LL0L. Das Ergebnis muß verwandelt werden in 000L 00LL als Verschlüsselung für 13. Ein Schaltwerk zum Erkennen der Pseudotetraden, wie es z. B. in Kapitel 6 beschrieben wurde, leitet den Korrekturvorgang ein.
Zunächst zeigt das Auftreten einer Pseudotetrade an, daß man einen dezimalen Zehnerübertrag erhalten hat. Aus Bild 7/14 ist ferner zu erkennen, daß man die richtige Einerziffer des Ergebnisses erhält, wenn man die duale Verschlüsselung einer 6, also die Tetrade 0LL0, zu der Pseudotetrade addiert. Die Addition ergibt im Beispiel LL0L plus 0LL0, also L 00LL. Die letzten 4 Binärstellen stellen die Tetrade 3 dar, das Ergebnis liegt also in der richtigen Form vor, die Addition hat 000L 00LL, also 13 ergeben.

7.4.5. Die Einflüsse von Transportbefehlen und von Organisationsbefehlen

Während die Verknüpfungsbefehle eine Verarbeitung von Daten in den Verknüpfern des Rechenwerkes auslösen, sorgen die vielfältigen Transportbefehle für den Transport von Daten zwischen Speicherwerk, Registern und Peripheriegeräten. Sie beeinflussen dabei die Verbindungskanäle, das Steuerwerk und das Speicherwerk.

Organisationsbefehle dienen zur Abwicklung der vielfältigen organisatorischen Abläufe im Digitalrechner. Beispiele für die Wirkung von Organisationsbefehlen sind die Einflüsse auf die im Befehlsadreßregister gespeicherten Adressen der als nächstes zu verarbeitenden Befehle. Organisationsbefehle werden ferner benötigt, um Sprünge, Verzweigungen, Sprünge mit Zählung usw. innerhalb eines Programms zu ermöglichen.

7.5. Programmierungssprachen

Von der großen Anzahl guter Lehrbücher über Programmierung seien die Werke [2, 110, 111, 113, 140, 141, 157 bis 160] hervorgehoben. Im vorliegenden Abschnitt sollen nur einige äußere Merkmale der Programmiersprachen genannt werden.

7.5.1. Maschinenkode – Programmierung

Den direkten Zugang zur EDV-Anlage nimmt man, wenn man die Programme unmittelbar in maschineninterne Befehle auflöst. Dies erfordert die Kenntnis der Maschinenkodeworte, die für jede Rechenmaschine wieder anders aussehen. Willkürliche Beispiele für Maschinenkodeworte sind (mit jeweils zwei Adressen):

Addiere:	A 00900	01020
Subtrahiere:	S 01663	09943
Dividiere:	% 02447	04316
Lies Karte:	M %1 n	04612R
Stanze Karte:	M %4 n	06390W
usw.		

Diese maschineninternen Befehle sind natürlich noch einmal binär verschlüsselt. Die binären Verschlüsselungen lösen dann aber direkt die Rechenoperationen aus.
Diese Methode ist äußerst umständlich und wird nur selten angewandt.

7.5.2. Symbolische Programmiersprachen

Um die Programmierungsarbeit zu erleichtern, wurden daher sogenannte symbolische Programmsprachen geschaffen. Beispiele für symbolische Befehlsworte sind etwa (bei Universalrechenmaschinen):

Lösche Register:	LR
Bringe Adreßteil:	BA
Addieren im Register A, Q:	A, Q
Bringe nächstes Zeichen:	BNZ
Speichere nächstes Zeichen:	CNZ
Invertiere Register:	IR
usw.	

aber auch (bei Prozeßrechnern [114]):

Digitalwert prüfen:	DPR
Analogwert prüfen:	APR
Digitalwert speichern:	DSP
Analogwert speichern:	ASP
Impuls ausgeben:	IMP
Warten:	WRT
Tendenz prüfen:	TEP
usw.	

Die ersten Befehle sind symbolische Befehle zur Bearbeitung von technisch-wissenschaftlichen Problemen auf universellen EDV-Anlagen, die zweiten sind geeignet, etwa einen Prozeßrechner für eine bestimmte Steueraufgabe zu programmieren.
Bei der symbolischen Programmierung ist ein Umsetzen des Programms in den Maschinenkode erforderlich, die vom Rechner selbst mit Interpretationsprogramm oder mit Compiler durchgeführt wird. Die Programmierungsarbeit in diesen symbolischen Befehlen ist schon vom mnemotechnischen Standpunkt aus wesentlich angenehmer als bei der Programmierung im Maschinenkode.

7.5.3. Problemorientierte und prozeßorientierte Sprachen

Für eine Fülle von technisch-naturwissenschaftlichen Aufgaben ist aber auch eine Programmierung in einer symbolischen Sprache noch zu zeitraubend und umständlich. Man hat daher sehr viele auf ganz spezielle Problemstellungen zugeschnittene problemorientierte Programmiersprachen geschaffen.
Genannt werden sollen als Problemgebiete nur die numerisch gesteuerten Werkzeug- und Zeichenmaschinensteuerungen, für die die Sprachen APT (Automatically Programming Tools), ADAPT, EXAPT (Untermenge von APT), AUTOSPOT (Automatic System for Positioning Tools) [142 bis 149] usw. geschaffen wurden, das Gebiet der blockweisen Programmierung dynamischer Systeme auf EDV-Anlagen mit einer größeren Anzahl von Programmsprachen, etwa MIDAS (Modified Integration Digital Analog Simulator) und ASIM (Analog Simulation) [150 bis 154]. Ferner auch die verschiedenen Einsatzgebiete von Prozeßrechnern, etwa in der chemischen Industrie, der Stahlerzeugung, der Elektroindustrie und anderen mehr [114, 155, 156].

Für alle diese Gebiete sind spezielle problemorientierte oder prozeßorientierte Programmiersprachen geschaffen worden, die eine Programmierung in der Sprache des Problems oder Prozesses erlauben, so daß man hierbei also vorwiegend auf der Basis der Problem- oder Prozeßkenntnisse programmieren kann und nur geringe EDV-Kenntnisse zu haben braucht.
So hat man außer den symbolischen Sprachen diese vielen verfeinerten problemorientierten Programmierungssysteme zur Verfügung. Weitere problemorientierte Programmiersprachen wurden für kaufmännische und andere nichttechnische Problemkreise der EDV entwickelt.

7.5.4. Universelle Programmiersprachen ALGOL, FORTRAN, COBOL, PL/I

Zur universellen Bearbeitung theoretischer, technisch-naturwissenschaftlicher Probleme sind außerdem universelle Programmiersprachen entwickelt worden. Die bedeutendsten sind ALGOL (Algorithmic Language), FORTRAN (Formula Translation), COBOL (Common Business Oriented Language) und PL/I-Sprachen, die in ihren Elementen sehr ähnlich sind.
Leistungsfähige Digitalrechner sind heute durchweg mit Compilern für die Sprachen ALGOL, FORTRAN, COBOL und PL/I ausgestattet und erlauben eine Schematisierung aller Program-

mierungsarbeit und ein Sichlösen von der Abhängigkeit des Programmierers von einer bestimmten EDV-Anlage.
Diese Sprachen ermöglichen direkt das Hinschreiben eines vom Rechner zu berechnenden mathematischen Zusammenhangs als Formel und ersparen damit die Auflösung in einzelne Verknüpfungs-, Datentransport- und Speicherplatzreservierungs- und andere Organisationsbefehle. Der Compiler nimmt diese Auflösung selbsttätig vor.
Von der Fülle lesenswerter Literatur seien nur [2, 110, 111, 113, 140, 141, 157 bis 160] genannt.
Abschließend ist das ALGOL-Programm für das in Abschnitt 7.1 besprochene Beispiel für die Suche der größten Zahl aus einer gegebenen Zahlenmenge angegeben. Während die ersten Befehle der Definition der Variablen und dem Einlesen der zu verarbeitenden Daten dienen, sind die weiteren Befehle, wie man mühelos erkennt, nichts anderes als eine Umsetzung der im Flußdiagramm Bild 7/1 angegebenen Zusammenhänge.

```
'BEGIN' 'COMMENT'  Aussuchen der größten Zahl;
   'REAL' b;
   'INTEGER' i, n; READ n;
   'BEGIN' 'ARRAY' a [1 : n];
      'FOR' i: = 1 'STEP' 1 'UNTIL' n 'DO' READ a [i];
             i: = 1;
             b: = 0;
      M 1:
      'IF' a [i] − b 'GREATER' o 'THEN'
             b: = a [i];
      'IF' i 'NOT EQUAL' n 'THEN'
      'BEGIN'
             i: = i + 1;
             'GO TO' M 1;
      'END';
      PRINT (b);
   'END';
'END';
```

7.6. Betriebsorganisation einer EDV-Anlage

Die Mittel der EDV-Anlage für den Verkehr zwischen Zentraleinheit und Peripheriegeräten sind im Vorstehenden verdeutlicht worden. Sie müssen nun so eingesetzt werden, daß mehrere Peripheriegeräte möglichst ohne Zeitverzug mit der Zentraleinheit verkehren können. Diese sehr komplexe Steuerungsaufgabe löst man mit Hilfe der im Rechner vorhandenen Befehle (insbesonders speziell den E/A-Befehlen) durch ein Programm. Dieses Programm wird Organisationsprogramm genannt. Die Zusammenfassung mit weiteren Programmen, die als ständige Betriebsmittel der EDV-Anlage benutzt werden, z. B. zur Unterstützung der Bedienung der Anlage, heißt Betriebssystem. Die Grenze zwischen beiden ist häufig fließend.

7.6.1. Einführung in die Aufgaben des Organisationsprogrammes

Die Aufgabe des Organisationsprogrammes bei solchen Austauschvorgängen zwischen Zentraleinheit ZE und Peripherie

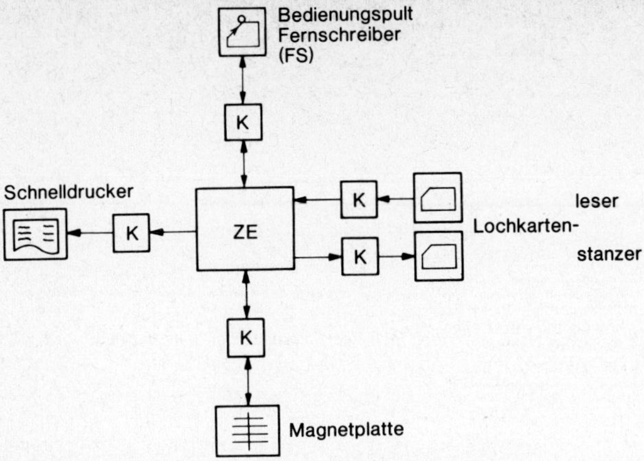

Bild 7/15. Beispiel für Zentraleinheit mit Peripherie

(Bild 7/15) seien an dem im Bild 7/16 ausgeführten Beispiel abzulesen.
Bild 7/15 zeigt eine typische Konfiguration für einen kleinen Rechenzentrumsbetrieb. Typisch für den Rechenzentrumsbetrieb ist die stapelweise Verarbeitung – batch-Verarbeitung – einzelner Programme (jobs). Die Programme verschiedener Benutzer liegen als Lochkartenstapel hintereinander in der Lochkarteneingabe. Die Reihenfolge der Bearbeitung in der EDV-Anlage kann man sich dann in der in Bild 7/16 gezeigtenWeise vorstellen.
Nacheinander bzw. ineinander verwoben veranlaßt das Organisationsprogramm die in Bild 7/16 angegebenen Vorgänge. Das Organisationsprogramm enthält also die Dienstleistung, die es dem Benutzer erlaubt, sich nach der Angabe einer Bedienungsanweisung auf dem Bedienungsgerät (Fernschreiber FS) nicht mehr um den Ablauf einer Bearbeitung kümmern zu müssen. Im einzelnen muß das Organisationsprogramm dazu folgendes leisten:

1. Einlesen der Zeichenfolge, die am Bedienungsgerät als Bedienungsanweisung erzeugt wird (im Bild 7/15 Fernschreiber).
2. Prüfung auf formale Richtigkeit der Bedienungsanweisung.
3. Interpretation der Bedienungsanweisung (z. B. Start der Eingabe von Lochkarteneingabegerät LKE).
4. Abwicklung des Datenverkehrs mit Lochkarteneingabe, Plattenspeicher, Lochkartenausgabe (LKA) und Drucker (DRU).

1. bis 3. betreffen die Bedienung einer EDV-Anlage. Im linken Teil des Bildes 7/16 sind einzelne Bedienungsbeispiele zu ersehen. Sie sind nur ein kleiner Ausschnitt aus der Fülle möglicher Bedienungen. Die Komplexität solcher Bedienungen gibt einen Hinweis auf den Komfort, den ein Organisationsprogramm für spezielle Aufgaben bietet.
Da die Verarbeitung der Programmstapel in der Lochkarteneingabe sich hintereinander in derselben Weise immer wiederholt, kann man auch diese Abwicklung dem Organisationsprogramm überlassen. Man erfaßt also sämtliche Einzelanweisun-

Bild 7/16. Reihenfolge der Arbeiten bei der Verarbeitung eines jobs

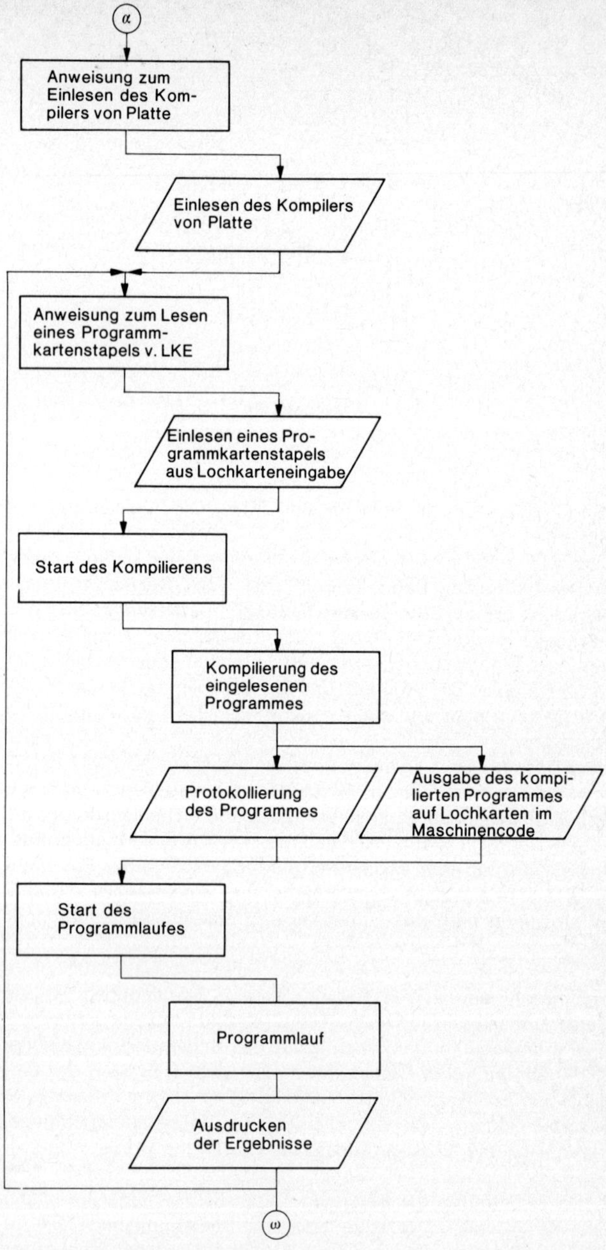

gen zu einer übergeordneten Anweisung mit entsprechenden Steuerinformationen zusammen. Der in Bild 7/16 angegebene Vorgang läuft dann ohne Zwischenbedienungen so viele Male hintereinander ab, wie Programmstapel (jobs) in der Lochkarteneingabe vorhanden sind.

Sieht das Organisationsprogramm die Eingabe von Bedienungsanweisungen von verschiedenen Eingabegeräten vor, z. B. neben Fernschreiber auch Lochkarteneingabe, so läßt sich der Stapelbetrieb in gleicher Weise direkt durch Voranlegen einer entsprechenden Steuerkarte vor den Lochkartenstapel realisieren. Für ein Organisationsprogramm, das solche komplexen Betriebsmittel bereitstellt, ist die Bezeichnung Betriebssystem also durchaus angebracht.

Es muß jedoch auch darauf hingewiesen werden, daß erhöhter Komfort auch seine Kosten hat. Da die Interpretation der Bedienungsanweisungen durch die dazugehörenden Programmteile im Betriebssystem realisiert wird, bedeutet erhöhter Komfort auch erhöhten Speicherplatzbedarf und längere Bearbeitungszeit.

Die Abwicklung des Datenverkehrs mit den Peripheriegeräten hängt weitgehend vom Aufbau der Kanalwerke, sowie der Anpassungselektronik zu den Geräten (diese Anpassungselemente heißen Interfaces) und vom Aufbau der Geräte selbst ab. Im folgenden soll deshalb nur auf einige damit zusammenhängende Prinzipien eingegangen werden.

7.6.2. Steuerung des Datenverkehrs mit den Peripheriegeräten durch das Organisationsprogramm

Aus dem im Bild 7/16 gezeigten Bearbeitungsschema läßt sich bereits ablesen, wie häufig ein Ein-Ausgabeverkehr zwischen Zentraleinheit und peripheren Geräten innerhalb eines jobs vorkommen kann. Die Zeit für den Ein-Ausgabeverkehr beträgt, wie schon gesagt, ein Vielfaches der eigentlichen Programmbearbeitungszeit in der Zentraleinheit.

Ein Beispiel: Ein Algolprogramm bestehe aus 100 Lochkarten, die bei einer Lesegeschwindigkeit von 10 K Wörtern/s nach 10 s eingelesen sind. Nach der Kompilierung bestehe das Programm aus 1000 Maschinenbefehlen, die bei einer mittleren Bearbeitungsgeschwindigkeit von 2 μs/Befehl nach 2 ms bearbeitet sind.

Die ungünstige Auslastung der Zentraleinheit ergibt sich dann, wenn ein Teilbearbeitungsschritt auf das Ende des vorhergehenden wartet. Bild 7/16 veranschaulicht sehr deutlich diesen Fall z. B. an der Stelle, wo man mit dem Programmlauf bis zum Ende der Protokollierung wartet.

Wenn es gelingt, die Protokollierung und Lochkartenausgabe gleichzeitig mit dem Programmlauf durchzuführen, erhält man eine kürzere Wartezeit der Zentraleinheit und damit ihre bessere Ausnutzung.

Diesen Simultanlauf leistet das Organisationsprogramm. Vorher soll der Simultanlauf noch mit Hilfe eines Zeitdiagramms verdeutlicht werden. Als Beispiel dient der Vorgang in Bild 7/17. Die Zwischenstarts nach dem Einlesen des Compilers erfolgen automatisch durch das Betriebssystem.

Nach dem Einlesen des 1. Programmkartenstapels durch die Lochkarteneingabe LKE erfolgt das Kompilieren (*C 1*) und danach gleichzeitig die Ausgabe auf Drucker DRU und Lochkartenstanzer (Lochkartenausgabe LKA) und der Programmlauf in der Zentraleinheit ZE. Die Bearbeitung des Programms (*P 1*) ist früher beendet als die Protokollierung des Programmtextes durch den Drucker. Die Ausgabe der Programmergebnisse muß

Bild 7/17. Zum Zeitablauf in einer EDV-Anlage

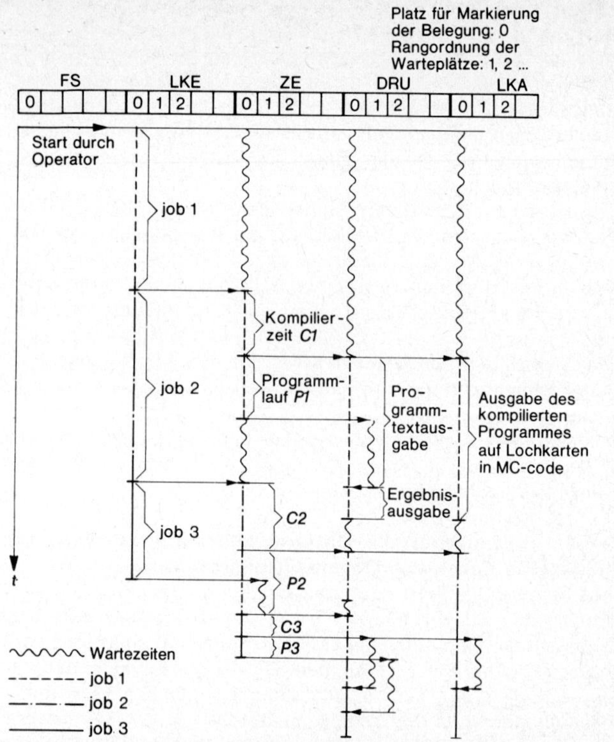

bis zum Ende der laufenden Ausgabe des Programmtextes warten. Während dieser Tätigkeit wird der Kartenstapel des 2. Programms eingelesen. Er findet eine unbelegte Zentraleinheit und wird sofort kompiliert (*C 2*). Die unbelegten Ausgabegeräte werden danach aktiviert (DRU und LKA).

Der Einlesevorgang des 3. Programmkartenstapels ist beendet, bevor die Zentraleinheit mit der Bearbeitung des vorgehenden Programmes (job 2) fertig ist. Es wird also erst das Ende des Programmlaufs (*P 2*) von job 2 abgewartet, und job 3 dann kompiliert (*C 3*). Danach sind die Ausgabegeräte noch von job 2 belegt. Die Ausgabe des kompilierten Programmes geht in Wartestellung. Der Programmlauf (*P 3*), der gleichzeitig gestartet wird, ist so früh beendet, daß der Drucker immer noch mit dem 2. Programm beschäftigt ist und die Ausgabe des Programmtextes noch warten muß. Die Ausgabe der Programmergebnisse muß sich in die Warteschlange hinten einordnen. Diese wird nacheinander abgearbeitet.

Man erkennt, daß bei der Simultanarbeit Mehrfachbelegungen der einzelnen Teile der EDV-Anlage auftreten können. Die Verwaltung dieser Mehrfachbelegungen übernimmt das Organisationsprogramm.

Dazu ist notwendig, daß das Organisationsprogramm
die Belegung eines Geräts markieren kann,
für jedes Gerät, bei dem ein Mehrfachzugriff möglich ist, eine Warteschlange bilden kann,

nach Beendigung einer Aufgabe die Warteschlange abarbeiten bzw. das Gerät freigeben kann,
solange für die Speicherung der eingegebenen bzw. auszugebenden Daten sorgt, bis der für sie vorgesehene Bearbeitungsschritt beendet ist.

Simultane Eingabe schließt natürlich auch die simultane Eingabe von Bedienungsanweisungen über Fernschreiber und andere Bedienungsgeräte ein.
Die Lücken, die in den Belegungen der Zentraleinheit in Bild 7/17 entstehen, kann man dadurch füllen, daß mehrere Lochkarteneingaben gleichzeitig arbeiten. Dann liegen häufiger Programme zur Bearbeitung an. Dabei kann nun der Fall eintreten, daß der Lauf eines Programms unterbrochen werden muß, weil noch Daten eingelesen werden müssen, bevor es weiterlaufen kann (Bild 7/18). Dies kann z. B. dann auftreten, wenn beim Programmlauf eines eingelesenen Programms Daten zur weiteren Berechnung eingelesen werden müssen.
Nachdem der Programmkartenstapel von LKE 2 eingelesen und kompiliert wurde (Bild 7/18), kommt der Programmlauf an eine Stelle, an der Daten eingelesen werden müssen (*a*).
Das Programm startet die Eingabe dieser Daten zu job 1 und geht in Wartestellung. Bevor diese Dateneingabe abgeschlossen ist, steht aber bereits ein Programm von LKE 1 zur Bearbeitung zur Verfügung, das währenddessen eingelesen wurde. Dieses wird kompiliert (*C 2*) und der Programmlauf (*P 2*) läuft so lange, bis die Daten des unterbrochenen Programms fertig eingelesen sind. Das laufende Programm (*P 2*) wird unterbrochen und geht in Wartestellung, das bisher wartende (*P 1*) wird zu Ende bearbeitet. Danach folgt wieder das zuvor unterbrochene (*P 2*).
Muß also ein Programm auf das Ende seiner Datenübertragung warten, so kann das Organisationsprogramm einen Programmwechsel vorsehen, so daß die Zentraleinheit für die Bearbeitung weiterer Aufgaben frei wird. Es ist unschwer vorstellbar, daß in gleicher Weise mehrere Programme in Wartestellung gegangen sind und – abhängig von dem Ende der Operation, auf die sie warten – weiterbearbeitet werden. Analog zur Simultanarbeit der externen Geräte spricht man hier von der *Simultanarbeit* von

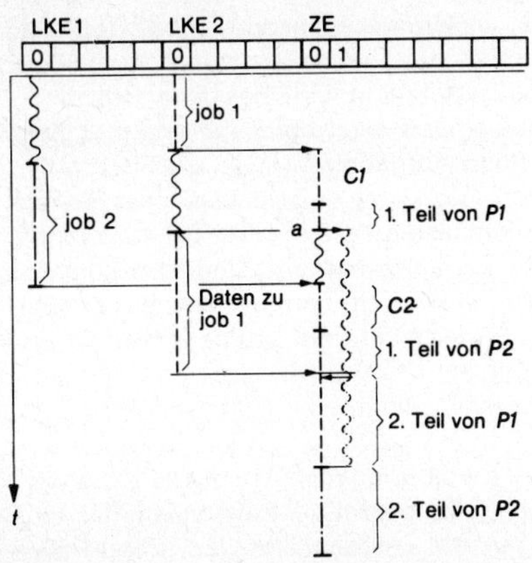

Bild 7/18. Überschneidungen von Vorgängen beim Einlesen, Kompilieren und Bearbeiten

Programmen (multiprogramming). Dies ist eine wesentliche Fähigkeit von Organisationsprogrammen insbesondere bei Prozeßrechnersystemen. Dort allerdings wird die Warteschlange nicht so abgearbeitet, daß das am längsten wartende Programm als erstes weitergeführt wird, vielmehr erhält jedes Programm eine bestimmte Prioritätsstufe, die über die Reihenfolge des Abarbeitens in der Warteschlange entscheidet.

Erweitert man die EDV-Anlage, die in Bild 7/15 als Modellanlage gedient hat, so daß mehrere Bedienungsplätze, Lochkartengeräte, Drucker und externe Speicher mit der Zentraleinheit verkehren, so ändern sich die Prinzipien der Simultanarbeit nicht. Die Zahl der Mehrfachzugriffe und der gleichzeitig im Speicher zur Verfügung gehaltenen Daten steigt hierbei aber nennenswert. Es kann dabei sogar passieren, daß der zur Verfügung stehende Speicherraum nicht mehr ausreicht. Der Zufluß an Daten muß dann in dem Moment unterbrochen werden, in dem die zur Verfügung stehenden Speicherbereiche ganz belegt sind. Jede EDV-Anlage erhält ein von der Anlagenkonfiguration abhängiges Organisationsprogramm, in dem für jedes vorkommende periphere Gerät ein *Verwaltungsblock* abgesetzt wird. Zur programmtechnischen Lösung der Verwaltungsaufgaben benutzen die Organisationsprogramme Strategien, die sich vor allem an den Hardwareeigenschaften der Anlage orientieren. Zum Studium der programmtechnischen Einzelheiten und weiterer organisatorischer Eigenschaften sei auf die Beschreibungen der Organisationsprogramme verwiesen, die zu den einzelnen Rechnersystemen mitgeliefert werden.

Die simultane Abwicklung des Einzeldatenverkehrs wird in Großrechnern durch einen entsprechenden Aufbau der Kanalwerke möglich (siehe 7.2.3). In diesem Fall versorgt die Verwaltung des Organisationsprogramms das Kanalwerk nur mit der entsprechenden Steuerinformation und schaltet sich erst nach Beendigung des selbständig durchgeführten Datenverkehrs ein. Bei mittleren Systemen und Kleinrechnern wird der Einzeldatenverkehr programmgesteuert vom Organisationsprogramm durchgeführt.

Hierzu erhält die Zentraleinheit bei der Ausgabe vom entsprechenden Gerät ein Fertigzeichen, wenn die Ausgabe eines Zeichens beendet ist. Das Fertigzeichen bewirkt eine Unterbrechung der laufenden Arbeit der Zentraleinheit und einen Sprung in den Verwaltungsteil des Geräts, im Organisationsprogramm. Dort wird veranlaßt, daß das nächste auszugebende Wort aus dem Speicher in das Kanalwerk des Geräts gebracht wird, das dann selbständig weiterarbeitet. Die Zentraleinheit setzt dann die unterbrochene Arbeit fort bzw. ist für neue Aufgaben frei.

Die Eingabe richtet sich nach der Arbeitsweise der Geräte. Arbeiten die Geräte in einem festen Takt, so tritt eine Art Zwangssynchronisierung mit der Zentraleinheit ein. Liegt das Eingabezeichen im Kanalwerk an, so wird ein Fertigzeichen zur Zentraleinheit gegeben. Diese unterbricht ihre laufende Arbeit und springt in den Verwaltungsteil des Geräts.

Dort wird das Eingabezeichen eingelesen und an seinen Platz im Speicher gebracht. Der Einlesevorgang muß beendet sein, bevor das nächste Zeichen vom Eingabegerät in das Kanalwerk gebracht wird, d. h., die Reaktionszeit der Zentraleinheit muß kürzer sein als die Taktzeit des Eingabegeräts. Es besteht auch die Möglichkeit, die Übergabe des nächsten Wortes erst dann zu starten, wenn das Ende des Übernahmevorgangs durch ein Fertigzeichen von der Zentraleinheit zum Eingabegerät signalisiert worden ist. Solche Eingabegeräte arbeiten dann nicht mehr in festem Takt.

Veranschaulicht man sich die Simultanarbeit noch einmal an Bild 7/17, so erkennt man Zeitpunkte, in denen bis auf das Bedienungsgerät alle Teile der EDV-Anlage simultan arbeiten. Nach dem zuletzt Gesagten ist es nun leicht vorstellbar, daß die Fertigzeichen verschiedener Geräte gleichzeitig anliegen können, und auf Bearbeitung warten. Das Organisationsprogramm kann die Fertigzeichen aber nur nacheinander abarbeiten. Hierbei verfolgt es entweder die Strategie der Abarbeitung einer Warteschlange, in der die Fertigzeichen in der zeitlichen Reihenfolge ihres Auftritts eingetragen werden, oder die Fertigzeichen der einzelnen Geräte haben einen Platz in einer Prioritätsreihenfolge. Dann wird immer das Fertigzeichen mit der höchsten Priorität zuerst bearbeitet.

Wird der Einzeldatenverkehr vom Organisationsprogramm abgewickelt, so muß man sich bei Zusammenstellung der Anlagenkonfiguration darüber Klarheit verschaffen, wie stark die Zentraleinheit durch die laufende Verwaltungstätigkeit ausgelastet wird. Diese ist dann gegenüber der gewünschten eigentlichen Programmlaufzeit abzuwägen.

Es sollte hier nur auf einige wesentliche Prinzipien der Arbeit von Organisationsprogrammen hingewiesen werden. Zum weiteren Studium spezieller Betriebssysteme für Real-time-Aufgaben (Prozeßrechnersystem) und Time-sharing-Aufgaben (Mehrbenutzersysteme) wird auf weiterführende Literatur verwiesen [174].

7.7. Daten von EDV-Anlagen

Die große Anzahl bedeutender Hersteller von EDV-Anlagen sowie die kaum vollständig aufzählbare und ständig erweiterte Typenvielfalt von EDV-Anlagen machen es unmöglich, im Rahmen dieses Handbuchs mehr als nur einige Orientierungsangaben aufzunehmen. Für eine umfassende Information wird der Leser ohnehin auf die ausführlichen Datenlisten der Hersteller zurückgreifen.

Als Beispiele für Umfang und Leistungen, also für die Forderungen, die man an heutige EDV-Systeme stellen kann, seien verschiedene Repräsentanten für EDV-Anlagen aus dem von AEG-TELEFUNKEN vertriebenen Digitalrechnerangebot aufgeführt. Ausgeklammert werden hierbei hybride Rechner, die aus der Verbindung von Analogrechnern mit Digitalrechnern oder digitalen Zusätzen bestehen und die ebenfalls im Programm von AEG-TELEFUNKEN in vielfältiger Form zur Verfügung stehen. Ebensowenig sollen aus diesem Programm kleinere Digitalrechner zu Ausbildungs- und Schulungszwecken und die vielen kleinen Spezialdigitalrechner behandelt werden, wenn auch gerade diese einen erheblichen Anteil am Gesamtumsatz von Digitalrechnern haben. Es sollen nur Hochleistungsrechner besprochen werden.

Die beiden Hauptanwendungsgebiete von hochleistungsfähigen EDV-Anlagen sind das Gebiet der Anwendung von Universalrechnern für technisch-wissenschaftliche bzw. für kommerzielle Probleme (in Rechenzentren) und das Gebiet der Anwendung von Prozeßrechnern in rechnergeführten Produktionsanlagen. In diese beiden Gebiete sollen auch die folgenden Ausführungen aufgeteilt werden.

7.7.1. Universelle EDV-Anlagen

7.7.1.1. Das EDV-System Telefunken TR 4

Eine Beschreibung des EDV-Systems TR 4 ist in [163] und in den verfügbaren Datenblättern zu dieser Anlage enthalten. Einige Charakteristika seien hervorgehoben.

Die wortweise parallelarbeitende Maschine verarbeitet 52 Bit-wörter, bei denen 48 bit informationstragend sind. Die Befehle sind Einadreßbefehle mit 24 bit. In eine Speicherzelle passen also zwei Befehle. Die Befehlsliste umfaßt 233 Befehle, zu denen noch 24 E/A-Befehle kommen. Das Speicherwerk hat einen Festspeicher mit 4 K-Wörtern (1 μs Zugriffszeit, 2 μs Zykluszeit), einen Arbeitsspeicher mit 4 K-Wörtern (2 μs Zugriffszeit, 6 μs Zykluszeit), einen Arbeitsspeicher mit 24 K-Wörtern (1 μs Zugriffszeit, 2 μs Zykluszeit) sowie einen Indexspeicher mit 256 Wörtern zu 16 bit.

Eine Übersicht über die anschließbaren Peripheriegeräte gibt Bild 7/19.

Die für die EDV-Anlage TR 4 anwendbaren Programmsprachen sind die Universalsprachen ALGOL und FORTRAN, sowie für kommerzielle Probleme COBOL, für die als Übersetzer Compiler benutzt werden. Für die symbolischen Programmsprachen SUSA (Superprogramm für symbolische Adressierung) und TEXAS (Telefunken-Externkode-Adressier-System) stehen als Übersetzer Interpretationsprogramme (Assembler) zur Verfügung. Die Eingabe von bereits in binäre Daten umgesetzten Programmen, wie sie etwa in Programmbibliotheken von Rechenzentren vorliegen, erfolgt mit der Binärsprache BINE(RC) (Binäre Eingabe, relativ-Code). Eine umfangreiche, ständig erweiterte Programmbibliothek steht zur Verfügung.

7.7.1.2. Das EDV-System Telefunken TR 440

Der oberen Größenordnung von EDV-Anlagen in Speicherkapazität und Geschwindigkeit gehört der Rechner TR 440 an,

Bild 7/19. Die EDV-Anlage TR 4 und ihre Peripheriegeräte

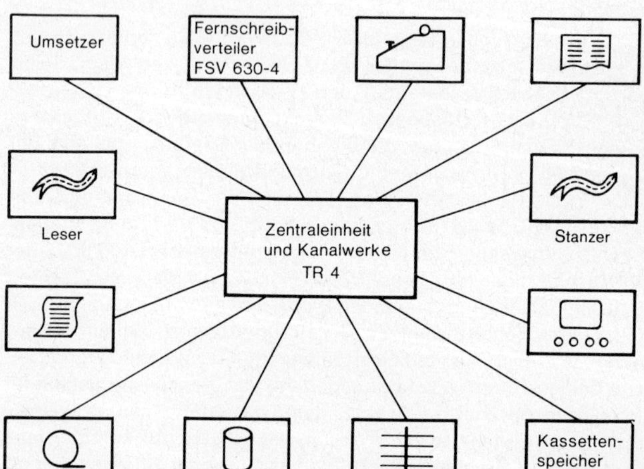

der eine noch um ein mehrfaches höhere Arbeitsgeschwindigkeit als die Anlage TR 4 aufweist.
Bei der Anlage TR 440 ist besonders auf den Ausbau des Teilnehmersystems großer Wert gelegt worden. An die Stelle der Eingabe im Rechenzentrum tritt hierbei für viele Benutzer die Möglichkeit, über die Ein- und Ausgabe mit Hilfe von Fernschreibgeräten und Sichtgeräten vom eigenen Arbeitsplatz aus in Kommunikation mit dem Rechner zu treten. Da hierbei nicht alle quasi gleichzeitig im sogenannten Time-sharing-System abgearbeiteten und benötigten Programme und Daten im Arbeitsspeicher aufbewahrt werden können, hat man einer umfangreich gestaffelten und verschachtelten Speicherhierarchie von Kern-, Trommel-, Platten- und Bandspeichern besondere Bedeutung zugewiesen. Der Arbeitsspeicher enthält nur die aktuellen Benutzerprogramme und die Organisationsprogramme (Betriebssystem, Monitor), die die im Zeitmultiplexverfahren wechselnden Benutzer bedienen.
Die Anlage TR 440 ist durch Hinzufügen von weiteren Rechnerkernen (Prozessoren) von ihrem Grundaufbau weiter zu einer Multiprozessoranlage ausbaufähig. Als Programmsprachen wurde neben den Universalsprachen, wie ALGOL, FORTRAN, PL/I und COBOL, eine Reihe weiterer problemorientierter Sprachen vorgesehen, wie TAS und CS. Die Befehlsliste von TAS [164] enthält die Befehle eines leicht erlernbaren Operationskodes für symbolische Adressierung, die im Zeichenvorrat so gewählt sind, daß sie eine Eingabe über jedes beliebige Eingabegerät des TR 440 erlauben.
Die Wortlänge des zentralen Rechners beträgt 52 bit, von denen 48 Informationsträger sind. Die Befehlsliste umfaßt 225 Einadreßbefehle zu 24 bit. Der Ferritkernspeicher mit einem Minimalumfang von 64 K-Wörtern und einem Maximalausbau von 256 K-Wörtern hat eine Zykluszeit von 0,9 μs, die durch Zyklusüberlappung auf 0,1 μs zum Schreiben, 0,3 μs zum Lesen sinkt, und eine Zugriffszeit von 0,3 μs.
Seine 52 Bit-Zellen sind halbzellenweise adressierbar. Der TR 440 hat 4 bis 16 E/A-Kanalwerke. Die Übertragungsgeschwindigkeit beträgt bei den Standardkanalwerken 800 000 Bytes/s, bei den Schnellkanalwerken 5 000 000 Bytes/s.

7.7.1.3. Das EDV-System Telefunken TR 86

Eine Einadreßmaschine mittlerer Größe ist das System TR 86, das als Universalrechner, als Satellitenrechner in größeren Systemen und als Prozeßrechner Verwendung finden kann.
Der Kernspeicher umfaßt minimal 8 K zu 24 bit und ist bis zu 64 K-Wörtern ausbaufähig. Er hat eine Zykluszeit von 0,9 μs und eine Zugriffszeit von 0,3 μs.
Besondere Aufmerksamkeit ist im Hinblick auf eine Anwendung des TR 86 als Prozeßrechner dem Ein- und Ausgabesystem gewidmet. Es bietet Anschlußmöglichkeiten für beliebige Peripheriegeräte über das Rechnerkernkanalwerk mit 31 bis 255 Anschlußmöglichkeiten, über die ein bis vier Standardkanalwerke mit je zwei Anschlußmöglichkeiten sowie über Sonderverbindungskanäle mit Übertragungsgeschwindigkeiten bis 1 000 000 Wörter/s. Die Programmierung erfolgt über SYMBOL-CODE-Programme, die durch einen Assembler interpretiert werden oder über FORTRAN-IV-Programme, für die ein Compiler zur Ver-

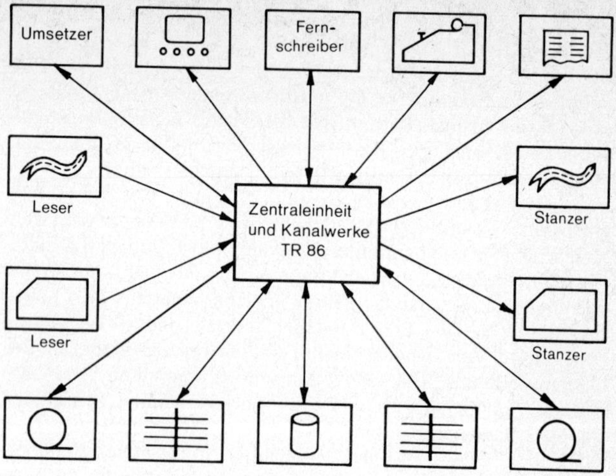

Bild 7/20. Der Prozeßrechner TR 86 und seine Peripherie

fügung steht. Eine vorhandene Programmbibliothek wird ständig weiter ausgebaut.

Der Aufbau der Daten- und Befehlswörter sieht folgendermaßen aus: Ein Datenwort besteht aus 24 der Information vorbehaltenen Bits (auf Wunsch zwei zusätzliche Prüfbits). Bei Zahldaten ist das erste Bit zur Verschlüsselung des Vorzeichens + oder − vorgesehen. Ein Befehlswort, das ebenfalls 24 bit umfaßt, besteht aus 6 bit zur Verschlüsselung der Befehlsart, 1 bit zur Kennzeichnung einer indirekten Adressierung und 17 bit für den Adreßteil. Die Befehlsliste umfaßt 30 Einadreßbefehle. Die Verarbeitung erfolgt wortweise parallel.

Eine Übersicht über die Peripherie bietet Bild 7/20. Spezifikationen findet man in [165 bis 166].

8. Prozeßrechner

Im Gegensatz zu Universalrechnern dienen Prozeßrechner zum direkten Einsatz in Anlagen, etwa in Produktionsprozessen. Ihre Aufgaben können hier vielfältiger Art sein. In einfachen Fällen wird es sich um die Erfassung, Analyse, Protokollierung, Auswertung und Grenzwertüberwachung von Meßwerten handeln, ohne direkte Rückwirkungen des Rechners auf den Prozeß.
Beeinflußt der Prozeßrechner dagegen zusätzlich den Prozeß, so spricht man von Prozeßsteuerung oder Prozeßregelung. Bei den sogenannten DDC-Anlagen (direkte digitale Regelung) übernimmt der Rechner die Funktion von vielen Reglern, indem er die sonst durch konventionelle Regler realisierten Differentialgleichungen in Form von Algorithmen realisiert.
Bei Systemen mit automatischer Prozeßoptimierung verstellt der Prozeßrechner selbsttätig Sollwerte für Regelkreise oder Prozeßparameter so lange, bis bestimmte Güteindizes (z. B. Wirkungsgrade) optimale Werte aufweisen (selbstoptimierende Systeme, adaptive Systeme). Die zu dieser Optimierung benutzten Strategien (z. B. Suchstrategien) sind dabei ebenfalls im Prozeßrechner programmiert.
Um mit dem Prozeß kommunizieren zu können, muß der Prozeßrechner über besonders schnelle und vielfältige Verbindungskanäle und über eine ausgeprägte Peripherie mit Meßgeräten und Meßwertanpassungen sowie Leistungsverstärkern verfügen.
Als Beispiel seien einige Hinweise auf die Prozeßrechnersysteme AEG 60-10, AEG 60-50 und die Prozeßrechnerfamilie AEG 80 gegeben.

8. 1. Das Prozeßrechnersystem AEG 60-10

Das kleinste System der Prozeßrechnerfamilie 60 ist für den Einsatz in Automatisierungsaufgaben bei industriellen Anlagen aller Art vorgesehen.
Es hat Einadreßbefehle von zwei Wörtern Länge. Die Verarbeitung der 12 bit langen Worte erfolgt parallel. Der Kernspeicher umfaßt 4 bis 32 K-Worte mit jeweils 12 bit und einem Prüfbit und weist eine Zykluszeit von 3 μs auf. Die Operationszeiten für Addition bzw. Multiplikation sind 9 μs bzw. 18 μs.
Das System 60-10 umfaßt eine Zentraleinheit als Kleinprozeßrechner, eine Bedienungsperipherie für die Verbindung zwischen Zentraleinheit und Bedienungspersonal, eine Prozeßperipherie als Verbindung zwischen Zentraleinheit und Prozeß und verschiedene periphere Großraumspeicher.
Ein- und Ausgabe erfolgt einerseits über den programmgesteuerten Datenkanal, der den Anschluß von vier Eingabe- und fünf Ausgabegeräten (einschließlich einem Lochstreifenleser) sowie den Anschluß der Prozeßperipheriegeräte über einen Verkehrsverteiler erlaubt, andererseits über einen direkten Datenkanal mit direktem Kernspeicherzugriff, über den Daten von schnellen Bedienungsgeräten, Großraumspeichern und weiteren Rechnersystemen der Zentraleinheit zugeführt werden.

An Bedienungsgeräten stehen Lochstreifen-, Lochkartengeräte und Konsolschreibmaschinen zur Verfügung. Als Großraumspeicher sind Magnetplatten-, -trommel- und -bandspeichergeräte vorgesehen. Ein Verkehrsverteiler dient der Eingabe oder Ausgabe von Daten vom und an den Prozeß.
Die Befehlsliste weist die sehr große Zahl von 69 Befehlen auf. Symbolisch geschriebene Programme werden durch den Assembler AKRA in maschineninterne Befehle umgesetzt.
Es sei auf die sehr ausführlich gestaltete Beschreibung des Systems 60-10 in [167] hingewiesen.

8.2. Das Prozeßrechnersystem AEG 60-50

Für Prozeßinformationssysteme größeren Umfangs ist das ausführlich in [168] beschriebene Prozeßrechnersystem 60-50 vorgesehen.
Es handelt sich um eine hochleistungsfähige Einadreßmaschine mit einer Wortlänge von 24 bit plus 1 Prüfbit und einer Zykluszeit von 1,6 μs. Für Festkommaoperationen mit einfacher Wortlänge gelten folgende Geschwindigkeiten:

Addition und Subtraktion	3,2 μs
Multiplikation, Division	12 μs; 13,6 μs

Besonders bemerkenswert ist ein Programmunterbrechungssystem, das durch den Anschluß von 16 Unterbrechungseinheiten mit je acht Eingängen in bestimmten kritischen Prozeßphasen die Unterbrechung des laufenden Programms und die Behandlung von vorrangigen Programmen erlaubt.
Die direkten Datenkanäle erlauben einen maximalen Datenfluß von 667 K/s. An einen direkten Datenkanal können über einen Multiplexer bis zu acht Geräte angeschlossen werden.
Der programmgesteuerte Datenkanal hat Anschlüsse für den Verkehrsverteiler und für maximal 214 Kanäle.
Die Befehlsliste umfaßt über 100 Befehle.
Der Umfang des Kernspeichers liegt zwischen 8 K und 32 K. Eine größere Anzahl von Peripheriegeräten steht zur Verfügung. Die Ausgabe kann außer auf die üblichen Ausgabegeräte auch auf Sichtgeräte, XY-Schreiber oder numerisch gesteuerte Zeichentische erfolgen, die mit zur Verfügung gestellt werden.
Nähere Einzelheiten sind aus [168] zu ersehen. Ein weiteres System 60-30 der gleichen Prozeßrechnerfamilie liegt mit seinen Daten etwa in der Mitte zwischen den Systemen 60-10 und 60-50.

8.3. Die Prozeßrechnerfamilie AEG 80

Der Anwendungsbereich der Prozeßrechnerfamilie AEG 80 reicht von kleinsten Steuerungssystemen zu großen Automatisierungsaufgaben und zur Steuerung komplexer Prozesse. Er kann durch die drei in der Leistung abgestuften, modular aufgebauten Zentraleinheiten mit ihren untereinander kompatiblen peripheren Einrichtungen abgedeckt werden. Entsprechend den geforderten Leistungen und den verfügbaren Peripheriegeräten werden die Grund- und Anwender-Softwarepakete aus weitgehend frei kombinierbaren Moduln zusammengesetzt.
Der modulare Aufbau von Hardware und Software verleiht der Prozeßrechnerfamilie AEG 80 einen hohen Grad an Flexibilität, der sowohl ein Anpassen der Systeme an die verschiedenen Auf-

gabengebiete und Leistungsforderungen, als auch die Anpassung bestehender Systeme an erweiterte Aufgaben optimal gestattet.

8.3.1. Zentralprozessoren

Die Zentralprozessoren der Prozeßrechnerfamilie AEG 80 haben nachfolgend beschriebene gemeinsame Eigenschaften, die ihre Leistungsfähigkeit kennzeichnen.

Das Kernstück jedes AEG-80-Prozeßrechnersystems ist der mikroprogrammierte Zentralprozessor. Er besteht aus dem Mikrorechner mit dem Mikroprogrammspeicher, der arithmetischen und logischen Verarbeitungseinheit, dem integrierten Multiplexkanal und dem Unterbrechungswerk.

Der Mikroprozessor besorgt den Ablauf der Mikroprogramme. Diese bestehen aus einer Folge von Mikrobefehlen, die im Zentralprozessor diejenigen Elementaroperationen auslösen, aus denen eine Maschinenoperation aufgebaut ist. Die im Mikroprogrammspeicher, einem Festwertspeicher, abgelegten Mikroprogramme bezeichnet man auch als Firmware.

Die arithmetische und logische Verarbeitungseinheit dient zum parallelen Verknüpfen zweier Operanden nach arithmetischen oder logischen Regeln sowie zum Shiften. Sie enthält 16 Arbeitsregister, die je einen Operanden speichern können, wovon 15 als Indexregister benutzt werden können. Alle Arbeitsregister stehen dem Benutzer zur Verfügung. Sie erlauben das schnelle Ablegen von Zwischenergebnissen und schnelle Verknüpfungen zwischen Operanden in Arbeitsregistern.

Das Unterbrechungswerk ist speziell auf die Belange der Prozeßanwendungen hin ausgelegt und unterstützt die Systemprogramme wirkungsvoll. Es nimmt interne und externe Unterbrechungsanforderungen an und analysiert sie mit Hilfe eines Mikroprogramms. Der Programm- und Statuswechsel wird gegebenenfalls voll automatisch durchgeführt.

Der integrierte Multiplexkanal benutzt zur Abwicklung des Ein-/Ausgabeverkehrs mit den Baugruppen der Prozeßperipherie, den Datenübertragungseinrichtungen und den Geräten der Datenperipherie die Mikroprogrammsteuerung und das Unterbrechungswerk des Zentralprozessors. Er wird im Abschnitt 8. 3. 4 beschrieben.

Der Datenverkehr zwischen Zentralprozessor und Speicher einerseits und zwischen Zentralprozessor und Ein-/Ausgabeeinheiten andererseits spielt sich weitgehend über Sammelschienen (sog. Bus) ab. Bei der AEG 80 wird eine Zweibusstruktur verwendet, die einen hohen Datendurchsatz bei geringem Aufwand gewährleistet. Dies wird genauer durch die Blockschaltpläne (Bilder 8/1 bis 8/3) für die Zentraleinheiten AEG 80—20, AEG 80—40 und AEG 80—60 dargestellt.

8.3.2. Speicher

Die Hauptspeicher der Prozeßrechnerfamilie AEG 80 sind als Kern- oder Halbleiterspeicher ausgeführt. Sie sind modular aufgebaut und können dadurch in ihrem Ausbau den Anwendungen angepaßt werden. Der maximale Speicherausbau der einzelnen Zentraleinheiten ist der Leistung entsprechend abgestuft.

Die Schnittstelle im Speichermodul ist ein Bus, über den der Datentransfer zwischen Zentralprozessor, EA-Prozessor und Speicher abgewickelt wird. Der Datenaustausch mit dem

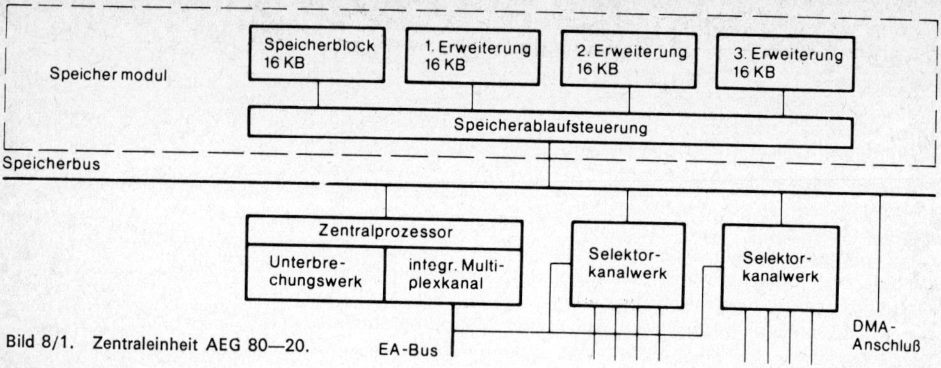

Bild 8/1. Zentraleinheit AEG 80—20.

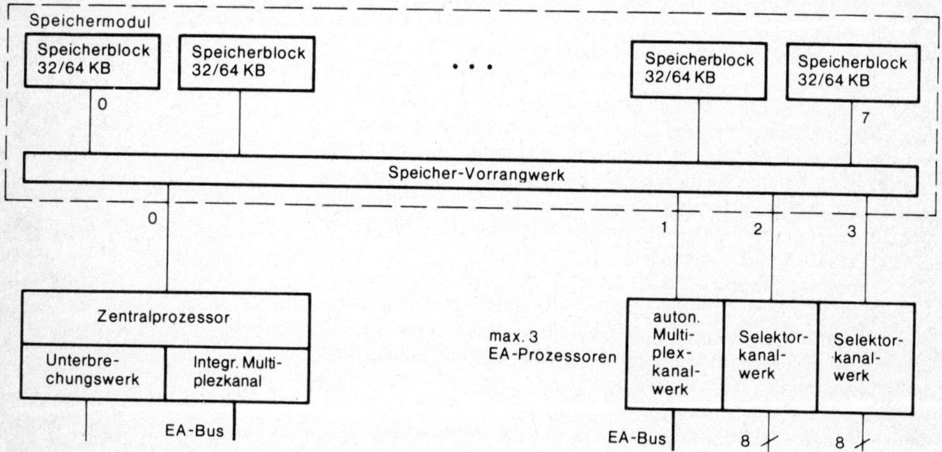

Bild 8/2. Zentraleinheit AEG 80—40.

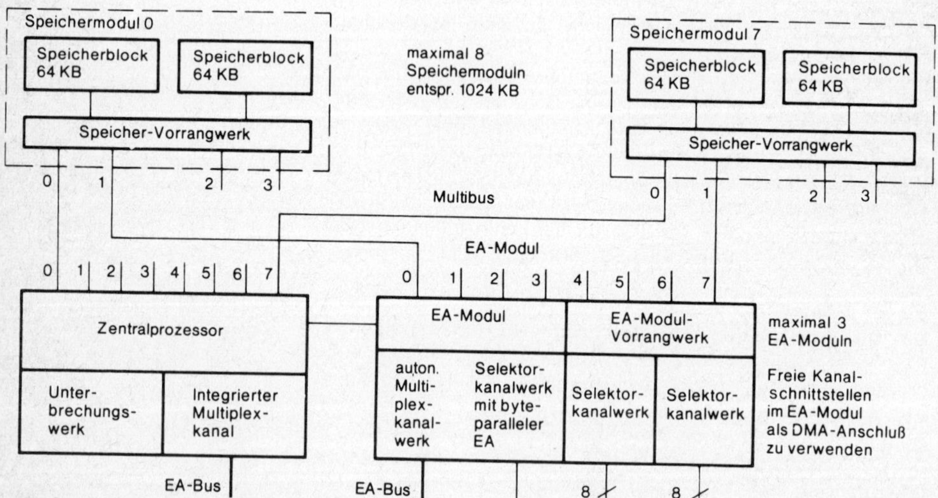

Bild 8/3. Zentraleinheit AEG 80—60.

Speicher erfolgt asynchron nach dem *handshaking* Verfahren. Die Daten werden durch Paritätsbits gegen Fehler gesichert.

8.3.3. Integrierter Multiplexkanal

Der Integrierte Multiplexkanal bedient sich zur Abwicklung des EA-Verkehrs weitgehend der Mikroprogrammsteuerung und des Unterbrechungswerkes des Zentralprozessors. Die Schnittstelle zwischen dem Kanal und der Peripherie ist der EA-Bus, dessen Struktur ein wesentliches Merkmal der AEG-80-Prozeßrechnerfamilie ist und entscheidend zu ihrer Leistungsfähigkeit beiträgt. Sein besonderer Vorteil liegt in der Ausbaufähigkeit und Kombinierbarkeit für die Prozeß- und Datenperipherie. Über den EA-Bus können im Grenzfall bis zu 4096 Teilnehmer direkt adressiert und versorgt werden. Der Bus verbindet jeweils kurzfristig einen Teilnehmer mit dem Zentralprozessor für die Dauer eines Zeichenaustausches, um dann im nächsten Zyklus einen anderen Teilnehmer zu bedienen. Dieser Multiplexbetrieb sorgt dafür, daß die Übertragungsvorgänge mit den angeschlossenen Teilnehmern quasi parallel ablaufen.

Eine Übertragung wird meistens vom Zentralprozessor eröffnet, kann aber auch spontan vom Gerät angefordert werden.

Zur Anforderung von Transferzyklen durch die Teilnehmer müssen Unterbrechungen ausgelöst werden. Sämtliche Anforderungen für den integrierten Multiplexkanal gelangen auf einen Sammeleingang des Unterbrechungswerks, der mit Hilfe der Geräteadresse und im Speicher abgelegter Listen entsprechend der Zahl der angeschlossenen Geräte aufgefächert wird. Prioritäten werden dabei durch die räumliche Reihenfolge der am EA-Bus angeschlossenen Geräte festgelegt.

Der integrierte Multiplexkanal gestattet zwei Betriebsarten: den programmgesteuerten Einzelzeichentransfer und die automatische Ein- und Ausgabe, einen Blocktransfer, der mikroprogrammgesteuert die Übertragung längerer Datenblöcke ermöglicht.

Zum Betrieb der Prozeßperipherie gibt es noch zwei spezielle Varianten eines Blocktransfers, um Ausgabe bzw. Abfrage von Prozeßsignalen zu beschleunigen: den *Random-Scan-Betrieb*, der nach jedem Transfer die Umschaltung auf eine andere Meßstelle (Teilnehmer) erlaubt, und die spontane Unterbrechungseingabe. Hier legt der integrierte Multiplexkanal zusammen mit den eingegebenen Daten die Adresse des Teilnehmers ab, von dem die Daten stammen.

8.3.4. EA-Prozessoren

EA-Prozessoren sind EA-Kanäle, die direkt an den Speicher angeschlossen werden und nach der Beauftragung durch den Zentralprozessor die EA-Vorgänge ohne Benutzung des Zentralprozessors selbständig abwickeln. Sie haben eine vom Zentralprozessor getrennte Ablaufsteuerung, die alle notwendigen Operationen, wie z. B. Speicherzugriff, Übertragungssteuerung und Zählvorgänge, abwickeln. Damit lassen sich höhere Übertragungsleistungen als beim integrierten Multiplexkanal bei gleichzeitiger Reduzierung der Zentralprozessorbelastung erzielen.

Zur Koordination der Aufträge von einem oder – bei Mehrprozessorbetrieb – auch von mehreren Zentralprozessoren und zur Koordination der Speicherzugriffe kann in großen AEG-

80–60-Systemen ein EA-Modul mit einem Vorrangwerk und einer EA-Modul-Steuerung eingesetzt werden.
Die EA-Prozessoren sind als Kanalwerke mit Selektorverhalten oder Multiplexverhalten ausgelegt.
EA-Prozessoren mit Selektorverhalten (Selektorkanalwerke) wickeln über einen ihrer Unterkanäle die Übertragung eines Datenblocks zwischen Gerät und Speicher vollständig ab, bevor über einen anderen Unterkanal eine Übertragung mit dem daran angeschlossenen Gerät zustande kommt. Die Schnittstelle zum Gerät besteht aus einer potentialgetrennten, störunempfindlichen Triaxialkabelübertragung, die bitseriell ausgeführt ist.
EA-Prozessoren und Triaxialkabelübertragung sind so ausgelegt, daß beliebige Rechner der AEG-80-Familie untereinander wie auch mit den bekannten Rechnern TR 86 / TR 440 / AEG 60 ohne zusätzliche Einrichtung gekoppelt werden können.
Ein Gerät kann auch an mehrere EA-Prozessoren angeschlossen werden.
EA-Prozessoren mit Multiplexverhalten (Autonome Multiplexkanalwerke) haben die gleiche Schnittstelle wie der integrierte Multiplexkanal und sind mit diesem programmkompatibel. Ein autonomes Multiplexkanalwerk wird in besonders EA-intensiven Systemen verwendet, um den Zentralprozessor von der Abwicklung des EA-Verkehrs zu entlasten.

8.3.5. Peripheriegeräte

Bei den peripheren Einheiten eines Prozeßrechners unterscheidet man hinsichtlich ihrer Funktion die Datenperipherie, die Prozeßperipherie und die Datenübertragungsperipherie. Diese Einheiten können auf Grund ihrer einheitlichen Schnittstellen an alle Zentralprozessoren angeschlossen werden.
Die Datenperipherie umfaßt Anschlüsse für Bedienungsfernschreiber, Lochstreifen- und Lochkartengeräte, Drucker, Plotter, Zeichentische und Sichtgeräte sowie verschiedenartige Hintergrundspeicher.
Die Prozeßperipherie ist das Bindeglied zwischen dem Zentralprozessor und dem technologischen Prozeß. Sie setzt prozeßspezifische Signale in rechnerspezifische um und umgekehrt. Hierbei unterscheidet man Digital- und Analogsignal-Ein-/Ausgaben. Bei den digitalen Ein- und Ausgaben gibt es galvanisch gekoppelte und galvanisch getrennte Systeme. Letztgenannte gewährleisten eine hohe Störsicherheit.
Die Datenübertragungsperipherie verbindet den Rechner mit den Datenübertragungseinrichtungen. Sie ermöglicht die Datenübertragung vom Rechner über private und öffentliche Fernsprech- oder Fernschreibnetze. Als Korrespondenzpartner können Terminals, andere AEG-80-Rechner oder Fremdrechner dienen.

8.3.6. Schaltkreis- und Aufbautechnik

Die einzelnen Moduln der Prozeßrechnerfamilie AEG 80 sind unter Verwendung des INTERMAS-Systems mechanisch aufgebaut. Dieses System enthält Komponenten zum Aufbau elektronischer Bausteine und Baugruppen bis hin zum vollständigen Gerät und zur fertigen Anlage. Dazu gehören insbesondere Magazine und Schränke sowie die Verdrahtungstechnik, die den elektrischen Forderungen der integrierten Schaltungstechnik genügen und eine hohe Packungsdichte ermöglichen. Die

mechanischen Abmessungen entsprechen nationalen und internationalen Normen und vereinfachen damit die Integration in bestehende Systeme.
Die Baugruppen und Moduln sind in TTL-, der schnelleren Schottky-TTL- und CMOS-Schaltungstechnik unter weitgehender Verwendung der höher integrierten Bausteine (MSI und LSI) realisiert.
Die TTL-Technik wurde überall dort verwendet, wo es auf eine hohe Verarbeitungsgeschwindigkeit ankommt. Das ist im Zentralprozessor, im Speicher und in den E/A-Prozessoren der Fall. Auf Grund der steileren Impulsflanken, insbesondere der Schottky-TTL-Schaltkreise, und der Umschaltströme werden Leiterplatten mit einem höheren TTL-S-Anteil als Mehrlagen-Leiterplatten realisiert, die eine größere Sicherheit gegen interne Störungen gewährleisten. Die Verdrahtung ist als *wire-wrap*-Verdrahtung über einer, auf Bezugspotential liegenden Metallplatte ausgeführt. Dadurch wird eine gute hochfrequenzmäßige Kopplung zwischen Signalleiter und Signalrückleiter erreicht. Längere Leitungen werden mit dem Signalrückleiter verdrillt. Diese Maßnahmen erhöhen die Sicherheit gegen äußere Störungen. Die einzelnen Magazine in einem Geräteschrank sind untereinander verbunden, so daß die Verdrahtungsplatten auf gleichem Potential liegen. Die Erdung der Schränke entspricht den VDE-Bestimmungen.
Die CMOS-Schaltungstechnik arbeitet mit höheren Signalpegeln als TTL und hat einen größeren Störabstand. Das ist insbesondere an den Schnittstellen von Vorteil. Deshalb ist der EA-Bus in CMOS-Schaltungstechnik aufgebaut. Der Nachteil der niedrigeren Verarbeitungsgeschwindigkeit kann an dieser Stelle in Kauf genommen werden.

8.3.7. Zentraleinheit AEG 80–20

Der Prozeßrechner AEG 80–20 ist als kleinstes System der Familie sowohl für die Verwendung als eigenständiges System wie auch für den Verbund mit größeren Rechnern der AEG-80-Familie geeignet.
Seine Verarbeitungsbreite beträgt 16 Bits, wobei die Adressierung auch byteweise möglich ist. Von den 16 Arbeitsregistern sind 15 als Indexregister zu verwenden.
Die Zweibus-Struktur des Rechners (Speicherbus, EA-Bus) trägt wesentlich zu seiner hohen Arbeitsgeschwindigkeit bei. Über den Speicherbus können vier aktive Teilnehmer mit Hilfe der Speicherablaufsteuerung auf den Hauptspeicher zugreifen. Aktive Teilnehmer sind:

der Zentralprozessor,
maximal zwei Selektorkanalwerke,
ein DMA-Anschluß.

Der Verkehr mit den peripheren Einheiten wird über den EA-Bus abgewickelt, der vom integrierten Multiplexkanal gesteuert wird. Die Möglichkeiten der automatischen Ein- und Ausgabe und die Ausbaufähigkeit des Busses auf maximal 4096 Teilnehmer sind Vorteile, die dem Rechner für seine Größenklasse ungewöhnliche Eigenschaften verleihen.
Der Befehlssatz umfaßt rund hundert Befehle, abgestimmt auf

Prozeßanwendungen, einschließlich leistungsfähiger Gleitpunkt- und Listenbefehle.
Durch die variablen Aufbaumöglichkeiten des Prozeßrechners AEG 80–20 im INTERMAS-System können für die verschiedensten Anwendungen optimale Lösungen angeboten werden. Z. B. kann der Zentralprozessor zusammen mit dem Hauptspeicher und einem Selektorkanal sowie mehreren Geräteanpaßwerken in einem 19″-Magazin untergebracht werden.
Das 19″-Magazin wird in
einem INTERMAS-Schrank oder
im INTERMAS-Arbeitsplatzsystem eingebaut oder
als Bausatz für kundenspezifischen Einbau geliefert.

8.3.8. Zentraleinheit AEG 80–40

Der Prozeßrechner AEG 80–40 ist nach seiner Leistung zwischen den Rechnern AEG 80–20 und AEG 80–60 einzuordnen.
Die AEG 80–40 hat eine Verarbeitungsbreite von 32 Bits. Unter den über 200 Befehlen des Rechners sind die Bitfeldbefehle hervorzuheben, die die Verarbeitung von Bitfeldern gestatten, deren Länge zwischen einem und 32 Bits liegt und die im Speicher auch über Wortgrenzen hinausgehen können.
Die Adressierung kann real oder virtuell erfolgen. Die virtuelle Adressierung erfolgt basisrelativ und macht von der Seitenadressierung (paging) Gebrauch. Zur Beschleunigung des Speicherzugriffs bei virtueller Adressierung werden Assoziativregister mit Alterungsmechanismen eingesetzt.
Zur Erhöhung der Verarbeitungsgeschwindigkeit wird der Befehlsabruf überlappend mit der Befehlsausführung abgewickelt.
Der Speichermodul hat ein Vorrangwerk mit mehrfachem Zugang (Multiport). Dadurch hat jeder aktive Teilnehmer (Zentralprozessor, EA-Prozessoren) über eine eigene Verbindung direkten Zugriff zum Speichermodul.
Ein leistungsfähiges Unterbrechungswerk unterstützt die Systemprogramme. Vor einer Unterbrechung werden mikroprogrammiert die Prioritätsverhältnisse überprüft. Eine Unterbrechung wird nur dann wirksam, wenn die dem laufenden Programm zugewiesene Priorität kleiner als die programmierbare Priorität der anstehenden Unterbrechung ist. Andernfalls wird eine anstehende Unterbrechung gespeichert und erst später bei entsprechenden Prioritätsverhältnissen berücksichtigt. Prioritätsvergleich und Statuswechselvorgänge bei einer Unterbrechung werden in vollem Umfang vom Mikroprogramm abgewickelt.

8.3.9. Zentraleinheit 80–60

Der Prozeßrechner AEG 80–60 als größtes Mitglied der AEG-80-Familie eignet sich besonders für die Lösung rechenintensiver Probleme und zur Verwendung in der Leit- und Führungsebene hierarchischer Prozeßrechnersysteme. Die Verarbeitungsbreite beträgt 32 Bits.
AEG 80–60 hat einen Befehlsumfang, wie er sonst nur bei Großrechnern üblich ist, jedoch mit Ausrichtung auf prozeß- und technisch-wissenschaftliche Anwendungen, z. B. durch Bitfeldbefehle mit einer Länge bis zu 32 Bits, die im Speicher über Wortgrenzen hinausgehen können, und durch Gleitpunkt-Befehle für 64-Bit-Gleitpunktzahlen.

Der Rechner kann real oder virtuell adressiert werden. Die virtuelle Adressierung erfolgt basisrelativ und macht von der Seitenadressierung (paging) Gebrauch.
Zur Beschleunigung des Speicherzugriffs bei virtueller Adressierung werden Assoziativregister mit Alterungsmechanismen eingesetzt.
Zur Erhöhung der Verarbeitungsgeschwindigkeit wird der Befehlsabruf überlappend mit der Befehlsausführung abgewickelt. Je nach Dauer der Befehlsausführung können dabei mehrere Befehle im voraus geholt werden (Befehls-look-ahead).
Die Struktur des Unterbrechungswerkes entspricht der bei AEG 80–40. Die Anzahl der Unterbrechungseingänge und der verwalteten Prioritätsebenen ist der Leistung der Maschine entsprechend größer.
Zur Anpassung an hohe Leistungsforderungen können mehrere Speichermoduln verwendet werden, wobei jeder Speichermodul einen mehrfachen Zugang (Multiport) hat. Dadurch hat jeder aktive Teilnehmer (Zentralprozessor, EA-Prozessoren) über eine eigene Verbindung direkten Zugriff zu jedem Speichermodul (Multibus). Die Daten können zwischen zwei Teilnehmern und zwei verschiedenen Speichermoduln somit uneingeschränkt parallel transferiert werden.

9. Schrifttum

[1] A. P. Speiser: Digitale Rechenanlagen. Springer-Verlag, Berlin, Göttingen, Heidelberg, 1961.

[2] K. Steinbuch: Taschenbuch der Nachrichtenverarbeitung. Springer-Verlag, Berlin, Göttingen, Heidelberg, 1962.

[3] K. Steinbuch: Skriptum zur Vorlesung Nachrichtentechnik III, Herausgeber U. Piske. TH Karlsruhe, Institut für Nachrichtenverarbeitung und Nachrichtenübertragung, 15. Sept. 1958.

[4] H. Zschekel: Darstellung, Gruppierung und Verarbeitung von Informationen bei der automatischen Datenverarbeitung. Elektrotechn. Z.-A 79 (1958) 18, S. 617–624, 8 B, 5 T, 12 Qu.

[5] M. Phister: Logical Design of Digital Computers. Verlag John Wiley & Sons Inc., New York, 1958.

[6] R. St. Ledley: Digital Computer and Control Engineering. Verlag McGraw Hill, New York, 1960.

[7] W. Hoffmann u. H. E. Müller: Die quasi-logarithmischen Eigenschaften des Restklassensystems. Z. angew. Math. Mechan. 40 (1960), Sonderheft, S. 61–64, 2 B, 20 Qu.

[8] G. S. White: Coded Decimal Number Systems for Digital Computers. Proc. IRE, 41 (1953) 10, S. 1450–1452, 7 T.

[9] G. Haft: Binär-Dezimale Verschlüsselung und Fehlererkennung. Elektronik 8 (1959) 7, S. 213–215, 2 B, 2 T, 2 Qu.

[10] R. W. Hamming: Error Detecting and Error Correcting Codes. Bell Syst. Techn. J. 29 (1950) 2, S. 147–160, 5 T, 4 Qu.

[11] W. W. Peterson: Error-Correcting Codes. 2. Aufl., Verlag MIT Press und Verlag John Wiley & Sons Inc., New York, 1962.

[12] D. Hilbert u. W. Ackermann: Grundzüge der theoretischen Logik. 4. Aufl., Springer-Verlag, Berlin, Göttingen, Heidelberg, 1959.

[13] J. E. Whitesitt: Boolean Algebra and its Applications. Verlag Addison Wesley Publ. Comp., Reading, USA, 1961.

[14] H. Zemanek: Logische Algebra und Theorie der Schaltnetzwerke. Aus: Taschenbuch der Nachrichtenverarbeitung. Herausgeber K. Steinbuch. Springer-Verlag, Berlin, Göttingen, Heidelberg, 1962.

[15] U. Weyh: Elemente der Schaltungsalgebra. Eine anschauliche, leichtfaßliche Einführung. 3. Aufl., Verlag R. Oldenbourg, München, 1964.

[16] O. Föllinger u. W. Weber: Methoden der Schaltalgebra. Verlag R. Oldenbourg, München, 1967.

[17] W. Oppelt: Kleines Handbuch technischer Regelvorgänge. 4. Aufl., Verlag Chemie GmbH., Weinheim/Bergstr., 1964.

[18] R. K. Richards: Digital Computer Components and Circuits. 3. Aufl., Verlag Van Nostrand Comp., New York, 1959.

[19] G. Haas: Grundlagen und Bauelemente elektronischer Ziffernrechenmaschinen. Philips Techn. Bibl. Verlag Philips, Eindhoven, 1961.

[20] W. C. Irvin: Digital Computer Principles. Verlag Van Nostrand Comp., New York, 1960.

[21] W. S. Humphrey: Switching Circuits with Computer Applications. Verlag McGraw Hill, New York, 1958.

[22] P. Siegel: Understanding Digital Computers. Verlag John Wiley & Sons Inc., New York, 1961.

[23] A. I. Pressmann: Design of Transistorized Circuits for Digital Computers, Verlag Chapman & Hall, London, 1959.

[24] Das Bausteinsystem Logistat ®-Si. AEG-Mitt. 57 (1967) 4, S. 190-229.

[25] Logistat Reihe II-Si/E Digital-Bausteinsystem für industrielle Anwendung, Datenblätter, AEG-Industrieelektronik, Druckschrift 2411 112 A 22/0866.

[26] K. Stahl: Industrielle Steuerungstechnik in schaltalgebraischer Behandlung. Verlag R. Oldenbourg, München, 1965.

[27] H. J. Dreyer: Transistorschaltkreise, eine Literaturübersicht. Nachr.-techn. Fachber. 14 (1959) S. 21–24, 4 B, 48 Qu.

[28] P. L. Cloot u. G. E. Jackson: The Construction of a Digital-Computing System from a Basic Transistor Circuit. Electronic Engng. 32 (1960) 383, S. 37–43, 8 B, 9 Qu.

[29] R. H. Beter, W. E. Bradley u. R. B. Brown: Directly Coupled Transistor Circuits. Electronics 28 (1955) 6, S. 132–136, 8 B.

[30] R. H. Baker: Boosting Transistor Switching Speed. Electronics 30 (1957) 3, S. 190–193, 15 B.
[31] E. M. Grabbe, S. Ramo u. D. E. Wooldridge: Handbook of automation, computation and control. Verlag John Wiley & Sons Inc., New York, Band 1, 1958, Band 2, 1959, Band 3, 1961.
[32] W. Hoffmann: Digitale Informationswandler. Verlag Friedr. Vieweg & Sohn, Braunschweig, 1962.
[33] M. W. Marcovitz u. E. Seif: Analytical Design of Resistor-coupled Transistor Logical Circuits. Trans. IRE on Electr. Comp. 7 (1958), S. 109–119.
[34] W. Hilberg: Die Realisierung von Schaltern für beide Stromrichtungen mit Flächentransistoren. Elektron. Rdsch. 13 (1959) 12, S. 438–440, 20 B, 11 Qu.
[35] S. H. Caldwell: Switching Circuits and Logical Design. Verlag John Wiley & Sons Inc., New York, 1958.
[36] A. P. Speiser: Impulsschaltungen. Springer-Verlag, Berlin, Göttingen, Heidelberg, 1963.
[37] W. V. Quine: The Problem of Simplifying Truth Functions. American Mathematical Monthly, 59 (1952) S. 521–531.
[38] W. V. Quine: A Way to Simplify Truth Functions. American Mathematical Monthly, 62 (1955) S. 627–631.
[39] E. J. McCluskey: Minimization of Boolean Functions. Bell Syst. Techn. J. 35 (1956), S. 1417–1444, 15 T, 7 Qu.
[40] V. Kudielka: Programs for Logical Data Processing. Report of the Mailüfterl Team, TH Wien 1960.
[41] M. Karnaugh: The Map Method for Synthesis of Combinational Logic Circuits. Commun. and Electronics 72 (1953), S. 593–599, 16 B, 2 T, 5 Qu.
[42] E. Veitch: A Chart Method for Simplifying Truth Functions. Proc. Assoc. for Computing Machinery. Mai 1952, S. 127–133.
[43] W. Händler: Ein Minimisierungsverfahren zur Synthese von Schaltkreisen. Diss. TH Darmstadt, 1958.
[44] A. H. Scheinman: A Method for Simplifying Boolean Functions. Bell Syst. Techn. J. 41 (1962) 4, S. 1337–1346, 5 B, 4 Qu.
[45] M. B. Wells: Simplification of Normal Form Expressions for Boolean Functions of Many Variables. Doctoral Thesis, University of Calif., 1961.
[46] J. P. Roth u. E. G. Wagner: Algebraic Topological Methods for the Synthesis of Switching Systems. Minimization of Nonsingular Boolean Trees. IBM J. Res. and Dev. 3 (1959) 4, S. 326–344, 5 B, 8 T, 12 Qu.
[47] F. Winkel: Technik der Magnetspeicher. Springer-Verlag, Berlin, Göttingen, Heidelberg, 1960.
[48] A. J. Strassmann u. R. E. King: Counters Select Magnetic Drum Sectors. Electronics 30 (1957) 4, S. 161–163, 7 B, 1 T.
[49] B. Sklar: The Tunnel Diode – Its Action and Properties. Electronics 32 (1959) 45, S. 54–57, 7 B, 5 Qu.
[50] H. S. Sommers: Tunnel Diodes as High-frequency Devices. Proc. IRE, 47 (1959) 7, S. 1201–1206, 8 B, 1 T, 4 Qu.
[51] O. Föllinger u. W. Weber: Boolesche Gleichungen, Lösung und Anwendungen. Elektron. Datenverarb. 5 (1963) 6, S. 251–263, 6 (1964) 1, S. 4–13 u. 6 (1964) 2, S. 55–66, 42 B, 14 Qu.
[52] D. A. Huffman: The Synthesis of Sequential Switching Circuits. J. Franklin Inst. (1954) 3, S. 161–190, (1954) 4, S. 275–303.
[53] G. H. Mealy: A Method for Synthesizing Sequential Circuits. Bell Syst. Techn. J. 34 (1955) 5, S. 1045–1080, 15 B, 12 T, 11 Qu.
[54] E. F. Moore: Gedanken – Experiments on Sequential Machines. Automata Studies, Princetown Univ. Press, 1956.
[55] R. Paul: Transistoren. Friedr. Vieweg u. Sohn GmbH, Braunschweig, 1965.
[56] R. Paul: Transistormeßtechnik. Friedr. Vieweg u. Sohn GmbH, Braunschweig, 1966.
[57] H. Salow, H. Beneking, H. Krömer u. W. v. Münch: Der Transistor. Springer-Verlag, Berlin, Göttingen, Heidelberg, 1963.
[58] Telefunken-Fachbuch: Der Transistor. 5. Aufl., Teil I und II. Telefunken, Ulm, 1966.
[59] J. Kammerloher: Transistoren. Teil I. C. F. Winter'sche Verlagshandlung, Prien, 1960.
[60] G. Fontaine: Dioden und Transistoren. Band I. 2. Aufl., Philips Techn. Bibliothek. 1965.
[61] A. P. Speiser: Impulsschaltungen. Springer-Verlag, Berlin, Göttingen, Heidelberg, 1963.
[62] E. J. Kompass: The spurt in industrial application of fluidics. Control Engineering Vol. 13 (1966) S. 67–69.

[63] H. H. Glättli: Neue Untersuchungen auf dem Gebiet digitaler mechanischer Steuerungs- und Rechenelemente. Elektron. Rdsch. 15 (1961) 2, S. 51–53, 6 B, 1 T.
[64] J. H. de Boer u. J. C. Cool: A pneumatic low pressure logic element with membranes. Paper No. 31 A, 3. IFAC-Kongreß, London 1966.
[65] V. Wehinger: Pneumonik, eine neue Steuerungstechnik. Maschinenmarkt 72 (1966) 32, S. 99–101, 15 B.
[66] H. Opitz: Pneumatic computer using statistical data processing in mass production. Paper No. 31 E, 3. IFAC-Kongreß, London 1966.
[67] A. Stempien: A pneumatic logic element which gives any two-valued function of three two-valued input parameters. Paper No. 31 B, 3. IFAC-Kongreß, London 1966.
[68] Fluid Computers. Measurement and Control, Okt. 1962, S. 442–443.
[69] E. J. Kuhlmann: Bauelemente der Fluid-Technik (Teil I, digitale Elemente). Regelungstechn. Prax. 10 (1968) S. 6–11 u. S. 58–63, 24 B, 1 T.
[70] W. Seifert: Schaltelemente. VDI-Handbuch: Einführung in die Digitaltechnik. Düsseldorf 1966.
[71] J. P. Perrin, M. Denouette u. E. Daclin: Systèmes logiques. Verlag Dunod, Paris 1967.
[72] V. Kussl: Datenspeicher. VDI-Handbuch: Einführung in die Digitaltechnik. Düsseldorf 1966.
[73] K. H. Böhling: Zur Theorie der Schieberegister-Realisierungen von Schaltwerken. Bericht des Instituts für angewandte Mathematik der Universität Bonn, 1967.
[74] J. A. Brzozowski: Regular Expressions for Linear Sequential Circuits. Trans. IEEE, vol. EC–14, 1965, S. 148–156.
[75] M. Cohn: Controllability in Linear Sequential Networks. Trans. IRE, vol. CT–9, 1962, S. 74–78.
[76] M. Cohn u. S. Even: Identification and Minimization of Linear Machines. Trans. IEEE, vol. EC–14, 1965, S. 367–376.
[77] B. Elspas: The Theory of Autonomous Linear. Sequential Networks. Trans. IRE, vol. CT–6, 1959, S. 45–60.
[78] B. Reusch: Über vollständige und teilweise lineare Realisierung von Automaten. Dissertation, Bonn, 1968.
[79] State Graphs of Autonomous Linear Automata. In E. R. Caianiello (ed.), Automata Theory. Academic Press Inc., New York, 1966, S. 176–180.
[80] J. Hartmanis: Linear Multivalued Sequential Coding Networks. Trans. IRE, vol. CT–6, 1959, S. 69–74.
[81] G. Hotz: On the Mathematical Theory of Linear Sequential Networks. In H. Aiken u. W. F. Main (ed.), Switching Theory in Space Technology, Stanford University Press, 1963, S. 11–19.
[82] P. Kandzia: Das Zyklenverhalten linearer Gruppenautomaten. In 3. Colloquium über Automatentheorie, Hannover, 1965.
[83] P. Lavallee: Nonstable Cycle and Level Sets for Linear Sequential Machines. Trans. IEEE, vol. EC–14, 1965, S. 957–959.
[84] D. Schulte: Kombinatorische und sequentielle Netzwerke. Verlag R. Oldenbourg, München, 1967.
[85] S. Ginsburg: An Introduction to Mathematical Machine Theory. Addison-Wesley Publishing Company, Inc., London, 1963.
[86] E. J. McCluskey: Fundamental Mode and Pulse Mode Sequential Circuits. Information Processing 62, North Holland Publishing Company, Amsterdam, 1963.
[87] D. E. Muller: Asynchronous Switching Theory. Session on Advanced Theory of Logical Design of Digital Computers, University of Michigan, Ann Arbor, June 1958.
[88] G. Ott u. N. H. Feinstein: Design of Sequential Machines from Their Regular Expressions. JACM, 8, 1961.
[89] R. B. Polansky: Minimization of Multiple-Output Switching Circuits. Trans. AIEE, Communications and Electronics, 53, March 1961.
[90] M. Yoeli: The Cascade Decomposition of Sequential Machines. IRE Trans. on Electronic Computers, EC–10, Dezember 1961.
[91] V. Kussl: Industrielle Steuerungen. VDI-Handbuch: Einführung in die Digitaltechnik, Düsseldorf, 1966.
[92] H. Wahl: Die Technik elektrischer Steuerschaltungen. Metzenauer u. Jung GmbH., Wuppertal.
[93] P. Gossauer u. M. Strutt: Anwendung der Schaltalgebra auf elektrische Aufzugsschaltungen. Scientia electrica, Vol. 8, Fasc. 2 (1962) S. 41.
[94] W. Dhen u. K. Marenbach: Die elektronischen Fernwirksysteme der Geatrans-Serie. AEG-Mitt. 54 (1964) 5/6, S. 362–372, 12 B, 2 Qu.
[95] E. Götz: Digital-Interpolatoren bei numerischen Steuerungssystemen. Digitale Signalverarbeitung in der Regelungstechnik, Berlin 1962, VDE-Buchreihe, Bd. 8.

[96] H. J. Lippmann u. K. Wiehl: Magnetische Steuerung von Großrohrpostbehältern. Siemens-Z. (1963) 2, S. 97.
[97] H. Wahl: Der Entwurf der elektrischen Steuerung eines Personenaufzuges mit Hilfe der Schaltungsalgebra. Regelungstechn. 11 (1961), S. 459, 19 B.
[98] J. Stoffels u. P. Mielentz: Elektronische Anlage zur zeitfolgerichtigen Registrierung von Störmeld. BBC-Nachr. (1964) 3, S. 164, 6 B, 1 T, 4 Qu.
[99] H. Häusler: Zielspeichersystem zur Steuerung des Fertigungsflusses in der Autoindustrie. Automatisierung in der Fertigung (1961) 1, S. 25.
[100] K. Gerner u. R. Schweiger: Moderne Anlagentechnik für Hochofen-Begichtungseinrichtungen in elektronischer und konventioneller Ausführung. BBC-Nachr. (1962) 4, S. 170, 22 B.
[101] O. Gengenbach u. W. Andrich: Die Schiebetaktsteuerung nach dem System Logistat in der Automobilindustrie. AEG-Mitt. 54 (1964) 5/6, S. 334-338, 9 B.
[102] K. van Kaick u. R. Wagner: Digitale Steuerung eines Durchlauf-Glühofens. AEG-Mitt. 54 (1964) 5/6, S. 353-357, 3 B, 3 Qu.
[103] H.-G. Schimpf: Elektronische Steuerungen für Verteilförderanlagen. AEG-Mitt. 54 (1964) 7/8, S. 587-593, 12 B.
[104] H. Hotes u. H. J. Ehling: Automatisierung von Dampfkraftwerken. AEG-Mitt. 52 (1962) 9/10, S. 422-429, 7 B, 17 Qu.
[105] H. Bollmann u. R. Schmidt: Die Funktionsgruppensteuerung, ein Bausteinsystem für automatische Steuerungen im Dampfkraftwerk. Siemens-Z. (1964) 2, S. 67, 6 B.
[106] P. Freymeyer u. M. Jung: Die SIMATIC-Betätigungsebene in Dampfkraftwerken als unterste Steuerebene für die Automatisierung. Siemens-Z. (1964) 3, S. 129, 6 B.
[107] H. Kaltenecker: Prozeßsteuerungen. Siemens-Z. (1961) 5, S. 426.
[108] H. Kürner: Digitale Programmgeber für chemische Chargenprozesse. Automatik 9 (1964) 2, S. 41, 7 B.
[109] P. Rechenberg: Grundzüge digitaler Rechenautomaten. Verlag R. Oldenbourg, München, 1964.
[110] R. Baumann: ALGOL-Manual der ALCOR-Gruppe. Verlag R. Oldenbourg, München, 1965.
[111] G. Klein: Einführung in die Programmiersprache Fortran IV. 2. Aufl., Verlag AEG-Telefunken, Berlin, 1969.
[112] T. C. Bartee, J. L. Lebow u. J. S. Reed: Theory and Design of Digital Machines. McGraw Hill Book Comp., New York, 1962.
[113] R. Herschel: Anleitung zum praktischen Gebrauch von ALGOL. Verlag R. Oldenbourg, München, 1966.
[114] H. Hotes: Digitalrechner in technischen Prozessen. Verlag Walter de Gruyter & Co., Berlin, 1967.
[115] J. F. Schuh: Grundlagen elektronischer Automaten, Möglichkeiten und Grenzen der elektronischen Rechenanlagen. Philips Techn. Bibliothek, 1966.
[116] K. Steinbuch u. W. Rupprecht: Nachrichtentechnik. Springer-Verlag, Berlin, Göttingen, Heidelberg, 1967.
[117] H. Groh: Aufbau und Arbeitsweise der Datenverarbeitungsanlagen. VDI-Handbuch: Aufbau und Arbeitsweise der Digitalrechner, Düsseldorf, 1967.
[118] V. Kussl: Die Arbeitsweise der Zentraleinheit. VDI-Handbuch: Aufbau und Arbeitsweise der Digitalrechner, Düsseldorf, 1967.
[119] F. Albrecht: Ein- und Ausgabegeräte für Datenverarbeitungsanlagen. VDI-Handbuch: Aufbau und Arbeitsweise der Digitalrechner, Düsseldorf, 1967.
[120] I. Märtin: Zusatzspeicher für Datenverarbeitungsanlagen. VDI-Handbuch: Aufbau und Arbeitsweise der Digitalrechner, Düsseldorf, 1967.
[121] C. Brockelt: Zusammenspiel von Zentraleinheit und Peripherie. VDI-Handbuch: Aufbau und Arbeitsweise der Digitalrechner, Düsseldorf, 1967.
[122] H. J. Groher: Grundbegriffe der Programmierung. VDI-Handbuch: Aufbau und Arbeitsweise der Digitalrechner, Düsseldorf, 1967.
[123] H. Keiner: Systemprogramme. VDI-Handbuch: Aufbau und Arbeitsweise der Digitalrechner, Düsseldorf, 1967.
[124] K. Menzel: Bewertung und Auswahl von Datenverarbeitungsanlagen. VDI-Handbuch: Aufbau und Arbeitsweise der Digitalrechner, Düsseldorf, 1967.
[125] G. Ströh: Organisation eines Rechenzentrums. VDI-Handbuch: Aufbau und Arbeitsweise der Digitalrechner, Düsseldorf, 1967.
[126] W. Wilhelm: Register, Zähler, Umsetzer. VDI-Handbuch: Einführung in die Digitaltechnik, Düsseldorf, 1966.
[127] V. Kussl: Automatisierung. Fischer-Lexikon, Technik 4, Band 33. Fischer-Bücherei KG, Frankfurt/M., Berlin 1963.

[128] H. Billing: Speicher. Taschenbuch der Nachrichtenverarbeitung. Springer-Verlag, Berlin, Göttingen, Heidelberg, 1962, S. 475.
[129] F. Weitzsch: Halbleiterdioden und Transistoren. Taschenbuch der Nachrichtenverarbeitung. Springer-Verlag, Berlin, Göttingen, Heidelberg, 1962, S. 200.
[130] O. Eckert: Magnetische Bauelemente. Taschenbuch der Nachrichtenverarbeitung. Springer-Verlag, Berlin, Göttingen, Heidelberg, 1962, S. 232.
[131] H. J. Dreyer: Diodenschaltkreise, Schaltkreise mit Transistoren und Tunneldioden. Taschenbuch der Nachrichtenverarbeitung. Springer-Verlag, Berlin, Göttingen, Heidelberg, 1962, S. 389.
[132] F. Rausch: Magnetomotorische Speicher. Taschenbuch der Nachrichtenverarbeitung. Springer-Verlag, Berlin, Göttingen, Heidelberg, 1962, S. 573.
[133] S. Voelker u. S. Kohler: Fernschreibgeräte, Lochstreifengeräte. Taschenbuch der Nachrichtenverarbeitung. Springer-Verlag, Berlin, Göttingen, Heidelberg, 1962, S. 604.
[134] G. Mehlhose: Lochkartenmaschinen. Taschenbuch der Nachrichtenverarbeitung. Springer-Verlag, Berlin, Göttingen, Heidelberg, 1962, S. 664.
[135] R. Hartwich: Mechanische Schnelldrucker. Taschenbuch der Nachrichtenverarbeitung. Springer-Verlag, Berlin, Göttingen, Heidelberg, 1962, S. 684.
[136] M. Preisinger: Nichtmechanische Schnelldrucker. Taschenbuch der Nachrichtenverarbeitung. Springer-Verlag, Berlin, Göttingen, Heidelberg, 1962, S. 693.
[137] W. Krägerloh: Analog-Digital- und Digital-Analog-Umsetzer. Taschenbuch der Nachrichtenverarbeitung. Springer-Verlag, Berlin, Göttingen, Heidelberg, 1962, S. 710.
[138] W. Händler: Digitale Universalrechenautomaten. Taschenbuch der Nachrichtenverarbeitung. Springer-Verlag, Berlin, Göttingen, Heidelberg, 1962, S. 965.
[139] W. Simon: Maschinensteuerungen. Taschenbuch der Nachrichtenverarbeitung. Springer-Verlag, Berlin, Göttingen, Heidelberg, 1962, S. 1207.
[140] H. Gerstmann, H. J. Hoffmann, H. Remus u. W. Thiele: Programmierung digitaler Systeme. Taschenbuch der Nachrichtenverarbeitung. Springer-Verlag, Berlin, Göttingen, Heidelberg, 1962, S. 1293.
[141] W. Knödel: Programmierung von Ziffernrechenanlagen. Springer-Verlag, Wien, 1961.
[142] K. Bethlehem u. H. Fetzer: Aufbau von Sprachen- und Übersetzungsprogrammen für Numerik-Maschinen. VDI-Handbuch: Maschinelles Programmieren numerisch gesteuerter Werkzeugmaschinen, Düsseldorf, 1966.
[143] H. Fetzer u. U. Grupe: Programmiersprachen und ihre Anwendung: EXAPT 1. VDI-Handbuch: Maschinelles Programmieren numerisch gesteuerter Werkzeugmaschinen, Düsseldorf, 1966.
[144] A. Herzog u. H. Krimphore: Programmiersprachen und ihre Anwendung: APT. VDI-Handbuch: Maschinelles Programmieren numerisch gesteuerter Werkzeugmaschinen, Düsseldorf, 1966.
[145] H. Müller-Traut u. H. Opferkuch: Programmiersprachen und ihre Anwendung: AUTOSPOT. VDI-Handbuch: Maschinelles Programmieren numerisch gesteuerter Werkzeugmaschinen, Düsseldorf, 1966.
[146] G. Horn: Zeichnungen – maschinell hergestellt. Elektrotechn. Z-B 19 (1967) 3, S. 65–69, 11 B.
[147] E. Götz u. G. Horn: Äußere Datenverarbeitung, Regelungstechn. 15 (1965) 13, S. 124–133, 17 B, 11 Qu.
[148] D. Lange: Maschinelles Programmieren mit Symbolsprache ADAPT. VDI-Handbuch: Maschinelles Programmieren numerisch gesteuerter Werkzeugmaschinen, Düsseldorf, 1966.
[149] G. Horn: Postprocessor. Elektron. Rechenanlagen 9 (1967) 4, S. 173–178, 6 B.
[150] F. J. Berle u. F. Haberstock: Blockorientierte Programmierung bei der Untersuchung dynamischer Systeme. Elektron. Rechenanlagen 8 (1966) 3, S. 135–140, 5 B.
[151] R. T. Harnett: MIDAS Programming Guide, US Dept. of Commerce. Jan. 1964 (SEG–TDR–64–1).
[152] W. Jentsch: ASIM, ein Programmsystem für die Analogsimulation mittels Digitalrechner. Elektron. Datenverarb. (1967), 4 u. 5, S. 173-179, 191–198, 19 B.
[153] R. N. Linebarger u. R. D. Brennan: A survey of digital simulation, Simulation 3 (1964) 6, S. 22–36.

[154] R. D. Brennan u. R. N. Linebarger: An evaluation of digital analog simulator languages, IFIP-Conference Proceedings, 27, II (1965).
[155] G. Ehlers: Der Aufbau von Prozeßrechenanlagen des Libratol-Systems und ihr Einsatz in Kraftwerken. Vulkan-Verlag, Essen 1965.
[156] P. E. Lego: Programming for process control. Westinghouse Eng. 25 (1965) 1, S. 13–19.
[157] J. T. Golden: Fortran IV, Programming and Computing. Prentice-Hall, London, 1965.
[158] J. Hawgood: Numerical Methods in Algol. McGraw Hill, New York 1965.
[159] J. M. McCormick u. M. G. Salvadori: Numerical Methods in Fortran. Prentice-Hall, London, 1964.
[160] W. Prager: Introduction to Basic Fortran, Programming and numerical methods. Verlag Blaisdel, New York, 1965.
[161] H. Schwarzer, B. Woehl u. L. Märtin: Speicher in der Nachrichtenverarbeitungstechnik. Jahrbuch des elektrischen Fernmeldewesens 1966, S. 113–186, Verlag für Wissenschaft und Leben, Georg Heidecker, Bad Windsheim.
[162] H. Hummel u. L. Schwarz: Schaltglieder und Schaltnetzwerke in der Nachrichtenverarbeitungstechnik. Jahrbuch des elektrischen Fernmeldewesens 1966, S. 69–112, Verlag für Wissenschaft und Leben, Georg Heidecker, Bad Windsheim.
[163] H. Niesporck: Die Telefunken-Datenverarbeitungsanlage TR 4, Sonderdruck AH 583. Handbuch der maschinellen Datenverarbeitung (Forkel). HMD 9/1/14, AEG-TELEFUNKEN, Konstanz.
[164] TR 440. Große Befehlsliste zum Programmieren in der Programmsprache TAS. AEG-TELEFUNKEN, Beschr.-Nr. N 3/GR 58, Ausg. 168 Schrö (ME).
[165] TR 86, Daten, AEG-TELEFUNKEN-Druckschrift SO 003 03 68.
[166] TR 86, System, AEG-TELEFUNKEN-Druckschrift DBS 015 03 68.
[167] Systembeschreibung AEG 60-10. AEG-TELEFUNKEN-Druckschrift. Industrieelektronik: AEG-Prozeßrechner.
[168] Systembeschreibung AEG 60-50. AEG-TELEFUNKEN-Druckschrift. Industrieelektronik: AEG-Prozeßrechner.
[169] Systembeschreibung GEAMATIC 2050. AEG-TELEFUNKEN-Druckschrift. Industrieelektronik: AEG-Prozeßrechner, A 22/0168/2411.103.
[170] Systembeschreibung DARK 2. AEG-TELEFUNKEN-Druckschrift. Industrieelektronik: AEG-Prozeßrechner, A 22/0168/4215.601.
[171] Handbuch DARK 2. AEG-TELEFUNKEN-Druckschrift. Industrieelektronik: AEG-Prozeßrechner, A 22/0168/4215.202.
[172] Report to the conference on Data Systems languages, including specifications for a common business oriented language (COBOL) for programming digital computers, Government Printing office, Washington D.C. 1960.
[173] Report to the conference on Data Systems languages (COBOL), Edition 1965. Department of Defense, Washington D.C. 1965.
[174] Cuttle, Robinson: Aufbau von Betriebssystemen. Hanser Verlag, München 1972.

Sachverzeichnis

Prozeßdatenverarbeitung

von Tomas Martin
Berlin, 1976. Englische Broschur, Format DIN A 5. 160 Seiten,
75 Bilder, 15 Tabellen, 85 Quellen.
ISBN 3 87087 090 7. 38,– DM.

In technischen Prozessen werden in zunehmendem Maße elektronische Rechensysteme (Datenverarbeitungssysteme) zur programmierten Steuerung und Überwachung von Fertigungs-, Verteilungs-, Verkehrslenkungs- und ähnlichen Verfahren verwendet. Insbesondere wenn eine Vielzahl von Prozeßgrößen bzw. Meßstellen ständig zu überwachen sind und wenn auf Grund der vorliegenden Meßergebnisse, Meldungen und sonstigen Feststellungen und unter Berücksichtigung der Vielzahl dieser Werte eine schnelle Entscheidung und Befehlsausgabe notwendig ist, bietet sich der Prozeßrechner und die mit ihm durchgeführte Prozeßdatenverarbeitung als unentbehrliches Instrument an. Anwendungsgebiete sind: Industrie (Walzwerke, chemische Industrie, Automobil-, Elektro-, Maschinenbauindustrie), Nachrichtentechnik, Energieerzeugung und -verteilung, Verkehrslenkung, Luft- und Raumfahrt, wissenschaftliche Versuchstechnik, Medizin usw. Das Buch bringt Ordnung in die bisher noch verwirrende Begriffswelt und geht auch auf die Gerätetechnik und auf die Programmierung ein.

CARDIAC

Lehrmodell zur Arbeitsweise eines Computers
von David Hagelbarger und Saul Fingerman
Berlin, 1975. Textbuch: broschiert, Format DIN A 5, 60 S.
Format des Modellcomputers 38,6 cm × 16 cm.
ISBN 3 87087 065 6. 16,80 DM

CARDIAC veranschaulicht die Arbeitsweise eines Computers ohne selbst ein Computer zu sein. Man lernt mit ihm verstehen, was ein Programm ist und wie ein Computer arbeitet. Viele Begriffe aus der Datenverarbeitung werden erklärt und durch das Arbeiten mit dem Funktionsmodell dem Benutzer in unterhaltsamer Weise vertraut gemacht. Dieses Wissen ist eine gute Grundlage, um im Zeitalter des Computers mitreden zu können.

Unverbindliche Preisempfehlungen